南海文库

南海周边安全形势分析

上

朱锋　主编

成汉平　副主编

南京大学出版社

图书在版编目(CIP)数据

南海周边安全形势分析 ：上下册 / 朱锋主编. 一
南京 ：南京大学出版社，2021.6
（南海文库 / 朱锋，沈固朝主编）
ISBN 978-7-305-23423-1

Ⅰ.①南… Ⅱ.①朱… Ⅲ.①南海－安全管理－文集
Ⅳ.①P722.7-53

中国版本图书馆 CIP 数据核字(2020)第 169829 号

出版发行 南京大学出版社
社　　址 南京市汉口路 22 号　　邮　编 210093
出 版 人 金鑫荣

丛 书 名 南海文库
书　　名 南海周边安全形势分析(上册)
主　　编 朱　锋
责任编辑 田　甜

照　　排 南京南琳图文制作有限公司
印　　刷 江苏苏中印刷有限公司
开　　本 718×1000　1/16　总印张 54　总字数 770 千
版　　次 2021 年 6 月第 1 版　2021 年 6 月第 1 次印刷
ISBN 978-7-305-23423-1
定　　价 288.00 元(上下册)

网址：http://www.njupco.com
官方微博：http://weibo.com/njupco
官方微信号：njuyuexue
销售咨询热线：(025) 83594756

序　言

2021年1月20日，随着约瑟夫·拜登的宣誓就职，美国结束了唐纳德·特朗普疯狂的四年任期。在特朗普的四年中，以中美贸易战为起始，关闭孔子学院、科技脱钩，对我抹黑、“甩锅”，甚至还破天荒地关闭了领事馆，中美关系步步倒退。而在台海、南海等中国的核心利益问题上，特朗普政府的疯狂做法一度到了“玩火”“越线”（王毅外长用语）的地步，并在其临下台的倒计时之际因取消台美交往设限而导致中美在台海险酿不测事件。迄今为止，尽管特朗普本人已经下台，但他留下的对华关系负资产仍在侵蚀着、冲击着中美关系。

2021年大年三十，美国新上任的总统拜登与习近平主席通了电话，并在3月18—19日举行了中美安克雷奇战略对话，同时美国气候问题特使、前国务卿约翰·克里来华访问，这一切仿佛给外界带来了对中美关系转圜的许多期许。然而，从拜登已经执政的百日来看，囿于美国国内强大的政治压力，拜登几乎全盘接收了特朗普的对华负资产，并让其持续发酵。同时，多部涉华法案以压倒性优势获得了通过，如《2021年战略竞争法案》《无尽前沿法案》（Endless Frontier Act, EFA，该法案的篇幅也由最初的160页扩增到了现在的340页）等。不仅如此，拜登政府还四处拉拢盟友，煽动其选边站队，与美国站在一起全方位打压中国。如此看来，中美关系不仅没有丝毫的好转，而且拜登政府在拉拢盟友对我遏制打压的做法上更加阴险，使未来充满了诸多不确定因素。

在特朗普的四年任期之中，南海问题的基本特点可用一句话来高度概括，即“没有最坏只有更坏”。具体为：对我“贴线侦察”之手段不断翻新，离我海岸距离越来越近,双方的对抗持续升级。而如此做法与在疫情冲击下美国国内不断上升的新冷战思维及右翼极端主义密切相关。

我们南京大学中国南海研究协同创新中心认为:有鉴于此,拜登政府在其任内利用南海问题牵制中国的策略将会变本加厉,同时与特朗普政府时期相比,其利用南海问题凝聚地区盟友和伙伴的做法将有过之而无不及。更多地利用所谓"规则"、盟友以及意识形态等企图对我形成"合围",这是拜登政府在南海问题上的主要伎俩。日本菅义伟政府出于国内疫情、选举等考量,在涉我一系列问题上会迈出更大的步伐以配合美国的"印太战略"。面对中美在南海地区的博弈,东盟国家面临的地缘压力会进一步加剧,有可能导致东盟内部出现剧变、分化,并影响到"南海行为准则"的磋商。与此同时,我们也有充足的理由相信,尽管拜登继承了对华关系的负资产,但在中美间管控分歧、防止冲突方面会有一些相对积极的步骤和措施,至少中美之间有对话,而对话明显要好于对抗。因而,双方直接在南海爆发大规模武装冲突的可能性并不大。对此,我们坚信不疑。

本论文集以南京大学中国南海研究协同创新中心及各个协作平台专家的研究成果为主,同时吸收了国内外部分学者在《亚太安全与海洋研究》期刊上发表的文章,分为六个部分,共50余篇文章(部分文章因时效等因素而删除)。由于所有的文章均写于2016年前后,研究中涉及的人与事为截至2016年年中之前所发生的事件,因而与当前相比有着一定的时间脱节,但对于南海问题的研究仍不失为重要的参考资料。尽管文集中均系五六年前的文章,但经研究,我们还是决定予以正式出版,以飨读者。

南京大学中国南海研究协同创新中心

2021年5月于金陵

目　录

第一部分　南海战略评估:问题、形势与未来

第二部分　东盟与南海:利益、诉求与选择

第三部分　中国与海洋安全:观念、利益与视野

第四部分　中国与东盟:竞争、合作与发展

第一部分 南海战略评估：问题、形势与未来

共创21世纪的亚太和平、安全与繁荣

孔铉佑*

［内容提要］ 我们所处的世界正进入大变革、大发展、大融合的新时代，各国利益相互交融、休戚与共。亚太地区在全球化进程中经历转型，在两场金融危机后依然保持稳定增长势头，在合作共赢中谋发展，成为全球经济复苏和发展增长的重要引擎和自由贸易的先锋。和平、发展、合作、共赢理念成为时代潮流。亚太各国之间、亚太与整个世界之间的相互联系和相互依存日益紧密。

［关键词］ 亚太 中国 和平 安全 繁荣

在全球化时代，各种跨国性的挑战层出不穷，地区事务不断增多，但应由地区国家平等协商处理，任何国家都不能“包打天下”。亚太地区的整体发展必将促进世界多极化和国际关系民主化的进程，也呼唤着本地区建立公正、合理、民主、平等的地区秩序。每一个国家的合理安全关切和生存权、发展权都应该得到切实的尊重和保障。大国应不畏浮云遮望眼，客观理性看待对方战略意图，同时着眼地区和平稳定的大局，积极开展良性互动。中国将始终作本地区平等的一员，与地区国家相互尊重、平等协商、友好合作。我们期待域外国家也能够顺应本地区潮流，尊重亚洲国家的利益关切，多做增进理解互信、促进共同安全的事，为维护地区稳定发展发挥建设性作用。

---

* 孔铉佑，中国驻日本大使。本文是孔铉佑任外交部亚洲司司长时，于2015年10月19日在“南京论坛”上的主旨演讲，略有改动。

一、亚太地区在当今国际社会中发挥着越来越重要的作用

当前的亚太是新兴市场国家最为集中的地区,也是世界上经济发展最快的地区,对世界经济的发展和增长具有举足轻重的推动作用。亚太战略地位的大幅提升自然引起了全世界的高度关注。

(一)亚太地区是全球稳定之锚

亚太国家坚持探索适合本国国情的发展道路,着力改善民生,政治经济体制不断完善成熟,社会总体保持平稳安定。相互尊重、协商一致、照顾各方舒适度的亚洲方式深入人心。这是本地区国家友好相处、妥善处理矛盾分歧的宝贵经验,也为未来亚太地区的长治久安打下了一个坚实的基础。

(二)亚太地区是世界繁荣之基

亚太各国人民凭借自己的勤劳和智慧,靠着自强不息的精神,把握住时代发展潮流和历史机遇,实现了持续的快速发展,创造了一个又一个奇迹。在过去20多年里,亚太国家本着开放包容的精神,扎实推进区域经济一体化进程。拓展跨区域合作,积极参与全球治理,实现了协同发展、融合发展。今天,亚洲以两倍于世界平均增速的态势带动世界经济复苏,互联互通提档加速,“亚洲世纪”正从梦想逐步变为现实。

(三)亚太地区是人类不同文明对话的平台

“海纳百川,有容乃大。”亚太地区是人类几大文明交汇融合之地,本地区人

民自古以来就具有兼收并蓄、海纳百川的宽广胸怀和历史传统。各国人民相逢相知、互信互敬，不同文明之间相互尊重、交流互鉴，架起了沟通理解和友谊的桥梁，为我们携手解决共同面临的挑战提供了宝贵智慧和精神的支撑。这片孕育过辉煌古代文明的土地，在当今全球化进程中正在焕发出新的勃勃生机。随着亚太经济的发展，本地区文明也必将为世界文明的进步和发展做出更大贡献。

二、亚太也是国家间矛盾最为突出、大国博弈最为集中、安全形势最为严峻的地区

不可否认，今日亚太还时不时可见往日阴霾。二战残余、冷战积怨、领土主权争议等历史遗留问题不时发酵，传统与非传统安全挑战交织。零和游戏和冷战思维仍有市场，热点问题和局部冲突仍此起彼伏。干涉别国内政、将本国意愿强加于他国的现象仍然存在。本地区国家在维护主权、独立和领土完整，加快经济社会发展，推动国际和地区秩序朝公正合理方向发展方面仍面临不少值得我们重视的困难和挑战。值得注意的是，随着国际形势中的不稳定、不确定因素增多，亚太的未来正处在关键的十字路口。在风险和挑战面前，本地区国家的命运前所未有地紧密联系在一起。我们应继续发扬团结自强的精神，共同维护和促进亚太的持久繁荣稳定，引领世界发展的时代潮流。

（一）历史告诉我们：亚太要维护和平稳定大局不动摇

和平稳定是发展繁荣的必要前提，动乱和动荡必然会葬送发展的大好势头。要和平，不要冲突；要缓和，不要紧张；要对话，不要对抗，是本地区国家人民的共同心声和强烈的愿望。国与国相处，要讲信义、重情义、树道义。我们应尊重各国主权、独立和领土完整，尊重各国选择的发展道路与社会制度，不强人所难，不干涉他国内政。我们应将本国安全融入地区国家的集体安全之中，让地区安全

成为本国安全的一部分,坚持通过对话和谈判和平解决分歧和争端,积极稳妥推动热点问题和难点问题的降温和解决。

(二) 现实告诉我们:亚太要坚持经济发展与合作方向不动摇

当前世界经济仍在进行新一轮的深刻调整之中,经济复苏任重道远。地区国家应坚持发展优先,致力于通过经济创新发展、改革与增长,寻求新的增长点和增长动力,提升发展质量和效益。我们应扎实推进地区经济一体化进程,充分挖掘合作潜力,实现优势互补。我们应建立和健全利益共享的亚太供应链、产业链和价值链,构建更加开放、融合、普惠的亚太大市场。要不断地提升经贸合作的层次和水平,增强区域经济的内生动力和抗风险能力,让发展成果更好地惠及本地区各国和人民,为推动世界经济复苏做出更大贡献。

(三) 未来告诉我们:亚太要坚持开放包容精神不动摇

亚太地区多样性突出,政治制度、宗教文化、历史传统、发展阶段各异,在长期历史进程中形成了多元发展、齐头并进的局面。志同道合是伙伴,求同存异也是伙伴。我们要坚持开放的区域主义,不搞封闭性集团,不针对第三国,推动域内外国家充分发挥自己的优势、各尽其能,通过合作实现利益共享、共赢。我们应加强互学互鉴,携手建设开放型经济和区域合作框架。我们对亚太各种自贸区建设持开放态度,同时认为应保持必要的公开性和透明度。在地区安全方面,区域安全架构应是开放和透明的,应当具有广泛的包容性和代表性。地区国家在维护自身安全时应兼顾各方正当合理的安全关切,探讨形成符合本地区需要、切合本地区特点并为各国普遍接受的安全合作架构。封闭性、排他性的安全合作不符合当今时代潮流。

三、中国作为亚太大家庭的一员，历来以促进亚太的和平稳定和可持续发展为己任

党的十八大以来，本届中央领导集体高度重视周边外交工作。习近平主席和李克强总理就任后首访首站都选择了周边国家。2014 年中央外事工作会议进一步明确了周边外交在中国总体外交布局中的首要地位。中国积极从政治、经济、安全等多个层面探索中国以及周边国家的发展路径。在 2015 年 4 月博鳌亚洲论坛年会上，习主席系统阐述了命运共同体理念，提出通过迈向亚洲命运共同体，推动建设人类命运共同体，引发了各方强烈共鸣。

（一）周边是中国承担大国责任的首要区域

我们遵循“正确义利观”，对外交往要义利并举、弘义融利，所谓“义”就是行大道、重公义，切实履行我们所承担的道义责任。中国的和平发展与周边地区的整体发展密不可分，我们以周边为发展依托，也愿意把自身发展的红利首先惠及周边国家。可以明确地说，中国追求的是一种承担责任的发展，安邻、惠邻是这种责任的应有之义。

（二）中国是周边地区和平稳定的压舱石

中国身体力行和平共处五项原则，坚持走和平发展道路，倡导共同、综合、合作和可持续的亚洲安全观，在战与和的问题上始终站在历史正义的一边，成功推动周边重大热点难点问题的软着陆。

我们坚持通过和平方式处理领土主权和海洋权益的争端，同 14 个陆上邻国中的 12 个国家彻底解决了陆地边界问题。我们积极倡导处理南海问题“双轨”

思路,提出在南海问题上奉行“五个坚持”,即坚持维护南海的和平稳定,坚持通过谈判协商解决争议,坚持通过规则机制管控分歧,坚持维护南海的航行和飞越自由,坚持通过合作实现互利共赢,得到地区多数国家理解支持。

我们坚持实现朝鲜半岛无核化,坚持维护半岛和平稳定,坚持通过对话协商解决问题。在缅北冲突、阿富汗等问题中积极劝和促谈,为地区国家和平和解发挥了建设性的作用。我们积极推动打造地区安全对话的合作平台,成功召开亚信峰会,并愿以上海合作组织和东亚合作框架为支撑,开展双多边的防务安全交流合作。我们主动与东盟国家探讨建立双边防务热线等危机管控措施,与日本重启海空联络机制的磋商,与美国完善海空相遇行为的准则。

我们积极与地区国家开展防灾减灾合作,联合举办地震和海上搜救演练,携手应对地震、海啸、大规模传染性疾病等突发挑战,为地区提供更多的公共安全产品,努力保障本地区传统领域和非传统领域“双安全”。“东亚应对气候变化区域研究与合作中心”将于近期挂牌。中国与湄公河流域国家正在探索共建“青蒿素类疟疾治疗药物抗药性流域联防机制与响应体系”。

(三) 中国是周边睦邻友好的坚定践行者

睦邻友好是亚洲和平稳定的重要依托。中国人珍视“兼善天下、立己达人”的优良传统,延续“亲望亲好、邻望邻好”的睦邻传统,周边外交“亲、诚、惠、容”理念正是根植于这些传统。我们积极增进地区国家的相互理解和信任,同8个周边国家签署了睦邻友好合作条约。我们建立和不断充实与周边国家各种类型的伙伴关系,既保持“走亲戚式”的高层交往的热度,又密切各领域、各层级的交流合作,巩固地缘相近、人缘相亲的情感纽带。

我们推动启动商谈中国-东盟国家睦邻友好合作条约,推动区域全面经济伙伴关系协定进入实质性磋商阶段,加大对“10+1”、“10+3”、东亚峰会、东盟地区论坛、亚洲合作对话、南亚区域合作联盟、亚信等机制的投入和参与度。克服各种困难,维护中、日、韩合作势头,推动三国合作取得重要进展,引领区域合作风气之先。我们与地区国家一道，推动构建更加开放包容的亚洲区域合作网络。

（四）中国是亚洲增长的重要牵引力

中国是亚洲地区经济增长的强动力和稳定器。我们持续深化改革，引领经济“新常态”，以稳健发展为亚洲经济担当。近年来，中国对亚洲增长的贡献率超过50%。中国经济每增长一个百分点，就将拉动亚洲经济增长0.3%个百分点。中国已连续多年成为不少周边国家最大的贸易伙伴、最大的出口市场和重要的投资来源地。2014年中国与东亚和南亚国家贸易总额已超过1.2万亿美元。中国与亚洲已结成一荣俱荣、一损俱损的命运共同体。

中国实施新一轮高水平对外开放，以自身的发展带动并且惠及周边。我们推进“一带一路”建设，弘扬古丝绸之路“互学互鉴、和睦共处”的精神，倡导共商、共建、共享的平等互利的方式，与丝路沿线各国加强政策沟通、设施联通、贸易畅通、货币融通、民心相通，共同打造开放合作的平台。我们支持并积极参与地区的互联互通建设，着力打造安全高效的综合联通网络，为亚洲地区可持续发展提供有力的保障。我们大力开展海上合作，积极推进海洋经济、海上联通、海洋环境、海上安全、海洋人文等领域的交流与合作，将合作潜力转化为实实在在的合作成果。

我们致力于深化金融合作，倡议筹建亚洲基础设施投资银行。亚投行将是对现有多边开发银行的有益补充，将为亚洲国家的实体经济和务实合作提供重要金融支撑。我们积极推动产能合作，支持优质富余产能走出去，为提升亚洲整体产业发展水平做出努力。我们探索出有效市场和有为政府结合的发展模式，为亚洲国家探寻符合自身国情的发展路径提供了可鉴之道。

结　论

2015年是二战结束70周年和联合国成立70周年,“前事不忘,后事之师”,只有铭记历史并正确看待历史,才能把握好未来的发展方向。中国历来是世界和平的捍卫者,也是国际和地区秩序坚定的维护者、建设者和贡献者。70年来,中国始终为捍卫并完善以联合国为核心的战后国际秩序和国际体系发挥着建设性作用。我们积极践行结伴而不结盟、合作而不对抗的国与国交往新路,将合作共赢作为处理国与国关系的目标,走出一条有中国特色的大国外交之路。

不断发展的中国在亚洲将承担应尽的责任,愿为亚洲的稳定与繁荣做出更大贡献。我们将坚持道义为先,力所能及地扩大对本地区发展中国家的援助,做地区国家发展的支持者。我们主张通过对话协商,和平解决本地区仍然存在的争议和分歧,努力增进各国互信,加强安全合作,在地区热点问题上发挥建设性作用,做地区安全与稳定的促进者。我们希望各国共同弘扬亚洲地区传统文化的精髓,政治上互相尊重、共同协商;经济上相互促进、共同发展;文化上相互借鉴、共同繁荣;安全上相互信任、共同维护,让每一个国家都参与到希望与挑战并存的亚洲发展进程中来。

展望未来,和平、安全与繁荣是亚太国家人民的共同的期许和奋斗目标。我们唯有顺应潮流、把握机遇,构建更为紧密的命运共同体、利益共同体、责任共同体,才能在新时期实现安全与发展的良性循环,实现我们共同的“亚太梦”。我们将与亚太国家一道,坚定信心,携手合作,共同建设和平、和睦、和谐的亚太地区,共筑亚太新辉煌!

世界大同与南海问题的解决

朱文泉*

［内容提要］ 解决南海地区热点问题，是牵动全局、影响长远的一盘棋。要坚持“四三制”，下活南海棋：一是坚持“三轨”并行。即与南海当事国“一对一”直接谈判、与东盟展开对话和合作、坚决与南海问题的域外“搅局者”做斗争。二是坚持“三路”并进。即确保南线（海上丝绸之路）、加快西线（陆上丝绸之路）、开辟北线（经北冰洋通往欧美）。三是坚持“三段”并用。即由“政治—战争”的“两段论”变为“政治—非武力斗争—战争”“三段论”。坚持常态下的政治，争取“谈”出一个和平的南海；如果行不通，则可以利用非武力斗争阶段，“斗”出一个和平的南海；若对手诉诸武力，我们则可以下定决心，“打”出一个和平的南海。四是坚持“三举”并重。即以走向大同引领世界人民、以“不战而和人之兵”逐步消灭战争、以合作共赢促进未来发展。

［关键词］ 世界大同　南海问题　解决途径

解决南海地区热点问题，是牵动全局、影响长远的一盘棋。本文认为，坚持“四三制”是下好和下赢这盘棋的关键所在。

---

* 朱文泉上将，原南京军区司令员，南京大学兼职教授。

一、坚持“三轨”并行

(一) 中国应与南海当事国“一对一”直接谈判

早在2002年11月4日,中国与东盟各国共同签署的《南海各方行为宣言》第四条就明确规定,“有关各方承诺根据公认的国际法原则,包括1982年《联合国海洋法公约》,由直接有关的主权国家通过友好磋商和谈判,以和平方式解决它们的领土和管辖权争议”。该《宣言》为各个“直接有关”的国家通过“一对一”和平谈判协商提供了依据,有利于防止争端多边化、扩大化,有利于防止域外势力插手干预。本文认为,“一对一”谈判,应当遵守以下原则:(1) **相互尊重,平等协商**。中国秉承这个原则,先后完成了与周边14个有陆地领土争议国家中12个国家边界的划定谈判工作,南海问题谈判亦应坚持这个原则。(2) **尊重历史,面对现实**。双方应公正评判历史争端,客观面对法理事实,从大处着眼,合情合理解决双方分歧。(3) **先易后难,循序推进**。可以借鉴历史经验,先搁置争议,为热点降温,对历史法理依据充分、相互分歧不大的问题可先取得共识,并以此带动其余争议问题的解决。(4) **求同存异,互谅互让**。本着互谅互让、合作发展的思路发展,实现互利共赢。黄岩岛主权属于中国,中国海警船在这一海域依法巡逻,而对在附近海域打鱼的菲律宾渔民没有驱赶,就体现了包容的精神。

(二) 中国应与东盟共同维护南海的和平稳定

南海争端不是中国与东盟的争端,直接当事国只是部分国家,但中国与东盟有责任共同维护南海地区的和平稳定。中国和东盟是利益攸关的战略伙伴和命运共同体,有着深厚的传统友谊和完善的协商对话机制。与东盟加强合作,能进一步发挥东盟的积极作用,营造良好区域环境,促成更多共识。(1) **推动东盟协**

调各国恪守以往的共同承诺。中国和东盟及其所有争端国历史上多次达成共识，签署协议，主张通过“一对一”谈判协商解决分歧，要通过东盟这一区域联合组织，促成各成员国共同严格遵守相关法律、协议和承诺。**(2)推动东盟协调各国反对域外势力插手干预南海争端**。揭露域外国家插手南海争端，其险恶目的就是要激化东盟和中国的矛盾，搅乱南海局势并从中渔利。**(3) 推动东盟协调各国联合管控分歧避免危机冲突**。警示违背共同承诺擅自提起国际诉讼会导致危机，违背共同开发原则擅自在争议地区与域外国家联合开采南海资源也会导致危机，东盟应当主动作为，有责任加以制止。

(三) 中国应与南海问题的域外“搅局者”做斗争

南海本来风平浪静，但由于域外势力插手而变得风高浪急。因此，在坚持与当事国“一对一”谈判、与东盟展开对话的同时，必须同域外国家挑拨干涉作坚决的斗争。**(1) 要与美国搅乱南海局势的阴谋和行为作斗争**。自 2010 年起，美国深度插手南海问题，其战略目的，是为了维持和强化它在亚太的霸权。其手段是：搅乱南海局势使之国际化，压缩中国战略空间，牵制中国发展，遏制中国崛起；拉拢东盟某些国家，破坏中国与东盟的关系，削弱中国在东南亚的影响；借口“航行自由”和地区安全，拉拢日本、韩国、澳大利亚等拼凑“亚洲版”小北约，进一步加强其在亚太地区的前沿存在，确保其印太战略的推行。**(2) 要坚决回击日本利用南海问题挑拨离间**。日本不是南海问题的当事国，之所以处心积虑插手南海事务，充当急先锋，其重要动机是搅局南海，摆脱其在东海、特别是在钓鱼岛问题上的尴尬局面；转移国民视线，缓和国内矛盾；同时借助美国印太战略，摆脱“战后体制”，从经济大国走向政治大国和军事大国。需要特别指出的是，日本军队曾非法侵占中国南海诸岛，并将其作为太平洋战争、侵略东南亚各国的物资中转站，日本这段不光彩的历史与插手南海的丑恶表演，展现给世人的是战争加害国对战争受害国、战败国对战胜国的反攻倒算，必须引起国际社会的高度警惕。**(3) 要提醒有关国家不要受美日挑唆利诱而染指南海**。中印两国是近邻，同为

“金砖国家”,有着广泛的共同利益,双边保持和发展睦邻友好合作关系,有利于两国在更高层次上参与国际合作,实现共赢,如果不顾中印两国关系大局,执意充当美日干预南海的推手,结果只能是伤害朋友,损害自己。中澳两国既无历史矛盾,也无现实冲突,经济上的互补性,加深了双方各领域的合作发展,中国已经成为澳大利亚最大的贸易伙伴。如果澳大利亚国内某些势力鼓动政府追随美日,甚至派军舰或军机到南海搅局,将对经贸合作造成严重影响,严重损害两国关系。

二、坚持“三路”并进

(一) 确保南线

由南海经马六甲海峡通往非洲、欧洲的“海上丝绸之路”,是中国历史上的传统航线。当前,中国对外经贸 90%以上的物资通过海运,而其中绝大部分要经南海;我国进口的石油,80%以上要经南海运输,可以看出,这条“海上丝绸之路”已经成为我国的海上生命线。因此,维护南海和平稳定,确保南线安全畅通,是中国坚定的、不可动摇的一贯立场。要与南海周边国家共同维护,安全使用南海的运输航道,反对动辄搞什么“自由巡航”“飞越”等挑衅行为,反对激化南海争端、影响南海航行安全的任何举动;我国加强南海航行设施建设,有限扩建相关岛礁,增强防卫能力,是确保南海生命线的必要举措;我国与相关国家共同兴建大型港口、输油管道、南亚铁路,包括条件许可时共建克拉地峡运河,都是确保南线、打破“马六甲瓶颈”的有益尝试和设想。

(二) 加快西线

由新疆连通欧亚的陆上丝绸之路,古代曾是我国连通中、西亚的一条主线,也是当今“一带一路”倡议中的“丝绸之路经济带”。西线的建设和加强，不仅有利于沿线各国的发展，也是我国对南线的重要补充，具有重要战略意义和军事意义。中国与沿线各国互利合作，以兴建大型基础设施和发展经济贸易为牵引，使得西线的建设生机勃勃。我国与巴基斯坦共同建设的中巴经济走廊，总长 3 000 千米，通过公路、铁路、管线、港口等大型基础设施项目，将我国西部地区与阿拉伯海和印度洋连接起来，进而增强了我与中东、非洲地区的物流能力。新落成的巴基斯坦瓜达尔港已经投入使用，第一艘中国大型商船从这里起航，此后这里将成为中国商品大规模进出的重要门户。西线的欧亚大铁路，全长 13 000 多千米，从中国东部的义乌至欧洲西部的西班牙马德里，途经欧亚多国，行程约 3 个星期，比海路更加快捷。现在看，西线建设前景广阔、开端良好，但要真正实现既定的目标，还需要加速推进。

（三）开辟北线

打通中国东北出海口，经日本海、白令海峡进入北冰洋，沿东北航道通往欧洲，沿西北航道通往美洲。随着北冰洋浮冰融化的加快，这条航线将逐步实现大规模运营，进而可能成为世界主要海上通道，带动沿线各国的发展，甚至改变东北亚和世界战略格局。对于中国而言，如走北线的东北航道至欧洲，距离仅为南线的三分之二，运输成本将大幅降低，经济价值巨大；更为重要的是，北线具有分担甚至替代南线的前景，将对我国的经济、军事、外交战略产生重大影响。当前，应抢抓先机、排阵布点，积极介入北极事务，参与相关组织和制定相关规则。努力打通出海口，加强东北沿海港口建设，开展北冰洋大型船舶远洋运输以及破冰、气象方面的研究考察和试验，组建适宜北线航行条件的远洋船队等，尽早形成和增强使用北线的能力。

“三路”并进，南线、西线、北线紧密关联。南线是全局支撑，西线是重要补充，北线是重大拓展，三线互为依托，相得益彰，如是，我国将始终立于主动地位。

三、坚持“三段”并用

克劳塞维茨在《战争论》中指出:“战争是政治的继续。”意思是,国家之间存在着的矛盾,当用政治手段解决不了时,就用战争手段来解决,由政治直接发展为战争,这就是“政治—战争”的“两段论”。当今时代不同了,情况变化了,这个名言不能继续加以套用了。因此,笔者在《岛屿战争论》(军事科学出版社,2014)中提出了“政治—非武力斗争—战争”的“三段论”思想。

纵观“三段论”的演进过程,可以做如下简要归纳:

(一) 政治阶段

这时的政治指的是常态下的政治,通过正常的政治、经济、外交、文化交往,来维持国与国之间、盟与盟之间的政治互信和友好合作,从而求同存异,发展共赢。这在当前国际政治领域是主要的状态。应该说,政治谈判是首选,和平解决属最佳。

(二) 非武力斗争阶段

指的是在遇到矛盾,甚至有冲突风险的情况下,充分发挥非武力斗争的作用,使它起到缓和、缓冲、缓解的作用。观察20世纪末以来的国际冲突,可以发现一个明显变化,就是从政治手段走向战争手段已经不再是简单的“两段论”,其间往往有一个非武力斗争的过程。矛盾双方综合运用政治、经济、外交、法律、文化、舆论等多种手段,包括战略威慑(如军演、武备发展、抵近侦察)、战略弱化(如经济制裁、资源技术控制、挤压生存空间)、战略摧毁(如金融入侵、颜色革命)等,反复进行多个交锋,尔后才能决定转回和平或者走向战争。因此,非武力斗争由隐而显、由短而长地上升为一个独立的重要阶段。

非武力斗争之所以会形成一个独立阶段，主要是由于以下原因促成的：一是经济全球化强化了各国之间的依存关系，共同利益形成了不同层次的命运共同体和各种合作组织，如人类命运共同体、亚太国家命运共同体等，弱化了战争动因；二是爱好和平力量特别是发展中国家力量的日益壮大，牵制了战争对手；三是逐步完善的国际法，限制了战争行为；四是战争可能造成的空前破坏和巨大耗费，使得即使是战争狂人也望而却步。由于这些制约因素，政治手段难以直接走向战争，而是在非武力斗争阶段纵横捭阖，甚至长期较量。由"两段论"走向"三段论"，是社会不断发展进步的体现，是不可逆转的社会趋势。

非武力斗争与武力斗争相比，没有硝烟，显得"温和"，但与常态下的政治相比，有时又复杂激烈得多。它是一个中间过程，既能起到缓和、缓冲、缓解的作用，又具有准战争作用和准备战争的作用。例如，韩国与日本独岛（日本称竹岛）之争、日本与俄"北方四岛"之争、俄与乌克兰之争、中国与南海有关国家岛礁之争、美国干涉南海与中国反干涉，都属于这个阶段的斗争。斗争得好，转回常态下的政治；斗争得不好，有可能走向战争。所以，在这个阶段，既要争取常态下的和平，又要进行适度的战争准备，只有这样才能立于不败之地。

（三）战争阶段

当政治手段解决不了问题的时候，当非武力斗争也不能解决问题的时候，有可能会爆发武装冲突或是小规模、中等规模的战争，这就要求我们做好充分的战争准备。当前面两段的努力都不起作用时，只要我们充分做好第三段的战争准备，有能力打赢战争，也能实现稳定南海维护主权的目的。

据不完全统计，当前，世界上有 85 个国家 83 处 410 个岛屿（礁）存在着争端，主要集中在亚太地区。我们坚持常态下的政治，争取"谈"出一个和平的南海，如不能，我们则要利用非武力斗争阶段，"斗"出一个和平的南海，若对手诉诸武力，我们也要下定决心，"打"出一个和平的南海。

四、坚持“三举”并重

解决地区热点问题,不能就事论事,必须从更高的战略层次和更大的全球范围来认识和解决问题。

当今人类,最要关注的是三大根本性问题:**人类究竟要向何处去?世界和平到哪里去寻找?如何实现共赢而不为五斗米打得头破血流?**这就要树立三个信念,采取三方面的举措:

(一)要以走向大同的信念引领世界人民

联合国的重要职责是制定标准和编纂国际法,维护国家之间的和平与安全,推动国际经济、社会合作及发展,主导国际司法仲裁及日常工作。二战后几十年,联合国在人道救援、难民救助、减灾、医疗、防病、维和、改变气候环境、促进可持续发展等方面,都做了大量的卓有成效的工作,但在反对霸权主义、新干涉主义,消除恐怖主义,制止地区冲突和解决地区热点问题等方面,还显得无能为力。造成这种情况的原因,是国际法缺乏权威,有的严重滞后,带有西方色彩而不够公正,更为重要的是,联合国没有足够的权力来处理世界事务,更没有长远的目标来引领世界人民。所以本文建议要系统梳理修改国际法,制定大同法,要成立以联合国为基础的准世界政府,要赋予联合国更多的权力,掌管必要武装力量,维护世界秩序,要引领世界人民走向大同。

(二)要以“不战而和人之兵”的信念逐步消灭战争

战争是一个恶魔,几千年来人类致力于消灭战争,但战争始终没有停止过。怎样才能消灭战争呢?我们不妨研究一下欧盟的经验。欧洲版图不大,为什么国家那么多？除了地理环境利于割据，文化不同，语言文字不统一，国家民族成分单一以外，很重要的原因是战争制造了分裂。战后，他们意识到分裂的欧洲对谁都没有好处，因此经过多年的扩大，欧盟逐步扩大到28个成员国（其中英国已宣布退出），他们在享有充分主权的情况下，适当让渡一部分权力给欧盟来行使，这样欧盟内部无战争，对外又可以为各成员国讲话，一举多得。本文认为，这个模式可以参考。如果世界各大洲这样的“盟”多了，各盟内部就会减少战争的概率，世界各大盟之间有了矛盾，本着“不战而和人之兵”的原则去处理，那么这个世界还会有战争吗？答案是显而易见的。

（三）要以合作共赢的信念促进未来发展

习近平主席主持中央工作以来，向全世界提出了“携手构建合作共赢新伙伴，同心打造人类命运共同体”的倡议，并为世界和平与发展事业贡献了中国理念、中国力量和“一带一路”“亚投行”等中国方案，影响了整个世界。假如世界各国的眼光从脚底移向全球，目标从一国引向全人类，特别是把聪明和才智用在经济互补和科学技术的合作与开发上，把对太空、深海、极地、网络探索的成果用在为人类造福上，那么人类就会变得更加美好、更有希望。地球资源就那么多，而太空、深海、极地有我们足够需要的资源，我们应该联合到那里去勘探、去挖掘。要致力于协同研究生命科学，及时修补变异基因，使人类活得更长，要致力于协同研究生活环境，建设深海城市和太空花园，使人类居住更环保、更舒适、更安宁，还要推进七国合作开发的国际热核聚变实验计划（即“人造太阳”计划），早日开发无限的、清洁的、安全的新能源。如是这样“合作”，人类还不能实现“共赢”吗？人类还有必要盯着“一岛一礁”制造“仲裁闹剧”而扰得四邻鸡飞狗跳吗？

结　论

也许有人会说:世界大同、消灭战争好是好,但是离我们太遥远。是的,此话有一定道理。但是,着眼长远,统筹大局,正是为了更好地解决现实、紧迫和局部问题,“人无远虑,必有近忧”就是这个道理。在这里,本文借用法国大文豪雨果的话作为注脚:“没有什么比信念更能产生梦想,也没有什么比梦想更能孕育未来。”世界大同是信念,可以孕育未来;消灭战争是信念,可以净化未来;合作共赢是信念,可以创造未来。摆在我们面前的现实棘手问题确实不少,但只要我们坚持“三举”并重,认真笃行,这些地区热点就会解冻,令人向往的崭新世界就一定会到来。

南海地区的权力与秩序:美国南海政策的战略框架

[美]帕特里克·克罗宁*

[内容提要] 本文系新美国安全中心(Center for a New American Security, CNAS)2016年末出版的政策简报。该报告分析了中美在南海地区的竞争与合作,并提出了经济、军事、外交和规则四大参照系,以帮助美国政策制定者更为全面地理解南海地区事务。本文还根据竞争与合作的程度,列举了影响中美安全关系和政治关系的七大议题。本文最后提出,为了更好地维护美国在南海地区的利益,美国应该加强与东南亚国家的接触,发挥地区盟友及伙伴国的力量,并在综合实力的基础上加强地缘经济工具的使用。

[关键词] 南海 权力 秩序 中美关系

一、中美竞争与南海问题

尽管许多人呼吁中美应该建立更为合作的关系,但是中美关系似乎越来越

---

* 帕特里克·克罗宁博士(Dr. Patrick M. Cronin),新美国安全中心亚太安全项目高级顾问和高级主管。本文翻译者李途,南京大学中国南海研究协同创新中心博士生,现为该中心助理研究员。

朝着竞争的方向发展,[①]这种竞争趋势在南海问题上表现得尤为明显。南海地区不断上升的紧张局势也引起了东南亚国家对地区秩序能否继续维持的担忧。[②]

中美关系倒退的关键性事件发生在2010年7月在越南举行的东盟外长会议上。当时的美国国务卿希拉里·克林顿宣布美国支持确保领土争端通过友好与公平的方式加以解决。她还称:航行自由、亚洲海域的开放准入以及南海地区遵守国际法事关美国国家利益。[③] 时任中国外交部长杨洁篪对此警告称"域外国家"不要干涉南海地区事务。中美关系从此与复杂的南海问题纠缠在一起。在亚太地区国家看来,中美之间即使是最微小的一个举动也展现了它们的意图和决心。

新加坡巡回大使比拉哈里(Bilahari Kausikan)对中美竞争的地区影响进行了相当精辟的论述。他认为,相较于外交政策而言,中国和美国都更加关注于国内议程。双方都极力避免发生冲突,但谁也不会停止追求本国的利益。他指出,中国面临的战略挑战是如何在不招致美国激烈反对的情况下推动美国战略中心从东亚转移到其他地区,并获得对这一地区的主导权。[④] 美国的挑战则是如何适应中国的崛起,同时使其盟国和伙伴国再次相信美国只希望维持其在东亚的霸权并不会造成任何冲突。[⑤]

美国对此的应对方案就是对亚太地区推行全面的"再平衡"政策。[⑥] 具体到

① "Remarks by President Obama before Bilateral Meeting with President Xi Jinping of China at the G20 Summit," September 3, 2016. And William Wan, "Obama's China Visit Gets Off to Rocky Start, Reflecting Current Relations, "*The Washington Post*, September 3, 2016.

② Jane Perlez, "Ruling on South China Sea Nears in a Case Beijing Has Tried to Ignore," *The New York Times*, July 6, 2016.

③ Mark Landler, "Offering to Aid Talks, U. S. Challenges China on Disputed Islands," *The New York Times*, July 23, 2010.

④ Bilahari Kausikan, IPS-Nathan Lecture Ⅲ, "ASEAN and U. S.-China Competition in Southeast Asia," *Today*, March 30, 2016.

⑤ Ibid.

⑥ Kurt M. Campbell, *The Pivot: The Future of American Statecraft in Asia*, New York and Boston: Twelve, 2016.

南海问题上,美国寻求通过支持遵守国际法和地区规范来维护地区和平,这些规范包括和平解决争端、不诉诸武力或威胁使用武力。在具体行动上,则表现为开展"航行自由行动",从更为宽泛的意义上说,就是确保美国"在国际法允许的范围内开展符合《联合国海洋法公约》规定的航行、飞越和行动自由"[①]。此外,美国还积极加强与东南亚国家(尤其是南海沿岸国家)的战略接触。[②]

除去美国的意图难以估测外,南海局势:中国的岛礁建设、南海仲裁案裁决结果出炉、大国的海上军事演习、紧张的双边关系,以及频繁的海上捕捞、石油开采和海上执法行动,事态进展和议题变化令人眼花缭乱,给美国的战略规划和政策实施带来了巨大挑战。南海成为越来越趋不稳定的"亚洲大熔炉"(Asia's Cauldron)。[③]

尽管美国具有采取重大行动的能力,但也许也正因为如此,美国的决策者们需要找到一个能够全面、长期地维持美国在南海地区利益的方式。本文旨在对地区内外的权力和秩序进行总结与思考,为政策制定者提供一个基本框架,以帮助他们关注维持权力永恒不变的要素以及推动地区秩序或失序的重要变量。这些因素决定了美国需要一个完整的应对方案,而不是战术的、零星的反应。这些碎片化的反应无助于增进美国在这一地区的战略影响力。

本文接下来分析了中美在南海地区开展竞争的形式和内容,并提出四种不同的议题篮子或者说是参照系,它们能够为我们应对地区事务提供指导。本文强调了中美合作关系如何产生竞争以及竞争关系如何产生合作。总之,本文为理解美国在南海地区多方面的利益提供了一个基本框架,它还揭示了在各种利益之间维持平衡(尤其注重权力的地缘经济因素),是美国融入和塑造这一充满活力、又十分脆弱的地区的最佳方式。

---

① David Brunnstrom, "Carter Says U. S. Will Sail, Fly and Operate Wherever International Law Permits," Reuters, October 13, 2015.

② Patrick M. Cronin, ed., "Cooperation from Strength: The United States, China and the South China Sea," (CNAS, January 2012).

③ Robert D. Kaplan, *Asia's Cauldron: The South China Sea and the End of a Stable Pacific*, New York: Random House, 2015.

二、南海问题的四种参照系

南海地区冲突不断给美国带来的一个益处就是,美国的政策制定者比以往几年更为关注地区态势的发展。本文旨在对南海的主要议题和领域进行分析,但首先我们有必要检验这些议题是如何产生的。

中国与东南亚邻国之间的权力不对称意味着它们之间的冲突在可预见的未来只能得到控制,而无法加以解决。毕竟,制定一个具有约束力的行为准则的愿望还停留在地区外交议程的讨论阶段,目前还没有出现任何有意义的进展的迹象。此外,强制政策的使用,以及其他先例的开创,如岛礁军事化以及可能的海上冲突事件,也对东海海域事态的发展产生了不利影响。

如果美国的政策制定者希望获得一个持久的行动框架,而非对近期事态做出简单反应,那么就需要对南海问题的重要影响因素进行一个更为清晰的思考。事实上,南海地区之所以对美国利益如此重要,主要表现在四个方面:一是南海是崛起的中国与守成的霸权国美国之间开展战略竞争的交汇点;二是南海是塑造亚太地区国际关系和国家行为的规范、规则和标准的场所;三是南海是美国军事主导地位的试金石,它将决定美国能否能够继续投射它的战斗力,是否会被中国不断上升的军事力量取代;四是南海是地区经济中心以及全球航运的关键枢纽。

这四种参照系涉及军事力量、外交竞争、规则和结构,以及海洋型经济或者说是“蓝色经济”。我们可以设想一下这些参照系在一个2×2的矩阵里(如下图所示)。横轴X轴代表一条理论上的战略政策光谱,光谱左右两端分别是完全的地缘经济政策和完全的地缘政治政策。纵轴Y轴代表一条理论上的战略工具光谱,最底端和最上端分别是绝对的软实力和绝对的硬实力。它们所构成的四个象限分别聚焦中美竞争以及中美南海问题中的经济、军事、法律和外交层面。以下将对这四个象限进行详细说明。

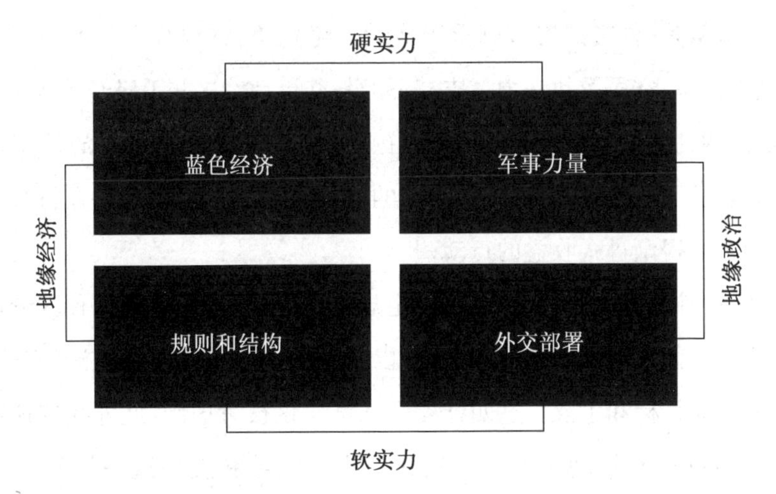

左上象限代表的是地缘经济战略以及经济硬实力因素,我们可以称之为"蓝色经济",指的是南海地区巨大的财富储量。它既包括丰富的海底及海床资源(渔业、油气和矿产),也包括巨大的贸易和航运财富。但是这一地区的财富也面临着一个普遍的威胁:南海脆弱的生态系统和环境遭到破坏。这些威胁主要来自过度捕捞、珊瑚礁和海洋生物受损、环境污染、自然灾害、环境变化,以及非法贩运和海盗。

右上象限体现的是地缘政治的战略考虑,以及军事硬实力工具的运用,我们可以简单称之为"军事力量",表现为"反介入和区域拒止力量",指的是中国进行军事现代化建设以阻止美国对这一地区的军事干预。中国大规模的军事现代化建设以及美国对此的反应似乎主导了地区安全政策辩论。许多人都希望知道美国能否成功应对一个崛起的中国。他们也希望知道中国未来如何运用新获得的军事力量。

左下象限我们称之为"规则和结构",指的是地缘经济考虑以及软实力工具的运用,这些软实力工具包括法律规则、组织结构和机制。这些规则中最为重要的就是国际法(如《联合国海洋法公约》)和地区规范及标准。这些地区规范大多数是通过东盟主导的地区组织确立的,如东盟地区论坛、东亚峰会、东盟防长扩大会议。涉及南海问题的规范和结构目前还很薄弱,尤其是当中国这样一个大国试图推动制定有利于本国的规则时更是如此。

右下象限是"外交部署",侧重于地缘战略竞争,并混合了硬实力工具的运用,尤其是海军、空军及执法力量支持下的外交行动。这些手段经常用于所谓的"量身定做的胁迫"(tailored coercion)行动,也就是武力支持下的外交部署战略,指的是地区国家(尤其是中国)采用的,重新定义海上现状,并在行政管辖或主权权力上取得渐进式收益的行动。[①]

当然,这种区分既非科学,也不一定规范。但是,我们希望这种区分能够对南海地区现状做出清晰的解释和描绘,以帮助美国政策制定者厘清中美不同竞争层面的主要目标和手段。这四种参照系都应该被考虑到,此外我们还需要有跨参照系的目标和行动。本文结论部分将为完善和发展这一框架提供一些建议。

但是,目前的首要任务是将理论放在一边,将目光转向更为实际的地区对大国和秩序的认识和叙述。我们的焦点集中在如何应对崛起的中国这一问题上,它在给地区安全秩序带来挑战的同时又对地区及全球经济秩序不可或缺。美国政策制定者面临的一个主要挑战不仅是制定一个战略政策,而且还要在主导性叙事反对的情况下推行这一政策。

三、主导性叙述存在的问题

纵观奥巴马政府时期,外交政策辩论的主导性叙述总是集中在硬实力方面,比如:"中国挑战了世界秩序","大国竞争正在出现","亚洲出现安全困境",等等。这些论述对美国的南海政策产生了重要影响,但是它们并不够全面。随着美国新一届政府准备制定新版本的"亚太再平衡"政策,在综合实力支持的基础上对亚太地区开展积极的经济接触和外交接触,本文也试图重新定义中美大国

① Patrick M. Cronin, Ely Ratner, Elbridge Colby, Zachary M. Hosford, and Alexander Sullivan, "Tailored Coercion: Competition and Risk in Maritime Asia," (CNAS, March 2014).

关系并重塑美国外交政策。

《金融时报》专栏作家吉迪恩·拉赫曼(Gideon Rachman)在他的新书《东方化:亚洲世纪的战争与和平》(*Easternisation: War and Peace in the Asian Century*)中对上述主导性叙述做了恰当的呈现。他写道:奥巴马时代全球政治的主题表现为西方塑造国际事务的能力逐步受到侵蚀。这种侵蚀与亚洲(尤其是中国)不断增长的财富密切相关。其后果之一就是崛起的中国挑战了美国和日本的权力,并追求富有争议性的领土主张,亚洲内部出现外交和军事冲突的风险随之增加。美国的针对性措施就是通过"亚太再平衡"政策抵抗中国的权力,将军事资源转移到太平洋地区,与印度、日本等国一道加强美国的同盟体系。[①]

拉赫曼的观念并不是首创,他只不过是持这种观点的学者中的一位。这些学者们认为,全球权力逐渐从西方转向东方,从大西洋转移到太平洋和印度洋。权力扩散是一个长期的历史趋势。自15世纪起,西方开始扩张它在其全球的影响力,并于18世纪达至顶峰。在过去的半个世纪内,权力的扩散无疑加快了步伐。即使从历史的长河来看,亚洲的崛起,特别是中国的发展也令人叹为观止。许多数据和报告都对权力转移的规模进行了预测。可以肯定的是,到2025年,世界人口的2/3将集中在亚洲。不那么确定的是,美国国家情报委员会预测到2030年,亚洲在全球力量中的比重将超过欧洲和北美的总和,这些力量包括国内生产总值、人口规模、军事开支和技术投资。[②]

即使这些预测从技术上来说是真实合理的,它们也抹杀了其他更为重要的事实。首先,对多种变量以及变幻莫测的国际政治进行线性推测本身就需要更为谨慎。对未来亚洲增长及美国衰落的线性推测意味着我们需要超越人类可能的认知能力而对未来了解更多。事实上,拉赫曼在他的书中已经意识到了时运变化的速度。我们甚至无法预知明年的事情,又怎会知道几十年后的事情呢?此外,对美国和东南亚来说最为严峻的挑战并不是中国不断崛起,而是中国减缓

---

① Gideon Rachman, *Easternisation: War and Peace in the Asian Century*, London: The Bodley Head, 2016, p. 3.

② National Intelligence Council, "Global Trends 2030: Alternative Worlds," April 2012, p. 15.

发展。一个经济疲软的中国，再加上民族主义情绪和扩张权力的鼓动，对地区国家来说是最危险不过的局面了。[①]

此外，还有其他原因提醒我们不应过于乐观地看待所谓的“权力转移”的规模和时间线。权力崛起和衰落的速度并不容易预估。然而，目前的主导性叙述既强调这是一种新的现象，又将其轻描淡写为一种持久的现象。拉赫曼自己也有这种倾向：他将1975年的七国集团(G7，日本是当中唯一的亚洲国家)与今天的四大经济体(美中日印)进行比较，但是他采用了两种不同的指标进行计算，前者使用名义GDP，后者使用购买力平价。如果按照2016年的名义GDP来计算，世界七大经济体中有五个仍然是G7成员国。这七大经济体分别是：美国、中国、日本、德国、英国、法国和印度。这一趋势提醒我们在关注历史的变化时，也要注意到西方国家一直以来的重要性。

从更为一般的意义上来说，主导性叙述忽视了美国在促进地区繁荣和法治方面已经发挥并将继续发挥的作用。美国前主管东亚和太平洋事务的助理国务卿库尔特·坎贝尔(Kurt Campbell)在对拉赫曼的书进行积极评价的同时，也指出权力转移的观点忽视了美国权力所具有的韧性。[②] 日本、韩国以及台湾地区的经济崛起在很大程度上归功于美国的战后政策。此外，二战后美国与其他国家共同建立的国际制度是当代国际秩序的主要支柱。这一秩序并没有排斥新的机制和安排，但是这些国家展现了它们致力于坚持不懈地提供可持续的、公开透明的公共物品的能力。现存的国际制度，如布雷顿森林体系与旧金山和平架构对亚太地区的稳定与发展发挥着至关重要的作用。[③]

最后，主导性叙述过于关注大国关系，忽视了地区内及地区国家内部的多样

---

① Robert D. Kaplan 在其论中文中很好地阐明了他的观点：“Eurasia's Coming Anarchy: The Risks of Chinese and Russian Weakness,” *Foreign Affairs*, March/April 2016.

② Kurt M. Campbell, “Easternisation: War and Peace in the Asian Century, by Gideon Rachman,” book review, *Financial Times*, August 12, 2016.

③ 详见 Victor Cha, *Powerplay: The Origins of the American Alliance System in Asia*, (Princeton: Princeton University Press, 2016)和 Robert D. Blackwill and Jennifer M. Harris, *War by Other Means: Geoeconomics and Statecraft*, Cambridge: Harvard University Press, 2016.

性、国内问题以及差异化现象。目前的叙述忽视了太多重要的行为体。事实上,它们的声音值得我们认真倾听,它们的权利值得我们平等尊重和保护。这对美国的地区策略而言非常重要。与此同时,主导性叙述还忽视了地区国家(主要是东南亚国家)面临的治理挑战。拉赫曼注意到了地区内部冲突对亚洲崛起的潜在阻碍作用。中国经济增长放缓,地区面临的系统性治理挑战,朝鲜半岛、次大陆以及亚洲海上出现的冲突都使得我们做出大胆预估:亚洲的未来充满着风险和挑战,它的崛起并不是必然的。

总之,主导性叙述中关于"权力转移势不可挡,崛起国与守成国之间可能(尽管不是非常有可能)发生冲突"的观点过于简单化,它们无法把握当今世界的动态和相互依赖。因此,下文将转向美国的外交政策,既包括大国外交政策,也包括小国外交政策。本文最后一部分还将对美国南海政策的影响和启示进行总结和归纳。

四、美国外交政策与中美竞合关系

南海问题总是被归结为中美关系问题。美国对这种还原主义的看法必定是坚决予以反对的,并强调中美这一重要的双边关系是复杂的,远比单一的南海问题更为宽泛。美国外交政策主张,世界受益于一种公正有序的和平。尽管未来几年大国竞争很有可能出现在南海地区,但是美国依然致力于扩大与所有国家的合作关系。美国与日本、印度这两个亚洲大国的关系处于历史上最好的时期。此外,尽管英国脱欧公投给欧盟带来了新的挑战,美国还是采取了必要的措施巩固跨大西洋伙伴关系。美俄、美中竞争无疑是正在出现的全球安全环境的一部分,这两对双边关系一旦出现恶化,东南亚国家必定会受到波及和牵连。尽管存在各种担忧,中美整体关系依然受到复杂的相互依赖的约束。

如果未来的大国关系依旧如此复杂多变,美国未必可以像 2016 年总统选举之前那样坚称可以实现做积极的全球角色的承诺。一个主要党派居然提名一个如此毫无顾忌地主张放弃美国全球承诺的人作为候选人,这些承诺包括遵守贸易规则、履行条约义务以及对酷刑的态度,这在美国历史上还从未出现过。即使这些只是竞选时期的言论,它们也对美国的声誉造成了严重的损害。令人宽慰的是,竞选过后,新一届美国政府将会着重应对这些挑战。它可能会强调维护和适时调整一个包容的、基于规则的国际秩序的重要性尤其是在南海地区。此外,它无疑还会强调美国外交政策尤其是在亚洲的外交政策的重要性。美国将继续通过军事实力支持下的经济和外交政策工具,维持它作为一个永久的太平洋国家的地位。

世界秩序不会自动进行调节,因此美国需要继续寻求在综合实力的基础上发展与其他国家的复杂的竞争与合作关系。当然,综合实力的内容也需要进行再平衡。在别的国家看来,美国更像是一个单一维度的大国,过于重视军事实力,忽视了权力的经济方面。罗伯特·布莱克维尔(Robert Blackwill)和珍妮弗·哈里斯(Jennifer Harris)的新书《其他方式的战争》(*War by Other Means*)是对美国观念的及时纠正。他们告诫美国需要重新重视地缘经济的价值,重视通过经济手段来维护国家利益以及获得地缘政治收益。[①] 贸易、投资、能源、金融、发展援助以及其他经济政策工具,应该成为美国与亚洲及全球保持接触的核心内容。与此同时,美国也应关注和重视气候变化、环境保护甚至是恐怖主义对美国、地区及全球稳定所产生的地缘经济影响。

在实践上,美国应该关注经济增长,创造高收入的就业机会,同时维持地球的可持续发展。美中关系,正如同美国与东南亚国家、与亚太地区其他国家的关系一样,建立在互利共赢的经济交换的基础上。如果收益分配出现不公,就需要对其加以处理。正如普林斯顿大学中国与世界项目主任托马斯·克里斯滕森(Thomas Christensen)所述,全面的经济相互依赖缓和了大国间关系,并抑制了各国诉诸武力解决争端的愿望。克里斯滕森强调,尽管美国对中国越来越持以警惕,但是美国应该逐步说服中国将实现国内经济增长与维护世界秩序(而不是

---

① Blackwill and Harris, *War by Other Means*.

与世界为敌)联系起来,这种观点应该成为美国决策圈的主导性共识。[①] 尽管说服可能隐含风险,但它不一定也不应该引发冲突。克里斯滕森还写道,美国在防止中国对其周边国家采取威慑行动方面面临着越来越大的挑战。但与此同时,中国也具有强烈的动机避免与美国发生不必要的冲突。再说了,经历了数十年的冷战,美国政府在推行强制性外交方面应该说是更为得心应手了。[②]

威慑应该起作用、经济应该占主导这一事实,似乎不能够消减美国及许多地区国家对中国的担忧。它们的主要担忧包括:中国快速的军事现代化、在亚洲海域越来越强硬的行为,以及缺少透明度。如果有谁想了解中国在亚洲引发的担忧,他只需要去阅读过去十年内日本国防部发布的年度白皮书就可以了。从2006年到2016年,尽管日本并没有将中国描述为一个直接的威胁,我们还是可以明显感觉到日本对中国能力和意图的信心在下降。如果像日本这样的亚洲大国都对中国保持警惕,那么那些装备不足的东南亚国家就只可能是有过之而无不及了。总之,有充分的证据表明亚洲国家(诸如日本和印度)对中国的行事作风以及它对国际法的解读感到担忧。[③]

中国的快速崛起不可能不引发地区焦虑。根据政治学的观点,权力转移产生安全困境。正如罗伯特·卡普兰(Robert Kaplan)所述,即使是简简单单地发展经济,中国也在推动西半球的权力转移,这引起了美国极大的焦虑。[④] 另外,也许有人会主张,因为中国对外部压力极为敏感,它会将任何对它的批评意见都看作对中国进行围堵的证明。

尽管中国公开主张改革二战后确立的全球秩序,但它实际上是一个维持现状的国家。维持国内政治秩序是中国政府的首要任务。中国共产党的合法性离不开国家繁荣、安全与民族自豪感的实现。习近平主席提出的“中国梦”以及“中

---

① Thomas J. Christensen, *The China Challenge: Shaping the Choices of a Rising Power*, New York: Norton, 2014.

② Ibid., p. 115.

③ Frank Ching, “Claiming Dominance, China Sheds Pretext of Peaceful Rise,” Yale Global Online, August 23, 2016.

④ Robert D. Kaplan, *The Revenge of Geography*, New York: Random House, 2012.

华民族伟大复兴”便是这种体现。但是中国主张增进国家权力和财富的决心，对其邻国和世界来说并不自然是一个双赢的结果。美国及其盟友非常重视习主席提出的“避免陷入修昔底德陷阱”的观点,但是美国也要保持对世界事物的积极接触以对中国形成必要的制衡。也就是说,安全困境无法避免。但是，鉴于大国关系既包含竞争又包含合作,我们还是能够对这一安全困境加以有效管控。

也就是说,如果美国将外交政策重点从地缘政治转向地缘经济,这将有助于缓解(尽管不能消除)中美之间的冲突与竞争。它的成功与否在很大程度上取决于当时的具体环境、其他大国的反应以及国际社会的政治意愿和行动能力。

五、中美竞合关系框架下的主要议题

根据竞争与合作的程度,本文提出影响中美安全关系和政治关系的七大议题。按照竞争程度由低到高排序,它们分别是:环境变化、贸易与发展、恐怖主义和政治暴力、朝鲜问题、网络攻击、军事现代化,以及东海和南海问题。它们共同构成了中美关系的全面性、复杂性以及相互依赖的本质。

(一) 环境变化

2015 年 12 月《巴黎协定》签署后,美中两国都承诺采取措施“建设绿色、低碳、气候适应型经济”,[①]环境变化意外地成为中美合作的支柱之一。事实上,两国最初的观点和立场不尽相同,双方在气候谈判问题上也经历了一些低潮期,比

---

① The White House, Office of the Press Secretary, “U. S. -China Joint Presidential Statement on Climate Change,” State Department, Washington, March 31, 2016.

如2009年在哥本哈根举行的联合国气候变化大会。[①] 相较而言，这些协议因为需要未来做出牺牲而更容易达成，但其目标却不容易得到执行和实现。但是，环境变化依然代表了美中关系中最具合作性的一面，这也意味着两国能够在其他更为复杂的议题上开展合作。美中应该抓住一些特别的机会加强彼此之间的合作与信任，比如发展合作型的碳排放检测技术和进程，或者是制定像核裁军协定那样的检验与评价体系。

（二）贸易和发展

贸易和发展主要体现为合作关系。但是，如果将贸易和发展两大领域合在一起看的话，我们会发现它们更多地被视为一种零和游戏。美国推动的最为重要的贸易协定——“跨太平洋伙伴关系协定”（TPP）是美国“亚太再平衡”政策的重要内容，它也被认为是与“区域全面伙伴关系协定”（RCEP）针锋相对的贸易协定。但事实上，TPP和RCEP都有助于建立高标准的经济一体化。[②] 美国最初对中国提出的亚洲基础建设投资银行的态度是非常冷淡的，虽然它的前景起初也不是很明朗。美国对中国的“一带一路”倡议态度相较来说好一点，但是“一带一路”想要成为高效、透明、信守诺言的制度，还有很长的一段路要走。美国应该找到恰当的方式支持那些双赢的发展计划（即使它们是中国提出的），并做好准备有选择性地接手中国不能实现其承诺的发展计划。

---

① Kenneth Lieberthal and David Sandalow, “Overcoming Obstacles to U. S.-China Cooperation on Climate Change,” Brookings Institution, 2008; John Vidal, Allegra Stratton, and Suzanne Goldenberg, “Low Targets, Goals Dropped: Copenhagen Ends in Failure,” *The Guardian*, December 19, 2009.

② Parah Khanna, *Connectography: Mapping the Future of Global Civilization*, New York: Random House, 2016.

(三)恐怖主义和政治暴力

我们越转向传统安全议题,中美关系的竞争性愈发明显。打击恐怖主义越来越成为主权国家之间加强合作的重要领域,这种合作不仅存在于美国与中、俄之间,也存在于美国与马来西亚、印度尼西亚、菲律宾、泰国、日本、澳大利亚、印度以及其他重要的亚洲国家之间。[①] 由于各自国内政治行为体的态度差异以及出于保持地区平衡政策的考虑,美中在这方面的合作还很有限。对于中国来说,"疆独"是对国际秩序的直接威胁和挑战。但在美国看来,要应对跨区域的恐怖主义挑战,首先需要保证中东地区实现一定程度的稳定,所以不应该对亚洲承诺过多,投入过多。当然,美国也要在越来越多的地区问题上保持与东南亚国家的合作。在美国看来,恐怖主义和政治暴力在东南亚呈上升态势,但还没有构成严重的威胁。[②] 地区国家至少应该联合起来阻止"伊斯兰国"势力扩展到亚洲地区。但是美国打击恐怖主义的努力应该充分考虑到当地环境,支持地方政府发挥作用,并提高早期预警、信息和情报搜集能力。[③] 尽管恐怖主义是美中共同的担忧,但是大国间合作仍然受到各种条件的限制。

(四)朝鲜问题

2016 年发生的一系列事件说明,朝鲜正在加速推进它的核试验和导弹试射计划。从 1 月份的第四次核试验到 9 月份的第五次核试验,从春天的"舞水端"中程弹道导弹发射再到 8 月份向日本专属经济区试射潜射导弹,金正恩似乎比

---

① Audrey Kurth Cronin and Patrick M. Cronin, "'Rocket Attack' Threat Highlights Terror Risk Faced by Prosperous Asia," *Straits Times* (Singapore), August 9, 2016.

② Anubhav Gupta, "Eventually There Will Be More Paris-like Attacks in Southeast Asia," *Asia Society*, March 8, 2016.

③ Patrick Cronin and Derwin Pereira, "The East Asia Summit and Obama's Asia Legacy," *Nikkei Asian Review*, August 15, 2016.

以往更加坚定要试射携带核弹头的导弹。[1] 每当朝鲜表现出挑衅的一面,中国就会加强与美国及其他国家的合作。中国赞成联合国安理会第2270号决议,这是涉及面最广的对朝制裁协议。中国还对韩国部署"萨德"反导系统提出了严厉的批评。此前的对朝制裁总是让位于中国更高的目标,即维持朝鲜政权及实现边境地区的稳定。从某种程度上来说,美国和中国比朝鲜更反对发生危机,但是美中关于朝鲜半岛战略影响力的竞争严重阻碍了双方在朝鲜问题上的合作。目前来看,朝鲜发展核武器和试射导弹的决心丝毫没有受到动摇,这可能会在未来加剧大国之间的竞争与冲突。美国应该继续向中国施压加强对朝鲜的制裁,同时保持与中国的合作来应对风险和危机。

(五) 网络活动

网络活动是中美关系中相对较新的一个领域,双方存在着明显的竞争与合作。尽管网络间谍活动会继续下去,但是美国曾寻求扩大与中国在以下两个敏感领域的合作:防止数据破坏造成战略系统或关键基础设施失灵,以及防止网络经济间谍活动。有报告认为,中美高层2015年末达成的协议表明双方在网络规范方面取得了明显成果。但是,这一领域也在不断变化,目前还很难看出明显的趋势。[2] 时间将证明美中能否在网络经济间谍问题上达成共识。网络"威慑"是一个颇具争议的概念。因为核威慑的作用能够明显被对手感知,但在网络空间却不一样,一方总是与另一方保持接触。因此在网络空间内对不好的行为进行威慑更像是通过积极防御和积极进攻与对方建立联系,以确立可持续的行为规范。但是,即使双方存在良好的意愿,加强网络空间的合作也还有很长的一段路要走。从短期来看,我们所能期待的最好结果就是双方实现渐进的合作以及互信建设。

---

① Patrick M. Cronin, "How the Third Offset (Think Railguns) Could Nullify North Korea's Missiles," The National Interest blog, August 26, 2016.

② David E. Sanger, "Chinese Curb Cyber Attacks on U. S. Interests, Report Finds," *The New York Times*, June 20, 2016.

(六) 军事现代化

中国的军事现代化不仅是美国,也是地区国家长期以来的担忧。它催化了地区军备竞赛,加剧了地区安全困境。对中美来说颇具威胁的事情,对地区国家来说则更是如此,它们担心被抛弃、被牵连,或者两种情况同时出现。为了安抚盟友及伙伴国,并满足它们的安全需求,美国国防部致力于采取以下四种相互关联的措施:加强前沿部署,提升伙伴国能力,在“第三次抵消战略”(Third Offset strategy)的名义下推进技术进步,以及创造新的行动概念。[①] 在接下来的几年内,这些努力会提升美国的能力投射以及承诺的可信度,吸引更多有意愿、有能力的地区伙伴国,并且以更具创新的方式利用新旧平台。换言之,创新、适应和专注将帮助美国成为横跨印度洋——太平洋地区的一支可信的、稳定的军事力量。这支未来的力量需要在短期存在与长期驻守,可生存的高科技平台与可维持的低端平台之间实现平衡。事实上,由于中国的军事现代化主要集中在亚洲海域,我们有必要转向对东海及南海问题的关注。[②]

(七) 东海及南海问题

中国在东海及南海的强硬行为引发了诸多学者的关注,特别是最近六年来更是如此。[③] 最近,中国在南海的主权主张以及它对“南海仲裁案”裁决结果的态度清楚地表明,这一地区面临着权力还是武力究竟谁决定地区规则的挑战。但与此同时,美国也面临着在东南亚地区霸权可信度的关键考验。如果菲律宾

---

① Patrick M. Cronin, Mira Rapp-Hooper, and Harry Krejsa, “Dynamic Balance: An Alliance Requirements Roadmap for the Asia-Pacific Region,” (CNAS, May 2016).

② Rear Admiral Michael McDevitt, USN (Ret.), “Becoming a Great ‘Maritime Power’: A Chinese Dream,” Center for Naval Analyses, June 2016.

③ Patrick M. Cronin and Alexander Sullivan, “Preserving the Rules: Countering Coercion in Maritime Asia,” CNAS, March 2015.

总统杜特尔特降级美菲同盟,转向与中国建立更紧密的联盟关系的话,美国面临的考验将更为棘手。

美国下一届政府应该继续通过在亚太的军事存在以及地区安全合作来防止其他国家采取军事冒险主义行动。美国应继续开展"航行自由行动"以及地区军事演习,但是这些行动应该致力于落实南海仲裁案裁决并鼓励其他具有建设性的规范,如推动声索国通过仲裁及其他和平方式解决它们之间的争端。这些行动的目标在于向地区国家清楚地表明,国际法律裁决是新的国家行为规范,美国将继续在国际法允许的范围内开展航行、飞越和行动。与此同时,美国总统也应该向地区盟友及伙伴国保证,破坏法律裁决的强制行动将冒与美国发生冲突的风险。然而,如果没有强大的经济实力和外交接触作后盾,美国在将军事实力转化为战略影响力方面仍然面临巨大的挑战。下文将针对美国的未来政策提出一些基本结论,这些政策建议建立在前文提出的基本框架的基础上。

六、影响与启示

通过对美中关系七大主要议题的分析,以及它们对美中合作与竞争的影响的论述,本文试图廓清美国南海利益的争论,重点关注美中关系面临的重大问题。美中关系的四大核心利益领域都是战略性的,它们分别是"蓝色经济",军事实力,规则和结构,以及外交部署。美国在南海的利益包括:和平解决争端、遵守国际法和保证航行自由,它们都符合上述四个议题集或者说是象限,尽管不能完全重合。下一届美国政府要想应对南海问题带来的诸方面挑战,它首先需要认清这些挑战的本质以及这些议题的来龙去脉。通过理解这些领域、议题以及参照系,美国能够更为合理地运用相关工具来维护美国的利益。为了发挥美国的综合实力,这四大象限应该保持在相对平衡的状态。这将需要美国强化地缘经济计划,而不是任由地区国家将美国视作单一的军事力量。[1] 本文旨在对这一进程加以分析,并根据这一逻辑得出以下五点基本结论:

(一) 美国有必要与各方保持积极接触,尤其是东南亚国家和美国人民

保持与东南亚国家的接触很重要,这正是奥巴马政府时期美国东南亚政策的智慧。如果美国希望继续理解这些国家,并维持有效合作,就应该继续与之保持接触。与不同国家的接触难易程度不同,并且随着时间的演进也会发生变化。比如,取消对缅甸的制裁说明,保持接触总会有所收获。但真正的挑战才刚刚开始。美菲同盟的分歧、美泰同盟的疲软都在不断提醒我们:合作可以建立在共同利益的基础上,但同盟管理必须考虑到各个国家内部不断变化的观点和事件。如果美国希望从世界事务中抽身,南海就不再是对美国的挑战。但问题是,美国为应对南海问题加强与地区国家的接触,其对象不应该仅包括中国,还应该包括其他东南亚国家。南海不仅仅是中美之间的问题,它还是一个地区及国际问题。

外交政策分析文章很少提及美国人民的作用。但是他们包含在美国政治事务中,包含了美国国内不同类别的行为体。正如前文所述,美国下一届政府应该学习奥巴马总统加强与亚洲特别是与东南亚的接触。[2] 这可能需要美国进行更多的国内立法以向美国人民解释与世界最具活力的地区——亚洲保持接触的必要性。2016 年的总统大选凸显了美国外交政策实践与普通大众认识之间存在的危险的分歧与鸿沟。这一危险不仅在于共和党将失去一代的国家安全精英,而且更在于“精英与大众之间的分歧”将会加剧。这将造成美国政府的功能性失调,敌对国家可能利用美国国内的两极分化乘虚而入。[3]

---

① Geoff Dyer, “U. S. Seeks to Avert Clash with Duterte over Alliance,” *Financial Times*, October 6, 2016.

② Cronin, “Sustaining the Rebalance in Southeast Asia.”

③ Sean Kay and Patrick Cronin, “Bridging America's Foreign Policy Elite—Main Street Divide,” *War on the Rocks*, August 11, 2016.

(二) 东盟国家和对话伙伴国应该而且能够实现安全的程度

对这一问题的回答必须考虑到东盟成立的目的和背景,它能适应的程度以及不能实现的内容。东盟是一个基于成员国共识的政治经济组织。它现在还不是,短期内也不太可能成为一个更为严肃和专业的安全组织。

美国支持东盟将所有的对话伙伴国团结在有意义的外交论坛中。美国欢迎东盟制定具有约束力的、能够应用于实践的行为准则。但是,东盟无法解决所有问题,尤其是与安全有关的问题。因此,为了确保未来的法治能够通过共识和信息共享(而不是强制)得到实现和推进,成立一个以南海声索国为中心的海洋联盟就显得尤为必要。此外,美国应该充分利用东盟对话伙伴国的力量以确保一个法律的、基于规则的方式能够得到推进。这些对话伙伴国不仅包括美国的主要盟友,如日本、韩国和澳大利亚,也包括像印度这样的越来越重要的伙伴国。规则和规范在世界范围内经受着压力与考验,南海和亚洲海域并不是一个特例。这些规则不仅关乎海洋法,也涉及核扩散、网络空间行为、规范、贸易、环境变化以及其他许多问题。

(三) 美国需要更加依赖地缘经济工具

对“蓝色经济”的重视不仅包括贸易和能源流动,也包括基本的资金、信息、人员、资源以及货物的流通性,这有助于提醒美国政策制定者维持地区和平与稳定的重要意义。同时,它还会鼓励美国以更加友善的方式与不同地区的人民进行交流,而不是往常那样强调中美战略竞争的论述。美国新一届政府应该充分利用越南作为 2017 年 APEC 峰会主席国的机会,运用 TPP 谈判中的观点和智慧,向 APEC 这一包容的、以经济为主导的组织注入新的活力。

(四)经济、外交和法律方式应该建立在真正强大的军事力量的基础上

CNAS发布的报告《反制衡:转向平衡的亚太国防战略》分析了美国国防部为维持美国在亚洲的战略力量所采取的四大措施:军事存在及力量部署、伙伴国能力建设、军事现代化,以及创新性的行动概念。[①] 这些行动是有效的,但是美国需要确保在短期存在和长期能力之间进行仔细权衡,既要考虑到美国的军事力量,也要考虑到美国盟友及伙伴国网络的组合力量。

(五)美国需要加强政策工具的针对性和协调性

我们可以分别对军事、外交、法律和经济这四组权力的挑战和应对加以分析。的确,这是标准的美国政府的做法。它忽视了全局治理的哲学,但基本上保全了各个政府部门和机构的权威、预算和政策。但是如果这四组力量能够进行整合,或至少保持协调,加以培植,予以增强,这将极大提高美国的战略影响力。如果运用得当,这一做法将为维护美国国家利益、推广美国价值观奠定坚实的基础。美国能够并且应该寻求一种更为平衡的战略规划,这一规划既包含地缘政治和地缘经济的目标和手段,又整合了主要的地区盟友资源。

① Mira Rapp-Hooper, Patrick M. Cronin, et al., "Counterbalance: Towards a Rebalance Defense Strategy in the Asia-Pacific" (CNAS, November 2016, forthcoming).

论南海国际秩序中的大国规矩和国际法规

赵宏伟*

[内容提要] 大国规矩主导国际法规的制定,主导国际法规的执行,两者之间也存在相互制约作用。拙文从大国规矩和国际法规这两个视点来研讨南海区域的国际秩序。拙文全面实证了在南海,在中国周边,大国规矩的正义在中国一边,国际法规的正义也在中国一边。但是,日本在极力主导并利用美日同盟,力图逼压中国"守规矩,守国际法"。这不仅是个超级黑色幽默,且非常危险。美国必须守规矩,退回艾奇逊防线,美日同盟不可成为反华同盟。这才是东亚的大国规矩。

[关键词] 国际秩序 国际法规 大国规矩 东海 南海

现行的国际秩序因其自身的缺陷而处处引发失序。那么国际秩序是什么?借用"傅莹概括"来看一看:"西方一般认为现行国际秩序可概括为由三个支柱构成,一是美国或西方的价值观;二是美国主导的军事联盟;三是联合国及其下属机构组织。"[①]可以看到,现行国际秩序主要是由世界大国的规矩所构成,美国的价值观和军事联盟是一种规矩。但是,今日的世界大国的规矩除了超级大国的

---

* 赵宏伟,日本法政大学教授,中国人民大学重阳金融研究院高级研究员。本文是作者于"中日关系和东亚海洋秩序国际研讨会"作为日本参会方提交的论文。(主办:南京大学中国南海研究协同创新中心、中国社会科学院、上海外国语大学日本文化经济研究院,时间:2016年8月6日—7日,场所:南京大学。)

① 傅莹2016年7月6日在英国皇家国际问题研究所演讲《探讨失序抑或秩序再构建问题》,人民网强国社区,http://bbs1.people.com.cn/post/1/1/2/157116125.html,登录时间:2016年8月1日。

美国还应包括中国和俄国的规矩,大国规矩的博弈是国际关系的现实,在博弈中形成大国规矩体系。二是由联合国体系,由联合国依据、制定、执行的国际法规体系来构成。国际法规当然还包括产生国际法效力的国家间协定。三是从联合国安理会的常任理事国体制就可以看出,国际法规体系及其执行也主要是大国规矩博弈的产物,虽然不能否定也有中小国家和民间力量的贡献。可以认为,大国规矩体系是国际秩序的主构造,国际法规体系是其副构造,当然两者之间存在相互制约作用。那么,在关注的东海南海这样的区域国际秩序时,我们就应该从大国规矩和国际法规这两个视点来进行研讨。

规矩是什么?大国规矩是什么?显而易见,规矩区别于明文法规。如前文讲到的美国的价值观和军事联盟等是规矩,不是法规。规矩,在词义上包括有意识和无意识中的不逾矩,也可以解释为"潜规则"或"掟"(日语)。规矩在学术理论上有很多支撑。如"新制度论"认为制度不仅指由成文的法规、规则等规定的制度,其包括通过反复出现而被证明其存在价值或说有效性的规矩。再如"建构主义论"的核心概念"间主观""路径依赖说"所重视的经验依赖,它们实际上都主张着作为共识或惯性的规矩的作用,都是在揭示有意识或无意识中显现的规矩这一现象及其作用。还有"国际地缘学",特别是在本文所关心的东亚这种国际地域范围中的地缘要素,带有宿命性的地缘要素必然规定了若干无意识、非理性、非利益动机的规矩。笔者较之于上述各个单项应用理论,更注重复合型基础性的国际文化・文明论的解析力。[1] 规矩是在历史时空中形成的文化-文明现象,所以其区别于明文法规,具有"间主观"、"路径依赖"、地缘要素,及若干无意识、非理性、非利益动机的特质。

---

① 论述不展开此处,请参考赵宏伟以下著述:《中国の重層集権体制》,東京大学出版会 1998 年版(自著)。《膨張する中国　呑み込まれる日本》,講談社 2002 年版(自著)。*Political Regime of Contemporary China* (University Press of America, 2002)(自著)。《中国内外政治と相互依存》,日本評論社 2008 年版(共著)。《东亚区域一体化进程中的中日关系》,载《世界经济与政治》,中国社会科学院世界经济与政治研究所,2010 年 9 月,第 19 - 39 页。《中国外交の世界戦略》,明石書店 2011 年版(共著)。《文明学领纲"地域研究"　构建"一带一路学"》,王在邦主编:《传统文化和中国外交》,中国社会科学出版社 2016 年版。

下面，本文从大国规矩和国际法规的角度，利用日本和中国的专业学者们的研究成果，就围绕南海的国际秩序，做一个宏观的解析。

一、有意无意之间的大国规矩(20 世纪 50—60 年代)

众所周知，大国间存在着“权力划分(Power sharing)”的规矩。这个规矩的潜规则是相互尊重对方大国的周边利益，规矩的底线是不在其周边制造或支持敌国。让我们检视一下这个大国规矩在历史时空中反复显现的事实。

苏联解密档案披露，1949 年 7 月，鉴于中国革命成功在望，即大国的诞生，斯大林以革命的名义通过应邀访苏的刘少奇通告了苏中两国的权力划分：今后东亚的革命事业由中共负责，欧洲革命事业由苏联负责，世界革命事业由苏中两党协商决定。[①] 此后即使在中苏论战中，东亚各国共产党基本支持中国，甚至在“文化大革命”中，也没有一个向苏一边倒的。[②] 今天有很多引经据典要证明斯大林阴谋挑动中美朝鲜战争等等的论述，否定中苏间的权力划分。政策研究切忌仅抓住决策者在讨论各种因素时言及的多种考虑中之一二，而断定政策决定的原因。无可否认的事实是抗美援朝以及同时进行的援越抗法，其最后决定权都在东亚革命领袖毛泽东手中，是毛泽东最后决断并且取得了胜利，拓出了影响此后以百年计的东亚国际关系格局。[③] 吾等后人无论价值认识如何，没有必要替前人谦让，让出前人战定东亚格局之业为美苏阴谋得逞之果。

有意思的是，1950 年 1 月杜鲁门声明和艾奇逊防线出台了，这是美国面向

---

① 参照：沈志华：《冷战的起源——战后苏联对外政策及其转变》，九州出版社 2013 年版，209 - 227页。下斗米伸夫《アジア冷戦史》，中央公論新社，2004 年。趙宏偉「東アジア地域間の融合と相克における中国の外交」，日本現代中国学会 2005 年度年報，《现代中国》2006 年。中共中央文献研究室、中央档案馆编：《建国以来刘少奇文稿》第 1 册，中央文献出版社，第 56 页。

② 趙宏偉等：《中国外交史》，東京大学出版会，2017 年版(参照第 3 章)。

③ 参照：赵宏伟《中国的大国外交与东北亚区域合作机制的构建》，载《当代日本中国研究・第 4 集》(優秀新創集刊賞)，社会科学文献出版社 2016 年版。

新生中国的权力划分。其内容是不介入台湾战事,日本至菲律宾一线才是美国的安全保障防线。这意味着美国不仅承认了新中国的存在,更有意无意间承认了中国的大国地位,把防线设在了中国周边之外,将朝鲜半岛、台湾地区、印度支那看成了中国(大陆)周边。美国当时并无与大国中国搞权力划分的意识,但从上述国家行为中可以看到其是虽无意而为之了。

中国当时还完全没有参加权力划分的大国意识,不论是对苏还是对美。但是从中国50年代的抗美援朝、抗法援越和60年代的抗美援越的国家行为中,可以看到中国也虽无意而为之了。我们可以看到大国规矩的作用:中国浴血于朝鲜、越南,不容周边存在敌国,“不容在中国的家门口生乱生战”。[①]

二、中国美国VS苏联的大国规矩(20世纪70年代—80年代)

1972年的尼克松访华是中美经过了朝鲜战争、台海危机、越南战争后,尼克松来跟毛泽东沟通大国规矩,划分地域权力。尼克松提议大致可归纳为:(1)美国从台湾地区和印度支那撤军,希望中国不让苏联填补权力真空。(2)坚持美日同盟,但美日同盟不是反华同盟,反而起着管控日本的作用。(3)中美共同应对苏联威胁。[②] 尼克松无意识之中实际上退回了艾奇逊防线。此为中美1972年体制。

1974年,中国打击美国盟国南越,收复整个西沙。毛、叶、邓伺机打响了收复南海第一战。当时美国第七舰队主力为轰炸北越常驻南海,与南越军政府结有军事同盟并共同作战,可是美军却对南越海军见死不救。美国遵守了大国规矩。

---

① 《外交部长王毅会见美国国务卿克里》,新华网北京2月14日。

② 毛里和子・毛里興三郎訳『ニクソン訪中秘密会談録』,名古屋大学出版会2001年初版2016年増補版7-8,48-49,102-103页。

1978 年 11 月苏越缔结友好合作条约，规定："一旦双方中之一方成为进攻或进攻威胁的目标，缔约双方将立即进行协商以消除这种威胁，并采取相应的有效措施保障两国的和平与安全。"越军控制了老挝，攻入了柬埔寨。

这是苏联在打破大国规矩，填补尼克松曾说的美国撤军后的印度支那权力真空。1979 年中国在美日同盟的支持下"惩罚越南"。而苏联却又并没有采取军事行动支持越南。当时任职沈阳军区装甲兵司令部的笔者父亲赵金龙率仅有的 3 个坦克师中的 2 个随受任前线司令员的沈阳军区副司令肖全夫开赴黑龙江雪原。但是其后美方每天传来了苏军无调动的情报。可见当年邓小平是冒着苏军袭击我边境省份，影响刚起步的改革开放和以经济建设为中心的大局的风险。中国要信守中美不让苏联填补权力真空的 1972 年共识，要让苏、越守规矩，要力保中国的周边利益。此后，邓小平又创新"轮战"这一方式，至 1988 年十年间每年换两个军团实施实战练兵。轮战这种长时期低烈度的战法既未影响改革开放和以经济建设为中心的大局，又治服了越南，力保周边的长治久安。

1988 年，邓小平还适时打响了收复南沙第一战，夺下了越占六岛。接着，江泽民主席于 1994 年部署，兵不血刃拿下了菲律宾自认为是本国控制的美济礁。在中国收复南沙过程中，苏、美都守了规矩，没有干涉。

1979 年时，苏联并没有采取军事行动支持越南，也使中国看到了苏联最终还是守了大国规矩，并无亡我之心。邓小平开始考虑中苏关系正常化问题，提出了有名的中苏关系正常化三条件：苏联从中苏边界和蒙古撤军，从阿富汗撤军，不支持越南的反华政策。可以看到，邓小平三条件所要求的全是周边利益，虽然当时邓还没有大国权力划分的意识。当时笔者曾认为苏联哪会答应这样的条件！但是苏联答应了，三条件实现了，1989 年中苏关系正常化了。[①]

---

① 中苏(俄)关系全过程的分析，请参照：赵宏伟「日ソ・露関係と中国ーその史的法則とメカニズム」;下斗米伸夫編著『日露関係　歴史と現代』，法政大学出版局 2015 年 192 - 210 頁。

三、中美俄在东亚按大国规矩办(20 世纪 90 年代—2010 年)

1990 年东盟率先推动东亚经济一体化进程,恳请当时世界第二经济大国、东亚唯一发达国家日本发挥领导力量。时任美国国务卿詹姆斯·贝克却坚决反对,说:这是要在太平洋中间划线,分断美日,分断美欧和日本,绝不答应。日本外相渡边美智雄答:今后只要美国不参加的国际组织日本都绝不参加。[①]

日本拒绝了做东亚的领导,因此实际上还不存在普遍被炒作的中日竞争东亚领导力的那种局面,这一状况一直持续到 2012 年底。

1992 年中国确认了市场经济体制改革的目标,对外也开始参加东亚经济一体化进程,并已完全形成了周边利益意识。中国至 2010 年 1 月 1 日完成了跟东盟的 FTA。美国在这一时期虽然反对日本主导搞东亚一体化,却从未破坏中国-东盟关系,比如设法操纵一两个国家阻碍中国主导的中国-东盟 FTA 进程。美国是下意识地认为中国是大国,就应该有周边利益,发挥区域领导力。而对于日本,美国只把它看成部下,不是大国就不应当区域领导,不可独立于美国。日本-东盟 FTA 的完成还要等到 2018 年才能完成。

四、美国政治挂帅,革命第一,违反大国规矩(2010 年至今)

21 世纪以来,美国外交政策受意识形态影响日重。如对俄罗斯,美国支持乌克兰革命,完全不承认俄的周边利益。

美国对中国,大力强化了美日同盟,并使其反华色彩日重。2010 年 7 月

---

① 《每日新闻》(日本),1991 年 11 月 29 日。

在风平浪静自由航行的南海，希拉里国务卿突然挑起自由航行话题，主导对中国的攻击。第二年奥巴马总统宣言“回归亚洲”“亚太再平衡”，口必称“不能让中国立规矩”，“必须由美国领导亚太”。美国与中国竞争区域领导力，甚至鼓励和支持日本、菲律宾、越南等国家仇华反华政策。奥巴马是忘却了，且在破坏了历届美国总统基本坚持了的中美 1972 年体制，是继朝鲜战争、越南战争之后第三次冲过了艾奇逊防线，积极介入了中国的周边事务。

安倍政府声明要在东亚积极发挥领导作用，中日在东亚的领导力竞争显现了。但是，日本不是为了建立自己的领导力，仅仅是在为维持美国的亚太领导力充当前锋。

中国在此期间，特别是 2012 年以来形成了明确的世界大国意识，对现行国际秩序的认识是：“所谓美国主导的世界秩序从未完全接纳中国。尽管中国经过 30 多年的改革开放取得巨大成功，但因与西方体制有差异，长期以来在政治上受到排斥。美国主导的军事联盟也不关心中国的安全利益，甚至在亚太对中国构成安全压力。所以至少可以认为，这个秩序在包容性上存在缺陷。”[①]中国外交主动讲大国规矩了。中国外交新常态的特点，一是寸步不让，进攻性地维护并扩大周边利益。如在钓鱼岛领海巡航，在南沙填岛以形成压倒性优势力量，对台湾问题提出着眼长远，两岸存在的政治分歧问题终归要逐步解决，总不能将这些问题一代代传下去。[②] 二是东西并进，以“一带一路”为世界战略的中心路径，“奋发有为”，构建美国之外的世界链，推进“建设人类命运共同体”“改革国际秩序”的世界战略。[③]

---

① 傅莹：《探讨失序抑或秩序再构建问题》。

② 《习近平会见萧万长一行》，《人民日报》，2013 年 10 月 7 日。

③ 《习近平出席中央外事工作会议并发表重要讲话》，新华社 2014 年 11 月 29 日。

五、大国规矩中的国际法规—南海问题

2013年菲律宾在美日的主使下单方面将中菲南海有关争议提交国际仲裁。这是一个跟联合国没有关联的国际非政府组织。中国依国际法规定的权利拒绝仲裁。临时仲裁庭于2016年7月12日公布了500页的仲裁书。仲裁书的特点是否定了《联合国海洋法公约》承认的会员国可以选择保有的各项保留权,及全部历史性权利,并除了中国以外,对菲律宾并未提交仲裁的本国和越南、马来西亚声索的南海权益也都不请自答地做了仲裁,甚至对远在东太平洋中的日本冲之鸟礁也五次提及并定性之为礁而非岛。[①] 显而易见,这份仲裁书是遵从美国不承认国际海洋法公约,不承认公约保护的各种海洋权利,只强调美国自身的航行自由的国策所写出的政治作文。连日本的利益也被出卖了,可是日本却还在单枪匹马、不厌其烦地要求中国必须遵守裁定。

500页仲裁书有两个焦点,本文聚焦解析其与国际法规的关系。

第一是仲裁裁定中国主张的九段线的历史性权利在国际法上无效。可是,仲裁员们不知道吗?中国外交部从来没说过:九段线是中国的历史性权利。中国一直在采取模糊政策,仅说"中国在南海海域拥有历史性权利",对于其具体内容从未做过说明。[②] 仲裁专家们应该有这等常识。仲裁书把中国没有说过的话假装认定中国说了,再裁定其无效。这种裁定是无效的,是无的放矢,自说自话。

第二是仲裁裁定南海无岛。菲律宾只求裁定中国实际施政的各岛不是岛而是礁或是低潮高地,这样菲律宾就可以强词夺理说:这里是菲律宾所占岛屿的专

---

① 见《仲裁书》英文版第419、439、451、452、457页的5幅图及其说明,第452、457页的图中的用语是"冲之鸟礁"(the rock of Oki-no-Tori),参考 http://www.21ccs.jp/china_watching/DirectorsWatching_YABUKI/Directors_watching_90.html,登录时间:2016年8月1日。

② 《中华人民共和国政府关于在南海的领土主权和海洋权益的声明》,新华社,2016年7月12日。

属经济区和大陆架了，而仲裁员们却把菲、越、马所侵占各岛也全都否定为了礁。各国都不会有专属经济区和大陆架了。都受了重大损失，也因此各国实际上都未积极支持仲裁书。

在法律常识上，任何仲裁及其裁定本身都不具有法律约束力，只有双方或多方同意利用仲裁并约定接受裁定时才具有法律约束力。如果一方拒绝仲裁或拒绝裁定，仲裁就不能成立。这时在法律常识上的应对手段就是离开仲裁所去告上法院要求立案审判。法院的话，被告拒绝也可以搞强制出庭或缺席审判，其“判决”就不是“裁定”了，具有法律约束力，可以强制执行。联合国国际法院大法官、前国际仲裁所所长（日本皇太子岳父）小和田恒指出：“国际仲裁所的仲裁结果，跟联合国的国际法院的判决不一样，仲裁书只是一个判断，有政治压力无法律约束力。”[①]美国不过是在对中国施加政治压力。

本次仲裁裁定否定的“历史性权利”，在国际海洋法公约上是有法律根据的，是被承认的。那么中国在南海的历史性权利是什么呢？

笔者认为中国在南海的历史性权利，在历史上就有其自身的国际法规根据，因此更为强固。

第1项是1887年6月26日中法两国签订《续议界务专条》。这个中法边界协定划定了中国和法属印度支那沿中法两国勘界大臣所画红线，即沿东经108°2′线向南垂直划出两方的海上边界线。此线以东包括所有的南海岛礁，都被划归中国所有。该边界协定是九段线最早的国际法根据。[②] 1933年和1938年法国先后侵入南沙和西沙数岛，中国都是根据中法两国《续议界务专条》交涉法国撤军。各外国也承认了中国的依法领有。在上述法国侵入南沙西沙事件中，日本均支持中国，日本外务省曾召见法国大使，照会抗议法国侵占中国南海

① 小和田恒：《在日本記者倶楽部的講演》，2016年7月25日，https://www.youtube.com/watch?v=nRRLjUy7x6s，http://www.jnpc.or.jp/activities/news/shorthandnotes/2016/，登录时间：2016年8月1日。

② 陈谦平：《近代中国南海九段线的形成》，http://t.cn/Rtu35Ev，登录时间：2016年8月1日。

岛礁。[1]

第2项是根据联合国军最高司令部命令,美军提供并驾驶四艘军舰,中国军队乘舰,1946年11月中美两军作为联合国军受降并接收了日本在战时占领并划归台湾高雄市管辖的南海全部岛礁,即新南诸岛(南沙和中沙群岛)和西沙群岛,将其归还了中国。联合国军命令是最高位的国际法根据,任何国际仲裁所、国际法庭都无权审理。

第3项,1947年中国政府绘制的《南海诸岛位置图》中标出的十一段断续线,1954年改为九段线,此断续线是1947年当时同陆地国界线完全一致的线型,是海上国界线。当时参加绘图画线的内政部方域司官员王锡光曾谈及划线时的考量:“断续国界线画在我国与邻国间中间线的位置上。”[2]1948年2月内政部正式出版了《中华民国行政区域图》,收入《南海诸岛位置图》,正式公布11段海上国界线。[3] 1954年中国取消在北部湾南岛与越南之间的两段线,在台湾与琉球之间增加了一段线,当时也是作为海上国界线划的。从中法边界协定,到民国时期划十一段线,再到共和国改九段加一段线时,并无海上不可画国界的国际法规。此后数十年间,直至1960年代末,世界各国无一提出异议,各国并都在绘制的地图中标出中国的断续线海上国界,标明界内为中国领有。

综上所述,中国在南海的历史性权利是九段线,中国的这项历史性权利更是有多项国际法规根据的,并且不存在否定相关国际法规,包括国际海洋法公约。中国要维护的历史性权利,就是断续线海上国界这项权利。只是中国如果按着现今的时空感觉去减几分或增几分自己的历史性权利,去搞什么模糊政策的话,那个被增减和模糊了的东西就已经不是由上述历史和多项国际法规所证明的历史性权利,就失去权威性和合法性了。如果自我认为断续线海上国界线不合法,

① 《法国靠军舰无法真正占有占领岛屿——来自长冈大使的报告》,载《读卖新闻》,1933年7月21日;《我向法抗议西沙群岛明显属于支那领土》,1938年7月8日。

② 张良福:《聚焦中国海疆》,海洋出版社,2013年,参照:http://t.cn/RtuDtpO,登录时间:2016年8月1日。

③ 中华民国内政部方域司(傅角今主编,王锡光等编绘):《中华民国行政区域图》,商务印书馆1947年12月制版。

那么中国对渤海的权利也要模糊一下吗？承认渤海里有公海水域吗？承认美国军舰可以自由航行吗？

中国和各国同样都是要百分之百地坚持自己历史性权利的完整性和权威性，也有如日本那样扩大百分之数十万倍主张冲之鸟权益的。当然，理性的国家在讲清自己的权利的基础上，会同其他声索国和平谈判解决争端，互谅互让的过程只在和平谈判中才会发生。我国不应该在和平谈判之前，就主动把断续线给让没有了。

结　语

大国规矩并不是个好东西，而且传统大国们往往染有霸权主义划分势力范围的取向。但是，大国规矩的混乱和破坏，会引发国际关系的紧张，战争的危机，和平的崩溃。近年，以美国为中心的现行国际秩序因其自身的缺陷而处处引发失序。[①] 因此，中国自己不能忘记流血流汗70余年争来的周边规矩，时不时地要提醒美国也不得忘记，要守信。习近平主席更是在不同场合深刻地指出中国将努力推动建设新型国际关系，完善全球治理体系。

---

① 参见傅莹:《探讨失序抑或秩序再构建问题》。

南海地区公共安全产品与服务领域合作战略初探

张良福*

［内容提要］ 南海地区安全形势复杂严峻，区域公共安全与服务领域合作刚刚起步，还很薄弱。中国作为负责任的地区大国特别是南海地区大国，有必要积极主动地向南海周边国家和地区提供更多公共安全产品与服务。这将成为中国南海政策的新内容。中国应以建立周边命运共同体、建设21世纪海上丝绸之路和中国-东盟海洋伙伴关系的目标为指导，以耐心、坦诚、自信的心态，本着义利兼顾、合作共赢原则，主动提供地区公共安全与服务。可从中国最有实力与意愿的领域做起，从最愿意与中国合作的国家或地区组织做起，量力而行，循序渐进，提供更多的公共安全产品与服务。可从当前南海地区最突出、最紧迫的公共安全问题入手，重点是航行安全、搜救、海洋科研、环保、减灾防灾等非传统安全问题，务求实效，稳步推动南海地区公共安全产品与服务建设。

［关键词］ 南海问题　公共安全产品　区域合作　中国外交

2015年9月22日，国家主席习近平在对美国进行国事访问前夕，接受了美

---

* 张良福，北京大学国际关系学院法学博士，中国海洋石油总公司经济技术研究院能源经济研究部经理，中国南海研究院客座研究员，厦门大学南海研究院兼职研究员。本文系2015年11月20—22日由海南大学、海南省社科院、中国社科院中国边疆研究所联合主办的第三届“南海战略与管理”高层论坛上的发言稿整理修改而成。本文的研究与写作获国家社科基金重大项目《南海断续线的法理与历史依据研究》(14ZDB165)的资助，特此致谢。

国《华尔街日报》的书面采访。在回答关于南海问题的提问时，习近平指出，"中国对南沙部分驻守岛礁进行了相关建设和设施维护，不影响也不针对任何国家，不应过度解读。中方岛礁建设主要是为了改善岛上人员工作生活条件，并提供相应国际公共产品服务，也有助于进一步维护南海航行自由和安全"。[①] 此前，针对外界炒作我国南海岛礁建设一事，中国政府已多次表态"此次中方岛礁建设的一个重要目的就是履行在海上搜救、防灾减灾、海洋科研、气象观测、生态环境保护、航行安全、渔业生产等方面承担的国际责任与义务，为中国和周边国家以及航行于南海的各国船只提供必要服务。为此，需要建设包括机场、码头、通信、气象、航行安全和环境观测在内的相关设施"，"中方愿在将来条件成熟时邀请有关国家和国际组织利用相关设施开展海上搜救等方面的合作"。[②] 上述政策表态与宣示标志着中国南海政策的进一步丰富和充实。向南海周边国家和地区提供更多公共安全产品与服务将成为今后中国南海政策的新内容。为此，本文就如何提供南海地区公共安全产品这一问题，从必要性、可行性、指导思想、路径选择、重点领域等方面进行探讨。

一、对当前南海地区安全形势和公共安全产品状况的基本认知

(一) 南海地区安全形势复杂、严峻，既面临传统安全上的岛礁领土主权争端和海洋权益争夺，又存在非传统安全上的新威胁、新挑战

南海地区的传统安全威胁继续凸显，特别是区域战略力量对比变化引发的冲击在持续，围绕岛礁领土主权和海洋权益的争夺日益激烈、尖锐，由此引发区

① 《习近平接受华尔街日报采访》，新华网，http://news.cntv.cn/2015/09/22/ARTI1442907904994685.shtml，登录时间：2016 年 1 月 25 日。

② 《外交部边海司司长欧阳玉靖就中国南沙岛礁建设接受媒体采访》，新华网，http://news.xinhuanet.com/2015-05/27/c_127844699.htm，登录时间：2016 年 1 月 20 日。

域内军事同盟关系及安全防务合作升温,海上军备扩充势头强劲,突发海上事件乃至武装冲突危险度上升。突出体现在美国实施重返亚太战略,强化军事同盟体系,在南海地区军事活动频繁。南海周边一些国家视中国为其领土主权完整乃至国家安全的主要威胁,竭力拉拢美国等域外大国介入南海,成为加剧南海地区局势紧张动荡的重要根源。

非传统安全方面的新威胁、新挑战日益增多。南海地区面临着多个领域、多种表现形式与类型的非传统安全威胁,例如,海盗等海上跨国犯罪和海上恐怖活动,海啸、台风等自然灾害,赤潮等海洋生态环境恶化灾害,溢油等海洋灾难事故。这些非传统安全问题的存在,严重影响南海地区的和平与发展。

(二)中国在南海地区既面临严峻的局面,也拥有自身的优势与有利条件

中国在包括南海在内的亚太地区,在经济和安全领域面临着两种不同甚至相互矛盾的处境。一方面,周边国家普遍将中国视为最重要的经济伙伴,而在安全上一些国家却把美国视为“保护伞”,甚至联美对华。中国综合国力不断增强,在国际和地区事务中的地位与影响力不断上升。特别是中国经济发展迅速,与区域内国家的经济融合日益密切。中国对地区政治、经济乃至安全秩序的塑造能力在明显增强。但另一方面,围绕中国岛礁领土和海洋权益的争端日益加剧。中国的迅速发展对地区力量对比和地区安全结构造成严重冲击,引发了中国周边某些国家的战略焦虑和躁动,绝大多数国家或者说区域内的主要国家对中国的战略疑虑不断增加、安全防范不断加强,相互抱团,联合美国等域外大国共同对华。以美国为首,日本、澳大利亚、印度等区域大国及南海周边有关国家参与,旨在牵制、抗衡中国的军事同盟和安全合作关系在不断强化。

(三)南海地区公共安全产品明显不足

南海地区传统和非传统安全问题均很突出,在区域公共安全产品与服务方

面主要有以下特点与不足：

一是美国作为全球和亚太地区霸权国家，长期以来依托以美为首的军事安全同盟关系，承担了向包括南海地区在内的亚太地区提供公共安全产品与服务的任务，但美国提供区域公共安全产品与服务时带有明显的偏向性（偏向美国的盟国）、目的性（维护美国霸权需要）、选择性（选择与美友好国家及盟国）与局部性（未涵盖全地区和所有国家），并且，近年来，随着国际和地区力量格局的变化，特别是美国综合实力的相对下降，美国向全球和地区提供公共安全产品的意愿和能力也明显下降。西太平洋区域大国如日本、澳大利亚等，虽然也在提供区域公共安全产品与服务，但唯美国马首是瞻。

二是东亚国家，包括南海周边国家在应对非传统安全问题时已经开始探讨合作，但尚未取得实质性的进展。冷战结束后，东亚区域合作意识与进程都在不断发展。东亚地区国家，特别是南海周边国家已经在探讨合作应对传统和非传统安全威胁，特别是从敏感度低的非传统安全问题着手，尝试开展对话与合作，主要体现在已建立了多种形式的区域安全对话与合作机制，发表了致力于开展安全合作的政治声明，举办了相关专题研讨会及“沙盘推演”“桌面演习”甚至联合演练等，如东盟地区论坛以及《亚洲地区反海盗及武装劫船合作协定》（RECAAP），联合国框架下的专门国际组织如联合国环境规划署、国际海事组织、国际海道测量组织等在南海地区推动的区域合作机制和活动。但由于客观存在的岛礁领土主权和海域划界争议以及复杂的地缘政治因素，迄今为止，南海地区的合作仍然是低层次、低水平的。即使是在低敏感度的非传统安全领域如海洋科研、环保、搜救、防灾减灾、航行安全等领域，有的处于局部的有限合作阶段，有的处于事实停滞状态，有的处于只说不做的状态。

三是中国在提供地区公共安全产品与服务方面的能力、理念与意识一直很薄弱。近年来，中国随着综合国力的不断增强，开始重视公共安全产品领域的责任与义务。中国多次发出加强南海合作的倡议，如2002年与东盟国家签署《南海各方行为宣言》并积极推动后续行动落实进程。2011年中国决定设立30亿元人民币的中国-东盟海上合作基金;2012年中国发布了《南海及其周边海洋国际合作框架计划(2011—2015)》。新一届政府就任以来,中国推动建立以合作共赢为核心的新型国际关系和东亚伙伴关系,倡议共同建设丝绸之路经济带和21世纪海上丝绸之路,提出“亲、诚、惠、容”的周边外交理念,倡导共同、综合、合作、可持续的亚洲安全观,打造周边命运共同体,建设更为紧密的中国-东盟命运共同体,建设中国-东盟海洋伙伴关系,商谈签署“中国-东盟国家睦邻友好合作条约”,等等。中国政府反复表示愿同东盟国家共同努力,把海上合作打造成中国-东盟互利合作的新亮点,造福各国人民,使海洋成为联结中国与东南亚国家的友好纽带。但由于客观存在的南海岛礁领土主权和海域划界争议以及复杂的地缘政治因素干扰,中国的倡议与努力尚未见明显成效。

东亚包括南海地区在公共安全产品与服务方面的不足,在2014年3月8日的马航MH370航班失联事件及此前发生的如2004年12月26日印度洋海啸、2008年5月缅甸风灾、2013年11月菲律宾“海燕”风灾等事件中体现得非常明显。在上述事件中,东亚地区的各种区域、次区域对话与合作机制并未发挥有效作用,而美国通过双边渠道与同盟体系提供了大量的应急救助,凸显了美国在提供地区公共安全产品与服务方面的优势能力与地位,更凸显了东亚区域公共安全产品与服务领域合作的薄弱与不足,也凸显了中国在提供区域公共安全产品与服务方面任重道远。

二、中国在南海地区提供更多公共安全产品的必要性与可行性

面对南海地区的传统与非传统安全问题,中国作为负责任的地区大国和南海大国,有必要肩负起大国在维护地区和平与稳定、推动地区合作方面应负的责任与义务,积极主动地为地区和平稳定与发展提供公共安全与服务产品。并且中国主动提供地区公共安全与服务产品的能力与条件已经基本具备。

(一)随着综合国力不断增强,中国应该在力所能及范围内承担更多国际责任和义务,提供更多公共安全产品

2014年11月,习近平主席在中央外事工作会议上指出,“中国与世界的关系在发生深刻变化,我国同国际社会的互联互动也已变得空前紧密,我国对世界的依靠、对国际事务的参与在不断加深,世界对我国的依靠、对我国的影响也在不断加深”。[①] 随着中国综合国力的不断增强、国际和地区事务的影响力不断提升,中国应把经济优势转化为政治、安全领域的优势,把中国的全球大国优势转化为区域优势,向区域安全、区域公共安全产品与服务等领域转移,履行区域性大国的义务和责任。正如国防部原外事办公室主任钱利华少将在评论2015年《中国的军事战略》时指出的:“国际社会认为中国是个大国,希望中国军队提供更好的公共安全产品。作为一个崛起中的大国,中国有责任也有义务向有关地区、有关国家提供公共安全产品,以维护共同安全,这符合中国的利益,也符合国际社会和接受国的利益。”[②]

中国作为大国,应该承担起与自身国力与国际地位相适应的责任与义务,为国际社会做出更大的贡献;中国作为一个南海地区大国,更应该为本地区做贡献,理应为南海地区的和平稳定与发展提供更多公共安全产品与服务。中国应以负责任的地区大国心态,主动为地区事务、地区利益承担责任和义务,积极、主动地承担起提供公共安全产品和服务的责任与义务,推动地区的和平稳定、合作与发展。

---

① 《习近平出席中央外事工作会议并发表重要讲话》,新华网,http://politics.people.com.cn/n/2014/1129/c1024-26118616.html,登录时间:2016年1月21日。

② 《中国将提供“公共安全产品”》,《南方日报(广州)》,http://news.163.com/15/0601/04/AR0EOHF300014AED.html,登录时间:2016年1月21日。

(二) 回应"中国责任论",化解"中国威胁论"

中国的持续崛起,已经并必将继续对全球及地区国际关系格局、战略力量对比产生冲击,"中国威胁论"在周边地区乃至全球随之甚嚣尘上。与此同时,要求中国在国际事务中承担更多责任与义务的国家和国际组织日益增多,"中国责任论"呼声也很高。以美国为例,近年来尽管不断鼓吹"中国威胁论",但与此同时也不断向中国呼吁和施加压力,要求中国承担更多的国际责任与义务。早在2005年时任美国副国务卿的佐利克就督促中国成为国际社会一个"负责任的利益攸关方",2016年时任美国总统奥巴马则直接嘲弄说中国一直在"搭便车(free rider)"。[①] 中国自己也向国际社会做出承诺,坚定不移地走和平发展道路,做负责任的大国。国家主席习近平公开表示,中国愿意为周边国家"提供共同发展的机遇和空间,欢迎大家搭乘中国发展的列车,搭快车也好,搭便车也好,我们都欢迎"。[②] 中国向国际社会和周边地区提供公共安全产品与服务,主动承担义务与责任,是回应"中国责任论"的重要途径,是树立自身负责任大国形象的有效途径,也是中国走向成熟的全球和地区性大国的标志,更是增信释疑,有力反击"中国威胁论"的有效方式。

中国在南海地区提供公共安全产品与服务,应当而且能够有利于消解"中国威胁论"影响,减轻相关国家对中国的战略疑虑,树立负责任的中国形象。中国南海岛礁遭到邻国的无理侵占,由此引发的争端严重影响地区和平稳定及国家间睦邻友好关系的顺利发展。多年来中国主张"搁置争议,共同开发",但收效甚微。中国适时调整南海政策,以提供地区公共安全产品与服务为南海政策的新内容,无疑是正确的选项。中国这样做,不仅有利于南海周边国家,更给中国带

---

① 《奥巴马谈伊拉克问题:美吃不少亏,中国只知搭便车》,《环球时报》,http://world.huanqiu.com/exclusive/2014-08/5101138.html,登录时间:2016年1月21日。

② 《习近平:中国欢迎周边国家"搭便车"》,《新京报》,http://news.sohu.com/20140823/n403698395.shtml,登录时间:2016年1月21日。

来益处，因为它将向南海周边国家乃至世界彰显中国追求地区和平、稳定、发展、进步的诚意，展示中国的实力、地位和影响力；有助于化解南海周边国家的疑虑与戒备心理，建立相互信任，为南海各国创造合作共赢的局面，为最终妥善解决南海争端创造合适的条件和氛围。中国通过履行好自身应尽的责任和义务，从而获得其他国家的凝聚力、向心力、影响力，增强我国对南海事务的主导权、主动权。

（三）中国主动提供地区公共安全与服务产品的能力与条件已经基本具备

随着中国综合国力的不断提高，在全球、地区的国际地位和影响力不断增强，中国已经有能力提供更多公共安全产品。中国对待区域合作与区域公共安全产品的态度也在向积极方向演变，并且已经有了一定的尝试和实践。自冷战结束以来，特别是自21世纪初以来，中国对待东亚地区多边机制的态度在变化，从多边机制中的“捣蛋分子”“消极分子”，逐渐变为“和事佬”、“求同存异”者乃至“积极分子”。中国在对待有关地区公共安全产品的态度上，也经历了一个从反对或回避、消极应对、内部迟滞到顺应地区愿望、积极主动乃至积极倡导与主导的过程演变。这一演变进程的出现，一方面是中国综合国力不断增强、参与地区事务的能力不断增强、中国日益自信、日益开放与融入地区事务、对外部社会了解与理解日益加深的过程，另一方面是国际社会呼吁、接纳、引导、欢迎中国参与地区事务的过程，是国际社会学会了解中国、理解中国、照顾中国的关切与舒适度的过程，是国际社会认可中国崛起的过程，也是国际社会与中国博弈、妥协的过程。东亚地区的区域对话与合作机制的不断发展，已为中国提供更多公共安全产品与服务奠定了基础和提供了现成的机制。可以说，中国在提供地区公共安全产品与服务方面的能力、理念与意识都已提高，国际社会和周边地区国家也日益欢迎中国提供更多全球和地区公共安全产品。

就南海地区来说，中国近年来的岛礁建设为提供更多公共安全产品与服务奠定了坚实的基础。正如中国外交部发言人所表示的，“中国政府对南沙部分驻守岛礁进行了相关建设和设施维护，主要是为了完善岛礁的相关功能，改善驻守人员的工作和生活条件，更好地维护国家领土主权和海洋权益，更好地履行中方在海上搜寻与救助、防灾减灾、海洋科研、气象观察、环境保护、航行安全、渔业生产服务等方面承担的国际责任和义务”。本次岛礁扩建，“将建设包括避风、助航、搜救、海洋气象观测预报、渔业服务及行政管理等民事方面的功能和设施，为中国、周边国家以及航行于南海的各国船只提供必要的服务”。[①]

三、关于中国在南海地区提供更多公共安全产品与服务的政策建议

对中国在南海地区提供更多公共安全产品与服务的指导思想、路径/途径、重点领域等建议如下：

(一) 指导思想

以建立周边命运共同体、建设21世纪海上丝绸之路和中国-东盟海洋伙伴关系的目标为指导，以耐心、坦诚、自信的心态，本着义利兼顾、合作共赢的原则，主动提供地区公共安全与服务。

1. 主动谋划，努力进取

以积极主动的责任感、使命感、义务感去提供南海地区公共安全产品与服务，变“要我提供”为“我愿提供、我要提供”。以主动作为、自愿作为、示范作为、单方面作为，带动、引导区域内其他国家参与到公共安全产品和服务的提供和建

① 《2015年4月9日外交部发言人华春莹主持例行记者会》，中华人民共和国外交部网站，http://www.mfa.gov.cn/mfa_chn/fyrbt_602243/jzhsl_602247/t1253375.shtml，登录时间：2016年1月21日。

设中来。

2. 自信坦诚

应该承认,中国在南海地区并不拥有一个客观、公正和友好的舆论环境,也不要奢望能在近期内改变这一局面。中国在南海地区提供公共安全产品,不一定能得到客观、公正或友好善意的评价,甚至会遭到别有用心的恶意解读。因此,中国在提供公共安全产品与服务时,不要指望"振臂一呼,应者云集",不要指望"好评如潮",也不要过分担心或在意此举会不会引发新的"中国威胁论"。中国要以耐心、坦诚、自信的心态,稳步提供地区公共安全产品与服务。只有当中国为地区安全与发展做出了重要的、实实在在的贡献和发挥了重要作用的时候,"中国威胁论"才会消失,也才能消失,才会转变为"中国机遇论"。驳斥这些负面舆论的最佳方式是中国通过实实在在的行动向外界展示中国的诚意与善意,向外界展示中国在促进地区公共安全和服务产品方面有实实在在的作为,并且不仅为南海地区国家带来了实实在在的益处,也为世界各国带来了实实在在的益处。

3. 自主自愿

本着相互平等、自主自愿的原则,努力以协商一致的方式探讨合作,共同提供公共安全产品,不强求强制。同时,主动承担责任与义务,并照顾各国的利益和关切,既号召区域内所有国家共同参与,也可以采取志愿者同盟或先行者同盟、伙伴关系的方针,积极推动以"1+X"的形式,开展灵活的双边、多边合作,提供公共安全产品。

4. 量力而行

中国应坚持量力而行的原则,积极主动提供公共安全产品与服务。按照"适度提供""有限提供""逐步参与提供""条件和时机成熟时全面提供"的策略,承担与自身发展水平相协调、相适应的地区公共安全产品与服务的供给责任。

5. 义利兼顾,弘义融利

中国提供南海地区公共安全产品不是也不可能是完全"利他主义"的行为,

要在充分维护和促进国家利益、至少是对国家利益无害的基础上提供,在解决本国利益关切的过程中提供,努力实现双边或区域层次上的互利互惠。同时,妥善处理义和利的关系,践行正确义利观。中国要“坚持正确义利观,有原则、讲情谊、讲道义,多向发展中国家提供力所能及的帮助”[①]。有时甚至要重义轻利、舍利取义,绝不能唯利是图、斤斤计较,坚持“做到义利兼顾,要讲信义、重情义、扬正义、树道义”。在提供公共安全产品过程中,中国有时单方面的施与、让利、让步、妥协是必须的、必要的。中国应该有主动让南海周边国家“搭便车”的气度、胸怀和慷慨,引领南海区域合作,“真正做到弘义融利”[②]。

6. 循序渐进,日积月累

提供公共安全产品是一个相对漫长的过程,难以一蹴而就。要遵循稳健、务实、循序渐进的原则。“不积跬步,无以至千里;不积小流,无以成江海。”中国应该抱有耐心,首先从自身做起,身体力行,从增强自身提供地区公共安全产品和服务的能力、意愿做起,通过自身综合实力的稳步增长和有效发挥,以实实在在的积累与全方位的存在,示范、引领和号召区域内国家的理解、支持、跟进与合作。提供公共安全产品需要视其他利益相关方及国际社会的反应而循序推进,因此,步步为营的策略在南海地区的政治安全现实中无疑是审慎而必要的。应该采取“积小胜换大胜”,从跬步做起,循序渐进,日积月累。持之以恒,讲究策略与谋略,少说多做,先做后说,边说边做。

7. 避免对抗,合作共赢

南海地区的海洋事务应由南海周边国家主导,但在包括南海在内的东亚地区,以美国为主的一些国家已经提供了许多公共安全产品。中国向南海地区提供公共安全产品时,不可避免地会被美国视为挑战其在东亚安全领域的主导地

① 《习近平:让命运共同体意识在周边国家落地生根》,中华人民共和国外交部网站,http://www.mfa.gov.cn/mfa_chn/zyxw_602251/t1093113.shtml,登录时间:2016年1月21日。

② 《习近平出席中央外事工作会议并发表重要讲话》,人民网·时政,http://politics.people.com.cn/n/2014/1129/c1024-26118616.html,登录时间:2016年1月25日。

位，由此可能会引发美国对中国的抵制和反制。因此，中国向南海地区提供公共安全产品，目的不是要与美国等大国对抗，更不是要推翻重来。中国已提出构筑以不对抗、不冲突、相互尊重、合作共赢为核心特征的中美新型大国关系，已多次明确表示欢迎美国作为一个亚太国家为本地区的和平、稳定与繁荣做出努力。中美两国通过构筑新型大国关系，能够找到中美两国的"共同利益"和"利益汇合点"。"中美新型大国关系"同样可以应用于南海地区。中美两个全球大国、亚太大国，完全有基础、有条件、有能力在大国合作机制中，为包括南海在内的东亚区域合作提供公共安全产品，而不是相互"拆台"。中国应以开放、自信的心态积极发展与美等域外大国的合作关系，共同为南海地区提供更多公共安全产品。中国应该敦促美国在包括南海在内的亚太地区发挥更大的建设性作用，照顾美国等域外大国在南海地区的正当合理的利益和关切，欢迎美国等域外大国参与南海地区公共安全与服务的提供，既不一味排斥、拒绝美国等域外大国的参与，也不唯美国等域外大国"马首"是瞻。

8. 以我为主，但不以我为中心

以主动作为替代对主导权的争夺，避免直接谋求主导权。通过掌握主动，进而掌握主导权。通过积极主动、示范引导，进而取得公共安全产品与服务领域的主导权、领导权。

（二）路径/途径选择

在提供地区公共安全产品方面要力求"谋大势、讲战略、重运筹"，加强对地区公共安全产品的"策划设计，力求取得最大效果"。[①]

1. 从低敏感领域入手

非传统安全领域敏感度低，容易达成合作应对的共识。例如，海洋环境保

---

① 《习近平：让命运共同体意识在周边国家落地生根》，中华人民共和国外交部网站，http://www.mfa.gov.cn/mfa_chn/zyxw_602251/t1093113.shtml，登录时间：2016 年 1 月 25 日。

护、资源养护与管理、海上航行安全、打击海盗、反恐、反走私、缉毒、海洋搜寻与救助、海洋科研、海洋气象预报、灾害预警、减灾防灾等领域。

2. 搁置争议、超越争议

南海地区围绕岛礁领土主权和海洋权益的争议是客观存在,短期内也难以找到解决之道。为此,必须努力避免因争议的存在而影响和阻碍中国向南海地区提供公共安全产品。本着搁置争议、超越争议的策略,求同存异,在尽量不涉及领土、资源等敏感问题的情况下提供更多公共安全产品与服务。

3. 问题导向

从当前南海地区最突出、最紧迫的公共安全问题入手,积极主动提供公共安全产品与服务。

4. 危机应对

近年来,南海及邻近地区发生的重大灾难性事件都极大地推动了区域内相关领域内的应急合作应对与后续合作进程,如印度洋海啸、缅甸菲律宾等国的风灾、马航 MH370 失联事件等。突发事件或危机的发生,不仅在于使地区内各国开始紧迫认识到区域内公共安全产品的缺失及未雨绸缪开展合作的重要性、必要性与紧迫性,而且也使有关国家的指责、臆测、抹黑、干预不再理直气壮。因此,中国应该不断增强自身应对突发事件和危机的能力,并且在南海地区发生此类突发事件和危机时,及时出手,有效出手,并且在危机之后,积极推动探讨在相关领域的机制化、常态化、可持续合作。

5. 善于利用现有国际公约及其机制

以主动、带头落实国际组织和国际多边条约有关区域、次区域合作的义务与规定的方式,积极开展南海地区在公共安全产品方面的区域合作。例如《联合国海洋法公约》有关区域合作的规定,国际海事组织、联合国环境开发署等相关的公约、倡议及机制等。中国应该欢迎国际组织和域外国家在尊重沿海国主权、利益及遵循国际法准则和原则的前提下,在资金、技术、人力资源、能力建设等方面提供支持。

6. 依托现有机制，适时建立新机制

通过建立多边合作机制提供公共安全产品与服务，可以缓解疑虑，削弱抵制和反对，有利于获得合法性，为此，中国应该考虑进行合理的制度与机制设计。但在机制化建设方面，近期应以依托现有机制为主，待时机、条件成熟时建立新机制。

7. 灵活多样

积极开展多层次、多领域、多形式的合作。可从小型倡议、次领域次区域安排等方面做起，合作方式灵活多样，双边、多边、区域、次区域合作并举；可以官方、非官方、个人、机构、一轨、二轨等多种方式并举。可以从中国最有能力、实力与意愿的领域做起，将中国具有“比较优势”的公共安全产品先行提供。可以从容易做的领域做起，从急需做的领域做起，从最有共识的领域做起，从最小阻力的领域做起。可先从周边邻近国家和次区域做起，从最愿意与中国协调和合作的国家做起。灵活多样，追求务实有效，不求虚名。

（三）重点领域

在提供地区公共安全产品方面，近期中国应该把重点放在两个领域，一是加大中国理念的宣传、传播与实践，二是优先提供非传统安全领域的公共产品与服务。

1. 加大中国理念的宣传、传播与实践

迄今，中国在国际上特别是周边地区仍然缺乏一个客观、公正、友善的舆论环境。因此，加强关于地区公共安全产品方面的舆论投资，把中国的观点和立场向外传播，增信释疑，进而影响、改变和分化其他国家的立场，从而形成有利于中国提供更多公共安全产品的国际舆论环境。近年来，中国政府提出了一系列新理念、新论断、新观点，如建立以合作共赢为核心的新型国际关系，推动构建新型大国关系，提出和贯彻正确义利观，倡导共同、综合、合作、可持续的亚洲安全观,提出和践行“亲、诚、惠、容”的周边外交理念,建立周边命运共同体,建设“21世纪海上丝绸之路”和中国-东盟海洋伙伴关系等。中国应该积极宣传、传播这些中国理念并身体力行,提升与周边地区国家的认同感和亲近感,拉近心理距离,构建共同体意识和区域身份认同,推动地区安全公共产品的提供、改革与创新。

2. 优先提供非传统安全领域的公共产品与服务

在非传统安全领域,如海洋环境保护、资源养护与管理、海上航行安全、打击海盗、反恐、反走私、缉毒、海洋搜寻与救助、海洋科研、海洋气象预报、灾害预警、减灾防灾等领域提供更多产品与服务。

(1) **拓展在打击海盗、反恐、反走私、缉毒等跨国犯罪和海上恐怖活动领域的务实合作**。中国应该从本国和地区需要出发,不断加强打击海盗等跨国犯罪和海上恐怖活动领域的能力建设,包括人员、技术、装备等方面能力建设,加强应急反应能力建设,确保能够为地区打击跨国犯罪和海上恐怖活动提供及时的援助和支持;积极拓展双边合作。中国政府和相关部门应积极主动地与有关国家开展合作,可依托现有的国际和区域条约、协定、对话与合作机制,积极开展信息和情报交流、人员培训与交流、联合训练、联合演习、联合行动等;可倡议开展区域合作,与有关国家开展小多边合作。

(2) **海洋减灾和防灾**。增强海洋灾害意识,强化海洋灾害风险防范能力,加快提高海洋灾害观测能力和预警预报服务水平。加强我国海洋灾害和海洋环境突发事件应急能力建设,建设防灾减灾应急机制,完善应急预案,特别是制定和完善海啸、风暴潮、赤潮及化学品泄漏、油泄漏、核泄漏、海难、工程设施损毁等应急预案、应急基础设施建设和应急演练。

加强海上溢油应急反应合作。南海地区是国际油轮航行最繁忙的海域之一,也是世界上油气勘探最集中的海域之一,海上溢油风险度相当高,加强海上溢油应急合作迫在眉睫。我国是南海地区的航行大国,也是油气开发大国,理应积极主动地推动南海区域的海上溢油应急合作。中国自身应该首先不断加强对海上石油勘探开发溢油风险实时监测及预警预报,防范海上石油平台、输油管线、运输船舶等发生泄漏，完善海上溢油应急预案体系，建立健全溢油影响评价机制。在此基础上，推动南海周边国家开展海上溢油应急合作。

（3）**维护海上航行安全**。建立和完善南海航道航标体系，建成西沙、中沙、南沙海域公用航标，在南海全海域进行航道安全巡航。开展环南海港口建设及航路测绘，测绘和更新重要通航水域、港口海图。建立海上巡航、搜救和事故应急合作机制，倡导和协助南海沿岸国航海保障能力建设，推动开展互惠合作。拓展在打击海盗、反恐、反走私、缉毒、搜救等领域务实合作，共同维护重要海上运输通道安全。积极参与维护南海及马六甲海峡安全的地区事务和海上合作。

（4）**加强南海搜救应急区域合作**。中国在南海的搜救能力远不能满足对海难空难的应急搜救需求，应在南海加强建设搜救码头与机场。建设以海南岛和西沙群岛为依托、以我国驻守的南沙岛礁为前出基地的应急搜救基础设施体系，尤其要在西沙、南沙岛礁上，加快建设各种类型和规模的港口、码头、机场、航道等的基础设施建设。《联合国海洋法公约》规定沿海国家有搜救、救助义务。中国应联合南海周边国家，依据《联合国海洋法公约》《1979 年国际海上搜寻和救助公约》以及国际海事组织其他制度，推动建立南海区域搜救合作机制，举办南海多国联合应急搜救演习。汲取马航 370 航班失联事件的教训，推动建立南海区域航空安全合作机制，建立空难搜救合作。依托国际民航组织，加强南海区域的航空安全合作，特别是密切各飞行情报区间的相互合作。以坚持南沙群岛领土主权属于中国为前提，推动探讨重新划分南海区域的飞行情报区，必要时宣布设立中国南海防空识别区。

（5）**海洋科研**。加强中国海洋科研能力建设，积极开展海洋科研合作。积极参与国际海洋领域重大计划，在区域海洋研究计划中发挥主导作用。支持并参与联合国政府间海洋学委员会发起的重大海洋科学计划和各项活动，组织实施区域海洋合作项目。积极发展与北太平洋科学组织、国际海洋研究科学委员会、国际海洋学院等国际组织和非政府组织的合作关系。进一步发挥在亚太经合组织海洋工作组中的重要作用，做好亚太经合组织海洋可持续发展中心工作。

积极开展双边海洋科研合作和人才交流合作,建立海洋科研合作研究中心。加强海洋法律、政策与海洋管理、信息共享、教育培训等领域的合作。用好中国-东盟海上合作基金,打造全方位、多层次的海上合作格局,让海上合作成为双方合作的新亮点。

海域划界、岛礁归属与联合开发：探索未来南海争端解决方案

汪　铮*

［内容提要］ 解决争端的具体方案在国际冲突的管理和解决中具有重大的作用和价值。本文分析了在南海争端中具有代表性的三种具体解决方案，分别代表了海域划界、岛礁归属和联合开发三种具体设想，评估了这三种方案的现实可行性及存在的问题与挑战。本文所选择的这三种方案尽管都有其内在的问题，但可以拓宽我们对未来南海争议解决方式的讨论。

［关键词］ 海域划界　岛礁归属　共同开发　南海争端　解决方案

南海局势的发展引发了一个关于南海问题研究的高潮，不仅相关声索方都在加强研究，整个国际社会关于南海问题的关注与研究也出现了极大的增长。但是，目前的大多数研究主要集中在实际的争端或争端当事国的政策上，更多的是从地缘政治、国际法和经济安全的角度来进行研究，相应地，关于解决争端的具体方案以及冲突管理的具体设想和倡议的研究就相对比较缺乏。

回顾历史，解决争端的具体方案在许多国际冲突的和平进程中都发挥了重

---

* 汪铮，美国西东大学和平与冲突研究中心主任，国际谈判与冲突管理专业主任，中国南海研究协同创新中心高级研究员，美国威尔逊国际学者中心全球研究员、美中关系全国委员会委员以及《外交学人》杂志专栏作者。作者感谢斯坦·滕内松（Stein Tønnesson）、李途、袁晓等对本文的帮助。

大的作用。虽然不是所有的具体方案都能够得以实施,许多倡议也是空中楼阁,难以在现实世界中落地生根,有一些方案的具体实施甚至不仅无助于解决问题,反而激化了矛盾,但是,具体的争端解决方案在国际冲突的谈判和调解中具有不可替代的作用:首先,具体的解决方案可以激发创造性思考,有利于引发人们对问题,特别是对冲突的根源进行创造性思考并提出建设性的解决方案;其次,具体的解决方案可以提供解决问题的路线图,将复杂问题细化、分化、阶段化;再次,具体方案可以并被用来进行政策设计及作为争端方正式谈判的基础,为正式谈判的设计和开展提供预案,为谈判成果的执行提供方案;最后,围绕具体方案的谈判和磋商可以为和平进程赢得时间,客观上起到延缓冲突的作用。一些国家甚至把具体的方案作为一种外交手段,通过组织针对这个方案的多轮谈判为本方赢得时间,在具体冲突中以时间换空间,通过围绕具体方案的谈判来争取主动,避免被动,掌握进程方向。比如美国在中东和平进程中在过去提出的很多具体方案都是为这样的目的服务的。从这个意义上说,提出解决问题具体方案和设想并组织围绕这个方案的谈判经常是一个国家外交领导力和研究能力的体现。

本文将回顾关于南海争端的三个具体解决方案,它们分别代表了三种关于南海冲突的解决方式,这些方案都曾经引发政策研究界的广泛的讨论。第一种方案寄希望于通过在南海进行永久性海域划界来解决争端,代表的学者有马克·瓦伦西亚(Mark J. Valencia)等美国夏威夷东西方中心(East-West Center)的学者。基于非常细致的研究,并以相关的国际法和案例为基础,这些学者提出了多种在南海进行海域划界的具体替代方案。第二种方案主要关注南海岛礁的归属和与岛礁相关的领海、大陆架和专属经济区的划分问题,希望以岛礁归属为突破口来解决问题,代表的研究者包括挪威奥斯陆和平研究所(PRIO)的斯泰因·滕内松(Stein D. Tønnesson)等。第三种方案则认为海域划界和岛屿归属在现实世界中都难以达成一致,因此设想以联合开发企业的方式共同开发南海油气资源,希望以此另辟蹊径,化解主权和利益纠纷的僵局。本文作者的一篇文章曾经为这个方案提供了一些具体的想法。

本文将对上述三种方案及其主要建议进行分析,并评估它们的可行性及存在的问题与挑战。此外,在这三种方案的基础上,文章也对中国的南海政策提出了思考与建议。

一、海域划界方案

在《共享南海资源》(*Sharing the Resources of the South China Sea*)一书中,夏威夷东西方中心的马克・瓦伦西亚教授及其同事乔恩・范戴克(Jon M. Van Dyke)和诺尔 ・路德维希(Noel A. Ludwig)共同提出了解决南海争端的多种方案。瓦伦西亚教授相关的文章也对这一问题做了进一步的分析和阐释。[①] 瓦伦西亚等的研究全面分析了争端方之间可能达成的海域划界方案。尽管他们的方案中还包括其他一些设想,包括建立一个地区多边资源管理机构和资源共享问题,但他们的海域划分方案显然获得了政策研究界的更多关注,并经常被用来作为南海争议海域划界的参考和主要研究成果。

他们认为所有争端当事国关于岛礁及海域的主张都在某种程度上存在问题,指出南海现状既危险也不稳定,因此达成解决方案是非常必要的,因为任何一方都可能采取破坏局势的单边行动,而且域外势力也在不断加大介入力度。他们采用了几种划分南海(特别是南沙)岛礁和海域的标准,这些标准包括等距线原则、海岸线长度、地理临近、有效占领以及"大致公平"(rough equity)和"现实政治"(Realpolitik)等原则和因素的综合考虑。[②] 他们认为这些标准建立在对可适用的相关法律原则的基础上,因而有可能被国际法庭或仲裁庭所采用。

---

① Valencia, Mark, Jon Van Dyke, Mark Ludwig, *Sharing the Resources of the South China Sea*, Hawaii: University of Hawaii Press, 1999; See also, Valencia, Mark J., "The South China Sea: Back to the Future?" *Global Asia*, Vol. 5, No. 4, 2010; Valencia, Mark J., "Regional Maritime Regime Building: Prospects in Northeast and Southeast Asia," *Ocean Development & International Law*, Volume 31, Issue 3, 2000.

② Valencia et al., 1999, p. 133.

他们的主要建议是：运用等距离原则并适当考虑其他相关因素，在所有争端当事国之间进行海域划界；剩余的南海中间部分划为公海，不为任何国家所有，由一个共同管理机构进行管辖。等距离划界的问题在于，延伸等距离的海岸线如何确定？近海岛屿是否可以适用等距离延伸原则，还是只有大陆才可以适用？在他们的分析中，除了海南岛外，其他南海岛礁都不影响等距离划界。[①] 他们的方案也完全没有把"南海断续线"作为海域划分的考虑因素，体现的是西方中心主义的地理和历史观。

建立在非常细致的研究上，瓦伦西亚等提出了多种具体的海域划分方案，本文将对其中最具代表性的四个方案进行分析和评论。

（一）方案 1

从各国主张的或预估的领海基线开始按照等距线划分整个南海海域，西沙和南沙群岛不作为划线依据。[②] 在这种情形下，中国大陆/台湾（视为同一方）、越南和菲律宾将获得大致相等的海域。西沙除两个岛屿外都归属中国，但中国将不能获得任何南沙海域。

（二）方案 2

从各国主张的或预估的领海基线开始按照等距线划分整个南海海域，南沙群岛不作为划界依据，但西沙群岛作为中国领土的一部分，完全可以作为划界依据（如图 1 所示）。[③] 在这种情形下，中国将获得南海中部的一部分以及中沙群岛，但中国所获部分无法延伸到南海石油蕴藏丰富的地区。这一划界的依据在

① Ibid, p. 137.
② Ibid, p. 143.
③ Ibid, p. 144.

于,西沙历史上就由中国占领,现在也归中国实际控制。[①]

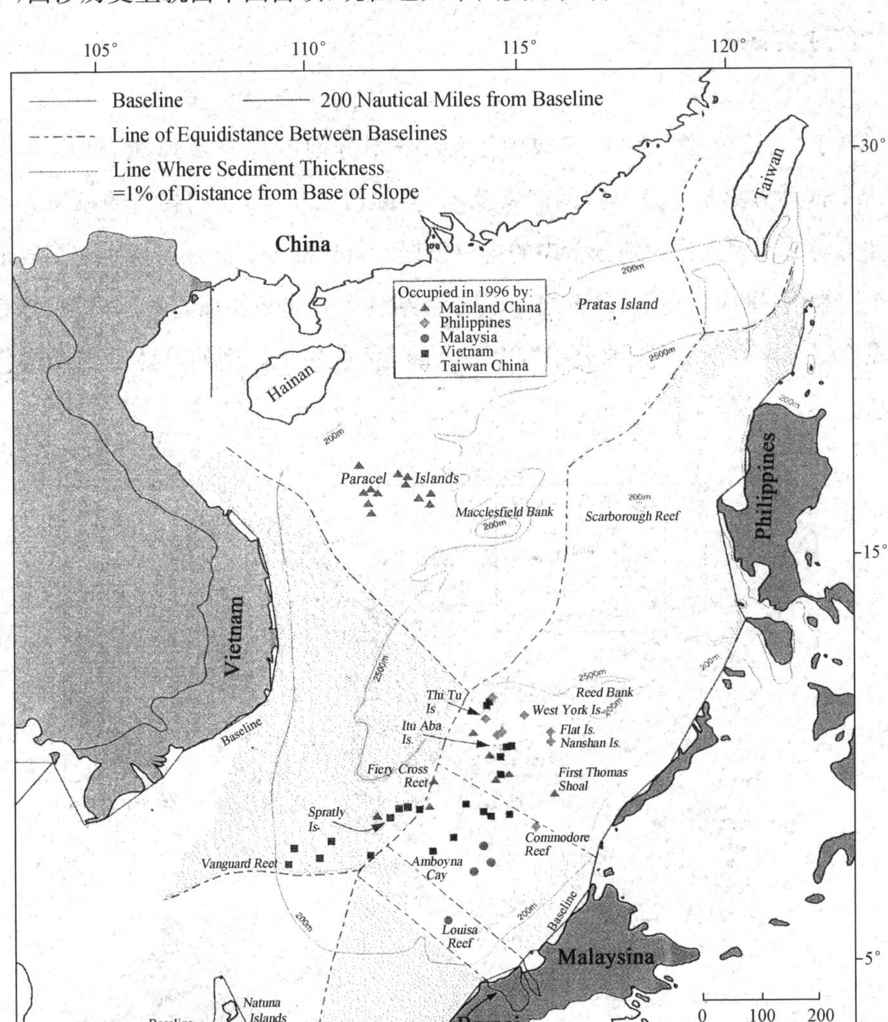

图1　从各国主张的或预估的领海基线开始按照等距线划分整个南海海域,南沙群岛不作为划界依据,但西沙群岛作为中国领土的一部分,可以作为划界依据。[②]

① Ibid, p. 144 - 146.

② Valencia et al., 1999, p. 261.

(三) 方案3

基于“大致公平”及“现实政治”考虑来划分南沙岛礁及海域(如图 2 所示)。[①] 这种方案是将声索国的声索范围,实际占领状况,它们相对的权力大小和实力对比等因素作为划分考虑的主要依据。具体的分界线还主要考虑到以下三个因素:各国所占岛屿、岛群之间的自然界线及大陆架外部界线。但是,作者并没有详细解释所谓“大致公平”和“现实政治”这两个原则的具体内容和操作办法。[②]

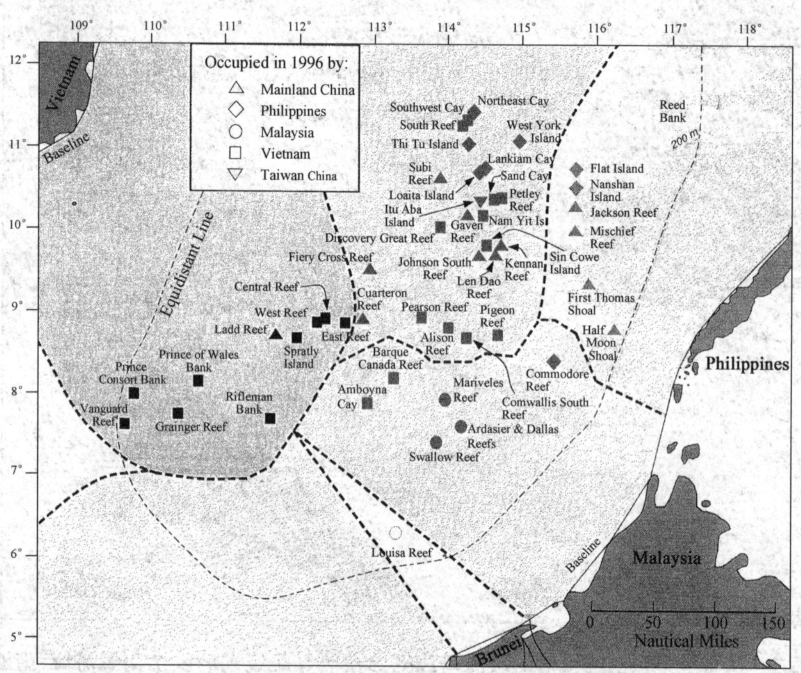

图 2　基于“大致公平”原则及“现实政治”考虑来划分南沙海域[③]

① Ibid, p. 144.

② Ibid, p. 144 - 145.

③ Valencia et al. , 1999, p. 262.

如图 2 所示,中菲以南沙群岛东部岛礁(费信岛及马欢岛)与该地区其他岛礁之间的天然间隔为界。中越之间的具体分界线位于东礁(目前为越南控制)及华阳礁(目前为中国控制)之间。马来西亚根据它的大陆架获得相应海域;文莱获得从其海岸延伸到等距离节点的专属经济区范围。

(四) 方案 4

沿岸国 200 海里专属经济区和大陆架内的岛礁和海域按照等距线来划分,南沙群岛不作为划界依据,西沙群岛作为中国领土的一部分,可以作为划界依据。[①] 按照这一方案,相关海域的分配将遵循《联合国海洋法公约》的基本原则,而且小岛不作为划界依据,领海基线 200 海里以外的海域为公海,200 海里内重叠的海域将根据等距离原则进行划分。瓦伦西亚等还建议公海内的任何岛礁都只能拥有 500 米的安全区,岛礁由地区机构来管理,各国可共同开发。在这种情况下,越南和菲律宾将失去根据方案 1 而可能获得的面积可观的大陆架。[②]

他们还提议成立一个地区多边资源管理机构,以“地区共有财产”的名义对争议区域进行管理。事实上,《联合国海洋法公约》第 123 条也鼓励半闭海沿岸国进行相互合作,协调管理。在这样的机制安排下,一个所谓的“南沙管理局”可以促进对南沙争议区资源的勘探和开发,对渔业资源的管理及对环境质量的维护。[③] 这将鼓励争端当事国之间进行相互合作并实施上述政策。

他们认为非军事化对这一方案非常关键。军事活动必须要受到一系列原则和规范的限制,直至完全消除。共管区域也可以被宣布为和平区,这将为建立一个范围更广的和平区奠定基础。在这个拟议的南沙管理局中,他们认为加权表决是实现共识的最佳方式。投票权的分配可以根据等距离主张的海域面积比例

---

① Ibid, p. 145.

② Ibid, p. 145.

③ Ibid, p. 216.

或海岸线长度来进行,也可以基于以上任何一种分配方案。[①]

瓦伦西亚等的方案完全没有考虑"南海断续线"的法律地位,尽管他们在书中也承认在基于历史发现和治理的主权声索方面虽然各方的主张从今天的国际法来看都有弱点,但是中国的主张比其他国家的主张有更多依据。[②] 但是,如果"南海断续线"的地位在海域划界中得不到充分考虑,中国在南海的海洋权益就会受到很大影响。而且,"南海断续线"的主张和《联合国海洋法公约》之间存在着差异与矛盾,中国南海研究院的刘锋就认为,《公约》框架下的200海里专属经济区规则极大约束了中国的海洋空间。在他看来,不利的地理位置使得中国受制于《公约》。他指出,中国过去的地理叙述往往强调其拥有广大的领土。中小学官方的地理教科书自豪地举出中国漫长的边境线与海岸线以及丰富的自然资源。但直到最近人们才意识到,尽管有着18 000千米长的海岸线,在世界上的沿海国中,中国是典型的"海洋地理不利国"。概括来说,主要表现在几线方面:有海无洋、有海无纵深以及外海地缘碎片化。尽管中国周围有渤海、黄海、东海、南海,但它们都被几个群岛国和岛国围住,这意味着中国不得不和其他国家分享其海洋空间。尽管南海的空间广阔,但它周围的国家都以《公约》为依据提出了彼此冲突的主权声索。[③] 许多中国人觉得,中国在1948年就公布了标有南海断续线的地图,而中国的邻国在20世纪70年代之前并未做出任何声索,现在却能够根据《公约》声索巨大的海区,这并不公平,因此中国的历史性权利在南海应该具有优先权。而且,《公约》也并不是解决海洋问题的唯一依据。

二、岛礁归属方案

长期以来,人们对南海问题的讨论一直集中在南沙的岛礁之上,相关各国也

---

① Ibid, p. 214.

② Ibid, pp. 20 - 28.

③ 刘锋:《南海开发与安全战略》,学习出版社、海南出版社2013年版。

以对岛礁的占领作为自己在南海特别是南沙存在的最有力证据。但是，南沙海域常年自然露出海面的岛、礁、沙洲加在一起不过30多个，即便包括只在海水低潮时露出礁石的低潮高地也不过50多个。人们对岛礁的重视和争夺实际上产生于他们对《联合国海洋法公约》的一个错误解读，即以为每一个岛都可以拥有12海里领海和200海里的专属经济区。但是，该公约实际上明文规定(第八部分第121条)："不能维持人类居住及其本身的经济生活的岩礁不应有专属经济区或大陆架。"而且，这一条还规定："岛屿是四面环水并在高潮时高于水面的自然形成的陆地区域。"①《公约》第60条也明文规定："人工岛屿、设施和结构不具有岛屿地位。它们没有自己的领海，其存在也不影响领海、专属经济区或大陆架界限的划定。"②

挪威学者斯泰因·滕内松(Stein D. Tønnesson)是奥斯陆地和平研究所的前任主任，目前也在瑞典乌普萨拉大学任教。他建议争端方通过多种方式、分阶段对南海问题特别是南沙群岛的主权归属问题进行谈判。③ 根据滕内松的建议，岛礁归属和海域划界可以通过双边和多边谈判来实现，有些问题也可以提请仲裁或判决，或者请求国际法院或国际海洋法法庭予以法律解释和澄清。滕内松还列出了争端解决路线图的几个阶段。④

在第一阶段中，滕内松认为中国大陆和台湾地区需要相互磋商并达成共识。

---

① 《联合国海洋法公约》第八部分"岛屿制度"，http://www.un.org/zh/law/sea/los/article8.shtml。

② 《联合国海洋法公约》第五部分"专属经济区"，http://www.un.org/zh/law/sea/los/article5.shtml。

③ Stein Tønnesson, 2000, "China and the South China Sea: A Peace Proposal." *Security Dialogue* 31(3), pp. 307–326. See also, Tønnesson, Stein, Winter 2010, "China's Changing Role in the South China Sea: Reflections on a Scholar's Workshop," *Harvard Asia Quarterly*, Vol. Ⅻ, No. 3 & 4, pp. 18–30. See also, Stein Tønnesson, 2006, "The South China Sea in the Age of European Decline," *Modern Asian Studies* 40, 1, pp. 1–57.

④ Stein Tønnesson, 2009, "Can the disputes over maritime delimitation and sovereignty to islands in the South China Sea be resolved?" Paper presented to the workshop The South China Sea: Cooperation for Regional Security and Development, organized by the Vietnam Lawyers Association and the Diplomatic Academy of Vietnam, Hanoi, November 26–27, 2009.

鉴于双方对南海有同样的主权主张,大陆需要台湾与之合作,彼此协调立场,共同应对与菲律宾、马来西亚、文莱和越南的谈判。两岸可以确立一个共同的专属经济区和大陆架,以后如果有需要的话,可以再进行划分,既可以划分为两个次区域,也可以划分为两个独立的区域。①

在第二阶段,中越关于北部湾湾口海域的谈判可以为南海其他地区的海域划界谈判提供借鉴。中国(包括台湾)可以与菲律宾就黄岩岛及其他争议岛礁进行相关谈判。滕内松还就《公约》如何适用南海小型的岩礁、珊瑚礁和岛屿进行了细致的分析和讨论。以黄岩岛为例,根据《公约》第121条的规定,黄岩岛符合作为一个岛屿的要求,但它不能满足《公约》第121条第3款的规定,因此无法主张专属经济区和大陆架。滕内松建议,中国(包括台湾)和菲律宾应当遵守《公约》的相关规定,承认黄岩岛只能拥有12海里的领海。双方也可以达成协议,禁止在黄岩岛领海内进行任何经济或军事活动。② 在《公约》的基础上,滕内松提出了两项可以用于解决黄岩岛以及其他类似小型岛礁争议的原则性建议:一是一国大陆架范围内的岛屿不一定就属于该国;二是位于一国专属经济区内岛屿的主权也可能属于他国,其领海也就构成了一块飞地。③

按照滕内松的方案,在经过小型的双边谈判后,中国(包括台湾)、菲律宾、马来西亚、文莱和越南可以就西沙和南沙群岛问题进行更大范围的谈判,既可以采用双边协商的方式,也可以采用多边会谈的形式。

滕内松强烈建议争端当事国就以下几点方案达成共识:第一,各方都同意南沙各岛礁只能拥有12海里领海;第二,越南承认中国对西沙群岛的主权;第三,各方都同意西沙群岛可以作为中国主张专属经济区和大陆架的基点。④

如果各声索方之间难以在这些岛屿的主权归属问题上达成妥协,滕内松建议可以将这些争议岛屿及其领海发展成一个海洋生态公园系统,由地区机构来

① Tønnesson, 2000, p. 318.
② Tønnesson, 2000, pp. 318 - 319.
③ Tønnesson, 2009.
④ Tønnesson, 2000, pp. 319 - 320.

管理，自然保护区内禁止除旅游业外的一切经济开发活动。[①]

瓦伦西亚和滕内松的方案都暗示所有南沙岛礁都只能拥有12海里领海。他们认为这是最简易可行的方案。但是，根据《联合国海洋法公约》的相关规定，台湾实际控制的太平岛似乎满足成为一个岛屿的大多数要件，可以主张200海里专属经济区，因为太平岛拥有自己的淡水源，能够维持生存并一直有人类居住。这一情况也赋予了太平岛重要的战略地位意义。然而，台湾不是联合国的成员国，其他争端当事国也不承认台湾为主权国家，这就意味着它很难加入南海争端解决的进程中去。中国大陆和台湾地区目前对南海都有主权主张，两岸确实应该如滕内松建议的那样就南海问题进行讨论与合作，但问题在于，在目前的海峡局势下，要达成协议难度很大。

在最近的一篇合著文章中，滕内松和汪铮认为西沙的永兴岛实际上也符合成为一个可以拥有专属经济区的岛屿的相关条件。他们认为，作为一种可能的选项，中国或许可以在南海做出一些基于国际法的声索，来获取实质性的大陆架与专属经济区。[②] 比如永兴岛已经足够大，满足《联合国海洋法公约》第121条第3款的条件，可以形成大陆架与200海里专属经济区，并因此可以将中沙群岛包括在内。在南沙群岛中，只有台湾所占的太平岛满足拥有专属经济区与大陆架的条件。如果把这两个岛和所属的专属经济区放在一起，它位于西沙、中沙、南沙之间，是整个南海的核心地带。相比之下，目前被越南、菲律宾、马来西亚占据的南沙岛礁只能拥有12海里的领海。中国或许可以进一步提出，根据广义的衡平法，在计算与越南、菲律宾海岸间大陆架与专属经济区的大小时，永兴岛与太平岛应该作为实质性的因素得到重视。

在这篇文章中，滕内松和汪铮还提供了中国以国际法为依据提出岛屿归属

---

① Tønnesson, 2000, p. 321.

② Stein Tønnesson and Wang Zheng, "Rights Discourses and Legal Realities in China's Quest for Maritime Territory," paper presented to China Information Special Edition Workshop: The Discourse on Boundaries and Boundaries of Discourse in China's Maritime Disputes. Macao: University of Macao, December 7, 2014. October 30, 2014.

要求的另一种思路。他们假设中国可以提出西沙、东沙、中沙和南沙是中国的群岛,从而可以根据法律意义上的群岛的概念而要求更大的专属经济区和大陆架。所属岛礁作为一个群岛的整体将可以拥有大片的“毗邻水域”,而不只限于各岛周围。[①] 根据《联合国海洋法公约》第47条的规定,群岛国可以采用群岛基线作为领海基线,从这些基线起量领海,基线以内的水域为群岛水域,属于群岛国的主权。所谓群岛基线指连接群岛最外缘各岛和各干礁的最外缘各点的直线。《海洋法公约》第46条到第54条所规定的群岛国主权及于群岛水域的上空、海床和底土以及其中所包含的资源。群岛基线的理论根据是,由于这些岛屿和其间的水域及其他自然地形彼此密切相关,以致这些岛屿和水域同其他自然地形在本质上构成一个地理、政治和经济实体,或在历史上已被视为这种实体。[②]《公约》中有关群岛国的条款是在当年起草和谈判过程中印尼等群岛国家积极游说各国代表的结果,相应地也在最大程度上维护了印尼等国的海洋权益。可惜中国在谈判《公约》的过程中更多是从意识形态的角度考虑问题,错过了制定符合自己利益规则的最好时机。[③]

滕内松和汪铮猜想中国或许一直有这样的想法,因为中国在有关南海问题的声明和官方文件的英文版中都在复数形式的岛屿后面使用单数动词。这表面上是一个英文语法的使用错误,但是表示了中国或许是将这些岛屿视为一个群岛。当然这个假设也存在一些问题,特别是关于群岛基线制度是否适用于构成大陆国家的一部分领土的群岛,在第3次海洋法会议上对此有不同的意见,多数国家主张不适用,《联合国海洋法公约》的规定目前也只适用于群岛国,是指全部由一个或多个群岛构成的国家。中国学者管建强认为,《公约》第46条以及所有其他条款均没有排斥像中国这样部分领土拥有群岛国特征的国家采纳群岛水域制度,因此,中国在南海断续线内的岛屿相对集中的水域采纳群岛国群岛水域制

① Stein Tønnesson and Wang Zheng, 2014.

② 《联合国海洋法公约》第四部分“群岛国”,http://www.un.org/zh/law/sea/los/article4.shtml。

③ 山旭:《中国参与联合国海洋法公约谈判始末》,《瞭望东方周刊》,2012年第47期。

度并不抵触《公约》。由于群岛国的领海、毗连区、专属经济区和大陆架的宽度是从群岛基线开始量起,换言之,群岛水域制度所辐射的海权利益是巨大的。如果中国在南海断续线内水域采纳群岛国群岛水域制度将使中国在南海断续线内的海权利益获得最大化的覆盖。此外,群岛水域还实行着适当的群岛海道的通过制度,这一制度也满足了其他国家的航行需要。[①]

三、联合开发方案

"搁置争议,共同开发"是中国领导人邓小平在20世纪70年代针对中日领土争议提出的政策主张,后来也运用于南海问题。根据中国外交部网站的文章,"搁置争议,共同开发"的基本含义是:第一,主权属我;第二,对领土争议,在不具备彻底解决的条件下,可以先不谈主权归属,而把争议搁置起来。搁置争议,并不是要放弃主权,而是将争议先放一放;第三,对有些有争议的领土,进行共同开发;第四,共同开发的目的是,通过合作增进相互了解,为最终合理解决主权的归属创造条件。[②] 长期以来,共同开发南海资源是解决南海问题的一个有代表性的和平方案,但是,这个方案如何具体实施却一直缺乏系统的研究和具有可操作性的具体方案。

本文作者在2011年提出的一个具体设想是用类似合资股份企业的方式来规避岛礁归属和海域划分的僵局,以股份制的方式实现联合开发和争端方共同利益的最大化。[③] 这一方案的主要观点可以概括如下。

① 管建强:《南海九段线的法律地位研究》,载《国际观察》,2012年第4期,19-20页。

② 参见《"搁置争议,共同开发"》,2000年11月7日,中华人民共和国外交部网站:http://www.mfa.gov.cn/chn//gxh/xsb/wjzs/t8958.htm。

③ 汪铮:"解决南中国海僵局需要新思维",新加坡《联合早报》,2011年7月17日。

(一) 各方达成岛礁分配和海域划界方案可能性很低

许多人都认为南海僵局的出路在于各方能够通过谈判就海域划界方案达成一致,但从目前的现实来看,这种可能性几乎不存在。因为一方面各方的划界要求差距过于悬殊,另一方面各国政府都面临国内民意的巨大压力。任何关于所谓“固有领土”的妥协和让步都有可能引起国内政治动荡。此外,岛礁归属问题的解决比海域划界更为困难。各方首先需要和自己的民众谈判,恐怕还需要修改教科书并改变大众舆论。任何可行的争端解决方案都不能只建立在国际法的基础上,而必须同时充分考虑争端方的国内政治、民族主义及民众的观点和态度。

(二) 油气资源的开采和成本是重点

南海成为各方争夺焦点的原因之一在于,人们相信它是所谓的“第二个波斯湾”。但问题是,只要南海争端继续悬而未决,任何大规模的油气资源勘探活动恐怕就都难以落实。另外,对地区国家来说,即使这些想象中的油气资源储量经过全面的勘探后得到证实,拥有这些油气资源储备也不意味着真正拥有财富,因为将油气资源转化成现实收益还存在着很多困难和挑战,其中很重要的一个就是开采能力。南海平均水深是 1 419 米,很多地方水深超过 3 000 米。[①] 在这种情况下进行开采需要先进的技术和设备,其成本也就随之水涨船高。特别是对中国来说,南沙海域远离中国大陆,运输、加工和人力的成本会相应提高。这里就会存在一个假设性的情况,那就是开采的成本甚至有可能高于从国际市场直接购买的价格,特别是在国际油价大幅下降的情况下更是如此。由于没有自主

---

① Volumes of the World's Oceans, ETOPO1 1 Arc-Minute Global Relief Model: Procedures, Data Sources and Analysis, March 2009, National Oceanic and Atmospheric Administration, USA. http://ngdc.noaa.gov/mgg/global/etopo1_ocean_volumes.html.

采油能力,目前东盟国家多是以招标形式同欧美石油公司进行合作开发,这实际上也增加了他们的收益成本。可以断言,只要争议持续下去,要在南沙海域进行大规模的油气资源勘探和高效的开发都是不可能的。没有和平与共识,南海区域国家真有可能陷入守着一个聚宝盆而空叹息的境地。

(三)成立两国和多国参与的共同开发股份公司

基于以上两点分析,一个和平有效地解决南海问题的方案就是各方虚化主权,即对海域划界和岛礁归属不做明确划分,各方可以继续各自表述。然后,各方共同成立一个南海共同开发股份有限公司,对南沙海域的油气资源进行统一开发,风险共担,收益分成。各方需要谈判确定各自在这个股份公司中所占的比例。比例的确定可以根据以下几个原则:各国海岸线的长度,大陆架延伸,历史发现和治理,大的岛屿(例如太平岛),等等,《联合国海洋法公约》可以作为谈判的一个基础性原则。

此外,还有一些和共同开发相关的因素可以加入进来。例如中国可能因为有条件提供先期资源勘探和开发的资金以及开采的技术和设备,能获得一些额外的股份,而马来西亚、菲律宾和越南则可能因为离油井距离较近,可以提供陆地作为炼油厂和加工厂从而获得相应股份。

这个股份公司既可以是两国参与,也可以是多国参与。像中国和越南,以及中国和菲律宾之间存在的主权冲突都可以通过建立共同开发区来解决。两国参与的股份公司可以进行包括油气资源的开采、加工和运输在内的活动。对于瓦伦西亚在其方案 4 中建议的"公海区",可以成立多国参与的共同开发公司。

毋庸置疑,关于各方所占股份的具体比例的谈判依然会相当艰苦,但是,这个谈判总比海域永久划界和岛屿归属的谈判要容易得多,因为是一个经济协议,各方也有条件更加灵活,例如为进一步降低谈判的难度,就可以先达成一个阶段性(5—10 年)协议。虚化主权和淡化岛屿归属将有利于减少国内政治和民族主义的影响;而且,由于有资金、技术、厂址等因素的加入,各方所占股份比例中的地理和主权因素会淡化,这也有利于各方政府向国内民众报告及获得相应的支持。如果各方能够达成这样的协议,南海就真正能够成为一个"友谊之海、合作之海"。

结 论

如同前文所述,具体方案并不一定是最终方案,提出和讨论具体解决方案和倡议有着多重意义和价值,不仅可以引发思考和讨论,客观上可以起到延缓、规避和化解冲突的作用。海域划界、岛礁归属与联合开发是目前比较有代表性的关于解决南海问题的三种方案。但是,这三种方案代表了不同的解决路径,也各有利弊,在现实环境中的可操作性也有差别。

如果声索国能够就海域划界达成一致,这无疑是一个皆大欢喜的场面,因为它创造了一个一劳永逸的解决方案。然而问题在于,各方显然在海域划分的范围上存在着极大的分歧,对如何实现合理、公平地划界也无法达成一致。因此,尽管这种想法是好的,但在现实中通过和平谈判的方式取得海域划界的协议的可能性近乎零。

滕内松的方案也为未来的争端解决提供了清晰的路线图。分阶段,多手段(包括谈判、仲裁和司法解决),是应对和解决这类复杂争端的合理的方式。滕内松还就如何处理南海地区的岩礁、小岛及岛屿问题提供了重要的分析和建议。在对《公约》和其他国际法全面分析的基础上,滕内松提出了几项可以被用于南海岛礁谈判的重要原则。

特别需要指出的是,瓦伦西亚和滕内松的方案都主要基于对国际法的理解,他们对声索方的国内舆论、民族主义和国内政治,特别是政治现状对争端解决机制的约束都缺乏充分考虑。而且,他们的方案都没有考虑南海断续线的法律地位和现实存在。当然,这两种方案也具有特殊的理论价值。瓦伦西亚等对南海海域划界方案做了较为全面的分析和研究。作为世界顶尖的研究亚太地区海洋政策的团队,他们发表关于南海问题的文章已逾 20 年。尽管这些分配方案本身可能不太实际,但它们为未来的理论研究和政策讨论提供了重要的标准和规范。他们提出的建立多边资源管理机构的设想为创建地区冲突管理机制指明了重要的方向。

南海争端已经在国际上引起了广泛的关注和研究,然而这类研究目前更多地集中在地缘政治、经济资源以及国际法这三个层面上,对于国民观念、意识和认同对国家政策和对外行为的影响却经常被忽略。在试图解释各声索方的行为时,研究人员和政策制定者往往忽视了认知、文化和历史情感在塑造国家认同、国家利益和国家行为上的重要影响。在目前的南海争端中,矛盾的表面是各方在海域划分和岛礁归属上极大的分歧,但是,矛盾的根源在于各方思想和认知的差异,在于民族主义和世界观的差异,在于历史认识、国内教育与社会舆论的差异。意识到这种认知上的差异,是对南海争端进行严肃讨论的第一步。也只有把认知差异作为一个重要的因素加以考虑才能真正地找到管理冲突和解决问题的办法。

中国政府历来主张以"共同开发"作为解决南海争端的基本方案,但目前还没有就如何进行共同开发提出比较具体的措施和建议。联合企业的方案可以为联合开发提供一个具体的方案,这一方案也相对比较容易解决台湾的地位问题。当然,对共同开发方案的可行性也存在着不同意见。比如滕内松就认为,共同开发南海油气资源并不比海域划界方案更好,而且它本身也很难实现。[①] 滕内松列举了两个理由来解释为什么共同开发并不比单纯的海域划界更为容易达成:一是或许没有国家愿意与其他国家共同开发它认为根据国际法(或者他们所理解的国际法)应当属于本国的海域。比如菲律宾或越南就不太可能接受它们的近海海域存在法律争端的观点。因此,无论是双边、三边还是多边,各方都很难就哪些海域存在争端达成共识。二是各方也很难就共同开发的成本、义务和收益的分配达成一致,这同海域划界谈判一样困难,尤其是当谈判涉及两个以上的

① Tønnesson, 2010, pp. 26 - 27.

国家时更是如此。如果没有一个成熟的法律制度和明确的规则体系,共同开发方案会让争议更具争议,特别是当开采过程中发现大量石油,而这些石油又正好位于一方认为不存在争议的地区。

争端方淡化岛礁主权和所有权的行为也会遭到国内的反对,因为在强烈的民族主义情绪下,任何经济协议的达成,无论所获份额多少,都会被国内民众认为是出卖国家利益的行为。另外,经济合作的施行有赖于国家之间的政治互信。但在目前的形势下,各方能坐下来谈判都很困难,因此,在这样的情况下进行合作开发非常困难。

但是,我们应当认识到,对于像南海争端这样错综复杂的问题,任何争端解决方案的达成都不是易事。以上三种方案分别代表了三种不同的冲突解决方式。每一种方案都有其自身的价值,同样也存在着问题和挑战。然而,它们并不是彼此排斥,互不兼容;相反,它们或许可以组合成一个更为全面的冲突解决方案。也就是说,尽管这三个方案本身并不完善也各有缺陷,但讨论这些具体方案的主要目的是为了拓宽未来解决问题的思路。

理解东亚安全和南海问题

——现代性与后现代性的视角

魏 玲*

[内容提要] 近年来，东亚安全成为热点问题。相关东盟国家的国内政治出现重大变化；地区安全的参与力量、治理架构、规范与议程多元化；南海问题持续发酵，加剧了地区局势的紧张。本文以现代性和后现代性视角对上述问题进行了审视和剖析。现代性是西方启蒙运动后出现的社会秩序，以理性和普遍性为核心。后现代性以反权威、反正统、去中心为灵魂，以不确定性、否定性、多元性、非连续性为特征，是对现代性思维的质疑和颠覆。论文指出，东亚安全热度上升主要来自地区秩序的不确定性，尤其是塑造秩序的理念不确定，基于现代思维的主导权之争与后现代去中心进程并存；在安全规范和议程上，地方知识获得更多的本土自觉，主权安全和发展安全并重，协商治理成为可行的规范；南海问题基于实在的领土争议，但又是话语建构的安全热点，服从于霸权护持的目的。面对长期化和不断复杂化的东亚安全局势，论文提出，应参照后现代性的“他者”思维，建设具有包容性和普遍代表性的地区规范和价值体系。

[关键词] 东亚 安全 南海 现代性 后现代性

---

* 魏玲，外交学院亚洲研究所所长、教授。本文为“中国-东盟思想库网络”2016 年度重大研究课题“东亚区域合作发展演变趋势”的阶段性研究成果，项目批准号 NACT16－21。

近年来,东亚安全问题持续升温,国家和地区层面上都出现了变局与困局,复杂性特征突出。在国家层面,几个东南亚国家的国内政治已经或正在发生重要变化,2015年缅甸民主选举中民盟获得压倒性胜利,成为中南半岛政局变化的标志性事件。在地区层面,力量对比发生深刻变化,地区安全规范出现多元化趋势;东亚政治安全合作渐渐提上日程,制度建设出现缓慢进展态势,非传统安全合作受到各方重视。南海问题成为东亚安全的热点和突出问题。2010年美国公开介入南海问题,高调实施亚太再平衡战略,中美竞争公开化、常态化;南海成为美国加强亚太安全同盟体系的抓手,也成为有关国家平衡中国日益上升的实力和影响力的杠杆;从飞越和航行自由到国际仲裁,从岛礁建设到军事化部署,真命题和伪命题争议不断;南海问题直接影响东盟内部团结,干扰东亚合作进程,但是彻底解决仍遥遥无期。

如何透过纷乱复杂的现状去探究东亚安全的本质和核心问题?能否超越形势分析与政策解读去捕捉更深层次、更具有普遍意义的逻辑与规律?如果当前没有走出困局、没有应对变局的合理有效途径和措施,那么是否可以在更广阔的时空图谱中找到和审视当前的坐标,预测未来的发展趋势?

只有理解东亚安全背后的根本逻辑,才能从长远角度把握地区安全架构、规范与议程的发展趋势,制定符合历史潮流的战略与议程,化解困局,应对变局。本文拟从现代性与后现代性的理论视角对东亚安全和南海问题进行观察和分析。论文分为四个部分。第一部分跟踪梳理了东亚近年来重大的国内政治安全和地区安全变化,以及南海问题的发展。第二部分提出分析框架,阐述了现代性和后现代性的产生背景,两种逻辑与思潮的冲撞,以及东亚情境中的现代性与后现代性特征与思维。第三部分以前文的经验与理论为基础,提出东亚安全热度上升主要来自秩序的不确定性,尤其是塑造秩序的理念不确定,主导权之争与去中心进程并存;在安全规范和议程上,地方知识获得更多的本土自觉,主权安全和发展安全并重;南海问题基于实在的领土争议,但同时也服从于霸权维护和话语建构。最后一部分对全文进行了总结,指出东亚安全的复杂性将长期持续存在,并提出应参照后现代性的“他者”思维,建设具有包容性和普遍代表性的地区规范和价值体系。

一、东亚安全的变局与困局

近年来，东亚安全的总体态势可以用变局和困局两个关键词来概括。在国内层面，几个东南亚国家的国内政治出现重大变化，政治安全成为对外政策的重要变量。在地区层面，既有变局也有困局。变局是地区安全从力量、架构、规范到议程的多元化，困局集中体现为南海问题。南海争议在一定程度上绑架了一些国家的对外政策，对地区合作进程构成了阻碍和掣肘，在可预见的未来难以得到彻底解决。

（一）国内政治变局与缅甸大选

在国内层面，最大的政治安全变局出现在缅甸。2015 年年底的缅甸议会选举结束了由“军人直接执政或扶持巩发党执政”的军政府长达 53 年的执政权，昂山素季领导的缅甸全国民主联盟（以下简称民盟）获得压倒性胜利。[①] 民盟胜选在意料之中，但是一边倒式的压倒性胜利是各方没有预料到的，这表明此时期缅甸的国内政治生态已经发生了根本性的改变，程度之深、覆盖面之广超出了国际社会的预期和想象。

2015 年缅甸大选结果主要是四种力量推动产生的，即政治改革、民心思变、社会变化和西方施压。第一，自 2011 年以来缅甸政治改革顺利推进。军人政权转化而来的吴登盛政府与主要反对党民盟的关系从对抗转向和解，推进了在政

① 宋清润：《议会选举后缅甸的政局走向及中缅关系发展》，载《当代世界》，2015 年第 12 期，第 64 页。

党活动、公民权利和新闻自由等多个领域的改革,有效避免了社会动荡。[①] 第二,民众对军政府和军人扶持政权长期执政的不满情绪经年累积,产生了"换党换人"的心理。[②] 第三,公民社会日渐壮大。尽管缅甸的经济社会发展水平、社会结构和政党成熟度都没有发展到政治转型的临界点[③],但是民主政治文化通过媒体、社交网络和非政府组织得到广泛传播,理念和规则得到广大民众认可和遵守;大选程序和结果得到国际社会认可,权力交接顺利实现。第四,以美国为首的西方对缅甸当局施加强大压力,向缅社会各界输送民主理念和原则,并培养大众的选举参与和监督能力。[④] 通过这次大选的过程和结果可以看出,缅甸社会已经发生了深刻变化。如果说,苏联解体是由以戈尔巴乔夫为代表的苏联政治精英的观念变化和"新思维"推动的[⑤],那么缅甸政局变化则具有更加广泛的社会基础,社会和民众的观念已经发生了根本性转变。

此外,中南半岛的其他国家在国内政治层面也都在经历着不同程度的变化。泰国政治自2006年他信被迫解散众议院以来持续动荡,军事政变、司法干政、结构暴动不断,陷入民主困局,政治和解难以实现。[⑥] 越南、老挝和柬埔寨在2016—2018年间进行选举,面临领导人更替。越南近年来意识形态领域发生了深刻变化,越共六大后实行选举革新,政治体制改革进入深水区,党政领导权力

---

① 贺圣达:《缅甸政局发展态势(2014—2015)与中国对缅外交》,载《印度洋经济体研究》,2015年第1期,第10-14页。

② 宋清润:《议会选举后缅甸的政局走向及中缅关系发展》,载《当代世界》,2015年第12期,第64-66页。

③ 李晨阳:《2015年缅甸大选评析》,载《周边要报》,2015年第4期,第2页。

④ 宋清润:《议会选举后缅甸的政局走向及中缅关系发展》,载《当代世界》,2015年第12期,第65-66页。

⑤ Robert G. Herman, "Identity, Norms, and National Security: The Soviet Foreign Policy Revolution and the End of the Cold War," in Peter J. Katzenstein ed., *The Culture of National Security: Norms and Identity in World Politics*, New York: Columbia University Press, 1996, pp. 271-316.

⑥ 参见周方治:《泰国政治持续动荡的结构性原因与发展前景》,载《亚非纵横》,2014年第1期,第54-64页;张锡镇、宋清润:《21世纪泰国民主困局与多重挑战》,载《学术前沿》,2015年第3期(下),第84-93页;陈红升:《泰国:2014年发展回顾与2015年展望》,载《东南亚纵横》,2015年第4期,第23-28页。

分散，越共高层在一些政策问题上立场摇摆不定，在政治改革方向问题上出现分歧。2013 年柬埔寨举行国会选举，洪森领导的执政党人民党仅以微弱优势获胜，推崇西式民主、自由、人权的救国党迅速崛起，人民党的独大局面已经改变。[①] 伴随领导人更替，越、老、柬国内政局必然发生不同程度的变化，也将对次地区和地区政治生态产生重要影响。

(二) 地区安全变局与安全多元化

地区层面的安全变局可以概括为多元化，体现在安全威胁多元化、行为体多元化、架构多元化、规范多元化和议程多元化。

安全威胁多元化是一个全球性的现象，在东亚地区非传统安全威胁成为各国需要共同面对的最大威胁，自然和人为灾害、经济和金融危机、恐怖主义、流行病、跨国犯罪等给各国造成巨大人员和财产损失，直接威胁到民众福祉，成为地区合作的重要驱动力，东亚地区一体化就是 1997 年亚洲金融危机直接驱动的，2004 年印度洋海啸、2008 年中国汶川地震、2011 年日本东部大地震等都直接推动建立了地区合作和灾害管理在地区安全合作中的优先地位。[②]

行为体多元化包括两个层次：一是越来越多的国家行为体和国际机制以不同方式进入东亚安全领域，以不同的渠道或形式参与或影响地区安全进程，东盟国家于 2015 年年底建成共同体，正在发挥越来越重要的作用；二是跨国行为体和非国家行为体在安全层面的影响日益扩大，比如西方扶植的大量非政府组织在湄公河领域推进的生态环境安全活动和民权活动等，已经从低级政治外溢到高级政治，对国家和次地区政治走向构成了重大影响。

---

① 参见许梅：《2014 年越南政治、经济与外交综述》，载《东南亚研究》，2015 年第 2 期，第 45－52 页；张洁：《桑兰西的回归：柬埔寨政治的新格局?》，载《世界知识》，2013 年第 16 期，第 24－25 页；周龙：《柬埔寨非政府组织的发展及其社会影响》，载《东南亚纵横》，2015 年第 8 期，第 62－67 页；陈定辉：《老挝：2014 年回顾与 2015 年展望》，载《东南亚纵横》，2015 年第 2 期，第 3－10 页。

② 灾害管理已经成为几乎所有东亚次地区和地区合作机制的优先领域，包括中日韩合作、“10＋1”合作、“10＋3”合作、东亚峰会、东盟地区论坛等等。

架构多元化是指东亚地区安全架构和安全合作进程出现多元化趋势,除了美国主导的安全同盟体系以外,还有东盟主导的东盟防长扩大会议,以东盟为中心的东亚峰会和东盟地区论坛,以及论坛性质的香格里拉对话会和香山论坛等等。2015 年 11 月,第三届东盟防长扩大会(ADMM+)没有能够发表联合宣言。[①] 虽然合作受阻,但也从另一方面说明各方都将之视为重要平台,都在竞相施加影响力。

东亚地区安全合作规范也呈多元化趋势,目前主要包括三大规范:一是美国主导的安全同盟规范;二是东盟主张的政治安全共同体和合作安全规范[②];三是中国提出的命运共同体与亚洲安全观。这些规范代表了不同的价值理念和利益,共同作用于地区秩序的演进,既有合作也有竞争。

在安全议程方面,大国竞争与领土主权争端虽然近年来成为安全热点,但是地区安全合作的务实性仍然很强。东盟强调综合安全,即不仅要应对传统安全威胁,更要应对制约发展的各种非传统安全威胁。南海虽然是地区安全的热点议程,但各方关注的焦点有所不同,规则制度建设和海上非传统安全合作是东盟的关注重点。[③]

(三) 地区安全困局与南海问题

东亚地区安全困局集中体现在南海问题上。2010 年美国在东盟地区论坛上公开挑起南海问题;2012 年 7 月东盟外长会议上,南海问题导致东盟成立 45

① 《东盟防长扩大会未发联合宣言　中方:责任在域外国家》,中新网 2015 年 11 月 4 日电,中国新闻网,http://www.chinanews.com/mil/2015/11-04/7605543.shtml,登录时间:2015 年 12 月 20 日。

② 参见 ASEAN Secretariat, "ASEAN Political Security Community Blueprint," http://www.asean.org/archive/5187-18.pdf,登录时间:2015 年 12 月 20 日;Amitav Acharya, "How Ideas Spread: Whose Norms Matter? Norm Localization and Institutional Change in Asian Regionalism," *International Organization*, Vol. 58, No. 2, 2004, pp. 239-275。

③ ASEAN Secretariat, "ASEAN Political Security Community Blueprint."

年来首次没能发表外长会议联合公报；2015 年 11 月，东盟防长扩大会议因为南海问题未能发表联合宣言。南海问题原本可以控制为几个国家之间的岛礁及其附属水域的主权和权利归属问题，但在国际政治大格局演变的背景下被地区化和国际化，陷入了阻碍合作、破坏地区合作文化，而又难以解决的困局。

南海争议的地区化和国际化是三个话语议程建构的，即国际法与国际仲裁、航行与飞越自由，以及岛礁建设与军事化。就国际法而言，各方均认同以“包括《联合国海洋法公约》(UNCLOS 1982)在内的国际法”作为解决南海争议的普遍原则，①但是对于主权和权利归属等具体问题是否可以通过国际法和国际仲裁解决则持有异议，“国际法和国际仲裁”之争被高度政治化和国际化。以 2010 年希拉里·克林顿在东盟地区论坛上公开发表南海问题的讲话为标志，南海问题成为美国转向亚太和“再平衡”的抓手，甚至主导了美国在东南亚的外交。美国开始干预南海问题，并事实上“选边站队”，不断强调领土要求不能基于模糊的历史权利，而必须建立在国际法基础上，声称南海问题的国际仲裁具有法律效力。② 然而，《联合国海洋法公约》(以下简称《公约》)不管陆地，只管海洋，海上岛礁的主权归属问题不是其主题事项；且《公约》确认“历史公约性所有权”为划界原则中的合法要素。③

自 2009 年起，南海航行与飞越自由成为“问题”。当时美国提出，其“无暇”

---

① 参见 2015 年东亚系列领导人会议主席声明，“Chairman's Statement of the 27th ASEAN Summit,” “Chairman's Statement of the 18th ASEAN-China Summit,” “Chairman's Statement of the 10th East Asia Summit,” http://www.asean.org，登录时间：2015 年 12 月 20 日。

② 参见周琪：《冷战后美国南海政策的演变及其根源》，载《世界经济与政治》，2014 年第 6 期，第 35 - 40 页；Sheldon W. Simon, “The US Rebalance and Southeast Asia: A Work in Progress,” *Asian Survey*, Vol. 55, No. 3, 2015, pp. 583 - 587；以及美国国务院关于南海问题的系列正式表态和文件，如 Michael Fuchs, “Address at the Fourth Annual South China Sea Conference,” CSIS, Washington DC, July 11, 2014; Marie Harf, “Philippines: South China Sea Arbitration Case Filing,” Washington DC, March 30, 2014; Office of Ocean and Polar Affairs, “China: Maritime Claims in the South China Sea,” *Limits in the Sea*, December 5, 2014; Daniel R. Russel, “Remarks at the Fifth Annual South China Sea Conference,” CSIS, Washington DC, July 21, 2015, http://www.state.gov，登录时间：2015 年 12 月 20 日。

③ 高风：《南海争端与〈联合国海洋法公约〉》，载《国际政治研究》(季刊)，2013 年第 3 期，第 153 - 154 页。

号海监船在南海国际水域受到了中国渔船的“骚扰”，航行自由受到了干扰。2010年以后，美国对南海航行自由的担忧加剧，将海上监测活动受限的问题夸大为海洋准入和公海航行自由问题。中国认为，我方对“南海断续线”内水域主张的是非排他的“历史性权利”，而不是排他的主权权利，不影响外国船舶和飞机按照国际法通过南海国际航道的航行、飞行自由和安全。美国的扩大化解释实际上是以维护“无害通过权”和“航行和飞越自由”为名，保护其在南海执行侦察行动的能力，维护自己的海上霸权。中国、马来西亚、印尼和印度等国都对美国的解释持反对态度。①

2015年以来，岛礁建设和军事化成为南海问题的主题词。美国政界和学界认为，中国在南海的岛礁建设速度快、规模大，导致南海紧张局势加剧并出现了军事化倾向。② 东盟方对于南海岛礁建设也表达了“严重关切”，认为有损地区成员互信，影响地区和平与安全。③ 东盟一些具有官方背景的学者甚至直接表示，2015年南海关键词就是“军事化”。④ 但是，中方官学界主流观点认为，中国在南海的岛礁建设是合理合法的，所谓“军事化”是被美国、日本和某些南海声索国出于自身安全和战略利益炒作出来的；⑤中方岛礁建设的主要目的是为了改

---

① 参见周琪：《冷战后美国南海政策的演变及其根源》，第33－34、42－43页；罗国强：《东盟及其成员国关于〈南海行为准则〉之议案评析》，载《世界经济与政治》，2014年第7期，第89－90页；徐步：《南海航行自由受到威胁只是一个伪命题》，载《星洲日报》，2015年12月14日；Alice D. Ba, “Staking Claims and Making Waves in the South China Sea: How Troubled Are the Waters,” *Contemporary Southeast Asia*, Vol. 22, No. 3, 2011, p. 283。

② Daniel Russel, “Remarks at the Fifth Annual South China Sea Conference”；帕特里克·克罗宁等：《美国在南海的安全角色》，载《海外智库观点要览》第16期，北京大学国际战略研究院，2015年12月18日；亦参见朱锋：《岛礁建设会改变南海局势现状吗?》，载《国际问题研究》，2015年第3期，第7－8页。

③ ASEAN Secretariat, “Chairman's Statement of the 26th ASEAN Summit,” Kuala Lumpur & Langkawi, 27 April 2015, http://www.asean.org/storage/images/2015/april/26th_asean_summit/Chairman%20Statement%2026th%20ASEAN%20Summit_final.pdf, accessed 20 December 2015.

④ 2015年11月，中国外交学院与马来西亚战略与国际问题研究所在马来西亚吉隆坡联合举办“中国-东盟思想库网络第二次国家协调员会暨中国-东盟关系研讨会”。一些东盟代表在会上表达了对南海岛礁建设的关切，越南等国代表直接指出了“军事化”问题。

⑤ 朱锋：《岛礁建设会改变南海局势现状吗?》，第11－15页。

善驻守人员的工作和生活条件，并更好地履行中方在“海上搜救、防灾减灾、海洋科研、气象观测、生态环境保护、航行安全、渔业生产等”领域承担的相关国际责任和义务；“中方在维护领土主权和海洋权益的同时，将坚持维护南海和平稳定”。①

从以上争议可以看出，各方关于南海问题的认知存在巨大差异。关于南海问题的叙事不断发展，从国际法到军事化，推动各方矛盾加深、南海局势一步步走向紧张，愈发陷入了难以解决的困境。2016 年，菲律宾南海仲裁案之后，中国与东盟达成相关政治文件，南海问题重新回到对话和协商解决的轨道，热度有所降低。但由于上述争议一个也没有真正得到解决，所以南海问题随时有再度激化的可能。

二、现代性与后现代性

面对东亚地区安全的上述变局与困局，我们应如何理解和把握？如何找到潜藏的逻辑或者发展规律，从而能够着眼长远、谋划未来。也许现代性与后现代性可以提供一个比较好的理解视角。东亚是一个强现代性地区，但随着 20 世纪 90 年代以来全球化与地区化的快速发展，以及中国和新兴经济体的群体性崛起，后现代性越来越渗透到政治和社会生活的方方面面，从理念碰撞到规范冲击，再到实践竞争，产生了种种矛盾和摩擦。现代性与后现代性相互交织、相互渗透，共同作用于地区秩序转型进程，东亚安全的变局、乱局和困局在很大程度上也是这一进程的体现。

① 《外交部边海司司长欧阳玉靖就中国南沙岛礁建设接受媒体采访》，2015 年 5 月 27 日，新华网，http://news.xinhuanet.com/2015-05/27/c_127844699.htm，登录时间：2015 年 12 月 20 日。

(一) 现代性与后现代性的产生背景

现代是建立在理性至上基础上的后中世纪文明,现代性是启蒙运动后出现的社会秩序。① 现代性以人的解放为目标,启蒙运动就是要把人从三重限制中解放出来,即神的秩序对人的控制、自然对人的束缚和人对人的压迫。② 理性和普遍主义是启蒙思想的核心。理性就是科学主义和因果逻辑。普遍主义是指理性和科学原则放之四海而皆准,科学可以创造出控制整个宇宙而无例外的普遍原理。③ 工业化和大机器生产是现代性的重要标志。工业生产的专业化、标准化和一致性是现代性的基本特征。④ 在国际政治领域,威斯特法利亚国际体系是在现代性思维下诞生的。民族国家是国际政治的基本单位,它拥有主权和领土等本质属性,⑤并且在其领土范围内拥有最高权威和对武力的垄断。国际政治和政治权力被理性化和普遍主义化。国际体系中的国家就好像物质世界的原子,是单一的、独立的、属性一致的,是从时空和互动背景中抽离出来的。现代化也是一种社会政治的演进方式,是技术导向的经济增长。其基本假设是,"不发达"国家通过或多或少遵循一套类似西方的规则,就可成为"发达"国家。

后现代性是一种思想、批判方式和文化思潮,自 20 世纪末以来产生了重大影响。"后现代"一词最早出现于 1934 年的西方文学作品中,用于描述"现代主义内部发生的逆动"。1945 年,英国历史学家汤因比用"后现代"来表示西方文

---

① [加]大卫・莱昂著,郭为桂译:《后现代性》(第二版),长春:吉林人民出版社 2004 年版,第 35 - 36 页。

② 夏光:《东亚现代性与西方现代性》,北京:生活・读书・新知三联书店 2005 年版,第 6 页。

③ Stuart Hall, et al., *Modernity: An Introduction to Modern Society*, Oxford: Blackwell, 1996, pp. 23 - 24; Peter Barry, *Beginning Theory: An Introduction to Literary and Cultural Theory*, Manchester: Manchester University Press, 2002, p. 17. 转引自周宪:《从同一性逻辑到差异性逻辑——20 世纪文学理论的范式转型》,载《清华大学学报(哲学社会科学版)》,2010 年第 2 期(第 25 卷),第 92 页。

④ [加]大卫・莱昂著,郭为桂译:《后现代性》(第二版),第 40 页。

⑤ 关于本质主义与后本质主义的讨论,参见魏玲:《后本质主义文明与国际政治》,载《世界经济与政治》,2010 年第 11 期,第 34 - 44 页。

明史中一个新的历史周期，即“西方统治告终，个人主义、资本主义和天主教教权衰落，非西方文化抬头”。20世纪70—80年代，后现代主义开始从文学中外溢，成为广泛的文化思潮，并蔓延到全世界。[①] 20世纪90年代，后现代性渗透到一些应用性强的学科领域，“后现代实践”对管理、社会工作、教育和法律产生影响。后现代性是文化思潮、文化体验和社会状况的结合。[②] 后现代性产生的现实基础是信息化的后工业社会。信息和知识爆炸瓦解了旧有的分类概念和原则，导致了西方建立在分类基础上的知识体系的整体崩溃和支离破碎。过程化和多元化是信息化的后工业社会的两个重要特征，完整统一的规则丧失了，让人产生失去秩序和确定性的无力感。与此同时，现代自然科学越来越揭示出事物的相对性、非确定性和不完全性，也破坏了现代性赖以依存的确定性世界观。[③] 在政治领域，宏观政治让位于微观政治；政治斗争不再局限于上层建筑领域，而是在经济和社会生活中出现；为伟大政治目标服务的宏大政治叙事终结，政治犬儒主义兴起。[④]

（二）后现代性对现代性的颠覆

现代性迷恋基础、权威、统一，以主体性为基础和中心，坚持抽象的事物观。后现代性以反权威、反正统、去中心为灵魂，以不确定性、否定性、多元性、非连续性为特征，是对始于笛卡尔的、以确定性为特征的现代性思维的质疑和颠覆。[⑤]

后现代性消解了现代性的“中心”思维。“去中心”(decentering)思想已经渗透到政治、经济、社会、文化等各领域，影响力日益增大。去中心就是否认社会现

---

① 王治河：《扑朔迷离的游戏——后现代哲学思潮研究》，北京：社会科学文献出版社1998年版，第1-4页。

② [加]大卫·莱昂著，郭为桂译：《后现代性》(第二版)，第8页。

③ 王治河：《扑朔迷离的游戏——后现代哲学思潮研究》，第16-26页。

④ 王晓升：《政治的终结与后现代政治哲学的崛起》，载《学术月刊》，第45卷9月号，2013年9月，第51页。

⑤ 王治河：《扑朔迷离的游戏——后现代哲学思潮研究》，第8-9页。

实中的本质、基础和决定性因素。首先被去中心的就是人。自20世纪中叶以来,人的中心性受到质疑。福柯认为,并无恒常不变的人类主体,并不存在人的核心本质。"我"既不是自己的中心,也不是世界的中心。去中心思潮认为,以追求统一中心、绝对真理为目的的活动都隐含着极权。①

现代性是启蒙理性精神冲动下对秩序的追求,这种追求就是要排除矛盾、含混、差异和不确定,建构一个中心化的、井然有序的、区分明确的人为系统。这个系统否定一切不能同化的权利、根据和事物,要求对"他者"去合法化。② 后现代思潮认为,任何总体化的努力,对整体、普遍、同一、必然、连续性的追求都具有暴力性质,因其必然以压制和排斥个别、局部、差异、偶然和非连续性为代价。③ 在后现代思潮下,宏大叙述和整体意识形态坍塌。在后现代知识状态下,"伟大的航行、伟大的目标"都消失了,人们不再相信历史性的伟大主题和英雄叙事。④ 后现代主义把宏观社会结构解构了;社会被理解为孤立、分散的个人之间的结合体,政治成为个人之间的、日常生活领域中的斗争。⑤

后现代性以差异、个体和地方经验颠覆现代性的同一、共性和普遍性。普适的价值的确立意味着某种表征的支配性和优先性,其他差异性的价值和表征便被边缘化或者被排斥了。⑥ 后现代强调现实世界的多义多元,强调局部和地方经验的价值。在国际政治领域,实践转向、多元文明研究、全球国际关系理论的

---

① 王治河:《扑朔迷离的游戏——后现代哲学思潮研究》,第61-83页。

② Zygmunt Bauman, *Modernity and Ambivalence*, Cambridge: Polity, 1991, p. 8. 转引自周宪:《从同一性逻辑到差异性逻辑——20世纪文学理论的范式转型》,第95页。

③ 王治河:《扑朔迷离的游戏——后现代哲学思潮研究》,第44-48页。

④ 王治河:《扑朔迷离的游戏——后现代哲学思潮研究》,第10页。

⑤ 王晓升:《政治的终结与后现代政治哲学的崛起》,第51-58页。

⑥ Terry Eagleton, "Ideology," in Stephen Regan, ed., *The Eagleton Reader*, Oxford: Blackwell, 1998, p. 236. 转引自周宪:《从同一性逻辑到差异性逻辑——20世纪文学理论的范式转型》,第94页。

倡导都是对普遍经验、普适真理和共同价值的反思与挑战。①

（三）东亚现代性与后现代性

当代东亚是一个强现代性的地区，在政治领域，以主权规范为基础的威斯特法利亚现代国际关系体系占据主导地位；在经济和社会领域，大部分东亚国家还处于现代化进程之中。主权规范是随着 1648 年《威斯特法利亚条约》的签署和现代民族国家体系的建立而兴起的。二战结束后，大批东亚前殖民地国家获得独立，面临国家建设和经济发展的双重任务，主权原则成为他们珍视的基础与核心规范；即便是在东盟一体化和共同体建设进程中，主权独立和不干涉仍然是东南亚各国坚守的规范，在主权问题上各方依然敏感度高，防范心理强。② 当欧洲在一体化进程已经产生"主权汇集"和"现状领土"规范的时候，③东亚一体化仍然维持着自上而下的国家间模式，领土争端甚至在近几年成为地区安全热点。从经济社会发展来看，发展理论认为现代性是西方的发明，是从西方向非西方扩散的过程，从资本主义、工业化、科技革命，到城市化，大多数东亚国家正处于经济和社会现代化进程之中。

但是，在全球本土化(globalization)进程的作用下，东亚也受到了后现代思潮的冲击，现代与后现代之间的张力逐渐加强。首先是差异、个体和地方经验越

---

① 参见[加]伊曼纽尔·阿德勒、文森特·波略特主编，秦亚青等译：《国际实践》，上海：上海人民出版社 2015 版；[美]彼得·卡赞斯坦主编，秦亚青等译：《世界政治中的文明：多元多维的视角》，上海：上海人民出版社 2012 年版；Amitav Archaya, "Global IR and Regional Worlds—Beyond Sahibs and Munshis: A New Agenda for International Studies," Presidential Address to the 55th Annual Convention of the International Studies Association, Toronto, March 26 - 29, 2014。

② 参见 Mark Beeson, "Sovereignty under Siege: Globalization and the State in Southeast Asia," *Third World Quarterly*, Vol. 24, No. 2, 2003, pp. 357 - 374; Amitav Archaya, "How Ideas Spread: Whose Norms Matter? Norm Localization and Institutional Change in Asian Regionalism," *International Organization*, Vol. 58, No. 2, pp. 239 - 275.

③ 关于"现状领土"规范，参见 Markus Kornprobst, "Argumentation and Compromise: Ireland's Selection of the Territorial Status Quo Norm," *International Organization*, Vol. 61, No. 4, 2007, pp. 69 - 98.

来越受到重视,不再迷信单一逻辑的现代性和普适经验与价值。二战后,东亚见证了一个个经济发展奇迹,从日本到"四小龙",到"四小虎",再到中国大陆,推动了人们对东亚经济发展模式的讨论与研究,从"亚洲四小龙"发展模式直至最近的"北京共识"。经济发展所依赖的深层次的社会文化因素也在不断被挖掘,东亚价值、儒学和传统思想文化研究兴起。[①] 在国际政治研究领域,地方规范、东亚体系、中国学派等研究成果大量出现,表现出强烈的文化自觉。[②] 其次在社会文化领域已经表现出去中心、去权威倾向,宏大叙事和英雄叙事逐渐式微,人道关怀和全方位的人的安全越来越成为关注的重心。在东亚各国政治社会进程中可以看到,市民社会和非政府组织发展迅速,气候变化、生态环保、可持续发展等非传统安全问题常常成为影响到整个社会政治稳定的重大议程。

三、东亚安全与南海问题

安全问题离不开社会文化规范的场域,国防战略和领土争端等硬安全问题亦然。国家安全的文化深嵌于社会规范结构中,[③]并在行为体的互动中不断呈现和产生新的规范、规则与意义。强势现代性和冲击性的后现代思潮正在塑造着转型中的东亚地区规范结构,塑造着相关行为体的权力观、秩序观和安全观,正在重新界定着他们的安全与利益,塑造着他们对南海问题的认知与行动选择。

---

① 参见杜维明:《东亚价值与多元现代性》,北京:中国社会科学出版社2001年版;哈佛燕京学社、三联书店主编:《儒家与自由主义》,北京:生活·读书·新知三联书店2001年版;何信全:《儒学与现代民主》,北京:中国社会科学出版社2001年版;夏光:《东亚现代性与西方现代性》。

② 参见Amitav Archaya, *Whose Ideas Matter?: Agency and Power in Asian Regionalism*, Ithaca: Cornell University Press, 2009; David Kang, *China Rising: Peace, Power and Order in East Asia*, New York: Columbia University Press, 2007;赵汀阳:《天下体系:世界制度哲学导论》,南京:江苏教育出版社2005年版;秦亚青:《关系与过程:中国国际关系理论的文化建构》,上海:上海人民出版社2012年版;阎学通:《世界权力的转移:政治领导与战略竞争》,北京:北京大学出版社2015年版。

③ 参见Peter J. Katzenstein ed., *The Culture of National Security: Norms and Identity in World Politics*, New York: Columbia University Press, 2006。

（一）结构竞争与中心消解

现代性逻辑的强势存在与后现代思潮的全方位冲击共同构成了东亚安全的复杂图景。从总体上看，东亚安全热度上升主要来自秩序演变的不确定性，不仅仅是秩序结构不确定，更为深层次的是塑造秩序的理念不确定。一方面是基于现代思维的非此即彼的排他性主导权之争，而另一方面却是后现代思潮下颠覆主导、消解中心的地区进程。

在现代性思维下，东亚安全从根本上是结构性问题，即中国崛起引发的国际体系结构变化；中国在地区进程中主导性和影响力加强，势必导致美国影响力的减弱，东亚安全就是中美主导权竞争的反映；大国之间的相对力量是此消彼长的零和博弈。现实主义认为随着中国经济和军事实力上升，中美必定展开地区霸权的暴力争夺；制度主义强调维护美国霸权就要加强美国主导的国际制度体系建设；规范主义学者认为，中国意识形态与价值体系不同于西方，因而难以实现和平崛起。[①] 新兴大国中国与守成大国美国之间必然出现霸权争夺，陷入修昔底德陷阱。亚太是中美互动和利益交织最为密切的地区，因此中美战略性竞争与冲突将首先集中体现在对地区主导权的争夺和对地区秩序的塑造上。

后现代思潮恰恰是要颠覆"主导"、消解"中心"。当前东亚进程的多元多重多维正是颠覆"主导"、消解"中心"的体现。东盟通过"东盟＋1"的对话关系机制，与各大国开展合作，实现"关系制衡"和在区域合作中的借力打力，维护"东盟制度中心"；与此同时，又坚决维护东盟团结，捍卫"东盟方式"在地区互动中的基

---

① 参见 John J. Mearsheimer, "The Gathering Storm: China's Challenge to US Power in Asia," *The Chinese Journal of International Politics*, Vol. 3, No. 4, 2010, pp. 381 - 396; G. John Ikenberry, "The Rise of China and the Future of the West: Can the Liberal System Survive?" *Foreign Affairs*, Vol. 87, No. 1, 2008, pp. 23 - 37; Barry Buzan, "China in International Society: Is 'Peaceful Rise' Possible?" *Chinese Journal of International Politics*, Vol. 3, No. 1, pp. 5 - 36。

础地位。[①] 东亚合作的“东盟中心”和“东盟方式”在现代国际关系思维看来是“小马拉大车”。而事实上,小马拉车并非是为了车,或者说至少不是首先为了车,而是要防止在大车前进的过程中自己被边缘化、被碾压。“东盟中心”恰恰是消解中心的后现代思维驱动的。

因此,在东亚秩序的演进和塑造过程中,一方面,在现代思维惯性下,人们陷入大国权力转移、主导权之争和非此即彼的二元逻辑;而另一方面,在后现代思潮冲击下,又产生了边缘、弱小与非主流力量自发又自觉地抵制主导、消解中心的努力。东亚秩序的演进过程中出现了多元行为体和多重制度与规范在多个维度上的互动,开放性和包容性大大加强;而正如现实所呈现的那样,合作的可能性与合作实践也大大增加。行为体的个体能动性及互动实践是化解结构困局、塑造秩序走向的关键。

(二)普适规范与地方经验

东亚安全从议程到规范都体现出普遍经验与地方经验的共存与交锋。一方面,西方经验随着全球化进程被塑造成普遍经验;而另一方面,地方经验获得更多的本土自觉,成为塑造地区安全规范和议程的重要力量。

对于什么是安全,东亚的界定是主权安全和发展安全。对主权安全和不干涉规范的坚持,既是强现代性的表现,也是背景知识和地方规范的自我维护。20世纪90年代东盟将欧盟的“共同安全”规范改造成为“合作安全”,保留了共同安全中的两个基本要素,即包容的多边方式,以及反对敌对性的基于威慑的安全体系,但是去掉了具有法律约束力的安全合作和国内政治与地区安全的关联性。与此同时,东盟坚决抵制了各种形式的以干涉为核心的规范,这才使得东盟政治

---

① 关于东盟与地区制度建设,参见魏玲:《小行为体与国际制度——亚信会议、东盟地区论坛与亚洲安全》,载《世界经济与政治》,2014年第5期,第85-100页。

安全共同体建设和以东盟为中心的制度化安全合作(如东盟地区论坛)成为可能。[①] 2009 年,《东盟政治安全共同体蓝图》提出综合安全观,即不仅仅要应对传统安全威胁,更要应对关乎地区和成员国发展的非传统安全威胁。2015 年,东盟宣布建成共同体,作为其根本制度和法律框架的《东盟宪章》强调了三套规范,首要的依然是"东盟方式"。因此,东盟在短期内不太可能超越"主权"和"不干涉"规范,综合安全是东盟的优先考虑。[②] 2014 年,中国国家主席习近平在亚信会议上首次阐述了"共同、综合、合作、可持续的亚洲安全观",指出"对亚洲大多数国家来说,发展就是最大安全"。[③] 亚洲安全观对于合作安全和发展安全的强调与东盟的安全理念相契合,离不开特有的地区经济社会和历史文化背景。

关于如何维护安全,东亚的规范是协商合作,不同于现代理性思维下的法律规范和契约合作。协商合作是协商承诺,是建设共识的过程。协商承诺没有强约束性,其目标、手段和结果都是开放的。协商一致的关键在于协商过程,这个过程充分考虑全体成员的意见和感受,容留灵活度,保证舒适性;不将观点或决定强加于人,而是努力构建共识、培养合作习惯;过程往往比达成特定具体的结果更为重要,过程可以独立于结果。协商合作的非敌视性环境对于达成初步合作至关重要;协商一致的非强制性,尤其是在决策和落实模式及规则上的灵活性,为成员国的国内政治谈判预留了空间,从而为最大限度的多边合作创造了更大的可能。舒适度和协商一致规范保证参与各方的基本利益都得到关注,保证相关议程获得最大程度的支持,保证参与方不失面子、不被孤立。[④] 在互信不足、成员身份异质性大的情况下,以协商合作为基本特征的弱制度更加有利于合

---

① Amitav Acharya, "How Ideas Spread: Whose Norms Matter? Norm Localization and Institutional Change in Asian Regionalism," pp. 256 - 257.

② 魏玲:《东盟政治安全共同体与地区安全架构》,载《东亚要报》,2015 年第 7 期,总第 50 期。

③ 习近平:《积极树立亚洲安全观　共创安全合作新局面——在亚洲相互协作与信任措施会议第四次峰会上的讲话》,上海,2014 年 5 月 21 日,http://politics.people.com.cn/n/2014/0522/c1024-25048258.html,登录时间:2016 年 1 月 20 日。

④ 参见 Amitav Acharya, "Ideas, Identity, and Institution-building: From the 'ASEAN Way' to the 'Asia-Pacific' Way?" *The Pacific Review*, Vol. 10, No. 3, 1997, pp. 319 - 346.

作的推进和制度的维护,是对基于规则的制度治理的重要补充,[①]也是根植于东亚的"关系""面子"和"协商"等背景知识的规范。[②]

(三)领土争议、霸权护持与话语权力

南海问题从表面上看是领土争议,实质是现代性思维下的美国霸权维护行为,而将之建构成为安全热点的则是后现代的话语权力。历史经验表明,主权和领土争端在世界范围内都是难以解决的问题。在当代国际关系体系和秩序中,一国对他国使用武力改变领土现状的合法性被大大削弱,领土争端只能通过争议方的友好协商和外交谈判来解决。中国是拥有邻国最多的大国,地缘环境非常复杂,但中国的历史实践与行为轨迹证明中国解决领土争议的方式是倾向于谈判协商、和平合作的。[③]

南海问题因美国战略调整被激活,通过美国主导的话语建构成为地区乃至国际安全热点。在20世纪70—80年代,南海出现过一些争端,但是并没有成为地区热点问题。[④] 90年代以后,随着中国与东盟建立对话关系并启动全方面合作,南海保持了相对和平稳定的局势。2009年奥巴马政府就职后,酝酿启动"亚太再平衡"。[⑤] 2010年,希拉里·克林顿在东盟地区论坛发表讲话,标志着美国正式介入南海问题。正是在此背景下,南海争议有关当事国借机加大声索力度,推动南海问题多边化和国际化;一些域外国家为了战略利益追随美国,使得美国

---

① 秦亚青:《全球治理失灵与秩序理念的重建》,载《世界经济与政治》,2013年第4期,第4-18页。

② 参见 Qin Yaqing, "A Relational Theory of World Politics," *International Studies Review*, Vol. 18, 2016, pp. 33-47。

③ M. Taylor Fravel, *Strong Borders, Secure Nation: Cooperation and Conflict in China's Territorial Disputes*, Princeton: Princeton University Press, 2008.

④ 洪农:《南海争端解决:南海仲裁案的法律解读及政治意义》,载《外交评论》,2016年第3期,第25-44页。

⑤ Wei Ling, "Rebalancing or De-Balancing: U. S. Pivot and East Asian Order," *American Foreign Policy Interests*, Vol. 35, No. 3, pp. 148-154.

通过经济援助、军事合作、资源开发等方式介入南海事务,加剧了地区地缘政治竞争,[1]助推南海问题朝着升级与激化的方向发展。

南海问题成为地区甚至国际安全热点,话语建构发挥了重要作用。言语即行动。[2] 上文已经讨论了南海问题的三种叙事和话语议程。话语建构并不是要解决争议,事实上也无法解决争议。法律规范并不一定能强化规范遵守,在某些敏感和关切领域,社会规范的法制化甚至会弱化规范遵守。[3] 东亚合作迄今为止都不是通过有约束力的法律规范或者仲裁实现的;相反,将法律规范引入地区进程的努力往往因为威胁到了“不干涉”这一根本规范而失败。《南海各方行为宣言》不是法律文件,但作为政治承诺,同样维护了南海和平稳定,维护了中国与东盟各国在南海的合作。航行与飞越自由是个伪命题,实为维护“抵近侦察”之特权。就岛礁建设与军事化而言,各争议方与美国等外部参与方只有程度的不同,没有性质差异;要把60%的海上力量部署到太平洋的美国提出军事化问题更凸显出一种霸权逻辑。2016年,美方又抛出了中国在南海问题上“自我孤立”的说法,[4]话语构建进一步升级,到了非常危险的“异化”国际社会成员的地步。这些话语议程对于问题的解决并没有真正起到建设性的作用,而是单方面框定议程、规则和逻辑的话语霸权,以霸权立正统,赋予其合法性并强加于人,将不服从者污名化、边缘化和异化。[5]

---

① 吴士存:《究竟是谁在南海挑起事端?》,载《求是》,2012年第17期,http://theory.people.com.cn/n/2012/0907/c83846018949271.html,登录时间:2016年1月20日。

② K. M. Fierke, “Links across the Abyss: Language and Logic in International Relations,” p. 331.

③ Sarah V. Percy, “Mercenaries: Strong Norm, Weak Law,” *International Organization*, Vol. 61, No. 1, 2007, p. 367.

④ 《卡特:中国的行为可能会筑起一座“自我孤立的长城”》,环球网,2016年5月30日,http://world.huanqiu.com/exclusive/2016-05/8986875.html,登录时间:2016年6月2日。

⑤ Rebecca Adler-Nisson, “Stigma Management in International Relations: Transgressive Identities, Norms, and Order in International Society,” *International Organization*, Vol. 68, No. 1, 2014, pp. 143-176.

结 论

本文从现代性和后现代性的视角观察和分析了东亚安全与南海问题。希望能够超越具体问题争论,捕捉到更深层次的、更具时空纵深的意义和启示。东亚秩序转型是多元、多层、多维的复杂过程,中国崛起、东盟国内政治变化、地区经济一体化和美国再平衡等都是进程的组成部分和重要内容。东亚地域范围内,前现代、现代和后现代进程同时存在。在东亚与外部世界的交往过程中,现代性对地区秩序和安全规范的修正性改造不过70年左右的时间,而后现代思潮又随着全球化和西方化进程冲击而来,两种逻辑相互交织,政治安全问题因而更显复杂,变局与困局似乎也更具典型性。从长远来看,现代性与后现代性还将长期共存,安全问题的复杂性将成为东亚政治的日常,新兴大国中国遭遇的政治安全挑战与困难也正在成为新常态。

现代性的积极意义和局限性都在于普遍主义,而后现代性的最重要意义和最大局限都在于其否定性。后现代性强调多元、差异和开放性,是对普遍、中心和权威的反思和解构。后现代思维让人们认识到:镜像比喻和表征性知识的局限性;社会世界远非主客、真假、理性与非理性的黑白二分,而是复杂多面的;语言不仅仅是意义结构,语言创造意义本身。后现代性否定权威,强调和维护了人的尊严和根本自由;但它过于强调差异性、不确定性,执着于否定性,又往往容易陷入绝望和虚无。[①] 在现代性与后现代性之间,需要思考的问题是:有无普遍适用的价值?如何重建包容广泛差异性的体系价值?后现代性要求在普遍适用的价值构建过程中必须把"他者"作为参照因素,要关照差异性的"他者"的存在及其表征。也许,以"他者"为参照,构建具有包容性和广泛代表性的体系规范与价

① 王治河:《扑朔迷离的游戏——后现代哲学思潮研究》,第30-34页。

值，才有可能超越现代性与后现代性的困局。①

同理，面对两种逻辑思维冲击下的东亚安全复杂态势，关照差异性"他者"，建设具有包容性和广泛代表性的地区规范与价值体系，才能主动应对变局，化解困局，超越具体问题之争，塑造东亚安全与秩序之本。

① 周宪：《从同一性逻辑到差异性逻辑——20世纪文学理论的范式转型》，第99页。

试析南海争议的务实解决机制

——推进南海争议逐步解决合作性方案分析

洪　农*

[内容提要]　此文旨在根据南海形势最新动态,探索最为务实的争端解决机制,搭建一个由借两岸合作寻求南海问题突破、将海洋环境安全作为南海合作的驱动力、将渔业合作作为解决南海争端的起点、将《联合国海洋法公约》作为海洋治理的框架、以思维转化引领政策和研究的方向五个维度组成的争端解决模式。此文为决策者与学者提出了一些建议,并探讨了在解决海洋争端的过程中将国际关系和国际法融合在一起的跨学科视角的可行性,为寻求南海问题的和平解决进献绵薄之力。

[关键词]　南海争议　解决机制　合作性方案

南海问题是东亚地区最具复杂性和挑战性的海洋争端。无论是中国、越南、菲律宾、马来西亚等域内国家,还是美国、俄罗斯、印度和日本等域外国家,都在该地区拥有重大的战略利益与经济利益。因此,南海问题引起了各方严重关切。南海问题可谓由来已久,错综复杂。究其原因,主要包括主权争端、海域管辖权争端、资源利用争端、地缘政治争端、海上安全威胁以及《联合国海洋法公约》(下文简称《公约》)确立的新制度引起的法律争端等。与世界其他地区的海洋争端

---

* 洪农,中国南海研究院海洋法律与政策研究所所长,中美研究中心执行主任,加拿大阿尔伯塔大学中国学院及南京大学中国南海研究协同创新中心客座研究员。

相比，南海问题一个尤为显著的特点在于争端方数量最多，涉及“五国六方”，即中国（大陆、台湾）、越南、菲律宾、马来西亚、文莱，且各方提出的海洋主张存在严重的重叠现象，为南海形势的发展平添了不确定性。南海地区的任何冲突都会对国际和地区安全构成威胁，因此，寻求和平解决这一争端被多国外交政策制定者摆上了重要日程。

尽管多个国家的学者都提出了解决方案，比如外交谈判、共同开发等，但在现实中，南海争端已经持续了数十年之久，目前似乎已经陷入了政治僵局。因此，此文旨在根据南海形势最新动态，探索最为务实的争端解决机制，为决策者与学者提出了一些建议，并探讨了在解决海洋争端的过程中将国际关系和国际法融合在一起的跨学科视角的可行性，为寻求南海问题的和平解决进献绵薄之力。

一、借两岸合作寻求南海问题突破口

台湾是南海领土主权和海洋管辖权争端的直接争端方之一，太平岛（南沙群岛中自然形成的最大岛屿）和东沙岛目前均由台湾戍守和管控。台湾在南海的主张与大陆一脉相承。尽管如此，台湾因不具备主权国家的地位而被排除在了东盟地区论坛等一轨地区安全对话进程之外，无法就南海争端、构建互信措施和预防性外交等问题与其他争端方进行官方层面的沟通。台湾学界有人指出，这或许将对南海总体形势构成不稳定因素。[①] 两岸应该采取互利共赢的思路处理南海领土主权和管辖权争端，这样也能改善两岸关系。

---

① Yann-Huei Song, “Cross-strait Interactions on the SCS Issues: A Need for CBMs,” *Marine Policy*, Vol. 29, 2005, pp. 265 - 280.

(一) 两岸在南海问题上的互动

中国和越南1988年3月在赤瓜礁水域爆发武装冲突后,时任台湾“国防部长”郑为元曾表示如果中国军队请求台湾协防,台湾将会做出肯定性的回应。台湾“外交部”后来也证实了这番言论。[①] 1988年12月,中国人民解放军海军曾经打算与台湾海军共同保卫南沙群岛。1988年的中越南沙海战为海峡两岸在非政府层面上就南海问题进行对话打开了一扇机会之窗,两岸提出并探讨了在渔业、海洋环境保护、海洋科学研究、打击毒品走私、水下沉船打捞和海洋考古等领域的合作。

1991年,台湾“内政部”和台湾中山大学联合举办了一场关于南海问题的研讨会,探讨了两岸南海合作的可能性,该会议提出的一个重要政策建议就是两岸应该采取共同立场,合作对外,共同维护两岸在南海的主权、管辖权和海洋权益。当时台湾的国民党当局坚持一个中国原则以及台湾关于两岸协防南沙岛礁的提议,是中国大陆不反对台湾在1991年7月参加第二届“处理南海潜在冲突研讨会”的原因之一。台北与北京参加此次会议的共同前提是会上不得提出关于南海岛礁主权的问题。与会者在会上建议相关各方探索在南海开展多个领域的合作,其中包括推动航行与交通安全、协调搜救、打击海盗及持械抢劫、促进生物资源的合理利用、保护海洋环境、海洋科学研究以及打击毒品走私等。自此,两岸不断派遣代表参加上述研讨会及其关于法律事务、海洋科学研究、海洋环境保护、运输和航行安全、南海资源评估等方面的专题会议。两岸一致认为这个系列的研讨会有助于促进南海功能性开发与合作,两岸代表参会之前应交换意见或达成谅解。

自1991年以来,两岸学者和政界代表还一直参加两岸之间的学术研讨会。

---

① Shim Jae Hoon, “Blood Thicker than Politics: Taiwan Indicates a Military Preparedness to Back China,” *Far Eastern Economic Review*, May 5, 1998, p. 26.

1991年,第一届关于南海问题的两岸学术研讨会在海口举办。大多数与会者来自中国大陆,台湾与会者只有四名。在那次会议上,国家海洋局法律法规办公室的代表在一篇题为《两岸南沙群岛合作前景》的文章中呼吁两岸在海洋科学研究、海洋天气预报、海洋渔业、海上搜救甚至军事合作(比如两岸海军共同巡逻南沙群岛地区)等领域进行合作。[①] 来自台湾的一名与会者呼吁两岸在太平岛上设立一个渔业基地,共同开发南沙渔业资源。在2001年的会议上,两岸与会者就设立一个关于南海问题的两岸学术论坛达成了共识,2002年10月28日,海南南海研究中心(中国南海研究院的前身)在海口专门召开一个会议,对此开展了进一步的讨论,包括论坛章程草案,一旦采用,将用于论坛的运作管理。章程草案的讨论显然表明这一想法已经得到了中国政府的批准。这一论坛的全称是"海峡两岸南海问题民间学术论坛",简称"两岸南海论坛"。海峡两岸分别设立了秘书处,负责两岸沟通协调、发布新闻、组织论坛筹备会议、起草或修改章程以及为论坛活动筹集资金等。论坛轮流在大陆和台湾举办年度学术会议。从2005年到2016年,论坛探讨了两岸合作的"机会和方向""领域和渠道""新机遇和挑战"等方面。2011年5月,两岸学者共同撰写和出版了《2010年南海形势评估报告》,该报告分为七章,探讨的内容包括美国,东盟,中国大陆、台湾的南海政策,并评估了2010年南海形势动态以及合作前景。该系列报告以一年一次的形式延续至今。

(二) 两岸合作的前景和障碍

两岸合作的确面临几个重大障碍,而且在不久的将来也不太可能被克服。台湾学者Steven Kuan-Tshy Yu教授认为中国大陆坚持"一个中国"原则,台湾被迫采取"务实外交"的策略来应对中国的"外交封锁",是两岸南海合作面临的

---

① 1991年南海问题研讨会论文集,第215-219页。

主要障碍。[①] 从台湾的角度来看,如果台北在南海问题上与中国大陆政府密切合作,那么其"外交"政策目标(改善与东盟成员国的关系)将被破坏。台湾学者陈皇宇教授列举了一系列影响两岸改善关系和南海合作的因素,包括:(1) 双方意识形态差异;(2) 台湾当局和中国大陆官员之间的沟通受限;(3) 中国大陆对台湾内部事务和选举进行政治和军事干预;(4) 中国大陆误解了北京与台北1991年在新加坡达成的共识;(5) 中国大陆2001年10月阻止台湾参加在上海举行的亚太经合组织领导人非正式会议;(6) 两岸南海合作涉及敏感的主权问题;(7) 中国大陆阻止台湾参与国际和地区安全对话。[②] 张中勇指出,如果台湾与大陆在南海问题上合作,不仅会疏远自己与东盟成员国的关系,也意味着台湾默许"一个中国"的原则,因此,将使其"主权"地位和"独立实体"身份受到怀疑。[③] 林文程认为大陆对台湾的军事威胁是影响两岸南海合作的主要障碍。中国大陆外交压制也使台湾无法在南海问题上相信中国大陆。[④] 傅崐成呼吁两岸在平等基础上开展南海合作,并列出了下列影响两岸南海合作的因素:(1) 两岸官方的财政资助短缺;(2) 台湾被中国大陆歧视,得不到公平待遇;(3) 台湾和中国大陆担心东盟成员国对两岸南海合作的反应。[⑤]

自国民党在2008年赢得了选举之后,台湾地区领导人马英九开始缓和两岸关系,宣布与大陆"外交休战"。2010年,在海南举行的两岸南海论坛上,虽然与

---

① S. Kuan-Tshy Yu, "Case Study of Pragmatic Diplomacy, the Cross-strait Relations: Comparing the Position and Policy taken by the Two Sides of the Taiwan Strait on the Sovereignty Issues in the SCS," 该论文提交台湾大学政治学系于1994年5月26日在台北举行的"务实外交与两岸关系"研讨会。

② Hung-Yu Chen, "Possible Co-operative Direction, Areas of the Cross-strait in the SCS Issues," prepared for the 2001 Dialogue and Co-operation of the Cross-strait on the SCS Issues, Tao-Yuan, Taiwan, November 14—15, 2001, pp. 1 - 2.

③ 同上,p. 2。

④ Wen-Chen Chen, "Possible Co-operative Direction and Areas of the Cross-Strait in the SCS Issues," prepared for the 2001 Dialogue and Co-operation of the Cross-strait on the SCS Issues, Tao-Yuan, Taiwan, November 14—15, 2001, p. 8.

⑤ Kuen-Chen Fu, "The Legal Status of the SCS and the Possibility of Cross-Strait Co-operation on Equal Footing," paper presented at the 1995 Hainan and Nanhai Academic Symposium, Taipei, October 6—17, 1995 (in Chinese).

会者探讨了很多关于两岸南海合作的内容,但依然有很多学者对两岸南海合作的前景表达了忧虑。2016年随着蔡英文领导的民进党上台执政,两岸在南海的合作前景更加不容乐观,一旦其与南海政策相结合,台海地区将面临新的危机。

(三)海峡两岸在南海问题上共建互信

台湾学者宋燕辉认为,中国和东盟的成员国之间从直接和间接对抗转向合作,有可能缓解台湾同大陆改善关系时的顾虑,不必像之前那么担心两岸加强合作会危及台湾与东盟整体以及东盟成员国的关系。恰恰相反,两岸南海合作反而可能有助于改善台湾与东盟成员国的关系。[①] 比如,随着两岸关系的改善,中国大陆可能会在《南海各方行为宣言》的框架下寻找各方都可以接受的临时安排,邀请台湾参与中国和东盟成员国之间的合作项目。此外,随着中国在国际事务中特别是在南海事务中的影响力越来越大,东盟成员国将不会采取挑战"一个中国"原则的行动。[②]

事实上,自20世纪90年代初以来,两岸一直没有放弃过在台湾海峡和南海北部地区就石油和天然气勘探问题进行合作的努力。早在1992年12月,海南省就曾经提出过与台湾共同开发南海的自然资源。此外,台湾的一些投资者曾经提议两岸共同设立"南海开发基金",以期在不存在主权争议的海域内共同开发天然气和原油。1994年10月,来自两岸的两家公营石油公司——中海油与台湾"中油"公司在新加坡开会商讨在东海和南海联合勘探石油的可能性。1995年4月,中海油与台湾"中油"达成共识,决定在台湾海峡中线的珠江口台南盆地与潮汕凹陷区域联合勘探。1996年7月11日,双方签署第一阶段联合勘探协议合约,但其后受李登辉当局政策的掣肘,合作进展缓慢。所幸的是,"珠江口台南盆地与潮汕凹陷区域联合勘探"作为两岸油气合作硕果仅存的项目,虽然屡遭

---

① Yann-Huei Song, "Cross-strait Interactions on the SCS Issues: A Need for CBMs," *Marine Policy*, Vol. 29, 2005, pp. 265 - 280, at p. 265.

② 同上。

政治掣肘,仍在继续执行。截至2000年,两岸完成了合作区块全部数据的采集与分析,在协议区块发现了7个具有油气前景的构造。此后,双方海上合作探油由"共同研究"阶段迈入"共同投资钻探"阶段,但是迟迟没有开钻井。2008年,国民党重新上台执政,马英九采取积极、务实与开放的大陆政策,努力改善两岸关系,两岸能源合作迎来新契机。2008年12月,中海油与台湾"中油"共同签署了《合作意向书》《台南盆地和潮汕凹陷部分海域合作区石油合作修改协议》《乌丘屿凹陷(南日岛盆地)协议区联合研究协议》以及《肯尼亚9号区块部分权益转让协议》四项协议,标志着两岸能源合作历经坎坷,迈入一个新阶段。2012年末,上述两家公司准备共同在台湾海峡深水海域进行天然气勘探,两岸在油气资源勘探开发合作方面迈出实质性的一步。

两岸除了在石油勘探上开展合作之外,还在海上安全合作方面开展了合作。1997年11月,台北的"中华救援协会"和大陆的"中国海上搜救中心"同意设立一个热线,促进台湾海峡海上救援工作。根据协议,在台湾和中国大陆的船舶发生事故遇险时,一方的营救船只拥有可以使用热线请求进入另一方水域和港口的权限。2009年11月26日,中华海峡两岸救援协会在台北举行,建立急难事故救援与医疗处置的民间服务平台。

史汀生中心建立信任措施项目高级研究员艾伦(K. W. Allen)在《海峡两岸建立军事互信措施》一文中指出,两岸要建立互信,最重要的两个措施是北京单方面承诺不武力统一以及台湾宣布不独立。① 海峡两岸是有可能加强南海合作的,南海合作有助于改善两岸关系。海峡两岸决策者都应该认真考虑共建互信措施,这类措施不仅能改善两岸关系,还有助于维护台湾海峡和南海的和平与稳定,南海地区的人民都将从中受益。

---

① K. W. Allen, "Military Confidence-building Measures across the Taiwan Strait," in R. K. Singh (ed.), *Investigating Confidence-Building Measures in the Asia-Pacific Region*: *Report* 28, Washington, DC: Henry L. Stimson Center, May 1999, p. 130.

二、将海洋环境安全作为南海合作的驱动力

一般来说，环境相互依存既可诱发冲突，也可催生国际合作。如果有关各方将环境问题视为安全问题，则更有可能将环保作为首要议题，并可能以令人满意的方式处理这些问题，通过合作找到各方都可以接受的解决方案。环境问题的发展方向，即是导致冲突还是催生合作，在很大程度上取决于决策者看待环境问题的方式。

（一）南海环境安全

南海环境安全对南海具有重要意义。南海地区海洋科学领域的专家已经在联合国环境规划署项目以及处理南海潜在冲突研讨会的框架下成功地提出和制定了政策选项。但遗憾的是，由于相关政府的政治意愿不足，并没有付诸切实行动。该地区的大多数国家都掌握了环保技术，也设立了环保部门，制定了环保法律，非政府组织和政府间国际组织也开展大量的项目，环保专家可以自由地参加国际会议（尤其是在东盟内部）。尽管如此，南海环保问题依然没有得到有效解决。环境专家就海洋环境污染的风险和挑战给政府发出了警告，但到目前为止，该地区各方政界还没有准备将海洋环境的保护和管理作为优先任务。

有几个原因可以解释为什么该地区各方政界不遵循专家的建议。首先，在过去 20 多年间，中国与东南亚国家在南海地区岛礁主权、海洋管辖权和资源开发权方面面临着激烈争端。潜在的冲突已经逐渐浮现到了表面，对该地区的稳定构成了威胁，致使一些国家的关键利益岌岌可危。在这种情况下，注重狭隘的国家利益和强权政治的观点占据了上风，而注重国际合作和发挥非政府组织影响力的观点则居于下风。但这并不是说环境专家没有影响力，只是说就目前形势而言，他们的影响力是有限的，仅仅能够发现和提出问题以供讨论，宣传环保

知识,吸引政府和社会各界对于环保的兴趣与关注,然后影响到政府的议程设置,但他们无法左右政府履行环保职责的意愿。

其次,国内环境也会阻止政府参与区域环保计划。这些国内因素与经济发展水平和行政体制密切相关。作为安全研究中最为显赫的一支,哥本哈根学派认为任何特定的问题都可以政治化和非政治化,以及安全化和非安全化。如果政府不打算应对一个问题,不打算将其纳入公共辩论范围,那么就可以对其非政治化。如果将一个问题纳入公共辩论范围,成为公共治理的一部分,并分配资源去解决它,那么这个问题就被政治化了。

最后,政治问题可以被安全化,也就是说,将一个政治问题的紧急性提升到安全问题的高度,使其成为一个超越既定的游戏规则和框架的特殊政治问题,或者超政治问题。这个过程可以被视为极端的政治化。作为一个相反的过程,非安全化指将一个安全问题移出紧急模式,将其纳入正常的政治谈判进程之中。

一般来说,海洋环境问题在大多数南海沿岸国的议程中并没有位于顶端。基于哥本哈根学派的安全理论,如果我们希望各国有效解决环境问题,应该将其安全化,只有这样,各国才能将其置于议程顶端。如果严重的环境问题被提升到安全问题的高度,肯定会引起更多的重视,环保合作就会成为各方解决南海问题的驱动力。随着气候变化问题引起的国际关注越来越大,而海洋环境问题与气候变化存在密切的联系,因此,这种驱动力也会逐渐加强。2009 年 5 月,在世界海洋大会开幕式上,政府间气候变化专门委员会和其他科学机构纷纷强调了海洋变化的重要性,将其同气候变化摆在了同一高度,指出小岛屿和沿海社区正面临着多重海洋问题,比如海洋变暖、海平面上升、海洋环流变化等。[1] 人们越来越清楚地意识到了海洋环境和气候变化之间的关键联系,从而可能更加倾向于将南海海洋环境问题提高到安全问题的高度。

---

① Sam Bateman and Mary Ann Palma, "Coming to the Rescue of the Oceans: The Climate Change Imperative," *RSIS Commentaries*, No. 80, August 2009.

(二) 如何把环境安全变成南海合作的驱动力

安全问题是东南亚区域一体化进程持续发展的一个动力。[1] 南海沿岸国的海洋环境高度地相互依存,只有在政治领导人意识到环境问题蕴含的高度政治风险时,环境安全才能变成南海合作的驱动力,因此,必须把环境安全这一理念同政治认知联系起来,环境问题安全化更有可能催生更加密切的国际合作。环境问题有两个方面,一个是风险共担,另一个是资源共享。当前,这两个方面都引起了越来越多的关注,使得合作的潜在利益也会越来越大。因此,我们有必要反思一下南海地区是否存在专家群体去促进海洋环保合作机制呢? 无可否认的是,在南海地区,专家群体在促进环境安全和国际合作方面的作用依然较为有限。反观波罗的海和地中海地区,都存在一批权威的科学家,他们对于海洋治理系统的建立和落实具有很大的影响力。[2] 通常来讲,权威的专业知识和数据可以为决策者提供重要的决策依据。只有那些能够从全局角度思考海洋生态问题的科学家才能在制定海洋治理系统的过程中发挥重要作用。当决策者对环境问题捉摸不定时,科学家们的建议就更有可能发挥更大影响力。南海地区恰恰就是这种情况,关于海洋和资源的信息不够充分。然而,多重因素可能限制了科学家对于各国环境政策的积极影响。其中最主要的一条就是各国过于注重各自的主权和利益,政治考量压倒了环境考量,从而削弱了专家的科学建议对于环境决策过程的影响。

对于南海沿岸国而言,南海是重要的自然资源、海运通道和外汇来源,严重

---

① Karin Dokken, "Environment, Security and Regionalism in the Asia-Pacific: Is Environmental Security a Useful Concept?" *Pacific Review*, Vol. 14, No. 4, 2001, pp. 509 - 530, at p. 509.

② Peter Haas, *Saving the Mediterranean: The Politics of International Environmental Cooperation*, New York: Colombia University Press, 1990; Ronnie Hjorth, "Baltic Sea Environmental Cooperation: The Role of Epistemic Communities and the Politics of Regime Change," *Cooperation and Conflict*, Vol. 29, No. 1, 1994, pp. 11 - 31.

影响着沿岸国的渔业、旅游业等行业,各国在利用南海资源方面存在高度的相互依赖性,因此,这就意味着国际合作是唯一明智的政策选择。然而,既然我们知道各国过于注重主权与利益而影响了国际环境合作,那么如何才能让各国领导人感受到采取行动的紧迫性呢?凸显"环境安全"理念的重要性,或许是答案的一部分。根据"环境安全"这个理念的内涵来分析,国际环保合作机制和参与国的国家利益之间并不矛盾。恰恰相反,国际环保合作是确保参与国未来能够持续从环境中获取资源的唯一方式,因为任何一国面临的环境问题都不是孤立存在的,我们生活在一个相互依存的世界,各国的命运以更加复杂的方式交织在一起,只有通过国际合作,才能解决本国面临的环境问题,但这需要参与国让渡一部分国家主权。各国命运的高度相互依赖就必然意味着国家的脆弱性和敏感性,从而催生出各国之间政策协调的必要性,这样可以降低脆弱性,增强一国对其命运的掌控能力。到目前为止,这一点主要体现在政治/军事安全方面。然而,在环境安全方面同样有价值。一旦生态系统恶化到失控的地步,其影响必然跨越国界,迫使不同国家开展协调。

南海地区目前存在的主要问题是共同的海洋环境问题是否可以成为东盟内部以及东盟与中国之间进一步开展合作的驱动力。纵观欧洲、东南亚等地的环区域合作和一体化进程,环境相互依存意识均是最强大的驱动力之一。我们知道,在东盟各国与中国之间,功能性的务实合作或许还不足以让各方推进国际合作进程,有鉴于此,我们迫切需要找到一个具有紧迫性的因素作为驱动力。如果各方能够将本区域严重的海洋环境问题提升到安全问题的高度,或将能够起到这一作用。为了让南海沿岸国的领导人将环境问题视作安全问题,必须让各国之间意识到环境问题上的高度相互依赖性以及各国在高度相互依赖的世界中具有的脆弱性,只有这样,各国领导人才能真正意识到环境问题就是安全问题,才能真正召集有关专家完成国际环保合作的重要任务。

三、将渔业合作作为解决南海争端的起点

在重大政治分歧悬而未决的情况下，要推进南海合作，维护地区和平与稳定，可以通过敏感程度最低的功能性合作来实现，比如渔业合作就是功能性合作的典型体现。南海沿岸国一直鼓励国际渔业管理合作。对于南海这样一个似乎一直处于敌对行动边缘的地区，渔业合作是规避武装冲突的一个务实选择。

《公约》第123条规定，闭海或半闭海沿岸国在行使和履行本公约所规定的权利和义务时，应互相合作。南海显然符合半闭海的标准。为此目的，这些国家应尽力直接或通过适当区域组织协调海洋生物资源的管理、养护、勘探和开发。因此，有关各方应该充分意识到南海大部分鱼类都是高度洄游类，渔业资源也不是取之不尽用之不竭的，合理利用与合作养护南海渔业资源，避免过度捕捞，对各方都具有重要意义，但如果没有区域合作和政策协调，这便无从谈起。

正如傅崐成所言，南海渔业资源养护和管理是一个复杂的问题，对于任何一个南海沿岸国而言，都不可能独自解决。共同努力是至关重要的，尤其是考虑到南海渔业资源现状已经恶化的事实，他认为南海沿岸国迫切需要更有效的区域合作方案，以推进南海渔业资源的保护和管理。[①] 王冠雄认为，对南海沿岸国而言，渔业合作可能是最具有可行性的合作，通过合作，渔业资源可以得到妥善的养护和管理，以避免经济浪费和过度捕捞。在不影响和不考虑《联合国海洋法公约》范畴中的管辖权这一概念的前提下，南海沿岸国就可以建立和健全区域联合渔业管理机制，作为进一步合作的起点。[②] 如果南海地区所有国家都意识到国

---

① Fu Kuen-chen, "Regional Cooperation for Conservation and Management of Fishery Resources in the South China Sea," in John Wong, Keyuan Zou, and Huaqun Zeng (eds.), *China-Asean Relations Economic and Legal Dimensions*, Singapore: National University of Singapore, 2006, pp. 219 - 243.

② Kuan-Hsiung Wang, "Bridge over Troubled Waters: Fisheries Cooperation as a Resolution to the SCS Conflicts," *Pacific Review*, Vol. 14, No. 4, 2001, pp. 531 - 551.

际合作是实现互利共赢的关键一步,那么这种区域合作机制的未来就能得到保证。

虽然一些南海的渔业资源依然具有很大的开发潜力,但大部分渔业资源都遭到了过度开发。因此,渔业开发应该伴随着一个合理的资源管理机制。然而,到目前为止,南海地区还没有一个合理有效的此类机制,而且各个沿岸国也没有实施有效的此类机制。之所以出现这种情况,一个原因是南海沿岸国海洋主张严重重叠,另一个原因是沿岸国都没有充足的渔业资源评估数据去支撑合理的资源管理机制。王冠雄指出,鉴于南海生物资源的现状,沿岸国合作管理和养护渔业资源的第一步应该是将争议海域范围尽量明确下来并尽量缩小,然后建立一个合作委员会去处理渔业相关问题。与此同时,各国还应合作确定鱼类资源的现状以及允许捕捞的数量。[①] 要摸清南海渔业现状,合作管理和保护渔业资源尤其重要,因为鱼类通常是高度洄游的。此外,过度捕捞也是一个严重和紧迫的问题。在这方面,海上边界不能完全保护一个国家的渔业资源不受侵犯,因为渔业资源可以迁出一个国家的领海或专属经济区,他国的过度捕捞问题也会影响本国的鱼类资源。因此,沿岸国根据客观的自然条件制定一个适当的渔业管理机制是实现渔业资源可持续开发的必要之举。这对南海沿岸国尤其重要,因为这个区域是一个半闭海,任何一国渔业政策的任何变化都可能对整个区域的渔业资源产生深远影响。

在南海地区,不难找到合作的机会。军事合作、共同开发油气资源、海洋科学研究、海洋环境保护和渔业合作等都是潜在的合作领域。然而,迄今为止,该地区的油气资源共同开发一再被推迟。由于政治敏感度最低,渔业资源保护管理可以作为合作的起点,这个领域的合作或将产生一种"溢出效应",催生在其他领域的合作。因此,接下来何去何从,则取决于沿岸国的政治意愿和决心。

---

① Kuan-Hsiung Wang, "Bridge over Troubled Waters: Fisheries Cooperation as a Resolution to the SCS Conflicts," *Pacific Review*, Vol. 14, No. 4, 2001, p. 544.

四、将《联合国海洋法公约》作为海洋治理的框架

《公约》为建立合理有效的海洋开发管理体系提供了一个总体性的法律框架。《公约》没有详细规定渔民应该在什么时间、以何种方式在沿岸国的专属经济区内捕获生物资源，也没有详细规定深海海床矿产资源租约的条款，它所做的就是为这类事项的集体决策提供整体性的框架和程序，尽管有时会引发争议，但这正是我们对宪法或宪法文本的期待。Rainer Lagoni 认为《公约》是海洋法领域一份主要的法律文件，为建立海洋公共秩序提供了框架。[①] 南海沿岸国在解释和适用《公约》时必须考虑到它的这项功能。此外，《公约》还将其他一系列关于海洋的国际条约统一了起来，缔造了这样一种国际公共秩序。

作为一部海洋宪法，《公约》并非必须做到无所不包，使得各国没必要进一步制定具体实施的法律法规。这意味着尽管《公约》在某些地方和对某些有争议的问题上采取了"模糊、歧义和沉默"的措辞，但它为实质性问题的解决提供了一个框架，因此具有法律效力。宪法的目的是提供一个系统的治理架构，而不是处理所有实质性的问题。《公约》在将近 70 个条款中规定了如果可能的话，其他双边或多边的国际协议可以用作解决实质性问题的辅助文件。在《海洋治理：可持续发展的海洋》(*Ocean Governance: Sustainable Development of the Seas*)一书中，《公约》得到了高度赞扬："在考虑现有的国际制度能在多大程度上将海洋资源的可持续发展理念变为现实时，明显应该先考虑 1982 年《联合国海洋法公约》。该公约旨在体现'国际经济新秩序'和确立'人类共同遗产'这一理念的法律内涵。《公约》体现了普遍参与，公正平衡，权利义务对等，为发展中国家转移资金与科技，以及合作管理共享自然资源等元素，而这些元素也是可持续发展理

---

① Rainer Lagoni, "Commentary," in Alex G. Oude Elferink (ed.), *Stability and Change in the Law of the Sea: The Role of the LOS Convention*, Leiden: Nartinus Nijhoff Publishers, 2004, p. 51.

念的固有之义。”[①]尽管《公约》存在一定的不足,但具有内在一致性,适用于南海问题。《公约》并不是一个强制性的争端解决机制,而是地区海洋治理和南海争端解决的一个框架。

区域海洋管理体系需要参与国让渡一定的主权权利,而不是完全以本国为中心,从这个意义上来讲,不仅意味着东盟成员国和中国需要就海洋问题开展全方位的、透明的磋商,还意味着它们要愿意接受基于海洋安全理念的海洋区域治理体系,并将这一体系制度化。“海洋区域治理”意味着海洋层面的全面可持续发展,其基本前提重申了《公约》的一项核心原则,即“各海洋区域的种种问题都是彼此密切相关的,有必要作为一个整体来加以考虑”。[②]

如同全球层面的海洋治理一样,区域性的海洋管理也有两个先决条件:可持续发展规范和可持续发展机构。在南海地区,目前还没有泛区域化的海洋治理政策,但制定这一政策的基础已经具备了,因为东盟国家和中国当前实行的一系列海洋管理法律和制度中有很多元素符合区域海洋治理的要求,《公约》也直接或间接地为海洋的可持续发展提供了实质性的框架。约翰·德西尔瓦(John C. Desilva)指出,海洋治理的第一步是起草一份框架协议,包含一般原则和政策、特殊计划,以及次区域性和双边性的协议。[③] 这个框架协议应该能够务实有效地解决环境问题,加强区域合作和政策协调,促使各方采取高效的行动。该框架协议必须包括下面几个方面:合理的科学知识,以此作为决策依据,制定合理的生态和经济政策;有效改善生态的法律、政策和行动。低效或无效会浪费有限的资金,高效行动必须基于合理的科学知识,而不是观念或政治方面的考虑;成本效益较好的行动;对环保商品和服务进行经济价值评估,作为建立健全开发规划的依据;搜集所有相关知识和信息后做出决策,提高了决策的有效性,也改善了

---

① Peter Bautista Payoyo (ed.), *Ocean Governance: Sustainable Development of the Seas* Tokyo/New York/Paris: United Nations University, 1994.

② UNCLOS, Premise.

③ Vice Admiral John C. Desilva, Pvsm, Avsm. (Retd.), “Conflict Management and Environmental Cooperation in the South China Sea,” at the Eighth Science Council of Asia Conference Joint Project, “Security of Ocean in Asia,” Qingdao, China, May 29, 2008, p. 7.

合作;在共识的基础上建立和提升合作基础,在区域合作进度因问题的复杂性和不确定性而趋于停滞或减缓时尤其应该如此;横向与纵向的良好沟通,确保合作效率;对行动方案进行定期评估,一旦发现问题,要及时修订,以确保行动效率;采取灵活的模式,以便能够及时接纳新信息。[①]

《南海各方行为宣言》可以被用作东盟国家与中国合作开展海洋治理、规避冲突、加强合作的框架协议,因为它不仅呼吁各方保持克制,和平解决重叠的领土主张,还促使各方在海洋环保、海洋科学研究、海上航行和交通安全、搜寻与救助、打击跨国犯罪等领域探索合作的可能性。东盟国家也承诺寻求早日和平解决争端,并根据《东南亚友好合作条约》、1992年《东盟南海宣言》以及《联合国海洋法公约》等国际法探索在南海防止冲突、加强合作的方法和手段。

五、以思维转化引领政策和研究的方向

要重新思考解决冲突的方向,首先要重新思考我们之前解决冲突的一个前提,即往往把冲突视为问题和危险因素。一种替代性的思维是把冲突视为道德提升和转化的机会。[②] 这种视角或许可以为我们解决南海冲突提供一个新的方向。冲突能够为人类培养自主和自立创造提供机会,还能为冲突双方理解、关注和尊重彼此立场和观点,从而培养互谅精神提供机会。冲突或许比其他大多数人类经验更有助于转化和提高自身的道德和思维。危险与机会并存或许是"危机"一词的另一层含义所在。

在转化导向下,面对冲突,理想的回应方式不是先将其视为问题,然后解决

---

① Vice Admiral John C. Desilva, Pvsm, Avsm. (Retd.), "Conflict Management and Environmental Cooperation in the South China Sea," at the Eighth Science Council of Asia Conference Joint Project, "Security of Ocean in Asia," Qingdao, China, May 29, 2008, p. 7.

② "The Mediation Movement: Four Diverging Views," in Robert A. Baruch Bush (ed.), *The Promise of Mediation: The Transformative Approach to Conflict*, San Francisco, CA: Jossey-Bass, 2004, p. 1.

问题,而是着眼于转化和提升当事方的思维与道德。[1] 若要高效地应对冲突,就需要我们利用冲突带来的机会去追求人类本身的转化和改造,这意味着鼓励和帮助当事方在冲突中意识到自己其实能够加强自我和理解他人,从而激发出他们内心深处的良好意愿和良善本性。如果能做到这一点,那就能让心怀恐惧、戒备心强和自私自利的人变得充满自信,能够理性回应他人的诉求和关心他人的利益,这样一来,最终能够转化整个社会。因此,可以说冲突是人类道德提升的重要机遇,而要抓住这种机遇,调停是一个很好的方式。

在冲突转化方式背后的哲学理念认为,争端的起因往往不是公开表达出来的那样,而是深层次的。[2] 通常来讲,引起争端的因素有经济结构、政治结构、身份认同结构和话语结构。经济结构指的是不同行为体在经济互动过程中的收入分配和财富积累情况。政治结构指的是权力资源的分配情况。身份认同结构指的是人们如何看待一个群体以及不同群体之间的相互关系,这一点非常重要,因为这往往构成了冲突的潜在诱因。与身份认同结构密切相关的是话语结构,话语结构是指一个个体或群体在现代文明社会中通过话语表达观点的基础和界限。[3] 不同群体对于规范的感知和对于现实的解读往往构成冲突的重大诱因。在有利于和平的话语结构中,有一些普遍为人接受的政治话语基础。此外,任何一个群体都具备辩论和论证的共同话语基础,而且任何不同的群体之间都是相互联系的,一个群体肯定能够发现其他群体的话语也具有一些合理元素。

爱国主义和民族主义在南海争端的发展过程中发挥了重要作用。南海争端国深深地沉溺于民族自豪感和民族主义情绪。迈克尔·理查森(Michael

---

① "Changing People, Not Just Situations: A Transformative View of Conflict and Mediation," in Robert A. Baruch Bush (ed.), *The Promise of Mediation: The Transformative Approach to Conflict*, San Francisco, CA: Jossey-Bass, 2004, p. 82.

② Timo Kivimäki, Liselotte Odgaard, and Stein Tønnesson, "What Could be Done?" in Timo Kivimäki (ed.), *War or Peace in the South China Sea*, Copenhagen: Nais Press, 2002, p. 133.

③ 同上。

Richardson)指出,这些争端国里面,大多数都有很强的民族主义情绪弥漫的纠纷。[①] 民族主义或许会变成争端解决过程甚至功能性合作的严重绊脚石。民众不理性地宣泄民族主义会破坏各国的政治意愿,并妨碍国际合作。杰弗里·蒂尔(Geoffrey Till)曾经观察到:“岛屿主权的宣示具有重要的象征意义,对于处在困难时期的国家而言尤其如此。”[②]2005 年 3 月,中国、菲律宾和越南的三家石油公司在马尼拉签署了《在南中国海协议区三方联合海洋地震工作协议》之后,菲律宾民众认为这削弱了菲律宾的主权,引发了一定的社会动荡,这显然是民族主义的表现。[③] 同样,菲律宾《领海基线法案》出台后,民众发起游行,以示支持,也是民族主义的表现。[④] 2011 年,越南河内民众针对中国南海主张爆发的大规模示威也是如此。[⑤]

在解读中国的南海主张时,一些西方学者认为中国是南海地区的潜在威胁,或将凭借日益增强的军事力量与邻国爆发公开冲突,从而实现自身目标。但笔者认为,持有这类观点的学者应该认真解读一下中国的民族主义情绪,然后再下结论。斯蒂芬·莱文(Stephen Levine)认为,民族主义是当今中国最显著的非正式意识形态。“中国威胁论”的拥护者通常认为中国南沙政策受到了民族主义

---

① Michael Richardson: see Sam Bateman, “Commentary on *Energy and Geopolitics in the South China Sea* by Michael Richardson,” at www. iseas. edu. sg/aseanstudiescentre/ascdf2c1. pdf (accessed June 5, 2009).

② Geoffrey Till, “The South China Sea Dispute: An International History, ”in Sam Bateman and Ralf Emmers (eds.), *Security and International Politics in the South China Sea*, London/New York: Routledge, 2009, p. 38.

③ Mak Joon Num, “Sovereignty in ASEAN and the Problem of Maritime Cooperation in the South China Sea,” in Sam Batemen and Ralf Emmers (eds.), *Security and International Politics in the South China Sea: Towards a Co-operative Management Regime*, London/New York: Routledge, 2009, p. 121.

④ T. J. Burgonia and Joel Quinto, “Arroyo signs Controversial Baselines Bill, ”*Philippine Daily Inquirer*, March 12, 2009, at http://newsinfo. inquirer. net/inquirerheadlines/nation/view/20090312-193661/Arroyo-signscontroversial-baselines-bill (accessed March 13, 2009).

⑤ “Hundreds Protest in Vietnam against China over Sea Row,” *Routes*, June 5, 2011, at http://in. reuters. com/article/2011/06/05/idINIndia-57504920110605 (accessed July 12, 2011).

情绪的驱动,中国要在南海地区建立霸权。[1] 马克·瓦伦西亚(Mark Valencia)也持有类似的观点,他指出:“中国在南海的行动是日渐高涨的民族主义浪潮引发的一个结果,而民族主义似乎成了中国社会的黏合剂。”[2]杰拉尔德·西格尔(Gerald Segal)也强调了类似的观点,认为:“中国在处理国内改革引发的后果时,往往在涉及民族主义的问题上采取强硬立场,这是中国积极推进南海主张的一个原因。”[3]那么,中国国内的“南沙言论”是多么的强硬呢?中国愿意付出多大代价来控制这些偏远的岛礁呢?中国能摆脱民族主义的影响,并制定更加务实的南海政策吗?

为了理解中国国内话语与其南海政策的关系,笔者研究了一些国内媒体中使用的话语。通过分析它们的话语,揭示中国的南海政策在多大程度上受到了激进的民族主义的影响。主要的数据来源是公开发行的报纸和学术期刊上的文章。报纸文章应该可以被视为政府的一种宣传,或许能够揭示出政府在多大程度上把南沙问题用作了合法的宣传工具。期刊文章的受众往往是受教育程度较高的群体,这个群体的研究成果可以说是决策者意志的体现,或许能够在一定程度上反映出决策过程受到了民族主义情绪的影响。

民族主义通常与一些消极的事情有关。然而,民族主义也具有一些不太消极的形式。艾伦·怀廷(Allen S. Whiting)曾经提出可将民族主义分为以下三类:一是积极自信的民族主义(affirmative nationalism):没有对其他民族的侵略性意图与能力,十分重视民族独立性,同时充满对本民族历史文化的自信,愿意用积极的态度与其他民族交往接触。二是排外强势的民族主义(assertive

① Stephen Levine, “Perception and Ideology,” in T. W. Robinson and D. Shambaugh (eds.), *Chinese Foreign Policy: Theory and Practice* (Oxford: Clarendon Press, 1994), pp. 30-46.

② Mark J. Valencia, “China and the South China Sea Dispute: Conflicting Claims and Potential Solutions in the South China Sea,” Adelphi Paper, No. 298, Oxford: Oxford University Press, 1995.

③ Gerald Segal, “Tying China to the International System,” *Survival*, Vol. 37, No. 2, Summer 1995, pp. 60-73.

nationalism):弱小和缺乏安全感的民族,倾向于对外来的、陌生的东西充满猜疑,认为所有外来势力都包藏祸心,动机叵测。他们既怀疑外部势力的动机,又害怕遭到外部势力的侵犯,最终往往把自己孤立起来,一心追求自给自足。另外一种是带有侵略性的民族主义(aggressive nationalism):强大民族油然而生的优越感在某种政治助推剂(例如主流舆论宣传)的作用下,极易演化成一种趾高气扬、不可一世的对外态度,造成事实上的沙文主义与帝国主义。①

积极自信的民族主义会催生爱国主义情结,而带有侵略性的民族主义则会滋生民众的愤怒,激发民众采取不理性的行动。根据怀廷的观点,第一种民族主义对外交政策的影响是最小的,而其余两种的影响则比较大。第二种与其他两种存在一些共性,影响力大小取决于其强度。根据怀廷的分类,我们可以根据对中国国内话语的分析得出初步结论:

第一,中国政府不可能放弃在南海地区的主张,尤其是涉及南沙岛礁地区的主张。中国的领土主张除了涉及油气需求之外,还涉及民族情绪和意识形态。主权不容置疑是中国国家身份认同感的一部分。南沙是中国不可分割的一部分,他国的占领被解读为对中国领土的侵蚀。中国报纸和期刊上的所有相关文章都肯定了南沙群岛是中国神圣领土不可侵犯的一部分。因此,中国领导人很难放弃或修改中国主权主张。

第二个结论是几乎没有任何报纸和期刊文章传递出带有侵略性的民族主义情绪。虽然这些文章的话语结构也会催生出民族主义情绪,但绝大部分都属于怀廷界定的积极自信的民族主义或排外强势的民族主义。此外,这类文章出现的频率并不高。南沙问题只有在被视为有限的政治议题时,才可能对政府决策过程产生很大的影响,而事实上,《人民日报》和《解放军报》之类的主流媒体很少刊发南沙问题的文章,这表明中国政府在这个问题一直持有小心翼翼的态度,不希望将其用作激发民族主义的合法工具,甚至会在南沙争端上保持低姿态。这

---

① Allan S. Whiting, "Chinese Nationalism and Foreign Policy after Deng," *China Quarterly*, Vol. 142, June 1995, pp. 297 - 315.

使得中国政府能够将关于主权的一般原则与政治领域的务实主义结合在一起。

至于那些能够激发带有侵略性的民族主义的文章,大多出现在军事期刊上面。比如,1994年《国防》刊登的一篇题为《我们的"第二国土"》的文章即为明证,该文呼吁采取行动捍卫中国至关重要的国家利益,指出:"我国海域被侵分,随之而来的就是资源遭掠夺。我国海洋权益受到如此严重的侵害,在国际上是罕见的。…… 屈辱的历史和严峻的现实给中华民族敲响了一个长鸣的警钟,要么在新一轮的海洋争夺战中崛起,要么在新一轮海洋争夺战中再次沉沦。"

与某些军事期刊咄咄逼人的姿态相比,非军事类的学术刊物发表的文章则展现了较为务实的观点。比如,《南洋问题研究》期刊曾于1991年刊登《南海主权归属问题现状与我国应采取的对策》一文,该文指出:"在这种形势下,对我国来说诉诸武力求得问题的解决,将是弊多于利。首先,军事冲突会加重我国现代化建设的负担。我国政府曾多次表明,中国的主要任务仍然是致力于经济建设。其次,冲突升级会减少国家间合作的机会,不利于我国与南海周边国家关系的稳定发展。第三,军事冲突可能为日本继续增加军费开支,扩充军事力量,提供借口。从而构成对本地区安全的威胁。"[①]不同出版物之间的差异使我们得出了第三个结论,即中国的南海政策制定过程受到了不同力量的影响。

"国家耻辱"是中国公众文化中一个常见的、反复出现的主题,其表现形式丰富多样,包括公共历史、教科书、博物馆、群众运动、小说、流行歌曲、散文诗歌、专题片、国定假日和地图册。[②] 这些都是现代主义叙事方式的体现,从根本上塑造着一个国家共同的精神纽带和凝聚力。国家耻辱似乎纯粹是一个国内话语,但在精英与公众的讨论中,时常提及中国在世界舞台上的正当地位。西方学者倾向于促使中国摆脱国家耻辱造成的受害者心态,以便成为国际社会一个负责任的成员,但中国则强调其他国家,尤其是西方发达国家,需要理解中国遭受的苦难。

---

① Guoxing, "China versus South China Sea Security," *Security Dialogue*, Vol. 29, No. 1, March 1998, pp. 101 - 112.

② William A. Callahan, "National Insecurities: Humiliation, Salvation, and Chinese Nationalism," at www. humiliationstudies. org/documents/CallahanChina. pdf.

中国可以运用转化思维的方法让国内的民族主义情绪催生积极的结果。为了避免引发中国的民族主义情绪，导致南海争端升级，中国政府应认真跟踪民族主义的变化态势，引导其朝着积极的方向发展，而不是朝着激进的方向发展。另一方面，南海的其他争端国也应该积极改变思维方式，了解中国的民族主义态势，对中国的苦难历史表示同情，毕竟南海地区大多数国家都有过被侵略或被殖民的历史。美国等域外国家也应该客观看待南海争端，而不是宣传“中国威胁论”。

中国并不是唯一一个外交政策受到民族主义情绪影响的国家。越南和中国有很多相似之处。两国有类似的历史文化背景，都是社会主义国家，而且当前都承诺致力于市场经济改革。越南在整个学校教育中都强调所谓“黄沙群岛”（即我西沙群岛）和“长沙群岛”（即我南沙群岛）属于越南。越南有两个著名的博物馆，一个用于纪念中越南沙海战，另一个用于展示所谓“黄沙群岛”和“长沙群岛”属于越南的证据。这显然意在提高越南人，尤其是年青一代的“国土意识”。虽然现在南海发生的一些事件不会引发20世纪90年代那种民众示威，但越南一直密切关注着南海事态，将其视为潜在的“入侵”迹象。更严重的是，中国在2007年发表的关于西沙群岛和南沙群岛主权的主张在河内和胡志明市引发了罕见的公众示威。中国在海南发展潜艇基地，促使越南在2009年4月从俄罗斯订购了6艘潜艇，成本估计为18亿美元。① 虽然局势紧张的程度被国际媒体以及身在海外的越南反政府人士放大了，但其确实表达了越南对本国处于弱势地位的不安情绪以及对中国动机的怀疑。

对于南海政策的制定者与研究者而言，转化思维方式不失为一个引领政策与研究的新方向。这有助于换一种视角解读当前的形势。就目前的南海问题研究资料来看，大部分都是旨在粉饰（或贬低）东盟在争端或冲突管理方面所做的努力，或者诋毁中国对东南亚国家造成威胁。由于冲突转化理论及其他理论还

---

① “Vietnam Reportedly set to buy Russian Kilo Class Subs,” *Defense Industry Daily*, April 28, 2009.

存在一定的不足和缺陷,因此,有必要在更加坚实的基础之上构建这一理论。如果有关各方能够提出更多的务实解决方案,或许也有助于争端解决。

在政策方面,东盟国家和中国应该加大解决海上边界冲突的力度,在过去20年间,中国与东盟国家签署了《南海各方行为宣言》。越南和中国在很大程度上解决了在北部湾的海上边界争端,中国领导层的变化和南海地区相对稳定的经济和政治形势为双方尝试最终解决争端提供了机遇。最后通牒式的谈判是没必要的,也是不应该出现的,不然只会导致中国和其他国家远离谈判桌。要破解目前南海问题的僵局,各方需要超越各自做出的片面解读,转而采取整体性、全局性的模式,结合历史文献,力争取得共识,在当前盛行的理论模型以及其他潜在理论之间寻求真实和务实的解决之道。同时,争端国需要积极推进谈判,根据新的冲突解读方式提出新的争端解决方案,并开展高层的、非正式的讨论或会议。这样,南海争端的谈判就可以在直接相关当事方的协商下不断推进,最终迈向解决争端的长远目标。

在研究方面,学者和外交官应该后退一步,重新解读当前的争端,即重新审视南海争端的起源和发展,军事对抗和东盟多边主义演变的作用,以及相关国家的行为和言论。最重要的是,弄明白争端的各种背景。从整体性的视角去解读争端可以让人得到一幅更生动和更易于理解的图景。虽然这幅图景看起来似乎违反直觉,但它有助于拨开重重理论和学术框架的迷雾而得到冷静的认知,从而更好地看到全局,提出更有创意的解决方案。从很大程度上来讲,当前人们对诸多理论的误解导致无法提出行之有效的解决方案。因此,研究者应该充分利用各种全局性的解读结果,看看是否能够提出新的解决方案。一旦有多种方案可用,争端国就会逐渐脱离现状,看到争端解决的曙光。

在研究过程中,转换思维的过程具有很强的主观性,因此是一个内在的心理过程,其关键在于学者和外交官需要集合更多的全局性解读。要做到这一点,可以先着眼于历史记录,发现当前各种理论存在的不足和缺陷。实现了这一步之后,大学和研究机构的专家应该加强招聘工作,为自己的研究领域引入新的思想。研究项目要摆脱固有理论的桎梏,从新话语、新视角重新解读南海争端,从而催生更多的解读图景和更多的解决思路。在各方重视预防冲突和睦邻政策的现状下，或许需要一些新思路才能打开局面，推进争端解决进程。

在南海的舞台上，法律和政治是相互关联的，《公约》融合了政治与法律，其演变过程可以说为国际法和国际关系的发展开辟了新的路径。作为地球的一部分，海洋至少覆盖了三分之二的地表。在海洋治理方面，得到普遍接受的具体规范和约束机制越来越多地涌现了出来。更重要的是，基于《公约》的海洋治理条约正在由各种机构加以落实，逐渐变成了海洋法律秩序的重要组成部分。由于《公约》规定了海洋开发、裁军、环保等领域的原则，构成了一个和谐的整体，因此，《公约》可能是当前实现可持续发展最先进的制度保障，或许能够确保全面切实的人类安全首先实现于海上，而不是陆地上。从这个意义上来讲，《公约》“对于国家、地区和全球的海上行动的确具有战略重要性”。[①]

虽然诉诸法院或法庭的国际争端相对较少，但几乎每一个国际争端都会涉及国际法。各国如何解决争端，以及为什么在不同情况下选择不同的机制，本质上都涉及政治和法律考量。因此，在这种情况下，有必要详细审视国际关系和国际法的相互关系。舍恩鲍姆(Schoenbaum)曾经指出：“有必要在国际法基础上构建国际关系的新范式。”[②]同样，笔者也认为要成功解决当代许多问题，比如南海争端，需要同时借助政治知识和法律工具。南海这片半闭海的争端和治理应该通过跨学科的协同研究加以应对。

① Preamble, UNGA Res. 49/28. The UN secretary-general describes the entry into force of the convention as “one of the greatest achievements of the century ”. *UN Information Office Press Release*, Doc. SEA/1452, November 17, 1994.

② Thomas. J. Schoenbaum, *International Relations: The Path not Taken: Using International Law to Promote World Peace and Security*, New York: Cambridge University Press, 2006.

第二部分　东盟与南海：利益、诉求与选择

论东盟对南海问题的利益要求和政策选择

陈相秒*

［内容提要］ 东盟是南海问题发展不可忽视的影响因素，尤其是伴随南海形势的持续升温，东盟南海政策选择关系中国在南海维权维稳和经略周边整体布局。作为地区性组织，东盟南海决策的根本动力在于成员国内部共同利益和“个利”的交换。同时，东盟南海政策选择还受到美国为主的域外因素的干扰。然而，中国兼为南海争议当事方和地区大国，对东盟南海政策发展起到最为关键的影响。反之，中国对东盟南海政策具有强大的潜在塑造能力。有鉴于此，中国应该从大战略、大布局的视角出发，尽快落实“双轨思路”，统筹兼顾维权维稳和周边与大国外交。

［关键词］ 东盟　南海问题　利益诉求　政策选择

近年来，东盟在南海问题中的角色与作用愈加凸显，特别是2014年5月10日，缅甸东盟外长会议发表了《南海形势发展共同声明》(*ASEAN Foreign Ministers' Statement on the Current Developments in the South China Sea*)；2014年5月16日，东盟秘书长黎良明对《华尔街日报》声称，中国必须撤出南海“争议海域”，而这是东盟的当务之急。关于东盟的南海政策变化引起了国际社会的广泛关注。事实上围绕东盟与南海问题，国内学术界已进行了一定的研究。已有的研究主要集中在四个层面：一是东盟对南海问题主要存在四种利益——

* 陈相秒，中国南海研究院助理研究员。

增强凝聚力、以南海资源拉动东盟经济发展、保持并提升东盟在地区事务中的主导地位及地区和平与稳定;[①]二是东盟通过以“集团方式”介入南海问题、以“多边机制”掌控南海形势发展、以“大国平衡”政策推动南海问题国际化三种方式影响南海问题发展;[②]三是南海问题“东盟化”,即基于三大“最低共识”,以东盟方式处理争议,即“中立、和平”的基本主张,不支持南海问题国际化且由东盟主导南海问题,主张诉诸国际法及其原则解决南海争端;[③]四是东盟各国对于南海利益要求不一,南海政策也存在差异。

因此,虽然有关东盟与南海政策研究已经取得了一定的成果,然而各学者的研究存在明显争议,其中以关于东盟对南海问题国际化的政策立场分歧的研究最为突出。同时,已有研究中有不少问题值得商榷,如菲律宾对于南海问题东盟化的观点与各国就存在很大差异。国内外学界早已认识到东盟成员国间对于南海争议的政策立场存在诸多的分歧。然而,在一个分裂的东盟集体内部何以形成统一的南海政策,这才是东盟南海政策研究的核心问题,也是前人研究所未回答的。对此,已有的研究大都采用“规避”和“模糊化”两种处理方法,即以东盟南海政策为前提假设,或者宽泛地将“东盟化”概念化。前者的处理实则是有意或无意地忽视东盟组织内部对南海问题政策立场的差异,因此无法真正透视东盟的南海政策;后者空泛的定义只是为研究寻找逻辑感,无助于探究东盟南海政策的本质所在。

因此,本文从东盟对于南海问题发展的利益着手,探寻团结东盟各国形成处理南海问题一致共识的纽带,发掘东盟南海决策的过程与本质,并以此厘清东盟的南海政策边界,分析东盟南海政策演化轨迹和未来发展方向。最后,本文尝试评估东盟南海政策对中国的影响,实际上南海问题和中国-东盟关系发展是中国

---

① 赵国军:《论南海问题“东盟化”的发展——东盟政策演变与中国应对》,载《国际展望》,2013年第2期,第91-94页;葛红亮:《东盟在南海问题上的政策评析》,载《外交评论》,2012年第4期,第67-70页。

② 葛红亮:《东盟在南海问题上的政策评析》,载《外交评论》,2012年第4期,第67-70页。

③ 赵国军:《论南海问题“东盟化”的发展——东盟政策演变与中国应对》,载《国际展望》,2013年第2期,第85-90页。

与东盟共同面临的困境，也是一个值得继续深入研究的现实问题。

一、东盟各国在南海的“个利”与“共利”要求

共同利益基础是联盟得以形成和维持的基础，也是联盟整体决策成功的驱动力。特别是东盟组织迄今在政治、安全领域一体化上仍然是一个相对松散的地区组织，因此其对于南海问题的立场和政策选择实质上是一个寻求共同利益契合点的博弈过程，为各成员国彼此基于各自利益要求进行协商、协调的产物。然而，值得注意的是所谓“共同利益”在各成员国内的重要层级并不相同。因此，深入分析东盟各国在南海利益要求，厘清由“个利”形成“共利”的基本脉络，将间接地呈现东盟整体对南海问题的决策过程。

（一）东盟各成员国在南海问题上的各自利益要求

显而易见，东盟十国与南海问题的关系大致可分为两大类：争议国和非争议国。争议国包括越南、菲律宾、马来西亚、文莱和印度尼西亚，其中印度尼西亚与中方只存在南海海域划界纠纷；非争议国如新加坡、泰国、柬埔寨、老挝和缅甸。整体而言，非争议国与争议国间的利益要求重点存在本质区别，南海岛礁主权和海域管辖权的争夺是南海问题的根本所在，也是各争议国的核心利益要求，而非争议国所注重的是南海地区形势发展。与此同时，在不同时期内，各争议国的直接的“显性利益”与间接的“隐性利益”存在很大差异，而各非争议国基于同中国双边关系大局而做出各自的利益抉择。

1. 越南与菲律宾

在众多的争议方之中，以越南和菲律宾所主张和占有岛礁数量最多、面积和地理条件最为优越，同时中菲、中越在南海的矛盾和分歧最为突出。因此，越菲两国在南海主要存在政治、安全、经济三个方面的利益。政治利益包括岛礁主权

和海域管辖权及国内政治稳定，安全利益体现为对周边和地区安全环境的期待，经济利益反映在主要战略通道和海洋资源方面。

（1）**越南和菲律宾都致力于“保护”南海所占岛礁**。南海岛礁主权争夺是南海争议的核心所在，而海洋管辖权主张实则以陆地主权为先决条件。自20世纪70—80年代以来，越、菲是南海岛礁争夺的最大获利者。其中，越南占领南沙群岛29个岛礁，且单方面声称对中国西沙群岛拥有主权和主权权利；菲律宾占领南沙8个岛礁，并以一艘旧军舰“座滩”仁爱礁，同时一直觊觎中沙黄岩岛。值得注意的是，越菲两国所占岛礁具有面积较大、自然环境较好的优势，如中业岛、西月岛、南威岛等南沙群岛面积前十的岛礁绝大多数为两国所控制，其中中业岛上还有淡水资源。因此，作为控制南沙岛礁的最大持利者，面对中国逐步加强在南沙的维权和实际存在，越菲两国的当务之急是在强调主权声索的同时，巩固对已控制岛礁的占领和“保护”。

（2）**越菲两国都对南海资源有着强烈利益需求**。南海蕴藏着丰富的海洋资源，特别是拥有储量巨大的石油和天然气资源，素有“第二个波斯湾”之称。不论是越南还是菲律宾都对南海油气资源有着强烈需求。越南希望扩大在南海油气开发的满足国内能源供给，并通过油气出口创造财政收入。据美国能源信息管理局统计，2011年越南在南海南昆仑山盆地和库优龙盆地等海域平均每日开采原油30万桶，天然气300亿立方米。[①] 通过不断扩大海上油气勘探和开发，成功从原油净进口国变为净出口国，南海油气产业成为其国民经济发展的支柱产业之一。菲律宾虽然只是东南亚国家中能源消耗较低的国家，但目前菲律宾国内的能源消耗仍严重依赖进口。据菲律宾能源部统计，2012年菲律宾的能源自给率只有56%，主要为石油和天然气，约占40%。另一方面，菲律宾早在20世纪70年代初就开始在南沙礼乐滩海域进行油气勘探，且菲方主张海域的礼乐盆地和西北巴拉望盆地都是油气资源富集区。据统计，2014年菲方探明石油储量

① U. S. Energy Information Administration, http://www.eia.gov/countries/regions-topics.cfm? fips=SCS，登录时间：2015年8月17日。

1.385亿桶、3.48万亿立方米;但2011年菲律宾仅在南海巴拉望盆地开采石油平均每天2.5万桶,以及天然气1 000亿立方米。目前,菲方正积极推进在南沙礼乐滩海域的油气勘探和开发。

因此,越南和菲律宾两国经济发展内需和对外出口都严重依赖对南海油气资源的开发,不同的是越南已经在第一轮的南海油气资源争夺中获取了巨大的利益,而菲律宾仍处于快速发展时期。

(3) **越菲两国的战略安全受到南海地缘政治束缚**。从东南亚海陆地理分布角度看,南海是越南和菲律宾争夺海权和海防安全的主要阵地。对于越南而言,南海至少具有两个方面的安全意涵:**其一,越南整条海岸线全部依南海延伸,南海是越南唯一的战略出海口**。目前越南沿着其海岸线,已经建成或正在建设海军基地如胡志明海军基地、金兰湾海军基地、岘港海军基地和海防军港等,积极打造一条由南到北的战略"条带",几乎将整个南海掌握在战略控制范围之内。**其二,南海是越南海上防御的重点**。南海连接着西太平洋和印度洋,在东北亚各国与欧洲、非洲等世界其余地区的相互联系中具有海上大动脉作用,是国际最为繁忙的黄金航道,同时也是各国争夺海权的海上战略要塞。与此同时,南海问题复杂敏感,区域内外国家交织作用,地区局势发展跌宕起伏、变幻莫测。因此,南海地缘政治竞争是越南海上威胁的根源地所在。

菲律宾作为一个群岛国家,其东面是一望无垠的太平洋,只有西面与中国大陆和越南隔南海相望;同时,中菲两国存在岛礁主权和海洋关系权争议,因此南海是菲律宾地缘战略安全的防御重点,国防安全也是菲主张南海权益的借口,而"中国"被视为主要威胁。

2. 印度尼西亚、马来西亚和文莱

马来西亚占领了南沙的5个岛礁,文莱对南沙南通礁主张主权,而印度尼西亚与中方存在海域划界纠纷。然而,这三个争议国区别于越南和菲律宾,在南海岛礁主权问题上利益相对较少,但三者却是南海油气资源开发的主要受益者。据统计,2011年文莱、印度尼西亚、马来西亚三国在南海平均每天开采石油分别为120万桶、60万桶和500万桶;年开采天然气4 000亿立方米、2 000亿立方米和1.8万亿立方米,远远超过了越南和菲律宾的开采量。① 一直以来,石油和天然气产业都是文莱经济发展的支柱,占据了出口总额的90%、国内生产总值的50%以上。② 同样,马来西亚国家统计局统计,2011年油气开采产业占该国全年国内生产总值的8.7%。从2005年到2012年,印度尼西亚的油气产业产值在国内生产总值中的比例维持在15.6%左右;另据美国HIS环球透视公司(IHS Global Insight)统计,2012年印度尼西亚油气资源出口占其货物出口的五分之一。③

此外,马来西亚对中国在曾母暗沙的维权执法活动也表现出了一定的担忧,并在加强海上力量建设,比如2013年10月马来西亚国防部部长希山姆丁(Hishammuddin bin Tun Hussein)表示,马方将在邻近曾母暗沙60英里的民都鲁港(Bintulu)建设海军基地,并将组建一支两栖作战的海军陆战队,加强战略预防准备。④ 但马来西亚同时又在外交上完全接受中国海上力量在曾母暗沙海域的活动,因此也可以看出其对南海的战略安全要求远不如菲越两国。

3. 新加坡、泰国、缅甸、老挝和柬埔寨

新加坡、泰国、缅甸、老挝和柬埔寨都非南海争议当事国,在南海岛礁主权和海洋管辖权上并无直接利害关系。然而,南海争议已成为南海地区形势变化最大的影响因素,因此南海局势发展是周边或邻近国家所处环境变化的关键内容。与此同时,新加坡和泰国既是美国在东亚的盟友,同时又与中国建立了极为密切的经贸合作关系,对南海问题所持立场受到了美中两国的双重影响;而中国同柬埔寨、老挝等东盟国家与中国存在特殊的政治关系,因而各非争议国的南海利益

① U.S. Energy Information Administration, http://www.eia.gov/countries/regions-topics.cfm? fips=SCS(accessed in May 27, 2014).

② Brunei Economic Development Board, http://www.bedb.com.bn/why_ecoverview.html (accessed in May 27, 2014).

③ U.S. Energy Information Administration, http://www.eia.gov/countries/cab.cfm? fips=ID,登录时间:2015年5月27日。

④ "Malaysia to establish marine corps, naval base close to James Shoal," *IHS Jane's Defence Weekly*, October 15, 2013, http://www.janes.com/article/28438/malaysia-to-establish-marine-corps-naval-base-close-to-james-shoal,登录时间:2015年5月27日。

要求存在一定的差异。

泰国和新加坡对南海地区形势发展主要有政治和经济两个方面利益考虑。其一，泰国和新加坡经济发展严重依赖南海航运，尤其是新加坡实施高度开放的经济发展战略，依托国际性重要港口优势，发展转口贸易港，成功将自身打造为国际贸易中心、金融中心、航运中心、通讯中心和旅游中心，因此新加坡的经济繁荣基本上是依靠南海航道优势。同样，泰国也是一个以出口导向型为主的国家，国内经济发展严重依靠对外贸易，对外贸易依存度达到120%，出口依存度超过60%。然而，泰国对外出口主要合作国家除中国、越南外，其余大部分依赖南海航道运输。其二，新加坡是东盟“大国平衡”安全战略的主要设计者和积极践行者，因此南海问题作为东盟安全战略的重要作用议题之一，新加坡既不希望中国“掌控”也不希望美国“一家独大”式地主导南海地区的安全形势发展，而是试图通过斡旋，以大国“对冲”大国形成“实力均衡”，从而创造东盟主导的局面；[①]同样，泰国虽然是东盟国家中与中国关系最为亲密的国家之一，但是与美国保持着联盟关系，因此也是在追求平衡地区政治安全环境。

缅甸、柬埔寨和老挝三国在东南亚地区事务中影响力相对弱小，与南海问题也无直接利害关系。在冷战时期缅、柬、老三国都面临两极格局的战略选择，特别是缅甸和柬埔寨两国国内经历了多次政权更迭，对外政策存在不稳定性。作为东盟成员国，三国主要是随着东盟介入南海问题而被迫涉入，如2012年和2014年柬埔寨和缅甸作为东盟轮值主席国，因此在东盟领导会议期间发表了有关南海问题的共同声明，从而间接对南海局势发展施加了影响。但总体而言，缅、柬、老三国都是中国的传统友邦，中国是三国最重要的经济合作伙伴；同时三国近年来逐步扩大开放，发展同西方国家和其他东盟国家的关系。值得注意的是，越南在中南半岛有着强大的地区影响力，是三国外交决策的重要影响因素。因此，缅甸、柬埔寨和老挝三国对南海问题的决策受到中国、越南和东盟的影响，

① 曹云华:《在大国间周旋——评东盟的大国平衡战略》，载《暨南学报(哲学社会科学版)》，2003年第3期，第12－14页。

但经济发展才是三国当前外交中最重要的任务。

(二) 东盟整体在南海问题上的共同利益

东盟作为一体化的地区组织,其决策过程是基于各国利益间的协调和共识,同时也积极加快共同体建设步伐,加强组织行为"一致性"。因此,东盟整体在南海问题上的共同利益有两个层面含义:一是各国间利益协调;二是组织内的利益共识。

从各国对南海问题和地区局势发展的利益要求上看,其共同利益必然是在各国利益间取"最大公约数"。菲律宾、越南将政治、安全和经济利益并重,印度尼西亚、马来西亚、文莱、泰国、新加坡、缅甸等其余东盟国家以经济利益为主,显见经济利益要求才是东盟组织内的共识。另一方面,随着中国海洋力量的提升和海洋维权力度的加大,作为南海岛礁控制中最大受益者,即使是越南和菲律宾也希望维持岛礁占领优势,并忧惧中国改变这一现状。

因此,在南海问题上,和平稳定的地区环境是区域合作和繁荣的首要前提。东盟各国协调的利益共识上主要有两点:**第一,维持地区和平稳定现状**。地区和平环境是区域发展和繁荣的首要前提。南海问题涉及东盟多国,且东盟成员国的南海政策也存在诸多分歧。一旦南海局势极度恶化,南海海域可能因此陷入"诸国割据"的乱局之中。因此,南海局势的稳定,一则可以为东盟各国促进经济社会发展提供更多的时间和空间,减少相互合作的政治和安全阻力;再则避免南海航道通畅和安全遭受挑战,尤其是对于新加坡、泰国等高度依赖海上贸易的东盟成员国,南海航道是各国经济社会发展的"生命线";最后,缓和稳定的南海局势,为文莱、马来西亚、印度尼西亚等有关争议国在南海开发油气、渔业等海洋资源创造了时机,避免资源开发受到干扰。**第二,保持与中国经济合作密切关系,为东盟地区经济快速发展保持强劲引擎**。应当说,南海问题的核心部分是中国与菲、越、马、文等东盟国家间关于南沙领土主权和海洋管辖权的纠纷。因此,不可否认的是南海问题已经成为影响中国-东盟关系发展的不稳定性因素。然而,自2010年中国-东盟自由贸易区建立以来，双边贸易取得了迅猛的发展，目前中国是东盟最大的贸易伙伴国，同时也是新加坡、印度尼西亚、马来西亚、泰国、缅甸、老挝等东盟多数国家的最大贸易伙伴，因此中国在东盟的经济发展中扮演着关键的角色。南海局势的恶化必将损坏中国同越南、菲律宾等争议国间的政治和安全互信，也会因此动摇中国-东盟经贸合作基础。

与此同时，东盟作为地区组织也存在组织集体行为目标。**其一，东盟为提升一体化水平，实现建设经济、政治和安全共同体的目标，需要形成巩固各国“向心力”和组织“凝聚力”**。建设高度团结的共同体是东盟一体化的目标所在。从2003年10月，第9次东盟首脑会议发表了《巴厘第二协约宣言》(*Declaration of ASEAN Concord Ⅱ*)，进一步确定东盟在2020年建成涵盖经济、政治安全和社会文化等各个领域的共同体目标；[①]直至2007年第12届东盟峰会又发表了《宿务宣言》(*Cebu Declaration on the Acceleration of the Establishment of an ASEAN Community by 2015*)，将东盟共同体建设时间提前到2015年；当年11月东盟首脑会议又通过了《东盟宪章》(*The ASEAN Charter*)，确立东盟作为一个合法的政府间组织，并形成完整的组织架构，促使东盟在法律和形式上由松散组织转变成为一个更具约束力的国际组织转变。[②] 东盟各成员国向心力和相互凝聚力是共同体建设的最重要前提。然而，近年来东盟的一体化进程遭到挑战，特别是作为政治安全共同体核心组成的南海政策协调，各成员国间对于南海问题的处理出现了较大的分歧，比较明显的是菲律宾竭力推动东盟峰会讨论南海问题，但都因其余成员国反对而未能成功。[③] 因此，为了如期建成“东盟共同

① *Declaration of ASEAN Concord Ⅱ*(*Bali Concord Ⅱ*), October 07, 2003, http://www.asean.org,登录时间:2015年5月27日。

② *Interesting Changes to the ASEAN Institutional Framework*, November 20, 2007, http://www.asean.org; *Cebu Declaration on the Acceleration of the Establishment of an ASEAN Community by* 2015, http://www.asean.org/news/item/cebu-declaration-on-the-acceleration-of-the-establishment-of-an-asean-community-by-2015,登录时间:2015年8月17日。

③ 菲律宾早在2009年就提出了要将南海问题纳入东盟峰会框架，然而直到2014年仍未能成功。

体”,东盟所需要的是成员国间在南海议题上能协商一致,相互团结,减少分歧,形成共识;与此同时,南海问题也是东盟推进政治安全一体化的重要突破点。

其二,东盟需要实现大国平衡和维持中心地位(centrality)的战略构想。[①]实质而言,南海问题不仅仅是争议国间岛礁主权与海域管辖权的纠纷,更是区域内外国家间地缘战略优势的争夺。近年来,随着南海问题的升温与发展,南海地区地缘政治博弈格局逐渐清晰,主要存在三股力量的相互较量,即中国、东盟及美国的同盟体系。尤其是2009年以来,美国从“重返亚太”到“亚太再平衡”,战略重心东移在逐步展开,南海是其海上霸权和亚太主导权的必争之地;日本等美国盟友采取“追随”策略,伺机加大对南海问题的介入力度;菲律宾等争议国在东盟内部积极策应美国强势介入。反之,中国在南海的维权行动也日益加强。因此,南海问题显然已逐步转变为中国与美国同盟体系间的地缘政治博弈。

东盟成员国自冷战结束以来逐步就地区安全形成了“大国平衡”的战略共识。南海是东盟安全最重要的地缘战略势力范围,同时南海问题也是促使东南亚地区安全形势发生剧变最关键的因素,因此东盟希望中美之间能在南海地区形成“势力均衡”,避免任何一方主导地区地缘政治发展。

如上所述,东盟各成员间对南海问题既有妥协性一致共识,也有同盟组织的共同利益。基于两方面、四大点的共同利益,东盟才具有作为一个集体决策的可能。因此,共同利益才是东盟南海政策形成的前提、动力和保证,在东盟处理南海问题决策中起到纽带的作用。因应于各种复杂因素的影响,东盟的南海政策变化是以共同利益为基准,根据地区形势和力量格局变化进行“校准”。

二、东盟对南海问题外交立场和政策变化

从理性主义的角度看,利益追求指导着国家、国际组织等国际行为体的对外

① ASEAN Political-Security Community Blueprint, Jakata, ASEAN Secretariat, 2009.

决策过程。由此，东盟的利益要求决定了其对于南海问题的外交立场和政策变化，反之，东盟的外交立场和政策变化也是东盟对于南海问题利益要求最有力的印证。另一方面，东盟作为一个松散的地区组织，其组织主要基于东盟方式运作，尤其是在政治和安全领域的一体化。因此，考察东盟的南海政策主要依据东盟组织共识声明。

冷战结束后，国际体系由两极对抗向单极主导转变。东南亚地区权力结构也发生改变，美苏撤出东南亚后出现了地区权力真空，由此东盟开始发挥平衡作用，南海问题的发展也因此步入了新的阶段。回溯冷战后各阶段东盟南海政策与立场发展，其整体脉络凸显出三个清晰的节点。

（一）1992 年《马尼拉宣言》

冷战结束伊始，随着苏联的解体和美国撤出菲律宾苏比克海军基地，东南亚地区出现暂时的权力真空，东盟地区进入了合作安全时代，东盟组织也开始扮演越来越重要的角色。然而，此时中国发布了“领海及毗连区法”，重申对东沙、西沙、南沙、中沙群岛主权；同时 1992 年中海油与美国克里斯通石油公司签署了为期 5 年的万安北-21 区块的油气勘探协议，此举遭到了越南的极力反对，东南亚有关国家也开始鼓吹“中国威胁论”，致使南海局势急剧升温。[①] 由此，当年的第 25 届东盟外长会议发表了《马尼拉宣言》（*1992 ASEAN Declaration on the South China Sea, Manila*），强调以和平方式解决争端，敦促各方保持克制，加强对话合作，并提出建立南海国际行为准则。[②]《马尼拉宣言》是东盟第一次公开介入南海问题，在为东盟南海政策发展奠定基础的同时也为此后政策变化界

---

① 李金明：《从东盟南海宣言到南海各方行为宣言》，载《东南亚研究》，2004 年第 3 期，第 31－32 页；Carlyle A. Thayer, “ASEAN: China and the Code of Conduct In the South China Sea,” *SAIS Review*, Vol. XXXIII, No. 2 (Summer-Fall 2013), p. 76。

② Association of South-East Asia Nations, 1992 ASEAN Declaration on the South China Sea, Manila, July 22, 1992, http://www.asean.org/18894.htm，登录时间：2015 年 6 月 20 日。

定了对比标准。

(二) 1995 年"美济礁事件"与 2002 年《南海各方行为宣言》

继中越在南海油气勘探和权利主张上发生冲突之后,1995 年中菲又在南沙美济礁海域发生对峙事件,致使南海局势再度急剧升温。"美济礁事件"(*Mischief Incident*)发生的起因是菲律宾渔民向菲方政府报告称遭中国在美济礁的军队拘留,因此菲方派遣巡逻舰和侦察机前往证实。此后,菲律宾方面指责中国在礁上建造军事设施,"侵犯"菲方领土主权和海域管辖权,并采取军事反制措施,在美济礁附近海域部署军舰、战斗机和直升机,同时强化在卡拉延群岛(*Kalayaan group*)的军事力量部署。[①] 非方还炸毁中国南沙岛礁上设立的测量标志,[②]并抓捕扣押中国渔民,引发中国渔船与菲方军舰对峙。美济礁事件发生后,菲律宾首先指责,中国应该遵守 1992 年《马尼拉宣言》精神并积极推动东盟外长会议讨论南海议题。在美济礁事件发生后,东盟采取了三个步骤做出反应:其一,在 1995 年 3 月东盟高官会议期间东盟六位外长上发表了共同声明,表达了对南海问题发展的"严重关切"(Serious Concern),同时呼吁有关各方保持克制;[③]其二,同年 4 月,东盟试图推动中国-东盟年度对话会议发展为讨论解决南海问题的年度会议;[④]其三,东盟拒绝在东盟地区论坛上集体讨论南沙争议,[⑤]且

---

① "Spratly construction by China evokes harsh protest from Philippines," *the Nikkei Weekly* (Japan), February 13, 1995, Asia & Pacific, p. 20; Troop build-up in Spratlys, *the Independent* (London), February16, 1995, International, p. 14; Philippines beefs up presence in Spratlys, *The Straits Times* (Singapore), February 17,1995.

② "Spratly bombing fuels row," *the Age* (Melbourne, Australia), March 25, 1995, p. 13; Condemn China over Spratlys acts: Ramos, *The Straits Times* (Singapore), March 30, 1995. p1.

③ "ASEAN ministers concerned over developments in Spratlys," *The Straits Times* (Singapore), March 19, 1995, p. 2.

④ "Indonesia steps up China Sea patrols," *Australian Financial Review*, April 12, 1995, p. 12.

⑤ "ARF hits snag in final report over Spratlys issue," *The Straits Times* (Singapore), May 24, 1995, p. 2.

在 1995 年的《第 28 届东盟部长会议共同声明》(*1995 Joint Communiqué of the 28th ASEAN Ministerial Meeting*)、《东盟地区论坛主席声明》(*Chairman's Statement of the 2nd Meeting of the ASEAN Regional Forum*)、《曼谷峰会宣言》(*Bangkok Summit Declaration*)等一系列官方文件中,东盟都表示希望争议过通过"和平方式解决争议,并保持克制",同时鼓励声索方通过各种双边和多边解决争端。

实质上,东盟所采取的三个步骤是一种试探性的反应,中菲之间在美济礁不断升级的对峙冲突引起了东盟的担忧,一定程度上加剧了东盟内部对中国恐惧的负面认知和戒备心理。[①] 然而,东盟仍只是从南海地区局势发展角度出发,呼吁各方和平解决南海争议,避免冲突升级破坏地区和平稳定现状。这也是东盟国家推动同中方达成《南海各方行为宣言》的动因。

(三) 2012 年《东盟六点原则》与 2014 年《东盟外长会议南海共同声明》

《宣言》的签订对于缓和南海形势起到了显著的效果,从 2002 年到 2009 年中国同东盟各争议国在南海的冲突矛盾明显减少。然而,2009 年后,随着美国全球战略重心东移政策的实施,南海局势再度持续升温。2012 年,中菲黄岩岛对峙事件是这一轮南海局势升温的第一个爆发点,菲方军舰与中方执法船在黄岩岛附近海域相互对峙,再加上美国、日本等区域外大国的推波助澜,南海局势急剧升温。基于此,2012 年 7 月的东盟外长会议发表了《东盟关于解决南海问题六点原则》,呼吁各方继续保持克制,不使用武力。"六点原则"是东盟对黄岩岛事件发生后南海局势变化的一种反应,其本质仍然是以《宣言》为基础重申东盟希望各方保持克制、维持南海地区和平稳定性现状及和平方式解决争议的立场。

---

① "Regional fears over China's tough tactics," *The Age* (Melbourne, Australia), May 22, 1995, p. 10; "China worries ASEAN nations," *Sydney Morning Herald* (Australia), May 22, 1995, p. 8.

虽然东盟极力维持南海局势稳定,但菲律宾、越南等争议国有着各自的利益要求,同时东盟对各成员国的决策也很难起到有效的制约作用。2014年中国与菲律宾在仁爱礁及中越在西沙海域再次爆发冲突,将南海局势再次推向紧张。特别是在越南出动大量包括军舰、执法船在内的海上力量阻止中国在西沙的正常油气开发,且越南当局鼓动国内民众进行涉华骚乱之后,一时间南海问题引发的中越冲突剑拔弩张。因此,2014年5月,东盟外长会再次就南海形势发展发表了共同声明,对南海形势发展表示“严重关切”(Serious Concerns),强调希望维持南海和平稳定、海上安全和航行与飞越自由。[①] 然而,此次声明仍然以《宣言》为基础,并坚持和平稳定地区现状的要求。此外,针对中国自2014年以来在南沙的岛礁建设所激起的菲、越、美等域内外国家的强烈反弹和海上形势的进一步紧张,东盟在2015年东盟峰会和东盟地区论坛等系列地区会议中都表示了严重关切和担忧。[②]

综合观之,东盟自1992年以来的南海政策呈现出明显的特征。一是东盟南海政策表现主要是基于《南海各方行为宣言》主线,从1992年提出制定“南海行为准则”开始,此后一直致力于推动各方制定和遵守《宣言》内容。二是强调对南海形势发展变化的关注,以始终保持地区和平稳定现状为“关切点”。与此同时,东盟的南海政策在具体层面也做了微妙的调整,如在2014年的南海形势发展的共同声明中,加强了对威胁行为、海上安全和航行与飞越自由的关注度,表明东盟对南海问题发展的利益要求逐渐清晰化。

---

① *ASEAN Foreign Ministers' Statement on the Current Developments in the South China Sea*, May 10, 2014, http://www.asean.org/news/asean-statement-communiques/item/asean-foreign-ministers-statement-on-the-current-developments-in-the-south-china-sea?category_id=26,登录时间:2015年5月15日。

② Chairman's Statement of the 26th ASEAN Summit, Kuala Lumpur &Langkawi, April 27, 2015.

三、东盟南海政策的主要影响因素

东盟以自身利益为基本考虑的南海政策，面临着亚太地区权力结构调整和组织内部利益分化的双层作用。从体系层面看，伴随着美国对华政策调整以及对亚太地区主导权和西太平洋制海权优势争夺认知的不断强化[①]，并逐步实施"再平衡"的全球战略重心调整，中国-东盟-美国亚太"同盟＋伙伴"体系这一"三角关系"所催生的南海地区相互竞合、纵横捭阖地缘政治格局正逐步成形，对东盟的南海政策具有决定性作用；从东盟组织内部政治视角看，东盟同时又面临着越、菲等争端国对主权和海洋权力等特有利益诉求的掣肘。因此，综合分析南海问题发展变化和东盟对外关系的作用力量来看，影响东盟南海政策的主要因素包括：菲律宾、越南等东盟成员国内在作用及东盟一体化的利益要求；美国和日本的外力作用；中国与东盟国家在南海问题上的互动。

首先，越南、菲律宾等争议国是东盟对南海问题决策的主要内部驱动因素。东盟虽缺乏严密的对外决策机构，但其通过长期以来实践形成的"东盟方式"(ASEAN way)，基于相互尊重主权、互不干涉内政、和平解决冲突等普遍国际规则规范，以协商(consultation)方式寻求共识(consensus)，从而在南海问题上达成一致立场。[②] 越南、菲律宾等争议国对南海问题的发展存在最为密切的利益关系，特别是岛礁主权和海洋管辖权都具有强的排他性利益要求，各争议方之

---

① Ronald O'Rourke, "China Naval Modernization: Implications for U. S. Navy Capabilities—Background and Issues for Congress, Congressional Research Service," CRS Report for Congress, RL33153, July 28, 2015, https://www.fas.org/sgp/crs/row/RL33153.pdf，登录时间：2015年8月26日。

② Amitav Acharya, *Constructing a Security Community in Southeast Asia: ASEAN and the Problem of Regional Order* (*third edition*), Oxon: 2014, pp. 43 - 78; Tobias Ingo Nischalke, "Insights from ASEAN's Foreign Policy Co-operation: The 'ASEAN Way', a Real Spirit or a Phantom?", *Contemporary Southeast Asia*, Vol. 22, No. 1 (April 2000), p. 90.

间的博弈往往趋于"零和博弈"(Zero Game),因此极力推动东盟"抱团"对华。相比之下,新加坡、泰国等其余成员国对南海的航道安全、地区稳定等都存在共同之要求,因此寄希望于各方通力合作创造地区公共产品(Regional Public Goods),并反对南海问题影响中国-东盟关系发展大局。然而,东盟组织为了维持体系内部的团结一致,须尽力调解平衡越南、菲律宾与新加坡、泰国等成员国间的立场,特别是对越、菲等少数成员国在南海的利益要求做出相应的妥协和安排。特别是从2012年的"六点原则"到2014年东盟外长会议联合声明,再到2015年东盟峰会主席声明,东盟对南海问题的立场和地区局势发展的态度趋于一致,明显向菲、越等争端国要求倾斜。同时,东盟还需在平衡的大框架下,妥善应对越、菲等成员国与美、日、印等域外国家在南海相互勾连可能带来的地缘政治"失衡"格局。①

其次,美、日等域外国家强势介入南海问题是东盟南海决策过程的重要影响变量。

长期以来,东盟国家通过引入美、日、印、中等主要大国力量,维持南海地区权力结构的平衡和稳定,由此保持自身的核心地位(Centrality)。然而,近年来在越、菲的拉拢和地区形势张力的双重作用下,美、日等域外力量的涉入已经成为南海问题发展的常态化特征,中国与美—日—澳—菲—印"同盟+伙伴(Asian allies and key partners)"体系的权力竞争是当前南海地区地缘政治格局演变的主要动力。美国、日本等域外力量通过直接外交施压,对菲、越等争端国加以武器和政治外交援助,鼓励东盟整体制华,以及强化在南海地区军事存在等多种方式,加强对南海问题的强势介入和在南海地区的权势影响,在加剧南海地区地缘政治竞争和地区局势紧张的同时,催生推动了东盟极力构建和维持的"大国平衡"地缘政治格局的调整,东盟的地区安全战略需要在新一轮的大国政治博弈中

① Rahul Mishra, "The US Rebalancing Strategy: Responses from Southeast Asia," in *Asian Strategic Review* 2014: *US Pivot and Asian Security*, ed. by S. D. Muni & Vivek Chadha, pp. 168 – 169.

寻求平衡，并由此推动东盟南海政策转变。[①] 尤其是针对美国自2010年提出的“亚太再平衡”(Asia-Pacific rebalancing)系列战略调整和中国在南海的积极作为，东盟虽采取“两面下注”(hedge)策略，但在安全上明显倾向于利用美国军事力量制衡中国的崛起，对华南海政策警惕性也有所提高。[②] 比较明显的是，2013年以来东盟国家加快推动“南海行为准则”磋商谈判，试图构建地区性机制约束中国、缓解南海局势的继续“恶化”。同时，东盟内部对美政策调整也出现了截然不同的分歧，比如菲律宾、新加坡、越南等国积极支持和呼应，马来西亚、印度尼西亚等表现出担忧情绪，柬埔寨等对华关系密切国家则相对冷淡。[③] 此外，美国还积极地鼓说和推动东盟在南海问题上“抱团”形成合力，比如2015年3月美国军方就有呼吁东南亚国家组建联合海上力量巡逻南海地区，并试图以此作为“离岸”制衡中国的一个依借力量。[④]

最后，中国南海政策及对东盟关系是东盟南海政策变化关键性动因。南海问题虽只是中国与越南、菲律宾等东盟部分国家间对岛礁主权和海域管辖权主张的重叠，但事实上长期以来都是影响中国与东盟关系发展的重要因素，彼此南海政策也被纳入了中国-东盟整体关系的塑造和互动的大框架之中。特别是

---

① Carlyle A. Thayer, “The United States, China And Southeast Asia,” *Southeast Asian Affairs*, 2011, p. 23. Donald K. Emmerson, “Challenging ASEAN: The American pivot in Southeast Asia,” *East Asia Forum*, 13 January 2013, http://www.eastasiaforum.org/2013/01/13/challenging-asean-the-american-pivot-in-southeast-asia/, 登录时间：2015年8月5日。

② Rahul Mishra, “The US Rebalancing Strategy: Responses from Southeast Asia,” *Asian Strategic Review* 2014: *US Pivot and Asian Security*, ed. by S. D. Muni &VivekChadha, pp. 168-169.

③ Richard C. Bush Ⅲ, The Response of China's Neighbors to the U. S. ‘Pivot’ to Asia, Brookings, January 31, 2012, http://www.brookings.edu/research/speeches/2012/01/31-us-pivot-bush, 登录时间：2015年8月6日；Rahul Mishra, “The US Rebalancing Strategy: Responses from Southeast Asia,” in *Asian Strategic Review* 2014: *US Pivot and Asian Security*, ed. by S. D. Muni &VivekChadha, pp. 162-160; Roundtable: Regional Perspectives on U. S. Strategic Rebalancing, *Asia policy*, number 15 (January 2013), pp. 1-44.

④ Sam LaGrone, “U. S. 7th Fleet Would Support ASEAN South China Sea Patrols,” *USNI News*, March 20, 2015, http://news.usni.org/2015/03/20/u-s-7th-fleet-would-support-asean-south-china-sea-patrols, 登录时间：2015年8月18日。

1995年的美济礁事件成为东盟南海政策的转折点,[①]而针对近期中国在南海的积极维权和开发建设举措,东盟的政策反应也表现出明显的调整:一是东盟竭力构建"南海行为准则"地区性机制约束中国。比较明显的如,1992年为应对南海局势的趋紧,东盟提出签订南海国际准则;1995年,美济礁事件爆发之后,东盟针对性地加快推动同中国签订"南海行为准则";2012年以来,南海紧张局势急剧升温,特别是针对中国加快在南海油气勘探和岛礁建设步伐,东盟再次加快推动同中国签订"南海行为准则"的实质性谈判。二是东盟对南海形势发展倾向于采取越来越趋于"抱团"的立场,尤其是目前南海问题已经成为东盟峰会的热点议题,东盟也已前后数次针对中国在南海填海造岛、海上维权等海上形势热点问题发表有关南海问题的声明。三是越、菲等当事方通过鼓吹"中国南海威胁"和制造中国试图"改变"地区和平稳定现状的假象,蓄意制造南海地区紧张局势氛围,在损坏中国地区形象的同时,强化了周边国家对中国"威胁"的感观认知,从而直接或间接地作用于东盟的南海政策。[②] 有鉴于此,东盟对中国南海政策的认知直接影响了其应对南海局势发展所采取的策略选择。尤其是东盟对"中国威胁论"的认知和忧虑早在成立之初便已存在,并在中国日益崛起的大背景下不断得到强化,东盟国家易倾向于将中国在南海的维权和海洋开发行为解读为"扩张"制海权以争夺地区主导权的重要抓手,并由此反作用于东盟,这就致使东盟国家在南海问题上采取越来越团结一致的立场,以共同制衡中国不断扩大的海上实力和地区影响力优势。[③]

---

① Carlyle A. Thayer, "ASEAN, China, and the Code of Conduct in the South China Sea," *SAIS Review of International Affairs*, Vol. 33, No. 2, Summer-Fall 2013, p. 76.

② Richard Javad Heydarian, "ASEAN unity and the threat of Chinese expansion," *Aljazeera*, 26 May, 2014, http://www. aljazeera. com/indepth/opinion/2014/05/asean-unity-threat-chinese-exp-2014525165623437127. html,登录时间:2015年8月4日;Chairman's Statement of the 2nd ASEAN-United States Summit, Nay Pyi Taw, Myanmar, November 13, 2014.

③ [美]斯蒂芬·沃尔特(Stephen M. Walt)著,周丕启译:《联盟的起源》,北京:北京大学出版社2007年版。

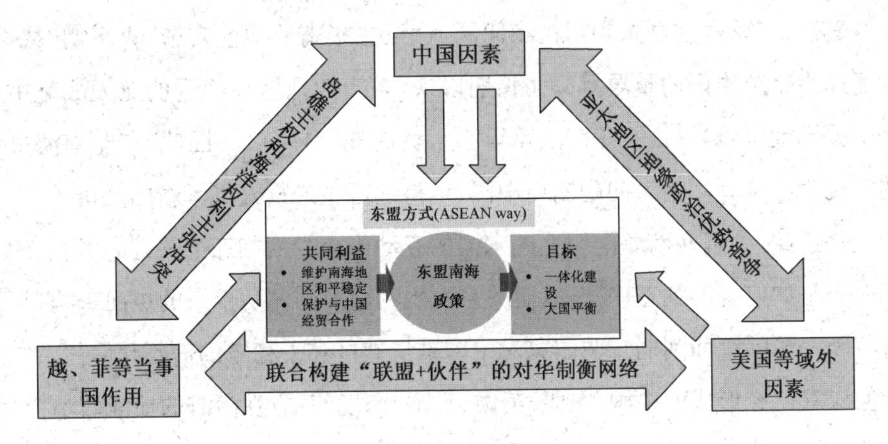

图 1 东盟南海政策的决策机制与作用因素

四、东盟南海决策对中国的影响

南海问题已经上升扩大为中国与美日等域外大国在亚太地区的地缘政治竞争,事实上也是中国-东盟关系发展中不可逾越的议题。伴随南海形势的持续升温紧张,东盟对南海问题和地区形势发展的关切也随之增加,因此也已经成为南海问题和地区形势发展的重要作用因素。对于中国而言,避免非争议方力量介入同越南、菲律宾等国的海上争议,不仅在于最大限度排除直接当事国间谈判对话的外部阻力,同时还在于尽量减少地区形势发展的不确定性和复杂性。有鉴于此,作为南海地区形势发展的直接相关方,东盟的南海决策对中国在南海维权维稳和开发建设具有不可忽视的特殊作用。

具体而言,东盟南海决策对中国具有两个层面的影响:

首先,东盟对南海问题决策和立场偏向是中国与越、菲等国在南海博弈的筹码。特别是作为菲律宾、越南等争端国对华施压所倚重的主要力量,东盟越来越倾向于“抱团”对华,为菲律宾、越南等争端国对华施压、加快在南海侵权活动提供了强有力的力量支撑,增加了中国在南海的维权和开发建设的阻力。

其次,美国也在寻求利用南海问题抓手,在东南亚地区实施“再平衡”战略,从而成为牵绊中国的重要筹码。长期以来,东南亚地区在美国的亚太战略中占据了关键地位,可以说是美国战略重心东移的核心环节。[①] 因此,东盟南海决策调整也为美国利用南海问题制衡中国、维持地区主导权提供了新的契机。

基于此,中国在南海问题上同东盟的互动中至少面临三个关键的考验:

一是如何统筹处理中国-东盟关系发展和南海问题所带来的负面影响,从而避免因南海问题而削弱东盟国家对中国维持地区和平稳定的信心和信任。二是如何应对已经形成的中国-东盟-美国(日本、印度)各方在南海的地缘政治博弈,特别是针对美国对华“接触”(engagement)战略逐步向“制衡”(counterbalancing)倾斜,[②]中国应避免东盟成为美国在东南亚地区的“北约”,预防在南海地区遭遇新的“围堵圈”,从而确保战略通道和出海口通畅安全。三是如何化解东盟在南海问题趋于一致的立场所导致的争议扩大化和复杂化难题,控制南海问题维持在中国与东盟相关国家海上争议谈判解决的范围内。

最后,也是最重一点,统筹处理南海维权与中国-东盟关系是当前中国化解东盟南海决策潜在影响的核心挑战。一方面,加快南海岛礁建设和油气资源开发既是中国维护南海权益的重要举措,同时也是中国构建南海海上战略布局和确保国防、能源和通道安全的内在要求;另一方面,东盟在中国对外经贸合作格局中占有特殊而重要的位置,是推动落实建设21世纪“海上丝绸之路”大战略的首要环节和重点地区,同时也是中国经略周边、构建稳定周边环境的关键地区。因此,在扩大海上维权和战略布局的同时,需要兼顾管控和稳定南海局势,减少东盟对南海形势恶化的担忧,避免东南亚国家对华“威胁”的进一步上升。

---

① Prashanth Parameswaran, “The Power of Balance: ‘Advancing US-ASEAN Relations under the Second Obama Administration’,” *The Fletcher Forum of World Affairs*, Vol. 37: 1, Winter 2013, p. 123.

② Joseph S. Nye Jr., “We Asked Joseph Nye: ‘What Should Be the Purpose of American Power?’,” *National Interest*, August 20, 2015, http://www.nationalinterest.org/feature/we-asked-joseph-nye-what-should-be-the-purpose-american-13630,登录时间:2015年8月20日。

结　论

东盟南海政策的发展与演变受到以美国为主的域外因素影响，同时也是其内部成员间利益交换和妥协的产物，然而，更大程度上取决于同中国在南海作为的互动。亦即，东盟在南海问题上抱团与否的关键在于中国能否管控好南海局势，减少东盟对南海局势恶化的担忧。对于中国而言，南海问题关系到领土主权和主权权利完整，也是建设海洋强国及向西发展制海权、打造海上战略大通道和南向出海口需要直接面对和妥善解决的巨大难题。有鉴于此，南海问题的处理需要置于中国对外大战略、大布局中予以综合考虑，特别是当前中国正处于全新的时代和崛起的关键时刻，因此既需要形成足够的战略远见和战略定力，又应该具备灵活的外交策略。简言之，当前中国需要尽力将南海问题从中国-东盟关系发展中剥离出来，尽快丰富和落实“双轨思路”的实质精神、理论内涵与实践路径，在维权中促进周边环境稳定可控，在维稳中推动中国在南海的战略作为。

2015—2016 年东盟国家军队建设特点分析

徐 亮 王 振*

[内容提要] 受到美国重返东南亚、南海问题的持续升温等一系列因素的影响，东盟大部分国家提高国防预算，东南亚地区成为军费开支增长较快的地区之一。2015 年，东盟中多个国家军费开支继续保持增长势头，军备竞赛有所加剧。其中，2015 年新加坡用来采购军备的费用同 2010 年相比将增加近六成，达 40 亿美元。东盟国家的军费开支中很大一部分是用来从国外引进一系列高技术武器装备，当中大多是护卫舰、巡逻艇、潜艇、反舰导弹、作战飞机等大型海空军装备，陆军方面主要购买坦克、地面雷达系统、导弹、大口径火炮等重型武器，这些装备在性能上大都属于进攻型。2016 年，东盟各国在军队现代化建设方面都采取了一系列措施。各国都极力想增加军费预算，但受国力所限，增加幅度比较有限，甚至还有比上年减少的情况。各国除了加大购买新型海空军先进武器装备之外，更加重视东盟内部国家之间以及与其他国家的军事合作。各国军队建设的重点仍然是维护国内安全的需要。

[关键词] 2015—2016 年　东盟国家　军队建设

* 徐亮，发表本文时为中国南海研究协同创新中心研究员；王振，发表本文时为南京大学国际关系研究院硕士研究生。

一、军费投入:有增有减

军费的投入数额是影响军队建设的一个关键因素。2015—2016年度东盟国家中,军费的预算情况,出现了较大的反差。柬埔寨、菲律宾、新加坡三个国家有较大的增长,其中,柬埔寨提升幅度高达19%,泰国、文莱保持2%~5%的缓慢增长幅度。受经济的影响,尤其是近年来石油、天然气价格的低迷,印度尼西亚、马来西亚的国防预算有所下降,马来西亚的国防开支下降幅度达12%,创下了1998年以来的最大跌幅。

2016年柬埔寨军费增长17%至3.83亿美元,2017年按计划要提升19%至4.55亿美元,柬埔寨军方称增加的军费主要用于改善军人待遇。[①]

伴随"南海仲裁案"与杜特尔特总统的上台,2016年菲律宾的国防政策与军队建设出现了较为明显的变化。2016年8月,菲律宾审议通过2017财年的国防预算,菲律宾军费增长15%,达29亿美元,其中并不包含军事采购费用。[②] 15%的增长速度可谓惊人,但29亿美元的军费对于一个人口接近1亿的国家来说又绝对是很少的。这折射出一个现实,菲律宾目前的军备水平远不足以满足国家的需要,军队急需投入大量资金以实现现代化,这是不论哪位总统上台都无法逆转的大趋势。

2016年,新加坡军费增长6.4%,达139.7亿新元,约合102亿美元,占

---

① "Cambodia boosts 2017 defence budget," IHS Jane's 360, 2016.11.18, http://www.janes.com/article/65609/cambodia-boosts-2017-defence-budget,登录时间:2016年12月24日;"Myanmar commissions second frigate with reduced RCS, hospital ship," IHS Jane's 360, 2015.12.29, http://www.janes.com/article/56887/myanmar-commissions-second-frigate-with-reduced-rcs-hospital-ship,登录时间:2016年12月24日。

② "Philippines proposes 15% increase in 2017 defence spending," IHS Jane's 360, 2016.08.16, http://www.janes.com/article/62997/philippines-proposes-15-increase-in-2017-defence-spending,登录时间:2016年12月25日。

GDP 的 3.4%。2016 年新加坡军费的增速是 2011 年以来最快的,新加坡军费占 GDP 的比例也从 2015 年开始增加。[①] 新加坡虽然只是一个城市国家,仅有 500 多万人口,但军费却是东盟国家中最高的,比拥有 2 亿多人口的区域大国印尼还要高出接近 50%。在强大经济实力的支撑下,新加坡坚持走科技强军、质量建军的路线,其军事实力在东南亚地区非常可观。

2017 财年泰国军费仅增长 2%,达 2 107 亿泰铢,约合 60 亿美元。相比于 2015 与 2016 财年 5%和 7%的增长,泰国军费增速大大放缓了,经济萧条是军费受限的最主要原因。[②] 泰国军费尽管增长有限,但在东盟国家中仍属充裕,一系列军事现代化计划正在顺利推进。2014 年泰国军事政变后,美国削减了对泰国军事援助,泰国军事现代化建设的技术来源变得更加多样。尽管泰国仍只能从国外购买先进武器与关键设备,但已经把发展自身国防工业放到了优先地位。[③]

2016 年文莱军费为 4.08 亿美元,比上年增长 5%。文莱军费中人员费比例很高,人员费占军费接近 60%,约 2.4 亿美元。[④]

2016 年印度尼西亚国防预算的制订与执行经历了一波三折的过程。2016 年 1 月,印尼通过了约 72 亿美元的国防预算,预算草案本来是要削减 1.7%的军费,最后通过的预算却比 2015 年预算增长 2%,但即使是这样,2016 年国防预算也比 2015 年军费实际金额低 2.7%。2016 年 6 月,为了应对南海局势紧张,

---

① "Singapore increases defence budget 6.4% to SGD13.97 billion," IHS Jane's 360, 2016.03.29, http://www.janes.com/article/59081/singapore-increases-defence-budget-6-4-to-sgd13-97-billion,登录时间:2016 年 12 月 25 日。

② "Thailand approves 2017 defence budget of USD6 billion, "IHS Jane's 360, 2016.09.09, http://www.janes.com/article/63572/thailand-approves-2017-defence-budget-of-usd6-billion,登录时间:2016 年 12 月 25 日。

③ "Thailand makes defence industry development a national priority, "IHS Jane's 360, 2016.06.14, http://www.janes.com/article/61321/thailand-makes-defence-industry-development-a-national-priority,登录时间:2016 年 12 月 25 日。

④ "Brunei announces 5% increase in defence spending," IHS Jane's 360, 2016.03.11, http://www.janes.com/article/58703/brunei-announces-5-increase-in-defence-spending,登录时间:2016 年 12 月 24 日。

扩建纳土纳群岛基地，印尼又将 2016 年国防预算上调至 82.8 亿美元。2016 年 9 月，为了控制政府财政赤字，印尼又将国防预算下调至 76.8 亿美元。[①] 国防预算的反复调整充分体现了印尼扩张军备与经济压力间的权衡与矛盾。

2017 年，马来西亚的国防开支将下降 12%至 36 亿美元，创下了 1998 年以来的最大跌幅。[②] 军费的大幅下降使得马来西亚必须要寻求更为经济的军事现代化路径。

二、武器装备更新：以海空军装备为主

受经济发展、科学技术等因素的影响，东盟国家的军事装备长期以来都未能及时更新换代，依旧落后。像越南、菲律宾等国家还有不少二战后遗留的装备。东盟国家不管是经济实力较强的新加坡、印尼，还是经济发展水平落后的柬埔寨、老挝、缅甸，都在不同程度地购买武器，扩充军备，加强军队建设。东盟国家普遍缺乏独立生产先进武器的能力，而从先进国家进口武器向来是其实现武器更新、国防现代化的主要途径。近年来，东盟国家军购的重要表现之一是普遍购买舰艇、潜艇、反舰导弹和飞机等大型武器以增强其海军和空军的战斗实力。这表明目前东盟国家安全战略的重点侧重于近海和远洋的进攻与防御。这意味着防范外部安全挑战是这些国家的主要安全目标。但也不能否定其海军和空军战斗实力的增强对维护其国家统一和国内政治稳定的作用。

---

① "Indonesia reverses course, increases defence budget," IHS Jane's 360, 2016. 01. 26, http://www.janes.com/article/57450/indonesia-reverses-course-increases-defence-budget，登录时间：2016 年 12 月 25 日；"Indonesia increases 2016 defence budget," IHS Jane's 360, 2016. 06. 30, http://www.janes.com/article/61896/indonesia-increases-2016-defence-budget，登录时间：2016 年 12 月 25 日；"Indonesia announces in-year budget cut of 7.3%," IHS Jane's 360, 2016. 09. 12, http://www.janes.com/article/63607/indonesia-announces-in-year-budget-cut-of-7-3，登录时间：2016 年 12 月 25 日。

② "Malaysia cuts defence budget by 12%," IHS Jane's 360, 2016. 10. 24, http://www.janes.com/article/64867/malaysia-cuts-defence-budget-by-12，登录时间：2016 年 12 月 25 日。

印尼接受荷兰的技术援助在本国船厂建造两艘“西格玛”级护卫舰，两艘护卫舰均已于2016年下水。印尼还向韩国订购了3艘209－1400型常规潜艇，合同价值11亿美元，前2艘在韩国制造，第3艘将由印尼自行制造。2012年，印尼与美国签订了购买24架二手F－16CD战斗机的协议，目前，经过翻新的战斗机正陆续加入印尼空军。印尼已经不满足于传统海空力量的发展，希望进军太空。印尼花费8.49亿美元向空客公司订购了一颗军用通信卫星，将于2019年发射进入太空。①

马来西亚从2014年开始在法国的技术转让下以“追风级”为原型，自行建造6艘滨海战斗舰，合同总价达22亿美元。马来西亚虽自行建造此型军舰，但核心装备仍需外购，马来西亚向意大利阿古斯塔威斯特兰公司购买了6架AW159直升机，向法国泰利斯公司采购6架舰载无人机，向德国罗德施瓦茨公司采购6套船只通信系统，并没有从根本上解决国防自主的问题，节约的开支也相当有限。②

2015年12月，菲律宾向韩国订购了12架FA－50轻型战斗机。2016年3

① “PT PAL launches first Indonesian PKR frigate, first Philippine Navy SSV,” IHS Jane's 360, 2016. 01. 18, http://www. janes. com/article/57271/pt-pal-launches-first-indonesian-pkr-frigate-first-philippine-navy-ssv,登录时间:2016年12月25日;“DSME launches first Indonesian Type 209/1400 SSK, ”IHS Jane's 360, 2016. 03. 24, http://www. janes. com/article/59032/dsme-launches-first-indonesian-type-209-1400-ssk,登录时间:2016年12月25日;“Indonesia takes delivery of another five F-16 airframes from US, ”IHS Jane's 360, 2016. 09. 23, http://www. janes. com/article/64041/indonesia-takes-delivery-of-another-five-f-16-airframes-from-us,登录时间:2016年12月25日;“Indonesia approves defence ministry plans to acquire military communications satellite,” IHS Jane's 360, 2016. 09. 23, http://www. janes. com/article/61804/indonesia-approves-defence-ministry-plans-to-acquire-military-communications-satellite,登录时间:2016年12月25日。

② “Malaysia lays keel for first SGPV-LCS, ”IHS Jane's 360, 2016. 03. 09, http://www. janes. com/article/58648/malaysia-lays-keel-for-first-sgpv-lcs,登录时间:2016年12月25日;“DSA 2016: Finmeccanica and Weststar to offer AW159 to Malaysian navy, ”IHS Jane's 360, 2016. 04. 20, http://www. janes. com/article/59658/dsa-2016-finmeccanica-and-weststar-to-offer-aw159-to-malaysian-navy,登录时间:2016年12月25日;“Rohde & Schwarz to provide Royal Malaysian Navy with leading-edge, IP-based, integrated communications system, ”IHS Jane's 360, 2016. 04. 19, http://www. janes. com/article/59645/rohde-schwarz-to-provide-royal-malaysian-navy-with-leading-edge-ip-based-integrated-communications-system,登录时间:2016年12月25日。

月，菲律宾还向印尼购买了 2 艘万吨级的战略海运船，价值 9 200 万美元。[①] 菲律宾 2016 年还向韩国订购了 2 艘排水量 2 600 吨的护卫舰，将填补菲律宾海军在反潜能力上的空白。2016 年 12 月，美国批准向菲律宾出售 2 台 AN/SPS－77 "海长颈鹿"先进对抗搜索雷达，价值 2 500 万美元。[②]

2016 年新加坡空军组建了第二个本土 F－15SG 中队，从美国订购了 40 架 F－15SG 战斗机，其中 20 架部署在本土，另有 20 架部署在美国。新加坡 2014 年向空客公司订购的 A330 空中加油机也将在 2017 年交付第 1 架飞机。[③] 届时，同时使用先进的重型战斗机与空中加油机的新加坡空军将拥有东盟国家中首屈一指的远程打击能力。

新加坡还在努力提高对海、对空监视能力，一方面从以色列引进先进的主动相控阵防空雷达，另一方面开始尝试部署新型飞艇，此外新加坡还准备自行建造 8 艘滨海任务船（LMVs）来替代 11 艘老旧巡逻船，新的滨海任务船排水量 1250

① "Philippine Navy begins flight deck operations training on third Del Pilar-class frigate，" IHS Jane's 360，2016. 08. 08，http://www. janes. com/article/62822/philippine-navy-begins-flight-deck-operations-training-on-third-del-pilar-class-frigate，登录时间：2016 年 12 月 25 日；"New fighter jets to be used for territorial defense，" IHS Jane's 360，2015. 12. 06，http://www. philstar. com/headlines/2015/12/06/1529590/new-fighter-jets-be-used-territorial-defense，登录时间：2016 年 12 月 25 日。

② "US sees no change in defence trade ties with the Philippines，"IHS Jane's 360，2016. 10. 06，http://www. janes. com/article/64392/us-sees-no-change-in-defence-trade-ties-with-the-philippines，登录时间：2016 年 12 月 25 日；"US approves radar sale to the Philippines，" IHS Jane's 360，2016. 12. 15，http://www. janes. com/article/66279/us-approves-radar-sale-to-the-philippines，登录时间：2016 年 12 月 25 日。

③ "RSAF forms second local F-15SG squadron，"IHS Jane's 360，2016. 03. 22，http://www. janes. com/article/58959/rsaf-forms-second-local-f-15sg-squadron，登录时间：2016 年 12 月 25 日；"Singapore，France could receive first Airbus MRTT in 2017，" IHS Jane's 360，2016. 08. 12，http://www. janes. com/article/62928/singapore-france-could-receive-first-airbus-mrtt-in-2017，登录时间：2016 年 12 月 25 日。

吨,将携带垂发系统、反舰导弹、中型直升机、水面无人器等先进装备。[①]

新加坡军队尽管装备先进,但始终面临一个基本困难:只有数百万人口的新加坡兵员有限,对伤亡的承受能力极低。因此新加坡对无人军事技术展现出了浓厚的兴趣。新加坡科技集团在2016年新加坡航展上不仅展示了陆地无人战斗车族,还公开了一种既能在空中飞行又能在水底潜航的先进无人航行器。新加坡空军则在构建无人对地攻击能力,并使用引进自以色列的"苍鹭"无人机进行了相关演练。新加坡海军也提出要实现反水雷作战的完全无人化。[②]

2016年泰国在空中武器方面完成了购自美国的F-16A/B战斗机的升级,从空客公司订购了5架H145M、8架EC275直升机、1架C-295W运输机,寻求从俄罗斯购买米-17V5取代原有的CH-47D"支奴干"直升机,还从德国引进

---

① "Singapore confirms E/LM-2084 radar is in RSAF service,"IHS Jane's 360, 2016.04.11, http://www.janes.com/article/59418/singapore-confirms-e-lm-2084-radar-is-in-rsaf-service,登录时间:2016年12月25日;"Singapore enhances aerial, maritime surveillance capabilities with 55 m aerostat", IHS Jane's 360, 2016.11.29, http://www.janes.com/article/65823/singapore-enhances-aerial-maritime-surveillance-capabilities-with-55-m-aerostat,登录时间:2016年12月25日。"ST Marine lays keel for Singapore's third Littoral Mission Vessel," IHS Jane's 360, 2016.01.25, http://www.janes.com/article/57428/st-marine-lays-keel-for-singapore-s-third-littoral-mission-vessel,登录时间:2016年12月25日。

② "Singapore Airshow 2016: ST Kinetics unveil Jaeger unmanned ground vehicle family," IHS Jane's 360, 2016.02.22, http://www.janes.com/article/58215/singapore-airshow-2016-st-kinetics-unveil-jaeger-unmanned-ground-vehicle-family,登录时间:2016年12月25日;"Singapore Airshow 2016: ST Aerospace unveils air and underwater capable UAV," IHS Jane's 360, 2016.02.19, http://www.janes.com/article/58201/singapore-airshow-2016-st-aerospace-unveils-air-and-underwater-capable-uav,登录时间:2016年12月25日;"Singapore hones fighter aircraft, UAV co-operative capabilities in air-to-surface competition,"IHS Jane's 360, 2016.01.28, http://www.janes.com/article/57527/singapore-hones-fighter-aircraft-uav-co-operative-capabilities-in-air-to-surface-competition,登录时间:2016年12月25日;"Singapore Navy aims for a fully unmanned future mine countermeasure force,"IHS Jane's 360, 2016.06.30, http://www.janes.com/article/61899/singapore-navy-aims-for-a-fully-unmanned-future-mine-countermeasure-force,登录时间:2016年12月25日。

了 4 套“天空卫士”防空系统。[①] 海军武器方面，泰国 2013 年 8 月与韩国大宇造船签订了价值 4.1 亿美元的护卫舰合同，韩国为泰国所造的护卫舰基于韩国的 KDX－1 驱逐舰设计，排水量约 3 650 吨，已与 2016 年 5 月开始铺设龙骨。泰国于 2014 年 8 月与英国 BAE 公司签订了价值 3.48 亿英镑(约 5.58 亿美元)的合同，由英国帮助泰国自行建造三艘“河流”级改进型巡逻船，2016 年项目已经进展到第二艘。2016 年 7 月，泰国重启了从中国购买 3 艘常规潜艇的计划，9 月国会已经为此拨付了 10 亿美元的预算。2016 年 12 月，泰国海军从本国船厂采购的 6 艘 M21 小型巡逻艇正式交付使用。[②] 泰国在陆上装备采购方面也没有放松，2016 年 5 月，泰国从中国采购了首批 28 辆 MBT－3000 主战坦克，价值 1.5 亿美元，采购总量可望达到 150 辆。泰国 2011 年花费 2.4 亿美元从乌克兰采购的“堡垒”主战坦克，受到乌克兰战乱影响交付延迟，但到 2016 年 5 月也已经运抵 3 批共 20 辆。泰国还从乌克兰购买了 220 辆 BTR－3E1 装甲运兵车，并希望

① “RTAF debuts upgraded F-16A/Bs at multilateral air combat exercise，”IHS Jane's 360，2016. 08. 15，http://www. janes. com/article/62961/rtaf-debuts-upgraded-f-16a-bs-at-multilateral-air-combat-exercise，登录时间：2016 年 12 月 25 日；“Thailand looks to Mi-17V-5 as Chinook replacement，” IHS Jane's 360，2016. 05. 18，http://www. janes. com/article/60432/thailand-looks-to-mi-17v-5-as-chinook-replacement，登录时间：2016 年 12 月 25 日；“Thailand adds to EC725 orders，”IHS Jane's 360，2016. 10. 14，http://www. janes. com/article/64312/thailand-adds-to-ec725-orders，登录时间：2016 年 12 月 25 日。

② “DSME lays keel for Thailand's first multipurpose frigate，”IHS Jane's 360，2016. 05. 18，http://www. janes. com/article/60423/dsme-lays-keel-for-thailand-s-first-multipurpose-frigate，登录时间：2016 年 12 月 25 日；“Thailand signs contract with BAE Systems for second OPV，” IHS Jane's 360，2016. 02. 01，http://www. janes. com/article/57599/thailand-signs-contract-with-bae-systems-for-second-opv，登录时间：2016 年 12 月 25 日；“Thailand includes submarine funding in 2017 budget，” IHS Jane's 360，2016. 09. 04，http://www. janes. com/article/63742/thailand-includes-submarine-funding-in-2017-budget，登录时间：2016 年 12 月 25 日；“Royal Thai Navy receives six new patrol boats，” IHS Jane's 360，2016. 12. 05，http://www. janes. com/article/65978/royal-thai-navy-receives-six-new-patrol-boats，登录时间：2016 年 12 月 25 日。

能够获得乌克兰的技术转让在本土进行生产。①

越南近年来大力加强海军建设,首要举措是通过军购实现海军主战装备的现代化。俄罗斯是越南最大的海军装备来源国,越南斥巨资购买了4艘"猎豹"级轻型护卫舰与6艘"基洛"级常规潜艇,4艘"猎豹"级护卫舰中已经有2艘交付越南,还有2艘反潜型已经在俄罗斯下水,即将建造完成,6艘"基洛"级潜艇的前5艘已经交付,第6艘于2016年11月从俄罗斯启运,计划在2017年交付越南海军。②

2016年缅甸从德国进口了10架G-120TP运输机。据缅甸军方称,自2011年起缅军获得了6个型号的51架固定翼飞机,3个型号的10架直升机。缅甸也努力发展国防工业,计划自行建造5艘轻型护卫舰,2015年12月计划中的2号舰正式服役,缅甸制造了具有隐身外形的船体,但核心设备与武器需要从中国、印度、朝鲜、意大利等国引进。③

除了对外军购外,东盟国家当前都非常注重本国国防工业的发展,主要有三方面措施。首先,东盟国家在对外采购军事装备时往往会提出本土制造或者技术转让的要求,希望本土军工企业能在与国际军工企业的合作中取得进步。2016年11月,马来西亚宝德集团与印度尼西亚国营船厂PT PAL达成协议,由

① "Thailand to procure MBT-3000 tanks from China," IHS Jane's 360, 2016.05.16, http://www.janes.com/article/60340/thailand-to-procure-mbt-3000-tanks-from-china,登录时间:2016年12月25日;"Thailand takes delivery of more Oplot MBTs," IHS Jane's 360, 2016.05.26, http://www.janes.com/article/60677/thailand-takes-delivery-of-more-oplot-mbts,登录时间:2016年12月25日;"Thailand makes progress on bid to build Ukrainian BTR-3E1 APCs," IHS Jane's 360, 2016.09.20, http://www.janes.com/article/63941/thailand-makes-progress-on-bid-to-build-ukrainian-btr-3e1-apcs,登录时间:2016年12月25日。

② "Vietnam's 6th Russian-built submarine to arrive in January," VnExpress, 2016.11.30, http://e.vnexpress.net/news/news/vietnam-s-6th-russian-built-submarine-to-arrive-in-january-3506668.html,登录时间:2016年12月24日;"Vietnam to Receive 2 Russian Anti-Submarine Warfare Ships in 2016," The Diplomat, 2016.05.18, http://thediplomat.com/2016/05/vietnam-to-receive-2-russian-anti-submarine-warfare-ships-in-2016/,登录时间:2016年12月25日。

③ "Myanmar air force commissions transport and trainer aircraft," IHS Jane's 360, 2016.08.31, http://www.janes.com/article/63298/myanmar-air-force-commissions-transport-and-trainer-aircraft,登录时间:2016年12月24日。

印尼为马来西亚海军建造船坞登陆舰。马来西亚同时还从泰国采购了至少 20 辆轻型装甲车。菲律宾还专门建立国防工业园来吸引外国企业投资。其次，东盟国家注重东盟内部的国防工业合作，加大国防工业的相互投资与技术合作，加大东盟内部的军事装备采购，在东盟内部的合作中，新加坡、印尼、泰国等军事工业水平相对较高的国家起到了领导作用。文莱与邻国马来西亚保持了良好的军事关系，马来西亚将退役的 4 架 S－70A“黑鹰”赠送给文莱。最后，东盟国家在军火订货时注意扶植本国企业，技术简单、本国有能力制造的装备一般从本国订购。尽管东盟国家在国防工业自主方面做了很多工作，取得了不少成果，我们也要看到因为工业与技术基础的缺乏，东盟国家在短期内尚无法摆脱对外来先进军事技术的依赖，因此其在推进国防工业自主的同时也在寻求军事技术来源的多元化。

三、军事合作：受高度重视

尽管东盟国家近几十年来普遍实现经济快速发展，但是由于起点较低，所以除了新加坡和文莱属于高收入国家外，东盟其他国家仍然属于典型的发展中国家。东盟各国在世界上都没能进入大国与强国的行列，为了应对国内与国外的安全威胁，近年来，东盟国家非常重视与东盟内部以及东盟以外国家的军事合作。

（一）东盟内部军事合作：日趋紧密

东盟多个国家的国内安全受到恐怖主义、有组织犯罪与地方叛乱的严峻挑战，应对此种威胁是军队的重要职能。为了应对这种挑战，东盟国家不仅努力提高自身军事能力，在装备与体制机制上做出适应举措，同时还在东盟框架内部进行了有效合作。另外，在防灾减灾、网络安全、加强本国国防建设等方面均进行了紧密的合作。

东盟是东南亚地区最重要的地区机制,2015 年 11 月,东盟国家领导人宣布将建成以政治安全共同体、经济共同体和社会文化共同体三大支柱为基础的东盟共同体,东盟未来的合作将更加重视安全合作,维护地区“综合安全”。2016 年,东盟国家在缓和地区紧张局势,维护传统安全领域做出了一定贡献。2016 年 7 月,印尼、新加坡与泰国三国呼吁各方在南海仲裁结果出炉后保持克制,避免发生武装冲突。① 2016 年 9 月,东盟与中国达成一致,在南海适用《海上意外相遇规则》。

2016 年,东盟多国的内部安全遭受到严峻挑战。印尼国内受到恐怖主义的严重威胁,2016 年 1 月,“伊斯兰国”下属武装在雅加达购物中心发动恐怖袭击,虽然技术水平没有进步,但组织能力已经取得了长足进步。2016 年 10 月,“伊斯兰国”再次宣称对一起持刀伤害 5 名警察的恐怖袭击负责。②

2016 年,泰国国内安全依旧受到南部分离主义的威胁,在北大年府、惹拉府和陶公府发生多起袭击事件,政府官员、警察、民用车辆都曾受到攻击。为了应对复杂局势,泰国军队在机制上做出了调整,将正规军撤出南部三府,由海军陆战队组建新的准军事部队进驻执行反叛乱行动。③

老挝的国内安全面临着恐怖主义与有组织犯罪的挑战,从 2015 年 11 月中

① “ASEAN, regional navies hone counterterrorism capabilities in multilateral maritime exercise,” IHS Jane's 360, 2016. 05. 10, http://www. janes. com/article/60141/asean-regional-navies-hone-counterterrorism-capabilities-in-multilateral-maritime-exercise,登录时间:2016 年 12 月 26 日。

② “Islamic State-affiliated militants launch coordinated attack on shopping centre in Indonesia's Jakarta,” IHS Jane's 360, 2016. 01. 14, http://www. janes. com/article/57257/islamic-state-affiliated-militants-launch-coordinated-attack-on-shopping-centre-in-indonesia-s-jakarta,登录时间:2016 年 12 月 25 日;“Islamic State claims responsibility for knife attack in Indonesia's Jakarta,” IHS Jane's 360, 2016. 10. 21, http://www. janes. com/article/64855/islamic-state-claims-responsibility-for-knife-attack-in-indonesia-s-jakarta,登录时间:2016 年 12 月 25 日。

③ “Thai marine corps to raise paramilitary force,” IHS Jane's 360, 2016. 04. 09, http://www. janes. com/article/59892/thai-marine-corps-to-raise-paramilitary-force,登录时间:2016 年 12 月 24 日。

旬起，老挝北部连续发生了针对交通车辆、军警人员的袭击事件。2016年3月23日发生的袭击更是导致1名中国工人死亡，另有6人受伤。①

2016年4月，缅甸全国民主联盟（民盟）正式上台执政，但军队的影响依旧巨大。缅甸在2016年3月首次发布国防白皮书，强调了军队在国家事务中的作用。② 缅甸在国内面临严峻的安全挑战，北部地区的冲突一直持续，甚至影响到中缅边界、孟加拉国与缅甸的安全稳定。③

菲律宾南部地区的分离主义运动数十年来从未停止，近年还有一部分武装人员向极端的"伊斯兰国"（ISIS）宣誓效忠。菲律宾军警缺乏训练与装备，屡次在反叛乱行动中遭受巨大伤亡。2016年12月，菲律宾政府与中国签订军贸协议，由中国提供轻武器以应对叛乱。菲律宾还从以色列购进了巡逻艇，部署在南部地区防范愈演愈烈的绑架事件，并准备采购海岸监视系统。

为了应对严峻的国内安全威胁，东盟各国进行了广泛合作。2016年5月，印尼、马来西亚与菲律宾同意在苏禄海、苏拉威西海开展联合巡逻，联合巡逻主要针对海上有组织犯罪，重点打击阿布沙耶夫武装组织。2016年11月，菲律宾与马来西亚达成协定，两国执法部门船只可以进入对方领海追捕可疑船只。④

---

① "Small-arms attacks in northern Laos highlight increased terrorism risk in the 6-12-month outlook," IHS Jane's 360, 2016. 04. 25, http://www. janes. com/article/59765/small-arms-attacks-in-northern-laos-highlight-increased-terrorism-risk-in-the-6-12-month-outlook，登录时间：2016年12月24日。

② "Myanmar's first-ever comprehensive Defence White Paper offers no let-up in Tatmadaw control," IHS Jane's 360, 2016. 03. 31, http://www. janes. com/article/59177/myanmar-s-first-ever-comprehensive-defence-white-paper-offers-no-let-up-in-tatmadaw-control，登录时间：2016年12月24日。

③ "Shelling raises tensions along Bangladesh-Myanmar border," IHS Jane's 360, 2016. 05. 17, http://www. janes. com/article/60394/shelling-raises-tensions-along-bangladesh-myanmar-border，登录时间：2016年12月24日。

④ "Indonesia, Malaysia, Philippines edge closer towards co-ordinated patrols in Sulu Sea," IHS Jane's 360, 2016. 05. 06, http://www. janes. com/article/60055/indonesia-malaysia-philippines-edge-closer-towards-co-ordinated-patrols-in-sulu-sea，登录时间：2016年12月26日；"Malaysia, Philippines agree on 'hot pursuit' maritime operations," IHS Jane's 360, 2016. 11. 11, http://www. janes. com/article/65438/malaysia-philippines-agree-on-hot-pursuit-maritime-operations，登录时间：2016年12月26日。

东盟还积极利用东盟防长扩大会议机制推进地区反恐合作，2016 年 5 月，东盟 10 国与澳大利亚、中国、日本、印度、新西兰、俄罗斯、韩国、美国等 18 国举行了反恐联合演习，18 艘军舰、25 架飞机与 40 支特种部队参演，总兵力达3 500 人。①

东盟合作在防灾减灾等非传统安全领域取得了更大的进展，2016 年 9 月，第二次东盟防长扩大会人道主义援助救灾与军事医学联合演练在泰国曼谷、春武里府及其附近海域举行。中国、俄罗斯、美国、东盟国家等东盟防长扩大会 18 个成员国军队 1 200 余人及多艘舰船和飞机参演。泰国副总理兼国防部长巴威在开幕式致辞时称，本次联演是东盟防长扩大会机制框架下具有里程碑意义的防务合作成果，旨在分享成员国军队间在人道主义援助救灾与军事医学领域的经验，并加强在该领域的联合行动能力。②

作为东南亚最大的国家，印尼开始利用逐渐成长的军事力量遂行非军事行动，改善国际形象，彰显地区领导力。2016 年 2 月，印尼首次向海外派出医院船，将医院船部署到东帝汶，船上搭载了来自印尼三军的 150～250 名医护人员，预计将为 2000 名患者提供医疗帮助。③

2016 年 6 月，东盟国家宣布将进一步促进东盟国家内部同地区外国家的网络安全合作。④ 新加坡凭借较强的经济与技术实力走在东盟国家网络安全建设

---

① "ASEAN, regional navies hone counterterrorism capabilities in multilateral maritime exercise," IHS Jane's 360, 2016. 05. 10, http://www. janes. com/article/60141/asean-regional-navies-hone-counterterrorism-capabilities-in-multilateral-maritime-exercise，登录时间：2016 年 12 月 26 日。

② 《第二次东盟防长扩大会人道主义援助救灾与军事医学联合演练开幕》，中华人民共和国国防部网站，2016 年 10 月 20 日，http://www. mod. gov. cn/topnews/2016 - 09/05/content_4725131. htm，登录时间：2016 年 12 月 24 日。

③ "Indonesia makes inaugural overseas deployment of hospital ship," IHS Jane's 360, 2016. 02. 02, http://www. janes. com/article/57633/indonesia-makes-inaugural-overseas-deployment-of-hospital-ship，登录时间：2016 年 12 月 25 日。

④ "ASEAN to expand cyber security collaboration," IHS Jane's 360, 2016. 05. 10, http://www. janes. com/article/60912/asean-to-expand-cyber-security-collaboration，登录时间：2016 年 12 月 26 日。

的前列，早在 2013 年，新加坡军队就着手建立网络防卫中心。新加坡国防部长黄永宏当时表示，网络袭击的威胁是武装部队必须正视的问题，网络将是下一个战场，新加坡有必要强化这方面的防卫能力。2016 年 2 月，新加坡南洋理工大学与英国 BAE 公司签订协议，在网络安全方面开展合作。2016 年 10 月，新加坡总理李显龙宣布了该国的网络安全策略，其中包括四大要点，即建立具备较强适应性的基础设施，创造更加安全的网络空间，发展具有活力的网络安全系统及加强国际合作。① 其他东盟国家更多地需要依靠外来技术推进网络安全建设。2016 年 5 月，英国 BAE 公司与马来西亚签订了进行网络安全或的协议，德国罗德施瓦茨公司还希望与马来西亚合作共同开拓东南亚的网络市场。2016 年 12 月，泰国则选择日本的 NEC 公司来帮助进行网络安全建设。菲律宾也宣布要加大在网络安全方面的投入，并在军队中建立应对网络安全威胁的专门机构。②

（二）东盟国家与中国的军事合作：逐步扩大

随着东盟一体化与中国“一带一路”倡议的推进，安全合作将成为东盟与中国合作中越来越重要的议题。东盟在建设共同体的愿景中提出了“综合安全”概念，中国与东盟的安全合作需要突破传统安全观念，更多地聚焦非传统安全领域，比如反恐、网络安全、人道主义救援问题。在反恐领域，东盟与中国有诸多共

---

① “BAE Systems and Singapore university to collaborate on cyber security,” IHS Jane's 360，2016. 02. 05，http://www. janes. com/article/57771/bae-systems-and-singapore-university-to-collaborate-on-cyber-security，登录时间：2016 年 12 月 26 日；《新加坡正式公布网络安全策略》，新华网，2016 年 10 月 10 日，http://news. xinhuanet. com/2016 - 10/10/c_1119689364. htm，登录时间：2016 年 12 月 26 日。

② “DSA 2016：Rohde & Schwarz sign cyber-security agreement with Acasia，” IHS Jane's 360，2016. 04. 18，http://www. janes. com/article/59590/dsa-2016-rohde-schwarz-sign-cyber-security-agreement-with-acasia，登录时间：2016 年 12 月 26 日；“NEC expands cyber services in Southeast Asia，” IHS Jane's 360，2016. 12. 14，http://www. janes. com/article/66249/nec-expands-cyber-services-in-southeast-asia，登录时间：2016 年 12 月 26 日；“Philippines signals investment in cyber defence，” IHS Jane's 360，2016. 12. 14，http://www. janes. com/article/65697/philippines-signals-investment-in-cyber-defence，登录时间：2016 年 12 月 26 日。

同利益,受到恐怖主义威胁的南海与马六甲海峡是中国与东盟国家共同的海上生命线;随着中国海外影响力的扩大,在东盟国家的中国企业与公民逐渐成为恐怖袭击的重要目标;东南亚地区不仅日益被纳入全球恐怖活动网络中,还成为中国境内恐怖活动与境外极端势力进行联系的重要环节。

2016 年,中国与东盟国家展开了丰富而有成效的军事交往。2016 年,马来西亚与中国的军事交往频繁。马方还表示南海问题应当由相关当事方通过和平方式协商解决。2016 年 11 月,马来西亚总理纳吉布访华期间宣布将从中国购买 4 艘滨海任务船,未来的需求可达 18 艘,这将是马来西亚海军精简海军船型的重要举措。[①]

越南与中国尽管存在南海主权争端,中越两国的军事合作也有所发展。2016 年 3 月,时任国防部长常万全上将对越南进行正式访问,并出席两国第三次边境高层会晤。常万全表示,中越两军要加强高层往来和战略沟通,增进友好感情,深化边防交往、联合国维和、军事学术、国防工业等各领域务实合作,努力推动两国全面战略合作伙伴关系长期健康稳定发展。[②] 2016 年 6 月,中国军队组织舰艇与飞机在北部湾海域协助搜救越南失事飞机。2016 年 10 月、11 月,中国海军与海警分别对越南金兰国际港与海防市进行了访问。

印度尼西亚是东盟中最大的国家,与中国拥有广泛的共同利益。2016 年 9 月,习近平总书记在会见印尼总统佐科时提出,双方要积极对接 21 世纪海上丝绸之路倡议和"全球海洋支点"构想。[③] 2016 年 5 月,时任国防部长常万全上将会见印尼国防部长里亚米扎尔德,双方表示愿继续加强两军在双、多边框架下的

① "Malaysia to buy Chinese-built littoral mission ships," IHS Jane's 360, 2016. 11. 08, http://www. janes. com/article/65337/malaysia-to-buy-chinese-built-littoral-mission-ships,登录时间:2016 年 12 月 25 日。

② 《越共中央总书记阮富仲会见常万全》,中华人民共和国国防部网站,2016 年 3 月 28 日,http://www. mod. gov. cn/diplomacy/2016 - 03/28/content_4647770. htm,登录时间:2016 年 12 月 25 日。

③ 《习近平会见印度尼西亚总统佐科》,新华网,2016 年 9 月 2 日,http://news. xinhuanet. com/fortune/2016 - 09/02/c_1119502818. htm,登录时间:2017 年 1 月 12 日。

务实合作。印尼方面还表示南海问题应当在相互尊重、相互信任的基础上，通过当事方谈判协商加以解决。[①] 2016年，中国海军参加了印尼主办的“科摩多-2016”联合演习与第15届西太平洋海军论坛年会，并派出152舰艇编队与“郑和”舰对印尼进行友好访问。

菲律宾与中国的关系在2016年经历了山重水复，柳暗花明。2016年10月，中国国家主席习近平与菲律宾总统杜特尔特在北京举行会谈，双方一致同意，从两国根本和共同利益出发，顺应民众期盼，推动中菲关系实现全面改善并取得更大发展，造福两国人民。在同时举行的两国国防部长会见中，菲律宾国防部长洛伦萨纳表示，菲方致力于恢复两国防务关系，推动防务磋商、人员培训等领域合作。[②] 2016年12月，菲律宾与中国达成协议，将从中国引进轻武器，同时还准备引进中国的雷达系统。[③]

老挝与中国有着传统友好关系，习近平主席2016年12月1日会见老挝总理通伦时指出，中老两国各方面领域合作全面快速发展，硕果累累，不仅给两国人民带来切实利益，也为本地区和平、稳定、繁荣做出重要贡献。[④] 军事合作是老中友好关系的重要组成部分，两国在李克强总理访问老挝后发表的联合公报中指出，双方将加强两军各层级互访、人员培训、军事训练、政治工作等领域合作，进一步深化两军合作。[⑤] 2016年，老中两军高层交往密切。2016年7月，老

---

① 《常万全会见印度尼西亚国防部长》，中华人民共和国国防部网站，2016年5月26日，http://www.mod.gov.cn/leaders/2016－05/26/content_4665511.htm，登录时间：2017年1月12日。

② 《习近平同菲律宾总统杜特尔特举行会谈》，新华网，2016年10月20日，http://news.xinhuanet.com/world/2016－10/20/c_1119756457.htm，登录时间：2017年1月12日；《常万全会见菲律宾国防部长》，中华人民共和国国防部网站，2016年10月21日，http://www.mod.gov.cn/leaders/2016－10/21/content_4752013.htm，登录时间：2017年1月12日。

③ “Philippines and China set to sign defence trade agreement,” IHS Jane's 360, 2016.12.14, http://www.janes.com/article/66254/philippines-and-china-set-to-sign-defence-trade-agreement，登录时间：2016年12月25日。

④ 《习近平会见老挝总理通伦》，新华网，2016年12月1日，http://news.xinhuanet.com/politics/2016－12/01/c_1120034949.htm，登录时间：2016年12月24日。

⑤ 《中华人民共和国和老挝人民民主共和国联合公报(全文)》，新华网，2016年9月9日，http://news.xinhuanet.com/world/2016－09/09/c_1119539744.htm，登录时间：2016年12月24日。

挝国防部长占沙蒙访问北京,会见了中央军委副主席许其亮上将与时任国防部长常万全上将,占沙蒙表示老挝一贯支持中方在南海问题上的立场,希望有关当事方以和平方式解决。[①] 老挝在2016年担任东盟轮值主席国,在促进中国东盟合作上发挥了重要作用。2016年5月,时任国防部长常万全上将出席在老挝举行的中国-东盟国防部长非正式会议,提议2017年与东盟国家军队在中国湛江及其外海举行《海上意外相遇规则》、海上搜救和救灾联合演练。2016年9月,在老挝万象举行的第19次中国-东盟领导人会议上,中国和东盟国家领导人审议通过了《中国与东盟国家关于在南海适用〈海上意外相遇规则〉的联合声明》,为中国和东盟国家海军的船舶和航空器在南海意外相遇时的应急处置和操作规范提供了明确指引。老挝与缅甸尽管不是达成《海上意外相遇规则》(CUES)的西太平洋海军论坛(WPNS)的成员,但从维护地区和平稳定大局以及中国和东盟国家11方的整体性出发,老、缅均表示自愿在南海适用《海上意外相遇规则》。[②]

缅甸是中国的重要邻国,中国对缅甸的安全事务有自身的关切,2016年8月,习近平主席在会见时任缅甸领导人国务资政昂山素季时指出,中缅双方要保障现有大项目安全运营,共同努力维护中缅边境和平稳定。[③] 中缅两军高层交往密切,2016年9月,中央军委副主席许其亮上将访问缅甸,11月,缅甸国防军总司令敏昂莱访问中国。中国还是缅甸重要的武器来源国,缅甸军队在平定反叛乱行动中就使用了从中国进口的彩虹-3无人机。[④] 2016年缅甸从中国进口了2架运8运输机。

---

① 《许其亮会见老挝国防部长》,中华人民共和国国防部网站,2016年7月18日,http://www.mod.gov.cn/topnews/2016-07/18/content_4695471.htm,登录时间:2016年12月24日。

② 《孙建国在第十五届香格里拉对话会大会演讲全文》,中华人民共和国国防部网站,2016年6月5日,http://www.mod.gov.cn/topnews/2016-06/05/content_4670253.htm,登录时间:2016年12月24日。"第19次中国-东盟领导人会议发表《中国与东盟国家关于在南海适用〈海上意外相遇规则〉的联合声明》",新华网,2016年9月8日,http://news.xinhuanet.com/world/2016-09/08/c_129273306.htm,登录时间:2016年12月24日。

③ 《习近平会见缅甸国务资政昂山素季》,《新华每日电讯》,2016年8月20日,第1版。

④ "Myanmar deployment of combat-capable UAVs in counter-insurgency role confirmed," IHS Jane's 360, 2016.06.07, http://www.janes.com/article/61022/myanmar-deployment-of-combat-capable-uavs-in-counter-insurgency-role-confirmed,登录时间:2016年12月24日。

柬埔寨与中国传统友谊深厚，在军事方面有广泛合作。2016年10月，时任国防部长常万全上将与柬埔寨副首相兼国防大臣迪班会谈时表示，中方将与柬军继续加强在高层互访、联合演练、医疗后勤、人员培训、军兵种交流等方面的合作，为两国全面战略合作伙伴关系深入发展做出新的更大贡献。2016年，中国海军第二十一、二十三批护航编队两次访问柬埔寨西哈努克港，并与柬埔寨海军舰艇在港外进行了联合演练。[①]

在网络安全方面，东盟与中国都是互联网经济发展迅速的地区，受到网络安全攻击的严重威胁。当前，东盟一些国家已经注意到网络安全的重要性，但网络本身互联互通的特点使得东盟国家不论是小国还是中等国家，不论是单个国家还是东盟整体都无法很好应对这一挑战，必须要依靠外部的技术支持，欧洲、日本的防务企业已经在努力开拓东南亚市场。东盟国家也必须重视与中国的网络安全合作，利用中国的技术优势。印度尼西亚选择与中国在网络领域开展深入合作，中国与印尼未来可能在信息与通信技术战略、业务和技术的能力建设、网络安全联合研究、联合行动等方面进行合作，双方合作的重点是如何应对网络战对民用基础设施的破坏。[②]

东盟国家普遍救灾能力较弱，对自然灾害抵御能力较差，因此非常注重地区的救灾与人道主义救援合作。中国也需要重视与东南亚国家的救灾与人道主义救援合作，利用医院船、专业救援队等新型力量，依靠新建南海岛礁，广泛参与南海周边的救灾与救援工作，树立负责任大国的形象。

在军事贸易方面，东盟国家进行军事现代化与经济能力不足间的矛盾，对中

---

① 《常万全与柬埔寨副首相兼国防大学举行会谈》，中华人民共和国国防部网站，2016年6月5日，http://www.mod.gov.cn/topnews/2016-10/11/content_4745071.htm，登录时间：2016年12月24日；《中国海军舰艇编队访问柬埔寨》，新华网，2016年2月23日，http://news.xinhuanet.com/photo/2016-02/23/c_128742608.htm，登录时间：2016年12月24日；《海军第二十三批护航编队结束对柬埔寨访问》，中华人民共和国国防部网站，2016年10月20日，http://www.mod.gov.cn/action/2016-10/20/content_4750372.htm，登录时间：2016年12月24日。

② 《中国印尼将搞网络战演习　日媒：树立外交新先例》，参考消息网，2016年1月28日，http://china.cankaoxiaoxi.com/bd/20160128/1065342.shtml，登录时间：2016年12月26日。

国物美价廉的军品需求很大，在购买先进无人机、监视系统、通信系统等信息化反叛乱、反恐装备方面，具有非常大的合作空间。

(三) 东盟国家与其他域外国家的军事合作：稳步推进

东南亚国家历史上曾是美国、英国、日本、法国等西方国家的殖民地，军事合作有着长久的历史。东盟成立后，仍然重视与这些传统殖民国家保持较为密切的军事合作关系。近年来，受“平衡外交”思想的影响，东盟更加注重与多个国家之间同时保持合作关系，以便于从中得到更多的实惠。

印尼非常重视与域外国家的国防工业合作，于 2012 年通过了国防工业法，法律要求除个别情况外，印尼军队应该采购本国生产的武器，外国企业可以与印尼企业合资进行军火生产，但印尼企业必须占到 51%以上的份额。[①] 因此，与印尼企业合作成为外国军火商角逐印尼市场的主要方式。空客公司与印尼航天(PTDI)合作，共同向印尼军队出售 11 架 AS565 直升机。乌克兰表示可以与印尼企业合作，授权生产 BTR－4 装甲输送车。韩国则准备与印尼合作开发新一代战斗机 KFX。[②] 通过自身努力和同外国企业的合作，印尼本国国防工业的水平有了很大提升，不仅可以为本国军队制造装甲车、巡逻艇、坦克登陆舰等技术

---

① “Indonesian Arms Industry Seeks to Drum Up Business,” *The New York Times*, 2014. 02. 13, https://www. nytimes. com/2014/02/14/business/international/indonesian-arms-industry-seeks-to-drum-up-business. html? _r=0，登录时间：2016 年 12 月 25 日。

② “Indonesia and Korea Aerospace Industries sign deals to finalise KFX investment and workshare,” IHS Jane's 360, 2016. 01. 07, http://www. janes. com/article/57038/indonesia-and-korea-aerospace-industries-sign-deals-to-finalise-kfx-investment-and-workshare，登录时间：2016 年 12 月 25 日；“Indo Defence 2016: Ukraine looks to build BTR-4 APC in Indonesia,” IHS Jane's 360, 2016. 11. 02, http://www. janes. com/article/65149/indo-defence-2016-ukraine-looks-to-build-btr-4-apc-in-indonesia，登录时间：2016 年 12 月 25 日；“Airbus delivers first three TNI-AL AS565 MBe Panther helicopters to PTDI,” IHS Jane's 360, 2016. 11. 25, http://www. janes. com/article/65759/airbus-delivers-first-three-tni-al-as565-mbe-panther-helicopters-to-ptdi，登录时间：2016 年 12 月 25 日。

难度不高的装备,还可以向东盟国家出口海上巡逻机、船坞登陆舰等大型装备。[①]

随着南海局势的发展,印尼加强了纳土纳群岛的军事基地建设,准备在纳土纳建立潜艇基地,并在现有机场进驻战斗机与无人机,同时部署了防空系统与警戒雷达。为了弥补资金的缺口,印尼一方面准备提高国防预算,另一方面希望能够将美国军事援助用于纳土纳群岛基地的建设。2016 年 6 月,印尼海军在纳土纳群岛附近海域进行军事演习,印尼总统佐科还登上了参加演习的军舰,宣示印尼对纳土纳群岛的主权。[②]

菲律宾在阿基诺三世政府时期努力扩充海空力量,最大的装备来源就是美国及其盟友,美国向菲律宾移交了 3 艘服役 40 多年的"汉密尔顿"级巡逻舰、2 架服役 20 多年的 C - 130T 运输机。日本则向菲律宾提供了巡逻船。从上述军售可以看出,菲律宾海空力量的建设存在诸多问题,菲律宾缺乏进行大规模军事建设的经济实力,一味扩张军备意味着购买的武器不是收来的二手旧货,就是还未成熟的新产品,非常不利于军队战斗力的生成。自身军事能力的缺乏又使得不得不牺牲主权接受外国驻军,2016 年 3 月起,美国在菲律宾部署了规模为 200

---

① "Indo Defence 2016: PT DRU lays keel for 117 m LST on order for Indonesian Navy," IHS Jane's 360, 2016. 11. 07, http://www. janes. com/article/65314/indo-defence-2016-pt-dru-lays-keel-for-117-m-lst-on-order-for-indonesian-navy,登录时间:2016 年 12 月 25 日;"Singapore Airshow 2016: TNI-AL debuts CN-235-220 MPA in showcase of Indonesian aerospace capability," IHS Jane's 360, 2016. 02. 19, http://www. janes. com/article/58174/singapore-airshow-2016-tni-al-debuts-cn-235-220-mpa-in-showcase-of-indonesian-aerospace-capability,登录时间:2016 年 12 月 25 日。

② "Indonesia president visits islands on warship, makes point to China," Reuters, 2016. 06. 23, http://www. reuters. com/article/us-southchinasea-indonesia-idUSKCN0Z909D,登录时间:2016 年 12 月 25 日;"Indonesian Navy plans for submarine base in South China Sea," IHS Jane's 360, 2016. 03. 21, http://www. janes. com/article/59159/indonesian-navy-plans-for-submarine-base-in-south-china-sea,登录时间:2016 年 12 月 25 日;"Indonesia explores possibility of obtaining US aid to finance base in South China Sea," IHS Jane's 360, 2016. 09. 21, http://www. janes. com/article/65759/airbus-delivers-first-three-tni-al-as565-mbe-panther-helicopters-to-ptdi,登录时间:2016 年 12 月 25 日;"Indonesia to deploy Skyshield air defence system in South China Sea," IHS Jane's 360, 2016. 04. 06, http://www. janes. com/article/59305/indonesia-to-deploy-skyshield-air-defence-system-in-south-china-sea,登录时间:2016 年 12 月 25 日。

人的军事代表团,代表团将操作5架A-10攻击机、3架HH-60G直升机、1架MC-130H运输机。[①]

菲律宾开始注重自身国防工业建设,宣布要建设专门的国防工业园区,通过政府基金与外国投资实现武器弹药的国产化。杜特尔特访问日本时也希望从日本吸引对国防工业的投资。[②] 因此,杜特尔特执政后对国防建设政策进行了较大修正,以安定国内局势为军事建设的紧迫目标,同时寻求武器采购的多元化,从中国、俄罗斯、乌克兰进口装备,摆脱对美国的依赖。

我们同时也需要注意到,尽管菲律宾总统杜特尔特多次发表反美言论,但菲律宾目前的政策只是对过度依赖美国的修正,远远谈不上与美国断绝关系。菲律宾依旧希望从美国购买先进武器装备,美国也对杜特尔特抱有耐心。

新加坡国土狭小,不仅在战时难以固守,而且平时的军事训练也难以展开,因此新加坡将大量军队部署到其他国家与地区进行训练。新加坡2016年与澳大利亚达成协议,将投入17亿美元改造并扩建原有设施,使得新加坡未来的25年中每年可派遣14 000人的部队到澳大利亚进行为期18周的军事训练。[③]

新加坡与美国保持着密切的军事联系,冷战结束后,随着美国放弃菲律宾苏比克湾与克拉克基地,新加坡的樟宜基地成为美国在东南亚的最重要的基地之一,美国在樟宜基地部署了滨海战斗舰、P-8A反潜巡逻机等先进装备。2016年新加坡与美国进行了多场联合军事演习,在2016年环太平洋军演(RIMPAC)中,新加坡派出的“坚定”号护卫舰带领多国船只驶向夏威夷参加军演,这是首次

---

① “US deploys combat air contingent to Philippines for South China Sea patrols,” IHS Jane's 360, 2016.04.15, http://www.janes.com/article/59559/us-deploys-combat-air-contingent-to-philippines-for-south-china-sea-patrols,登录时间:2016年12月25日。

② “Philippines rearms in wake of heightened tensions in the Pacific,” Financial Times, 2016.12.08, https://www.ft.com/content/59cacac2-bb91-11e6-8b45-b8b81dd5d080,登录时间:2016年12月25日。“Philippines looks to develop more defence industry zones,” IHS Jane's 360, 2016.11.21, http://www.janes.com/article/65637/philippines-looks-to-develop-more-defence-industry-zones,登录时间:2016年12月25日。

③ “Singapore, Australia progress on agreement to expand defence training facilities,” IHS Jane's 360, 2016.10.14, http://www.janes.com/article/64631/singapore-australia-progress-on-agreement-to-expand-defence-training-facilities,登录时间:2016年12月25日。

由美国以外的军舰担当这一任务，从中可以看出美国对美新军事合作的重视程度。①

新加坡海军还积极参与其他海外行动，扩展新加坡的影响力。2016年4月至6月，新加坡接替巴基斯坦承担了指挥在亚丁湾护航的151混合任务编队的任务。2016年5月，新加坡海军与韩国海军进行潜艇救生演练，这是新加坡潜艇救援舰首次在东南亚以外地区展开行动。②

泰国与印度和日本也加深了军事合作，包括加强军队人员交流、救灾演练、反海盗与海上巡逻等内容，未来可能会涉及装备贸易。③ 泰国是美国在东南亚地区的传统盟友，泰国军队2016年与美军进行了多场联合演习。2016年3月，美国、泰国、新加坡空军在泰国呵叻举行“对抗虎”(Cope Tiger)军事演习，三方共出动飞机88架，防空装备48台，美国派出驻嘉手纳的空军第十八联队的F-15战斗机与E-3B预警机参演。2016年5月，泰国与美国海军在安达曼海举行联合军演，美国出动了P-8A反潜机与“洛杉矶”级攻击核潜艇，泰国方面

---

① “USN lays plans to enhance engagements, interoperability with Asia-Pacific partners,” IHS Jane's 360, 2016. 11. 07, http://www.janes.com/article/65315/usn-lays-plans-to-enhance-engagements-interoperability-with-asia-pacific-partners，登录时间：2016年12月25日。“RIMPAC 2016: Singapore frigate becomes first non-US ship to lead group sail towards Hawaii,” IHS Jane's 360, 2016. 06. 29, http://www.janes.com/article/61844/rimpac-2016-singapore-frigate-becomes-first-non-us-ship-to-lead-group-sail-towards-hawaii，登录时间：2016年12月25日。

② “Singapore takes over command of Combined Task Force 151 from Pakistan,” IHS Jane's 360, 2016. 04. 01, http://www.janes.com/article/59199/singapore-takes-over-command-of-combined-task-force-151-from-pakistan，登录时间：2016年12月25日。“Singapore makes inaugural deployment of submarine rescue vessel outside Southeast Asia,” IHS Jane's 360, 2016. 06. 01, http://www.janes.com/article/60872/singapore-makes-inaugural-deployment-of-submarine-rescue-vessel-outside-southeast-asia，登录时间：2016年12月25日。

③ “Thailand and Japan look to finalise defence trade deal,” IHS Jane's 360, 2016. 06. 08, http://www.janes.com/article/61069/thailand-and-japan-look-to-finalise-defence-trade-deal，登录时间：2016年12月25日；“India and Thailand explore defence industry collaboration,” IHS Jane's 360, 2016. 06. 20, http://www.janes.com/article/61604/india-and-thailand-explore-defence-industry-collaboration，登录时间：2016年12月25日。

则派出唯一的一艘航空母舰“纳吕贝特”参演。①

文莱与印度签订了国防工业合作协议,希望从印度引进海上巡逻船与陆地系统,提升对海上边界的管控能力。文莱也注重与美国的军事联系,2016 年 5 月,文莱参加了美国在中东“热切雄狮”(Eager Lion)演习,是唯一参演的东盟国家。②

越南除俄罗斯以外,还深化了同其他国家的军事联系。印度向越南提供了 5 亿美元军购贷款,希望向越南出售布拉莫斯反舰导弹、重型鱼雷、高速巡逻船等装备,并准备帮助越南培训苏-30 战斗机飞行员。③ 2016 年 5 月,美国时任总统奥巴马访问越南后,美国解除了对越南军售禁令。日本也紧随美国,准备与越南合作推进巡逻船计划,费用则将由日本官方发展援助(ODA)支出。④ 2016 年 11 月,法国与越南进行了第一次法越国防政策对话,双方将加强在军事医学、军

① “Cope Tiger 2016 enhances capabilities through teamwork,” U. S. Air Force, 2016. 03. 18, http://www. af. mil/News/ArticleDisplay/tabid/223/Article/697454/cope-tiger-2016-enhances-capabilities-through-teamwork. aspx, 登录时间: 2016 年 12 月 25 日; “USN, Royal Thai Navy conduct ‘most complex’ anti-submarine exercise to date,” IHS Jane's 360, 2016. 05. 26, http://www. janes. com/article/60593/usn-royal-thai-navy-conduct-most-complex-anti-submarine-exercise-to-date,登录时间:2016 年 12 月 25 日。

② “Malaysia named MD 530G launch customer,” IHS Jane's 360, 2016. 02. 02, http://www. janes. com/article/57635/malaysia-named-md-530g-launch-customer, 登录时间: 2016 年 12 月 24 日;” India and Brunei sign defence industry co-operation accord,” IHS Jane's 360, 2016. 02. 03, http://www. janes. com/article/57680/india-and-brunei-sign-defence-industry-co-operation-accord, 登录时间:2016 年 12 月 24 日;“B-52s complete exercise ‘Eager Lion’,” IHS Jane's 360, 2016. 05. 26, http://www. janes. com/article/60736/b-52s-complete-exercise-eager-lion,登录时间:2016 年 12 月 24 日。

③ “India extends USD500 million credit to Vietnam for defence equipment,” IHS Jane's 360, 2016. 09. 05, http://www. janes. com/article/63444/india-extends-usd500-million-credit-to-vietnam-for-defence-equipment,登录时间:2016 年 12 月 25 日;” India to train Vietnam's Sukhoi Su-30MK2 fighter pilots,” IHS Jane's 360, 2016. 12. 06, http://www. janes. com/article/66031/india-to-train-vietnam-s-sukhoi-su-30mk2-fighter-pilots,登录时间:2016 年 12 月 25 日。

④ “US lifts military sales embargo on Vietnam, ”IHS Jane's 360, 2016. 05. 04, http://www. janes. com/article/60568/us-lifts-military-sales-embargo-on-vietnam,登录时间:2016 年 12 月 25 日; “Japan and Vietnam outline patrol boat programme,” IHS Jane's 360, 2016. 05. 31, http://www. janes. com/article/60829/japan-and-vietnam-outline-patrol-boat-programme,登录时间:2016 年 12 月 25 日。

事情报交流与保护、军事装备技术等方面的合作。澳大利亚也表示要增强与越南的军事合作,促进澳大利亚军事装备出口到越南。①

除了从外国引进先进装备,越南还注重建设自身的国防工业。越共十二大指出,为了应对东南亚地区日益上升的安全威胁,越南需要提高制造武器弹药、技术装备的国防工业能力,需要通过"国际一体化"来促进国防工业发展。② 越南本国船厂已经可以为越南海军、海警提供小型巡逻船只,并在俄罗斯的技术援助下制造500吨级导弹艇。

除了大力发展先进装备外,越南海军还积极推进基地与军港建设。2016年3月,越南金兰国际港正式竣工,可以停靠排水量11万吨的大型军舰,年接待能力达185艘。③ 金兰国际港主要用于接待外国军舰与商船,优化了越南金兰军事基地的整体布局,强化了越南对金兰湾的独立自主控制,对越南海军建设与军事外交发展具有重要意义。

依托得到初步发展的海军力量,越南加强了在南海地区的军事存在。2016年7月,"南海仲裁案"结果出台后,南海局势空前紧张,越南采取一系列展示力量的行动。越军出动2艘登陆舰与两栖坦克进行了登陆演习,演练"夺回"岛屿。越南同时展示了自俄罗斯引进的"堡垒-P"岸防导弹系统,并在南沙争议岛礁上部署了火箭发射器。越南随后还采取行动延长了在非法占据的南威岛上的机场

---

① "Vietnam and France to expand defence equipment ties," IHS Jane's 360, 2016. 11. 14, http://www.janes.com/article/65465/vietnam-and-france-to-expand-defence-equipment-ties,登录时间:2016年12月25日;"Australia and Vietnam expand ties with an eye on defence trade," IHS Jane's 360, 2016. 11. 28, http://www.janes.com/article/65786/australia-and-vietnam-expand-ties-with-an-eye-on-defence-trade,登录时间:2016年12月25日。

② "Vietnamese government commits to expanding defence industrial capabilities," IHS Jane's 360, 2016. 01. 26.

③ 《越南金兰国际港举行竣工仪式》,中华人民共和国商务部网站,2016年3月10日,http://www.mofcom.gov.cn/article/i/jyjl/j/201603/20160301272761.shtml,登录时间:2016年12月25日。

跑道。[①]

老挝与其他东亚国家的军事合作也日益深入,2016 年 6 月,时任韩国国防部副部长黄仁武访问老挝,宣布同老挝发展更加密切的防务关系,老挝则表示支持朝鲜半岛无核化。[②] 2016 年 11 月 17 日,时任日本防卫大臣稻田朋美访问老挝,宣布要与东盟加强军事合作。此前日本外务省还宣布老挝可能会成为日本进行海外维和行动的运输中转站。[③]

缅甸新政府上台后,与美国和日本的关系均有所改善。2016 年 9 月,时任美国总统奥巴马宣布将解除对缅甸的制裁,扩大与缅甸的军事联系,但美国国务院发言人同时表示美国不会向缅甸提供直接军事援助或者出售武器。2016 年 9 月,日本也与缅甸达成一致,同意推进双边军事合作,合作内容包括派遣缅甸学生进入日本防卫大学学习。[④]

---

① "Vietnamese amphibious force trains 'island recapture'," IHS Jane's 360, 2016. 08. 03, http://www.janes.com/article/62752/vietnamese-amphibious-force-trains-island-recapture,登录时间:2016 年 12 月 25 日;" Vietnamese military trains deployment of Bastion-P coastal defence system," IHS Jane's 360, 2016. 08. 16, http://www.janes.com/article/62969/vietnamese-military-trains-deployment-of-bastion-p-coastal-defence-system,登录时间:2016 年 12 月 25 日;"Exclusive: Vietnam moves new rocket launchers into disputed South China Sea—sources," Reuters, 2016. 08. 10, http://www.reuters.com/article/us-southchinasea-vietnam-exclusive-idUSKCN10K2NE,登录时间:2016 年 12 月 25 日;《外交部回应越南延长南威岛机场跑道:立即停止非法侵占》,新华网,2016 年 11 月 18 日,http://news.xinhuanet.com/politics/2016 - 11/18/c_1119944122.htm,登录时间:2016 年 12 月 25 日。

② "South Korea, Laos agree to deepen defence ties," IHS Jane's 360, 2016. 07. 01, http://www.janes.com/article/61942/south-korea-laos-agree-to-deepen-defence-ties,登录时间:2016 年 12 月 24 日。

③ "Japan announces plans to enhance defence co-operation with ASEAN," IHS Jane's 360, 2016. 11. 17, http://www.janes.com/article/65586/japan-announces-plans-to-enhance-defence-co-operation-with-asean,登录时间:2016 年 12 月 24 日;"Japan extends peacekeeping mission to South Sudan," IHS Jane's 360, 2016. 10. 25, http://www.janes.com/article/64909/japan-extends-peacekeeping-mission-to-south-sudan,登录时间:2016 年 12 月 24 日。

④ "US looks to expand military engagement with Myanmar but sales not yet a possibility," IHS Jane's 360, 2016. 09. 19, http://www.janes.com/article/63913/us-looks-to-expand-military-engagement-with-myanmar-but-sales-not-yet-a-possibility,登录时间:2016 年 12 月 24 日;"Japan, Myanmar agree to deepen security co-operation," IHS Jane's 360, 2016. 09. 23,登录时间:2016 年 12 月 24 日。

结　论

根据统计数据显示，由于东盟经济发展较快，所以近年来东盟各国的国防开支普遍在提高，但在各国的 GDP 中所占比重并没有明显的提升，有的国家甚至出现下降。

事实上，东盟内部各国之间也普遍存在领土、领海争端等问题，它们加强军队建设在很大程度上是为了彼此防范，而不仅仅是为了防范中国。美国实施“亚太再平衡”战略、加强与东盟国家的军事合作这一因素对于东盟国家的军扩也只是起到一个推波助澜的、外因的作用，并不是其主因。当一个东盟国家采取加强军队建设的举措之后，与其相邻且存有不信任感的邻国出于自保的需要必然会采取相应的举措，这种连锁反应也促进了近期东盟国家军购的扩大。当这些真正的需求不能成为或者说服本国民众大量购买武器的充分理由时，“买武器，防中国”就成了军购的最佳借口。

就未来发展趋势来看，东盟国家经济将继续保持稳定增长的态势。据经合组织（OECD）预测，东盟十国未来五年有望维持经济稳定增长，2013 年到 2017 年的平均经济增长率将达到 5.5%。其中，马来西亚 2013 年 GDP 增长率约保持在 5%以上，其经济增长的主要动力是国内需求，而印尼经济发展势头最强①。这意味着未来相当长一段时期内东盟国家的军费开支的绝对数值仍将会不断扩大。日益活跃的分离主义运动和恐怖主义的泛滥，客观上要求各国更新武器设备，增加国防投入。因此，近年来东南亚国家不断扩大军购，提高国防实力也是维护国内稳定和遏制分离运动的必然要求。

---

① 《经合组织主要指标》，经济合作与发展组织网站，http://www.oecd.org/statistics/，登录时间：2017 年 01 月 26 日。

越南"南海问题国际化"战略与新动向评析

马 博*

[**内容提要**] 本文认为,越南自2010年开始的与域外大国在南海问题上进行的一系列安全、外交上的合作,在东盟组织内部和国际场合宣传其南海政策,其目的是实施其"南海问题国际化"战略。本文旨在通过分析越南和域外大国近些年战略合作的实质内容以及其台前、幕后推动在国际场合讨论南海问题的举措,理解越南"南海问题国际化"的战略意图。文章的第一部分论述越南的"南海问题国际化"战略的表现以及动因;第二部分通过分析越南和美国、日本等国进行双边合作,在地区层次和在国际组织层次推广南海问题"国际化"战略的具体表现,来诠释该战略意图及战略考量;最后一部分分析越南"南海问题国际化"战略的前景以及遇到的困难。

[**关键词**] 越南 南海战略 新动向 评析

一、越南"南海问题国际化"的战略内涵及动因

进入21世纪之后,随着中国迅速崛起,越南意识到仅仅依靠单方面军事手段注定无法应对中国对其在南海问题上的主张形成挑战,转而采取全方位"南海

* 马博,南京大学中国南海研究协同创新中心研究员。

问题国际化"的战略来破解中国崛起对越南南海政策造成的困局。该战略旨在保持与中国关系相对稳定的基础上,刻意地通过和域外大国在南海问题上展开军事和经济合作的形式,利用地区性组织作为平台在国际场合引入对南海问题的讨论,对中国奉行的"搁置争议,共同开发"的南海政策进行干扰,拖延问题的解决,其目的在于维持越南在南海上的既得利益,为中国今后潜在的南海维权行动设置障碍。

越南国内外对此战略已经有所研究。例如,Ciorciari 和 Weiss 认为越南的"南海问题国际化"战略的目标是引入美国和欧洲大国,特别是欧盟共同应对来自中国的挑战。[①] 越南外交学院的段氏光(Doan Thi Quang)认为"南海问题国际化"战略不仅包括引入东盟国家进行"集体外交"(Collective Diplomacy),还应该包括引入国际组织和国际法裁决机构来应对解决南海问题。[②] 斯泰因·滕内松(Stein Tønnesson)认为越南的南海战略既包括了传统的包括领土主权在内的国家安全考量,也包括了诸如人文安全在内的非传统安全考量。[③] 实现这些举措均有助于增加越南在与中国谈判时的砝码。

(一)越南"南海问题国际化"战略表现

越南方面基本的南海政策是保持现状,因而采取一切可能的策略阻止现状的改变。越南是在南海上占有岛屿最多的国家,在数十个岛屿中占领了 29 个。此外,越南的石油开采、渔业都在其经济中占有重大比例,因此中国在南海的维权对越南的现有利益不可避免地造成了"损害"。越南"南海问题国际化"战略意图有两个层次,分别为应对国家安全和非传统安全挑战。一方面,在防务安全以

---

① John Ciorciari and Jessica Chen Weiss, "the Sino-Vietnamese stand off in the South China Sea," Georgetown, *Journal of International Affairs*, Vol. 13, No. 1, pp. 61 – 69.

② Doan Thi Quang, "Vietnamese Foreign Policy and the South China Sea Disputes," p. 86.

③ Stein Tønnesson, "Vietnam's Objective in the South China Sea: National or Regional Security?" *Contemporary Southeast Asia*, Vol. 22, No. 1, April 2000, p. 200.

及主权问题上，越南意图联合域外大国，通过地区以及国际组织对中国施压，形成一种合力来维持南海局势的现状。另一方面，在应对非传统安全领域挑战，例如，过度捕捞、自然灾害、海上搜救、环境保护和人口贩卖、走私等问题时，无疑地区及多边合作更加有效。在这些领域，“对手”通常不是国家，而是来自各个领域对一个国家，甚至对一个地区所有国家可持续发展形成的挑战。出于这种考量，越南有限的国力也使其不得不依靠外部援助和合作来实现其对非传统安全的维护。

同时，越南的南海政策需要统筹考虑与中国的整体外交关系，越南施行“国际化南海问题”的意图对中国提出的解决南海问题的“双轨思路”，即单独和争议国谈主权争议问题的构想造成了困难，与此同时又并非直接与中国进行对抗，实质上可以看成是“软制约”(soft balancing)。越南学者认为越南通过“多极化”的方式来解决与中国在南海的争端不仅可以有效约束中国的行为，比起直接与中国产生对抗的方式，“国际化”南海问题可以较小地影响越中两国的关系。[①]

首先，近些年越南对中国实行既有对抗、又有合作的策略是越南长期依赖的对华基本战略思路。越南试图“国际化”南海问题的同时，并未放弃和中国方面进行双边的谈判，并且利用两党、两军历史上的良好关系积极与中国方面接触。越南政府曾经向世界宣布其国防上的“三不”(Three No's)政策，即不结盟、不允许外国建立军事基地、不协助其他国家针对第三国的战争；在与中国发生了“981事件”之后，越南高层依然重申了该政策。[②] 有学者认为越南提出的“三不”政策可以看成是越南实施的自我限制政策的表现。[③] 越南政府与他国的防务合作必须寻找一条符合本国国情、不损害国家外交原则的道路。

另一方面，在南海问题上，越南在2008年之后表现出一种“国际化南海问

---

① Doan Thi Quang, “Vietnamese Foreign Policy and the South China Sea Disputes,” p. 81.

② “Vietnam reiterates ‘3 nos’ defence policy,” http://vietnamnews.vn/Politics-Laws/202996/Vietnam-reiterates-3-nos-defence-policy.html.

③ Alexander L. Vuving, “Vietnam, the US, and Japan in the South China Sea,” November 26, 2014, *the Diplomat*.

题”的趋势来制约中国。越南方面判断中方在南海的政策正在日趋强硬，威胁到了越南的既得利益。中国从2008年开始的在西沙海域严格执法打击非法捕鱼，驱赶、没收越南渔船，再到2014年派遣“海洋石油981”钻井平台在越南认为有争议的西沙海域勘探以及进行大规模的岛礁建设，都使越南方面感受到了来自中国的压力。

究其原因，越南当前仍然试图从20世纪80年代才结束的战争之中复原，经济上存在着欠发达、产业单一等一系列问题，利用南海资源发展经济的这一要务在其南海政策中占据重要地位。一方面，越南政府积极与非南海声索国在南海问题上展开全方位的交往。在能源开发的问题上，越南与美国的美孚石油、印度的ONGC、俄罗斯的Gazprom以及日本的油气公司均开展了大规模的油气开采合作。[1] 为了巩固这些既有的经济利益未来不受领土争议问题的影响，越南政府试图利用一切国际场合、国际组织宣传自身的南海政策，并试图得到这些机构的支持。从东盟峰会开始，到东盟地区论坛，再到APEC、联合国和ASEM，欧盟都成了越南展开“国际化”南海问题的“阵地”。

2014年的中越“981事件”体现了越南“南海问题国际化”的考量，该事件不仅使中越关系降到多年来的低点，也使越南看到了“南海问题国际化”战略初步的成效。在该事件过程中，美国白宫、国会以及政要多次表示支持越南，要求中国方面停止“海洋石油981”在中建南岛海域的作业。虽然事件最后和平解决，中越高层很快恢复交往，越南也再一次做出“三不”承诺，但中越双方达成的谅解并没有使越南方面减缓、停止其推进“南海问题国际化”的步伐。相反，越南国内将事件的和平解决归功于来自美国等外部势力的干预。并且，越南对中国在南海问题上“强势维权”的决心有了更加深刻的体会，促使其更进一步地实施“南海问题国际化”战略。越南国家外交学院院长曾经表示，如果与中国就南海问题无法通过双边谈判取得谅解和进展，将考虑效仿菲律宾通过国际司法途径来解决

① Alexander L. Vuving, “Vietnam, the US, and Japan in the South China Sea,” November 26, 2014, *The Diplomat*.

与中国在南海的争端。

越南决定将南海问题"国际化"与美国自2009年开始实行"亚太再平衡"战略也有重大关联。美国政府一再表示美国在南海有"重大利益",其中包括"自由航行权"和"地区的稳定及争端的和平解决"。这些政策与越南保持现状的考量基本吻合,可以更好地实现其自身的利益。实现越南参与的在南海问题上的多边紧密合作,一方面,可以减少越南的经济和财政负担,获得切实的好处;另一方面,与美国、日本等国进行的防务合作有助于提升越南在地区的政治影响力。

(二)"南海问题国际化"战略动因

此前学界和政界主要从越南所处的地缘政治因素、外交政策传统以及非传统安全领域来考量近些年越南的"南海问题国际化"战略的成因。

首先,从地缘政治角度来看,经济、军事上越南和中国存在的"不均等关系"(Asymmetry relations)导致了越南必须寻求外在的帮助以应对南海问题。美国弗吉尼亚大学的Brantly Womack最先提出,历史上越南和中国因为国力的严重差压导致越南"倾向于不安"("prone to paranoia"),导致越南多次采取"冒风险的行动",例如,1979年越南对中国的挑衅就是出于这种情绪。[①] Womack认为中越关系所谓的"正常化"其实只是"成熟的不均等"(mature asymmetry),并不能从根本上改变越南内心的不安与对中国的恐惧。[②] 因此,越南不停地寻求和域外大国之间的合作,从冷战期间与苏联结成紧密的盟友,到冷战结束之后试图缓和与美国的关系,再到今天在南海问题上积极与美国、日本、印度和俄罗斯等域外大国采取全方位的合作,从本质上看是出于地缘政治安全的考量。

---

① Brantly Womack, *China and Vietnam*: *The Politics of Asymmetry*, New York: Cambridge University Press, 2006.

② Brantly Womack, *China and Vietnam*: *The Politics of Asymmetry*, New York: Cambridge University Press, 2006, p. 212.

其次，越南历史上对中国的外交有着一种既合作又对抗的传统。历史上越南一方面受到中国文化的影响，另一方面其国家身份中有着抵御、反抗“中国化”，保持其文化、政治独立的传统，这种矛盾性伴随着当今越南对华的整体外交思路，同样体现在南海问题上。

在2003年，越共中央曾经提出针对中国外交的两个指导意见，分别为“合作对象”(doi tac)和“斗争对象”(doi tuong)，即认为中国既是越南的合作伙伴，同时也要有所防范。[①] 弗吉尼亚大学的Womack将其政策概括为“睁着眼睛睡觉”的对华总体战略。[②] 受到这种对华战略影响，越南和中国在2008年结成了战略伙伴关系，2009年两国关系升级为战略合作伙伴关系。两国关系之间交往的渠道不仅体现在政府层面，还体现在中越两党、两军之间直接的交往。[③] 在双方已经划定边界的北部湾，中越两国还通过共同巡航、海军互访建立彼此的相互信任机制，在2010年，中越还建立了“防务对话会议机制”来加强两军之间的交流。[④]

越南近现代史上先后与法国、美国以及苏联等国产生了密切的关系，其文化也被这些国家影响着，因此，寻求外交上的多元性已经深入越南的外交思想之中。其不满足于按照中国预定的解决南海问题的思路，即单独与中国就领土争议问题进行谈判的做法，也符合其一贯的外交政策理念。例如，2011年越南曾经与中国政府进行了闭门磋商，越南方面提出，有关南沙群岛的主权问题谈判不应该仅由中越双方进行，而应该让所有争议方参与，同时，关于南海的非传统安全领域议题，应该让所有利益攸关者参与讨论；然而中国政府拒绝了越南方面的

---

① Le Hong Hiep, “Vietnam's Hedging Strategy Against China Since Normalization,” Contemporary Southwast Asia, Vol. 35, No. 3, pp. 333 - 368.

② Womack, p. 229.

③ 有关中越两党、两军之间的交往，参见 Carlyle A. Thayer, “The Tyranny of Geography: Vietnamese Strategies to Constrain China in the South China Sea,” *Contemporary Southeast Asia*, Vol. 33, No. 3, 2011, pp. 350 - 357.

④ Carlyle A. Thayer, “The Tyranny of Geography: Vietnamese Strategies to Constrain China in the South China Sea,” *Contemporary Southeast Asia*, Vol. 33, No. 3, 2011, p. 357.

提议。[①] 可见,越南政府在南海问题上持有开放的态度,希望与尽可能多的方面进行包括主权归属问题在内的谈判,然而这与中国政府奉行的南海政策相悖。

二、越南"南海问题国际化"战略的特点

当前,"南海问题国际化"战略在越南处理与域外大国的双边关系上,在地区组织中以及其他形式的国际场合中均有体现。其中,在双边关系中引入"南海问题",旨在寻求他国对越南的领土主权主张的支持,寻求通过军事上的合作加强越南在南海的存在,从而对中国产生一定程度上的牵制作用。在多边层次上的"南海问题国际化"战略,当前主要体现在将南海问题引入各种"峰会外交",以此来维持南海问题的国际关注度,同时对中国政府施加来自国际组织的压力。最后,通过举行一系列的南海问题研讨会,同时参与联合国框架下的国际司法进程,一方面体现了其尊重国际法和准则的形象,另一方面加强其维护南海利益的智力准备和素质,对未来在南海可能出现的新形势进行预先的设想,未雨绸缪。

(一) 双边"南海问题"合作

1. 当前越南和美国的南海合作

当前美国是越南贸易出口第一大市场,越美两军之间的交往也日趋密切,其中包括高级将领之间的互访,军事人员赴美受训,以及非战场情形下的军事演习,可以预见两国今后在南海问题上将进行更加紧密的合作。[②] 越南学者 Doan Thi Quang 甚至认为当前美国不仅是越南重要的贸易伙伴,更是越南唯一能够

① Carlyle A. Thayer, "The Tyranny of Geography: Vietnamese Strategies to Constrain China in the South China Sea," *Contemporary Southeast Asia*, Vol. 33, No. 3, 2011, p. 362.

② Le Hong Hiep, "Vietnam's Hedging strategy against China Since Normalization."

依靠的在南海上制衡中国的力量。[①] 2011年9月，越南和美国签署《关于推进双边国防合作备忘录》(Memorandum of Understanding on Advancing the Bilateral on Defence Cooperation)，该备忘录确立今后两军交往的五个重点领域：两军高层对话、海洋安全、海上救助、人道主义援助、救灾减灾及维和。在2013年美国国务卿克里对越南进行访问时承诺给予越南政府3 250万美元的援助以增强越南海上执法能力建设。[②]

从越南方面的现实需求来看，积极改善与美国的关系以及进行防务合作，特别是增加美国海军在南海的出现频率，可以有效地“平衡”中国在南海不断升级的维权措施。2015年6月时任美国国防部长卡特访问越南时和代表越南政府的越南国防部长冯光青签署了《关于国防关系的联合声明》(a Joint Vision Statement on Defense Relations)，美国政府承诺为越南提供6艘巡逻艇以及总价值1 800万美元的军事援助。[③] 此外，2015年7月，阮富仲对美国进行了自越南战争结束之后该国最高领导人对美国的首次访问，南海问题多次被双方领导人提及。此外，近年越南也试图借机暗示如果中国持续在南海保持强势，美国将成为越南在南海非传统安全合作中的另一个选项。[④] 越南外交学院的黄英俊(Hoang Anh Tuan)和阮武中(Nguyen Vu Tung)提议连同美日以及其他东南亚国家成立对话机制，甚至进行信息共享。[⑤] 此外，由美国牵头成立了《美日越三国防务合作备忘录》[a Memorandum of Understanding (MOU) on Advancing Bilateral Defense and Japan and Vietnam]，MOU计划讨论美国—越

---

① Doan Thi Quang, “Vietnamese Foreign Policy and the South China Sea Disputes,” p. 91.

② Shannon Tiezzi, “Vietnam, the US, and China: a Love Triangle?” *The Diplomat*.

③ John Boudreau, “Japan to Give Vietnam Boats, Equipment Amid China's Buildup,” September 16, 2015, Bloombergbusiness, http://www.bloomberg.com/news/articles/2015-09-16/japan-to-give-vietnam-boats-equipment-amid-china-s-buildup.

④ Doan Thi Quang, p. 92.

⑤ Prashanth Parameswaran, “The Future of US-Japan-Vietnam Trilateral Cooperation,” June 23, 2015, *The Diplomat*.

南一日本三方合作的具体内容,三方为此进行了4轮内容保密的闭门会议。[1]美国连同越南已经创造了南海问题国际化的有利条件:湄公河区域合作组织,TPP的谈判;人道主义救援和救灾减灾(HA/DR),同时美国也逐步开放对越南的武器出口。这些措施旨在加强越南和美国等域外国家在非军事领域保持紧密联系。

2. 越南和日本的南海合作

在域外大国之中,越南与日本进行南海问题上的合作存在着最为有利的条件,近年来这种意愿得到了实质性的加强。越南和日本于1973年建交,有着超过40年的外交关系。日本和越南在2006年就结成了战略合作伙伴,是继俄罗斯之后世界上第二个与越南结成战略伙伴的国家。日本和越南在2011年10月签署了防务合作纪要,紧随美国在当年9月和越南签署的类似条约。2014年,安倍首相第二次执政之后,两国关系升格为"广泛战略伙伴关系"(extensive strategic partnership)后,同时开始在军队人才培养、能力建设和船舰互访方面加强合作。当前,日本对越南的累计直接投资(FDI)是中国对越南的5倍。[2] 近些年,双方高层对于在南海进行更进一步的防务合作表示了支持和决心。例如,2013年安倍将越南作为其第二次掌权后首个访问的国家,并且呼吁两国应该联手应对中国在海上"日益活跃的行动"。[3] 2015年9月,越南最高领导人阮富仲对日本进行了为期4天的访问,是其2011年就任越南共产党总书记以来首次对日本进行访问。访问期间,两国首脑就当前南海局势发展表示"严重关切",此外,日本首相安倍还指责在南海进行的岛礁建设增加了地区局势的紧张。[4] 日

---

① 每一个国家派出4名代表参加对话,同时邀请这三国的专家、学者和地方政府要员。详见"TACKLING ASIA'S GREATEST CHALLENGES: U.S.-JAPAN-VIETNAM TRILATERAL REPORT"。

② "TACKLING ASIA'S GREATEST CHALLENGES: U.S.-JAPAN-VIETNAM TRILATERAL REPORT," p. 19.

③ 唐奇芳:《日本越南加强海洋安全合作》。

④ Mari Yamaguchi, "Japan to step up help for Vietnamese maritime security," September 16, 2015, The Associate Press, http://bigstory.ap.org/article/4498d47acb61432d91004343e874f707/japan-step-help-vietnamese-maritime-security.

本政府承诺将为越南提供 8.32 亿美元的基础设施援助，同时为其海岸警卫队提供价值 170 万美元的船只和设备，对此阮富仲表示对美国逐步增加对南海的关注表示感谢。[①] 虽然有越南学者认为越共总书记阮富仲对日本的访问仅仅是越南"外交多样化"的一个具体的体现，但越南视日本为可靠的技术、安全和创新领域的合作伙伴的迹象愈加明显。

对日本而言，也乐于见到与越南加强在南海上的合作。日本在南海的利益和战略考量主要有运输线对其的重要意义以及对美国领导的地区秩序战略的跟随。从经济上看，日本对于越南有着重要的地位。日本是越南第三大贸易伙伴，仅次于中国、美国和韩国；日本还是越南的第三大贸易出口国，仅次于中国和美国。在 2011 年，日本是世界上首个承认越南为市场经济国家的国家。截至 2015 年 1 月，日本是越南第二大投资国，总投资达到 379 亿美元，仅次于韩国。[②] 日本还是越南最大的发展援助国，截至 2012 年，日本合计对越南援助超过 227 亿美元，援助项目在技术上、劳工安全、效率上均领先于中国对越南的援助项目。[③]

近年来越南和日本签署了三项双边投资合作协定，[④]此外，两国还是美国倡导的 TPP 的积极参与者。而日本除了视越南为东南亚地区巨大的潜在的市场之外，同时，日本还认为越南是东南亚国家中"对抗"中国最为有经验的国家，与越南的"非正式同盟"对于制约中国有着积极的意义。[⑤]

在非传统安全合作方面，日本与越南、美国建立了三方合作机制（MOU）。

---

① John Boudreau, "Japan to Give Vietnam Boats, Equipment Amid China's Buildup," September 16, 2015, Bloombergbusiness, http://www.bloomberg.com/news/articles/2015-09-16/japan-to-give-vietnam-boats-equipment-amid-china-s-buildup.

② Nyuyen Thanh Trung and Truong Minh Vu, "The Real Significance of the Japan-Vietnam Strategic Partnership," September 16, 2015, *The Diplomat*.

③ Nyuyen Thanh Trung and Truong Minh Vu, "The Real Significance of the Japan-Vietnam Strategic Partnership," September 16, 2015, *The Diplomat*.

④ 分别为 the Japan-Vietnam Joint Initiative (2003), the Japan-Vietnam Investment Agreement (2004), 和 the bilateral EPA (2009)。

⑤ Nyuyen Thanh Trung and Truong Minh Vu, "The Real Significance of the Japan-Vietnam Strategic Partnership," September 16, 2015, *The Diplomat*.

MOU其中的核心是海洋安全能力构建,考虑到越南漫长的海岸线,增强越南的巡航能力和打击非法捕鱼、贩毒等行为,美国和日本同意向越南方面提供6艘巡逻艇。对海域加强巡逻有助于增强越南对有争议海域的掌控,同时通过非传统安全领域合作又不至于导致地区局势紧张。美国的海岸警卫队制度是越南政府效仿的目标。[①] 2015年3月,日本首相安倍表示愿意协助越南进行海上执法。根据《简氏防务周刊》报告,日本和越南之间的非传统安全领域合作意在制约中国在南海的强势(USNI News Editor, 2014)。综合来看,越南和日本没有经济、安全和人权领域的纠纷,双方也视彼此为最为可信的合作伙伴。

3. *越南和俄罗斯在南海的双边合作*

越南试图加强和俄罗斯在南海上的合作以平衡中国的措施主要体现在向俄罗斯购买武器以及邀请俄罗斯油气公司参与南海油气开发。越南与俄罗斯长期以来保持着友好的关系,冷战结束之后,直到2000年,俄罗斯海军才最终从越南的金兰湾(Cam Ranh Bay)撤军。在此之后,越南继续通过向俄罗斯购买先进的武器维持与俄罗斯传统的紧密双边关系。例如,越南从俄罗斯购买了6艘基洛级潜艇[②],以及2011年从俄罗斯购买Gepard导弹驱逐舰和苏-27战斗机的合同。

比起越南从俄罗斯购买武器而言,越南与俄罗斯在南海油气资源的开采合作上收获甚少。当前共有三家俄罗斯油气公司在南海与越南进行合作,但在2014年"981事件"之后,俄罗斯油气公司意识到在越南开采油气的政治风险。同时,Gazprom和Rosneft两个公司在海上开采油气方面经验不足,不断下跌的国际石油价格使得在南海开采油气变得入不敷出。[③] 同时,受到俄罗斯整体国际形势的恶化以及国内经济的持续低迷,俄罗斯在南海问题上并未显示出过多的兴趣,另一方面也使越南和俄罗斯在南海上的合作显得力不从心。

---

① An objective identified by senior Vietnamese officer Lt. Gen. Pham Duc Linh during conversations in 2011.

② "Check Blank Russia and Vietnam team up to balance China", *the National Interest*.

③ Kokukina and Skrynnik. "America has lost the gas war in Veitnam," *Forbes*.

4. 越南和印度在南海的双边合作

印度与越南在南海上的合作很大程度上是一种战略前瞻性的行为，目前也仅限于油气开发和武器交易。印度有55%的货物运输要经过马六甲海峡，[①]近些年，印度成为越南重要的武器技术来源地和在南海开发油气的重要参与国。[②]甚至有学者将印越关系成为"非正式的油气联盟"。[③] 越南方面主动邀请印度参加南海的油气开发。印度的ONGC和越南石油展开了一系列的油气勘探合作，2013年，阮富仲对印度的访问促成了两国签署8项涉及油气开采的合同，越南将7个石油区交予印度公司进行开发。而印度同意帮助越南实现其国防的现代化，而防务合作也是两国战略合作伙伴的重点领域。此外，印度同意训练越南的潜艇指挥官，以及向越南出口4艘海军军舰。

在2011年，印度海军的INS Airavat舰进入越南的芽庄(Nha Trang)，中国政府还对此提出了抗议，认为印度海军进入了中国海域。而印度外长提出印度支持船只的自由航行，包括在南海的自由航行权。而针对中国对印度石油公司在有争议海域的油气勘探，印度油气公司声称与越南的合作符合国际法，将会继续与越南的油气合作。[④]

此外，越南除了和域外大国之间展开合作，同其他南海声索国之间也保持着积极的互动。例如，越南和菲律宾2014年结成战略伙伴关系，共同应对来自中国的挑战，同时越南也表示对菲律宾提起的司法诉讼表示支持，并且一度放风有兴趣参与。[⑤]

---

① Zachary Keck, "India Wades Into the South China Sea," *The Diplomat*.

② Nyuyen Thanh Trung and Truong Minh Vu, "The Real Significance of the Japan-Vietnam Strategic Partnership," September 16, 2015, *The Diplomat*.

③ "India, Vietnam to sign deal for oil exploration in the South China Sea Despite Protest by China."

④ Leszek Buszynski, "Internationalizatin of the South China Sea: Conflict Prevention and Management," cited in Trang (academy of foreign relations), 2011, p. 95.

⑤ Walden Bello, "A Budding Alliance: Vietnam and the Philippines Confront China," *Foreign Policy in Focus*.

(二) 越南“南海问题国际化”战略下的区域合作

为了避免直接和中国在南海问题上产生冲突,越南“南海问题国际化”战略意图的另一个重要组成部分是利用东盟组织和框架去制约中国在南海的政策和行为。越南利用自身东盟成员国的身份,利用东南亚地区组织充当与中国政策冲突的“缓冲区”。越南通过在东盟框架内就经济、政治、安全以及防务的合作来实现南海问题的“国际化”以攫取最大的利益。

越南在 2009 年公布的《国防白皮书》中提到,在寻求南海问题的长远解决机制的同时,越南呼吁各方都应该克制自身在南海的行为,切实执行《南海各方行为宣言》,并且积极推动“南海行为准则”的尽快达成。[①] 然而,越南却利用 2010 年担任东盟轮值主席国为期一年的机会,采取了一系列在地区范围内将“南海问题国际化”的尝试。越南在 1995 年加入东盟之后于 2010 年首次担任轮值主席国,随即打破了之前峰会一年一次的常规,在当年推动召开了第 16 次、17 次两次首脑会议。在当年 4 月召开的第 16 次东盟首脑会议上,因为中国的强烈反对,南海问题并未如越南所愿进入会议日程。[②] 随即,在越南的积极推动下,南海问题最终进入了当年 10 月召开的第 17 次东盟首脑会议。越南总理阮晋勇代表东盟国家首脑宣布要在《联合国海洋法公约》的框架下以和平的方式解决南海问题,这是东盟首脑会议首次涉及南海问题。[③] 此外,东盟国家外长还达成了《东盟关于南海海上救搜遇难船只和人员的合作宣言》,首次通过正式的文件在东盟内部展开在南海的合作。同时,越南还邀请了美国以及俄罗斯等域外大国参加东盟外长论坛,并且连同美国政府提出对南海问题和海洋安全领域议题的关注。[④] 在此次东盟首脑会议后,越南总理阮晋勇还宣布将在越南金兰湾建设

① Doan Thi Quang, “Vietnamese Foreign Policy and the South China Sea Disputes,” p. 82.
② 登应文:《试论越南将南海问题国际化之举措》,载《东南亚研究》2010 年第 6 期,第 30 页。
③ 登应文:《试论越南将南海问题国际化之举措》,载《东南亚研究》2010 年第 6 期,第 30 页。
④ Doan Thi Quang, “Vietnamese Foreign Policy and the South China Sea Disputes,” p. 86.

一个为越南海军以及世界各国海军服务的后勤技术服务中心，此举意味着所有国家的海军都可以来往于这一战略要地。[①]

越南还利用其他地区性论坛实施其"南海问题国际化"的战略，每年在新加坡举办的针对亚太安全的"香格里拉对话会"也成为越南寻求这一战略的场所。例如，在2013年的第12次"香格里拉论坛"上，越南总理阮晋勇就特别提到南海问题对亚太安全带来的挑战，[②]2014年的第13次论坛上，越南国防部长冯光青提出中国"海洋石油981"钻井平台在西沙群岛海域的作业属于"非法"行为，要求中国立即停止作业。[③] 此外，在东盟地区论坛、东盟+3、东盟防长等会议上，越南均表示出对南海问题国际化的执着态度。

（三）越南在国际司法领域实施"南海问题国际化"战略的表现

利用国际司法途径将南海问题国际化是越南当前南海政策的一个表现，通过越南在菲律宾"南海仲裁案"中积极作为第三方介入的行为可见一斑。早在2013年菲律宾提交"南海仲裁案"之前，越南就在2009年5月单独、在2009年6月连同马来西亚向联合国大陆架委员会（the Commission on the Limits of the Continental Shelf）提交了对中国在南海主张持有异议的报告，当时中国政府向联合国秘书长提交了一份报告进行了驳斥。针对越南和马来西亚在2009年联合向联合国大陆架委员会提交了要求其澄清中国南海断续线的文件，中国向联合国秘书长提交了两份文件要求大陆架委员不予理睬。[④]

2014年4月，距菲律宾"南海仲裁案"开始仅仅数月之后，越南作为非当事

---

① 登应文：《试论越南将南海问题国际化之举措》，载《东南亚研究》2010年第6期，第32页。

② Dung, Nguyen Tan, "Key note address at Shangri-la Dialogue," IISS.

③ "越南为何盯上981钻井平台?"中国日报网，2014年6月4日，http://caijing.chinadaily.com.cn/2014-06/04/content_17562898.htm。

④ 详细的材料见 Thao Nyuyen Hong and Rames Amer, "Costal States in the South China Sea and Submissions on the Outer Limits of the Continental Shelf," *Ocean Development and International Law*, Vol. 42, No. 3, pp. 245-263.

国第一个正式向仲裁庭提出关切本案的动向,并要求仲裁庭对其提供与本案有关的文件。[①] 2014 年 12 月 7 日由越南外交部向仲裁庭提交了官方声明,其中提到支持相关国家利用《联合国海洋法公约》和国际仲裁的机制来解决当前在南海出现的纠纷,并且提出"越南丝毫不怀疑仲裁庭对本案有管辖权"。[②] 这与 2014 年 12 月 7 日中国政府公布的《中华人民共和国政府关于菲律宾共和国所提南海仲裁案管辖权问题的立场文件》中认为仲裁庭没有管辖权的观点完全对立。在同一份声明中,越南外交部甚至提到越南"一贯坚定地抗议并拒绝承认不具有法律、历史和事实效应的'九段线',并且认为其无效"[③]。

除了利用该仲裁案表明越南政府对中国的南海政策的观点之外,越南政府还强调"保留加入该仲裁案的权利"(Right to Intervene)。[④] 但是当仲裁庭要求越南政府需要正式提出申请才能加入该仲裁案时,至今越南政府并未采取进一步的行动。[⑤] 对于越南政府的行为,中国政府并没有点名提出异议,但是在中国驻荷兰大使给仲裁庭的第一封信中提出"中国反对其他国家加入该仲裁庭,因为这与国际仲裁规则不符"[⑥]。可见,在国际场合越南并未顾忌中方的立场,而是不遗余力地将其观点公之于众,并且公开针对南海问题上与中国存在的分歧。此外,越南政府在庭审过程中也全程派员参加,并且级别为几个国家中最高的。

三、越南"南海问题国际化"战略前景及实施困难

越南南海问题国际化战略的核心是一种拖延战略,而非以解决南海问题为最终目标。越南学者坦陈:"南海问题国际化"战略的意图不是解决南海问题,而

① Lettr from Vietnam to the Tribunal (April 8, 2014).
② Vietnam's statement, pp. 1 - 2.
③ Ibid, p. 3.
④ Ibid, p. 7.
⑤ Award on Jurisdiction and Admissibility, p. 73, para. 186.
⑥ Para. 5.

是尽可能地保持南海问题的现状，延缓中国崛起对越南在南海问题上愈加不利的趋势。越南外交学院的段氏光(Doan Thi Quang)认为，通过东盟的影响力可以迫使中国在南海问题上保持现状，可以作为越南短期内制约中国的"延迟战略"；与此同时，越南和其他声索国可以通过与域外大国的紧密合作来巩固在南海上取得的利益。①②

另一方面，越南与其合作的域外国家并非没有潜在的风险，同时合作的功效也有待评估。首先，在南海问题上与部分国家的合作可能会激化中越南海矛盾，起到得不偿失的作用。其中，日本很难在东南亚国家间作为"公正的中间人"来处理和中国的争议。日本之前在二战之中在中国和东南亚地区犯下的罪行和之后对历史问题的态度、自身与中国在东海的领土争议都使日本不具有各方能够接受的"公信力"。此外，日本仍然在宪法上面对着作为越南重要军事伙伴的阻力，同时其对中国经济的依赖也使其对越南的支持控制在一定的限度之内。对越南提供军事设施和连同越南一起制约中国是两个性质不同的策略，日本很难在短期内做出决断。

第二，越南与部分域外国家进行合作同样伴随着相当的政治风险。越南自身的制度和国内政治问题使越南无法放开手脚与美国、日本全方位展开合作。担心美国对越南开展"颜色革命"，以及美国国内越南侨民常年对美国政府游说、谴责越南的人权状况，都是越南国内依附于美国后可能产生国内政治上的风险。这些顾虑都使越南政府有所忌惮。越南最为现实的政策是参与、甚至协调在南海形成一个以美国为首限制中国强势"维权"的"同盟"，连同日本、菲律宾进行南海的防务合作。但又要注意不能引发中国对越南外交基本政策转型的忧虑。

第三，与诸如俄罗斯等国的合作面临着其参与程度不足以及该国外交重点问题等难题。在南海问题上，俄罗斯能够为越南提供的支持仍然有限。首先，苏

① Doan Thi Quang, "Vietnamese Foreign Policy and the South China Sea Disputes," p. 81.

② Doan Thi Quang, "Vietnamese Foreign Policy and the South China Sea Disputes," p. 82.

联政府已经于1951年声明西沙群岛属于中国[①],根据国际法中的禁止一国政府"反言"的原则,在西沙群岛问题上越南从俄罗斯得到支持的可能性很低。其次,越南和俄罗斯的经贸往来依然偏低。尽管2001年两国签订了战略合作伙伴关系,但是两国双边贸易额在2013年仅有40亿美元,不到俄罗斯和中国双边贸易额的5%。[②] 最后,2014发生的俄罗斯吞并乌克兰克里米亚事件以及之后介入乌克兰东部,使俄罗斯受到了西方国家严厉的制裁,迫使俄罗斯更加依靠中国来维持其经济的正常运行。在此之后,俄罗斯和中国签署了两国历年来最大的油气合约,价值超过4 000亿美元。随着西方国家制裁的持续,俄罗斯很难如越南所愿在短期内在南海问题上投入更多的关注。[③] 综合来看,当前俄罗斯的外交政策重点是应对西方国家的制裁,因此比以往任何时候都需要依靠中国在各方面的支持,俄罗斯并非是越南可靠的在南海问题上制约中国的伙伴。

第四,越南实施"南海问题国际化"战略的目的是迫使中国在改变南海现状上受到国际舆论、国际组织和域外大国的制约。但是,在涉及领土主权问题时,越南获得的支持显得非常有限。因此,中国在制定南海战略时,应该考虑在南海合作问题上顺应多极化的趋势,利用自身的综合国力和文化,在南海地区展开更加广阔的多边合作;而在领土争议问题上,应尽快利用国际法阐明中国的主张,并且在各种国际场合上宣传,以此来使世界认识到中国政府在南海主权争议问题上愿意通过和平的手段解决问题的基本思路。

同时也应该看到,越南选择和美国、日本、俄罗斯以及印度进行合作来涉足南海,但是这些国家之间在南海的利益并不相同,同时彼此之间有不同的利益轻

---

① Pavel K Baev and Stein Tønnesson, "Can Russia Keep its Special Ties with Vietnam While Moving Closer and Closer to China," *International Area Studies Review*, Vol. 18(3), 2015, p. 314.

② Pavel K Baev and Stein Tønnesson, "Can Russia Keep its Special Ties with Vietnam While Moving Closer and Closer to China," *International Area Studies Review*, Vol. 18(3), 2015, p. 316.

③ Pavel K Baev and Stein Tønnesson, "Can Russia Keep its Special Ties with Vietnam While Moving Closer and Closer to China," *International Area Studies Review*, Vol. 18(3), 2015, p. 317.

重考量。例如,日本和俄罗斯近些年因为"北方四岛问题"争议不断。俄罗斯前总统梅德韦杰夫,同时也是时任俄罗斯总理,分别于2010年、2012年以及2015年登上俄日争议的"北方四岛"(南千岛群岛)进行视察,并且意在宣示主权。在2015年8月梅德韦杰夫登岛后,日本外务省发出声明指责此举"伤害了日本人民的感情",并且取消了外长的访俄行程。类似,印度与中国的关系在1998年之后持续改善,两国同为"二十国集团"成员国和"金砖国家"合作组织成员国,寄希望于印度在南海问题上支持越南与中国对抗同样不现实。尽管美国、日本觊觎中国在南海不断上升的影响力,但出于与中国复杂的经济关系,同样不会孤注一掷支持越南。美国对保持地区稳定有着基本的利益判断,而不希望越南利用美国的支持来损害地区的稳定。例如,2015年8月时任美国国务卿克里访问越南时,就提出"不管大国还是小国,均应该克制自己,不采取挑衅的行为增添地区紧张和军事化南海的行为"。此外,美国多次指出南海问题的和平解决是美国的重大利益。所以,尽管越南试图引入域外大国加入南海问题中,但是这些国家出于自身与中国关系的考量,并非一定如越南期望的那样对中国起到制约作用。

第五,越南该战略的目标国中国政府对"南海问题国际化"持否定态度,直接影响了该战略的实施和功效。中国官方在多个国际场合表明当前反对将"南海问题国际化"的行为。例如,时任国防部长常万全在2014年参加第四次中国-东盟国防部长会晤时就表示:"将(南海)问题国际化、多边化不仅无助于问题解决,也不利于有关进程的推进"。[①] 中国政府虽然不赞成引入第三方势力干涉的行为,但是逐渐开始在国际场合表明自身的立场,是国际社会理解中方对待南海问题的态度和立场。[②]

东盟国家中只有五个为南海问题直接当事国,而大多数国家和中国有着紧密的经贸往来,不愿意对抗中国。东盟本身并非解决各国领土争议的机构,其倡

① 《中国国防部长:将南海问题国际化无助于解决》,环球网,2014年5月21日,http://mil.huanqiu.com/china/2014-05/5000987.html。

② 《照会联合国秘书长并不改变中国反对南海问题国际化立场》,新华网,2014年6月10日,http://news.xinhuanet.com/world/2014-06/10/c_1111075761.htm。

导的"不干涉内政、倡导通过商议的形式达成共识"的原则也为越南妄图裹挟东盟实现其"南海问题国际化"战略带来了障碍。

结　语

中国政府应对越南将"南海问题国际化"战略企图时应该区别对待领土主权方面的争议"国际化"和地区应对非传统安全领域"国际化"两个层次，制定不同的策略。一方面，在就越南和域外大国进行针对中国南海主张的防务合作时，可以考虑就此问题与相关国家形成讨论机制，例如，2015 年签署的中美海上、空中相遇机制，避免意外事件在南海海域的发生。而在非传统安全领域的合作问题上，中国政府可以率先制定相关规则和合作机制，避免被某些国家借此利用地区组织、国际社会达到一己之私的目的。这也是符合当前中国政府解决南海问题的"双轨思路"。另一方面，中国也应该利用自己的经济影响力，促使跨国石油公司停止与越南在南海有争议海域的合作；同时，利用在国际组织的影响力组织越南单方面提出有关南海的动议。例如，中国政府曾经就在 2009 年对越南和马来西亚提交给"大陆架委员会"的关于南海断续线的报告进行了抗议。[①] 此外，还可以利用与越南交往的多种渠道，劝诫越南方面停止针对中国的负面国际舆论宣传；同时，两国学界、智库应该组织更多的有关南海问题的研讨活动，积极参与其中，平衡国际舆论。

总体上看，近些年越南政府将"南海问题国际化"战略进一步推进、落实，以此来制约中国政府的南海政策，试图维持当前有利于越南的南海现状的做法，已经越发明显了。中国方面应该尽可能地了解越南方面的战略企图以及具体操作方式，分别设定应对策略，在捍卫领土完整的前提下尽量维护南海的和平与稳定。

---

① Carlyle A. Thayer, "The Tyranny of Geography: Vietnamese Strategies to Constrain China in the South China Sea," *Contemporary Southeast Asia*, Vol. 33, No. 3, 2011, pp. 361.

印度尼西亚的南海政策

郭彦君*

［内容提要］ 印度尼西亚是一个群岛国家，地处亚洲东南部，与我国以南海相隔，其中的苏门答腊岛位于南海附近。在南海问题上，其态度虽偶有闪烁，但总体形势积极，并未意图与我国发生争端。本文将对印尼在复杂的南海局势中所扮演的角色加以分析，并探究其南海政策。

［关键词］ 印度尼西亚　南海　纳土纳群岛

自古以来，我国的南海疆域就包括东沙、西沙、中沙和南沙群岛在内的南海诸岛，其最南端到达南沙群岛的曾母暗沙，这些在史册中皆有记载，并且我国在先占之后对南海享有了长期的管辖和治理权，无论是从国际法原则的角度还是从国际条约的角度，我国都对其享有不可动摇的主权。然而，南海问题所涉及的部分周边国家（如越南、菲律宾、马来西亚、文莱、印尼）一直不断窥视并挑起以南沙群岛归属为核心的南海争端，这不仅挑衅了我国毋庸置疑的领土主权权威，在国际关系上也对我国造成巨大困扰。在南海问题所涉国家中，印尼与我国关系微妙，既无激烈争端，又可成为有利于我国的合作对象，但近来二者的关系发生了变化。

一、印尼意图重塑海洋大国辉煌

2014 年 10 月 20 日，新任总统佐科在国会发表就职演说时表示："我们必须

---

* 郭彦君，四川大学法学院研究员。

兢兢业业，重塑印尼作为海洋大国的辉煌。大洋大海、海峡海湾是印尼文明的未来。我们疏忽海洋、海峡和海湾已经太久了。现在，到了我们恢复印尼‘海上强国’称号，像祖辈那样雄心壮志，‘称雄四海’的时候了。”[①]印尼是世界上最大的群岛国家，其疆域跨越亚洲和大洋洲，地理位置重要，海洋资源丰富，印尼的发展都离不开这些优越的条件。佐科还提出了一些具体的建议：第一，重树海洋文化。认识到自己在海洋中的重要性，充分利用和发展自身的优势。第二，维护和管理海洋资源。对丰富的海洋资源加以充分且全面的利用，大力发展海洋渔业和海产品。第三，构建海上高速公路。加强海上交通建设，凸显自身海上交通枢纽的地位，从而带动国家其他行业的发展。第四，发展海洋外交。减少海上冲突，加强海上合作，促进共同发展。第五，加强印尼国防力量，建立海上防御系统，保护国家主权，维护海洋安全。

我国和印尼作为海上近邻，对海洋资源应尽可能地共同保护和开发，在合作项目方面理性选择、取长补短。在渔业、船舶业、航运业、油气等能源开发方面都大有加深合作的空间和可能性。同时，还应积极鼓励和支持我国沿海经济大省参与中国-东盟海洋产业合作以及“海上丝绸之路”建设。另外，加强双方港口合作交接亦可为彼此带来巨大效益。对于印尼的薄弱环节给予其帮助，使其更快地更新港口设备，建设新的码头，提高港口吞吐能力，从而使港口物流也得到更快的发展。这一方面有利于我国自身的发展，另一方面对于印尼的经济也起着巨大的作用。

二、印尼对南海问题的一贯态度

虽然印尼的海洋划界与一些周边国家存在相关争议，但一直以来，其都表示与我国并不存在南海争端，并且在南海关系中一直扮演着调停者的角色。印尼

① 《佐科就职演讲》,《安塔拉报》,2014 年 10 月 20 日,http://politik. news. viva. co. id/。

一直以发展经济为第一要务，且不希望介入争端而成为争端方之一。佐科之前也表示，南海争端应当尽量避免采用军事暴力的方式，而应当尽可能使用外交手段和平解决争端，而他们愿意在中间进行调停。

印尼一直积极地扮演调停者的角色，其目的也是希望扩大自己的影响力，树立其在东盟的领导地位，彰显自己在国际上的重要性。2011 年，印尼担任东盟轮值主席国，积极参与东盟区域合作的各项事务，在南海问题上，呼吁争议各方保持冷静克制，通过双边谈判解决问题，并希望中国与东盟签署具有法律效力的文件以避免冲突。[①] 此后，印尼对此也做出了较大努力，不仅在会议上呼吁，也进行了相关会谈。苏哈托政权崩溃后，印尼迎来了新的总统，也开始把重心移到全力发展经济上，印尼希望有一个和平的国际环境来助推经济的增长。在对待南海问题时，印尼不仅与我国不断加强交流合作，深化政治互信，还与越南、菲律宾等进行磋商，使各方都为维护东盟的利益而努力。所以，印尼一方面端正自己的立场，积极扮演调停者的角色，另一方面也是希望稳固自己的主权，避免潜在冲突。印尼自己也认识到如果它能在化解南海争端中有所作为，那么不仅仅是对中国和东盟，而且对全球的影响力必然大有提升，全世界也都会向它投去不一样的目光。

我国和印尼在政治立场上素来并无明显冲突，两国也都在《南海各方行为宣言》中做出承诺。两国之间的政治外交往来基础也素来深厚，若其能在此问题上秉着公正不阿的态度对此事进行调解，根据国际法等合法的理论依据做出正确的表态，对于我国而言相当有利。中国和印尼目前都处在发展的上升阶段，应尽量大事化小小事化无，尽可能通过和平谈判来解决问题，达到双赢的结果。

① 龚南茜：《印尼欲借南海问题彰显大国地位》，载《中国石化》，2012 年 8 月，第 74 页。

三、印尼的政策变化

印尼与周边国家存在的争议基本集中在纳土纳群岛海域,该群岛位于印尼北部,属于廖内省管辖,该群岛资源丰富,地理位置重要,共由272个岛屿组成。印尼与越南在纳土纳群岛北部有大陆架划界争议,与中国有专属经济区划界之争。为了确定其对该群岛海域的权利,印尼不仅颁布了多项法律法规,从法律的视角对其享有的主权予以支持,还采取了相应的外交手段。20世纪80年代中期以后,印尼"将划归自己管辖的南海部分海域改称'纳土纳海',以'遏制中国的主权要求'"[①]。我国外交部一直以来观点也十分明确:中印两国在纳土纳群岛上不存在领土争端纠纷,但希望两国通过双边谈判和平解决海洋划界问题。

早在2014年3月,印尼总统佐科在访华前就声称中国的南海断续线缺乏法律依据。而我国也一直表示,在尊重历史真相和国际法的前提下,绝不放弃自己的主权。但11月11日,时任印尼政治法律安全统筹部长卢胡特表示,如果不能与中国就纳土纳群岛问题通过对话解决,可能会将中方告上国际刑事法庭。而我国外交部也再一次表示,印尼对中国拥有南沙群岛主权没有提出异议,纳土纳群岛的主权属于印尼,中方也没有表示异议。[②] 由于近来的局势变化,难保印尼不会改变自己的立场,况且印尼一直以来在纳土纳群岛的问题上态度坚定,我国也应做出相应的行为予以应对。近年来,印尼对于南海问题的政策转变,无非也是由于南海问题不断升温,考虑到自身利益而做出的行为。随着我国在南海的修建岛屿、加强军事力量、修建防卫设施等一系列行为,印尼担心我国对南海的控制会进一步延伸到纳土纳群岛,从而影响到它们的主权。且从印尼经济发展的角度出发,其也可以通过该态度的转变拉近与

① 吴士存:《纵论南沙争端》,海口:海南出版社,2005年版,第175页。

② 《印尼叫嚣告中国,中方:纳土纳群岛是你的》,搜狐网2015年11月12日,http://mil.sohu.com/20151112/n426283996.shtml。

美国的距离，提升国际影响力，谋取更多的利益。

结　论

在对待这些问题时，我国应坚持一贯的立场和原则。第一，我国相关部门要继续加强对南海海域的巡航和禁渔工作。对南海实行有效控制无疑对于宣示主权起着重要作用，我国的渔政、海监、海警、海事、海关等部门也应做好职权划分和工作安排，让他人无机可乘。第二，我国应该加强在南海海域的军事存在，通过军事演习和军事监测，加强对无人岛礁及其附近海域的实际控制。第三，要坚决果断地对东南亚国家侵占中国南海海域主权的行为给予警告和回击。一方面显示我国的不示弱态度，另一方面也体现我国的对南海问题的决心。第四，以三沙市为依托，发挥其行政、立法和司法功能，鼓励和支持人口向岛上迁移。随着该市人口规模的扩大，对行政结构进行完善也显得十分必要。第五，在倡导"搁置争议，共同开发"的同时，加紧对南海油气资源的开发。我国有独立开采油气资源的设备和能力，对相关油气区块进行公开招标，从而显示对南海海域的"经济存在"和"有效经营"，已经刻不容缓。[①] 我们应当认识到要在短时间内完整地解决南海争端的可能性很小，在这种情况下寻求一条对我们最有利的方法就显得十分必要。因为首先从政治和外交的角度来说，维持地区安定繁荣是目前各国的共同愿望。其次，如今我国和印尼存在着多方面合作的关系和基础，从经济的角度来讲，国家之间的贸易联系不断加强，在资金、市场等方面的依赖性也有所增加。我国也需要与其他国家一起来共同合作来为我国的经济发展创造有利的环境。最后，从法律的角度上讲更应该如此，共同开发也符合《联合国海洋法公约》的宗旨和意图。

---

① 邵建平、刘盈：《国际法院对岛礁争端的裁量和南海维权——东南亚国家的经验及对中国的启示》，载《当代亚太》，2012 年第 5 期，第 156 页。

第三部分　中国与海洋安全：观念、利益与视野

论中国海权观念的更新

贾子方*

［内容提要］ 海权观念是一个国家内部对海权战略目标和战略原则所形成的共识。国家的经济需求和安全需求决定了海权观念。中国的经济需求和安全需求都在不断地发展变化，这使得中国的海权观念亟须更新。更新的中国海权观念包括两方面的共识：第一，五个战略性目标——威慑，维护海洋主权与海洋权益，确保海洋自由，力量投送，提供公共产品；第二，四条战略原则——建设体系化的主战海上力量，发展多元化的海上力量，灵活的力量运用，软实力的配合。

［关键词］ 海权 海权观念 战略目标 战略原则

当前，中国正在稳步推进建设海洋强国的重大部署和建设21世纪海上丝绸之路的战略构想。借此东风，中国海洋研究的发展更显蓬勃。对于中国的决策者和政策执行者、不同学科的研究者而言，一个不容回避的基本问题是：什么是海权(Sea Power)？这个问题不仅关乎海洋战略的制定，也在分析研究具体的海洋议题时提供基本的观念和基础的方法。

具体而言，对该问题的回答，并不仅是给出海权的某种定义，或者列出自马汉(Alfred T. Mahan)以降不同理论家著述的摘要。更重要的是，思考和回答这

---

* 贾子方，发表本文时为北京大学国际关系学院博士。本文曾于南京大学中国南海研究协同创新中心2015年举办的首届“中国高校‘南海研究’博士生学术论坛”上宣读。感谢朱锋教授、孙建中教授、马博老师和朱清秀老师的点评与指导，并感谢匿名评审专家提出宝贵的修改意见。作者文责自负。

一问题，可以深化对海权概念及其内涵的理解，消除国内各界在海权问题上的过时论断和理解偏差，辨明模糊的印象，从而构建更加客观科学、也更为具体的共识。以更新的海权观念(Concept of Sea Power)为基础，方能更好地制定战略与策略，研究具体的议题。研究海权观念，需要特别注意的是，自"海权"一词诞生以来，其就不是一个完全客观的抽象概念，而与拥有、建设、使用海权的政治行为体密切相关。因而，本研究具有明显的中国视角，讨论的主要对象是中国的海权观念。

一、海权与海权观念

现代海权可定义为民族国家下列能力的总和：开展国际海上商业和利用海洋资源的能力；将军事力量投送到海上以对海洋和局部地区的商业和冲突进行控制的能力；利用海军从海上对陆上事务施加影响的能力。[①] 也就是说，海权的本质是一种能力，其核心是海上军事能力。从马汉至今，海权这一概念包含的能力因素随着时代的变迁有所变化，但其能力本质并未改变。曾有学者提出，海权的概念包括海洋权利和海上力量两个部分，只是不包括西方霸权国家普遍攫夺的海洋权利，其中的海洋权利部分又包括海洋权利和海洋权益。[②] 这样的定义看似面面俱到，实则不太妥当，海上的权利和权益都是海权这种能力予以保障的对象，并不属于海权的范畴。此外，海权是一种能力，这还意味着国家可以追求海权，但"争夺海权"从语义上不甚通顺，历史上的诸大国曾经开展海权竞争，争相寻求高于对手的能力，也曾在具体的战役中争夺制海权(Command of the

① Sam J. Tangredi, ed., *Globalization and Maritime Power*, Washington, D.C.: National Defense University Press, 2002, e-resource from http://permanent.access.gpo.gov/websites/nduedu/www.ndu.edu/inss/books/Books_2002/Globalization_and_Maritime_Power_Dec_02/02_ch01.htm#ch1_14, retrieved 2015-11-1.

② 张文木:《论中国海权》,北京:海洋出版社2014年版,第4-5页。

Sea)，但海权本身并不是争夺的目标。同理，随意地将“海权”这两个汉字与其他词语搭配，也可能造成理解上的偏差，例如海权矛盾、海权合作，都是不严谨的概念。

海权观念，则是指国家行为体内部对于海权的如下共识：海权对于国家的意义；国家追求怎样的海上力量；海上力量的战略目标和任务是什么；应当如何达成这种目标。有中国学者提出，后冷战时期中国的海权观念表现为经济海权观、战略海权观、合作海权观、复合海权观和海洋国土观五个方面，[①]这种分类有助于从不同角度理解海权观念的具体内容。然而，海权观念的最小内核，依然是海权建设的战略性目标和运用海权的战略原则。研究海权观念的原因则在于：海权观念是在历史中不断发展的观念的集合，其与海权建设实践不断互动，为国家制定和实施海权战略提供认识基础。[②]

二、海权观念的来源

人类在生产生活中利用海洋的四种属性——资源属性、交通属性、信息交流属性和疆土属性，[③]以追求财富与安全。正是经济需求与安全需求，决定了海权观念的内容。不同时代中，获取财富与安全的模式与经验各不相同，对海权的需求因而有所差异，海权这种能力针对不同的需求，有着不同的内容、意义、模式和目标。

---

① 杨震、周云亨：《论后冷战时代的中国海权与航空母舰》，载《太平洋学报》，2014 年第 1 期，第 89－99 页。

② 战略家泰勒将军(General Maxwell D. Taylor)指出，战略就是目标(Ends)加方法(Ways)加手段(Means)，在海权观念的基础上，方可科学地回答中国的海权战略有何目标，通过何种方法和手段达到这种目标。从这个意义上讲，海权观念和海权战略是特定的共识在智识领域和实践领域的一体两面。

③ [美]朱利安・S. 科贝特著，仇昊译：《海上战略的若干原则》，上海：上海人民出版社 2012 年版，第 29 页。

在马汉所总结的历史时期中,殖民贸易是财富增长的最重要途径,对贸易和航运的保护使得大国追求以制海权为基础的海上霸权,这正是发展海权的目的和驱动力。同时,发展海权的回报不仅体现在财富的积累之上,英国和法国的历史经验证明了对海权的投入在获取战争胜利上的作用同样关键。所以当客观条件同时有利于海上和陆上的发展时,国家应选择海上的发展。[①] 马汉作为海权概念的创造者,对海权的偏好还体现在其对于从法国大革命到拿破仑战争这一段历史的总结中,即海权相对于陆权对世界事务具有更大影响力,具备海权优势的国家总能战胜陆权大国。[②]

英国的历史经验同样影响了科贝特(Julian S. Corbett)时代的海权观念:海战的永恒目标必须是直接或间接地夺取制海权(Command of the Sea),或阻止敌人夺取制海权。[③] 科贝特对于制海权已经有了清晰的认识:制海权并不同于对陆地领土的征服,由于海洋的归属权不易受到实际控制,海洋是不可征服的。在海上唯一可以得到的权利就是通行权,因而制海权就是控制以商业或军事为目的的海上交通线。[④] 获得制海权的方法是建设舰队并以灵活的手段集中或分散使用舰队的力量歼灭敌方的舰队。[⑤] 严格而论,科贝特提出的是体现了海权观念的战略原则,中国学者师小芹将这种典型的英式海权观念总结为如下的要点:国家海上战略是为陆地事务服务的;海上有限战争是英国权势的根源;制海权在绝大多数时间处于争夺之中;保护海上交通线的畅通是拥有制海权的最终

---

① A. T. Mahan, *The Influence of Sea Power Upon History, 1660 - 1783*, Boston: Little, Brown, and Co., 1898, e-resource from http://www.heinonline.org.proxy.library.cornell.edu/HOL/Page? handle = hein.hoil/inflsepuh0001&id = 1&collection = hoil&index = alpha/I_hoil, retrieved 2015 - 11 - 01.

② A. T. Mahan, *The Influence of Sea Power Upon the French Revolution and Empire, 1793—1812*, Boston: Little, Brown, and Co., 1898, e-resource from https://archive.org/stream/cu31924024313078#page/n7/mode/2up, retrieved 2015 - 11 - 01. 对马汉海权观念的总结同时参考了吴征宇:《海权的影响及其限度——阿尔弗雷德·赛耶·马汉的海权思想》,载《国际政治研究》,2008年第2期,第97 - 107页。

③ [美]朱利安·S.科贝特著,仇昊译:《海上战略的若干原则》,第69页。

④ 同上,第70 - 71页。

⑤ 同上,第82 - 116页。

衡量标准；兵力集中和舰队对决不一定具有决定性意义。[①] 这些战略原则，归根到底，是“英国战争方式”实践提供的历史经验的总结。

冷战中的案例同样支持前文关于海权观念来源的假说，当然，相对于财富和经济增长，安全因素在冷战中所占比重更大。《国家海上威力》花费了不少篇幅讨论科技、运输、采矿、捕鱼等海洋议题[②]，然而，戈尔什科夫（Сергей Георгиевич Горшков）时代的海权，其核心还是狭义的制海权，获取制海权的两个要点则是实施反航母作战，以避免美国航母战斗群对苏联本土的核打击，以及发展掩护和保障弹道导弹核潜艇的水面舰艇。[③] 这种相对简明的海权观念出现的原因，当然是冷战时期的安全压力和以核战争为主的战争形态的改变。同理，在这一时期，美国海军的三项使命是：一、确保美国与北约盟国和平时期的商业活动和战时对西欧的军事增援畅通无阻；二、确保全球海外力量投送能力；三、确保美国海基核威慑能力。这三项使命都有赖于美国海军对海洋的控制。[④]

美国和苏联在冷战时期的海上力量具有明显的“现代性”。“现代”的海军更加强调威慑、制海和力量投送等任务。而在冷战结束之后，全球化时代来临。由于全球化体系主要建立在海洋运输的基础上，因而海权位于全球化的中心，“后现代”的海军应当保卫全球化的体系，其主要任务包括海上控制（sea control）、远征行动、维护海上良好秩序和维持海上共识。[⑤] 国家发展海权，建设海军保卫全球化体系，意味着维护经济增长需要的全球经济体系，并应对其中的传统安全与非传统安全议题。当然，“现代”海上力量与“后现代”海上力量的划分不是泾渭分明的，事实上，多数海权国家的海上力量介于二者之间。当前，这些国家的海权观念，也都具有强调保卫传统安全的“现代”的一面，和保卫、支持全球化体

---

① 师小芹：《论海权与中美关系》，北京：军事科学出版社2012年版，第68－74页。

② [苏]谢·格·戈尔什科夫著，房方译：《国家海上威力》，北京：海洋出版社1985年版，第9－72页。

③ 师小芹：《论海权与中美关系》，第170－174页。

④ 同上，第103页。

⑤ [美]杰弗里·蒂尔著，师小芹译：《21世纪海权指南》，上海：上海人民出版社2013年版，第8－21页。

系的“后现代”的一面。

美国的海上力量自冷战结束后始终处于这两种状态之间。作为当前国际体系中的主导大国和海上力量最强大的海权国家,美国的海权观念主要基于其对当前安全形势的认识。美国认为,当前全球安全环境的突出特点是:印度洋—亚洲—太平洋地区的重要性日渐增长;正在构建和部署的反介入/区域拒止能力对全球海上进入能力构成挑战;来自不断扩大和发展的恐怖主义和犯罪组织的持续威胁;频率和强度都在增加的海上领土争端;对海上商务,尤其是对能源运输的威胁。为此,美国将和盟国进一步联合行动,发展海上力量体系以更好地完成以下五种使命:确保全域进入(all domain access)的能力,即抵消反介入/区域拒止能力的影响,从而具备自由地向争议地区进行力量投送以开展有效行动的能力,其中包括网络空间在内的不同维度中作战;实施有效的核威慑与常规威慑;确保海上控制,即建立局部海上优势并阻止地方获取这种优势;力量投送;海上安保。[①] 当然,美国提出的安全需求及相应的战略,其目的在于维护美国主导的全球化国际体系,美国的经济增长一直以来都有赖于这一体系和美国在其中的地位。

从上述的案例中可以看出,海权观念源自对经验与实践的总结,国家如何运用海上力量追求财富与安全,决定了海权对于国家的意义,决定了国家建设海权的重点,决定了国家运用海权的方式和战略原则。当然,海权观念不可能不受到地理因素的影响,在20世纪之前地理要素的影响体现更为明显——海权国家与陆权国家的传统二分法正是地理因素影响的体现。然而,地理因素的作用,完全可以在经济与安全需求中予以讨论,简要地讲,17至19世纪英国这样的海权国家,与20世纪的苏联这样的陆权国家相比较,其不同的地理条件影响了其经济增长和财富积累的模式,也影响了其安全需求和追求安全的路径。需要强调的是,地理条件影响并非决定了二者。除了地理因素外,技术因素也影响了海权观

① U.S. Navy, *A Cooperative Strategy for 21st Century Seapower*: *Forward*, *Engaged*, *Ready*, March 2015, http://www.navy.mil/local/maritime/150227-CS21R-Final.pdf, retrieved 2015-11-01.

念，恩格斯指出："一旦技术上的进步可以用于军事目的并且已经用于军事目的，它们便立刻几乎强制地，而且往往是违反指挥官的意志而引起作战方式上的改变甚至变革。"[①]技术进步是海权的赋能器(enabler)，提升了国家的能力，增加了其战略和政策的选择范围。

最后，在西方海洋大国海权观念变迁的过程中，特别值得指出的是，无论是马汉式海权观念、科贝特式海权，还是冷战时期的海权观念，其对经济需求和安全需求的理解，都是建立在传统权力斗争的认识基础之上。而当代的美国海权观念，虽然并没有完全摆脱这种认识基础，仅具备部分的"后现代性"，但其对经济需求和安全需求的理解，是建立在对全球体系和自身主导地位的认识之上的。这种转变体现了两类海权观念最大的区别，即"控制"与"主导"的区别。对于传统的大国而言，只有更好地控制海洋，才能在权力的此消彼长之中获得与保持有利地位。而对于全球化时代中，主导全球体系的大国而言，主导海洋并不是实现独占、独霸的控制，而是通过海上力量的运用保证自身的主导地位，从而满足经济和安全方面的需求。在这一过程中，包括提供公共物品和建立维护体系规则的必要，也存在真正意义上互利共赢的可能。这种以主导为关键的海权观念，是全球化时代中海权观念的主流。并且，其与全球体系的其他参与者秉持的海权观念中"后现代"的一部分是一致的。当前的中国正处于从全球体系的参与者向主导者转变的重要历史进程之中，因而对于中国而言，认识到这一区别，并意识到自身作为未来的海权大国的远景，海权观念中必须体现保卫和维护全球化体系的"后现代"要素，是殊为必要的。

三、决定中国当代海权观念的主要因素

海权观念由经济需求和安全需求决定，因而，分析和研究中国当代的海权观

① 恩格斯：《反杜林论》，《马克思恩格斯全集》第二十卷，中共中央编译局译，北京：人民出版社1971年版，第187页。

念,首先应当确定中国当前的经济和安全需求。在此之前,有必要着重指出中国的两点独特之处。首先,中国可以定义为一个陆海复合型强国,[①]但与传统的陆海复合型强国相比,中国可以动员的力量太过庞大,使得陆权和海权对资源的争夺不再是一个问题。这在陆海复合型强国的定义最初提出时,还不是一个明显的趋势。总之,当前的中国与历史上的陆海复合型强国或者追求海权的陆权强国并没有可比性,在研究海权问题时,可不必考虑这方面的限制因素。其次,中国崛起是正在发生的事实,但仅此四字并没有很好地概括中国在国际体系中的地位。一方面,中国尚不是国际体系的主导者,但又在许多方面发挥着领导作用,世界也期待中国承担更多的国际责任;另一方面,中国显然不是主导大国美国的盟友,而且与美国在安全领域存在矛盾,但中国又不是国际体系中的挑战者,这种情况在历史上并不多见。这一特点带有矛盾的性质,理解这一矛盾有助于分析中国的经济和安全需求。

以海权的视角观之,中国的经济需求并不复杂。中国是世界上最大的工业国,通过海洋进口原材料和能源,出口从低端到高端的工业制成品,出口服务,输出资本,还输出工业化的生产和生活方式。中国的这些经济行为,都是在全球化的经济体系之中进行的。因而中国首要的经济需求正是维护这一体系的完整高效。在这一点上,中国与主要大国的需求是基本一致的。[②] 同时,中国也需要尽可能多地开发利用海洋资源。

而中国的安全需求相对复杂。在传统安全方面,中国主要的安全压力来自国际体系的主导大国美国。近年来中国军事实力的增长和军事战略的演进以及美方对此的认知,令人们更加倾向于认为,中美军事冲突的风险在逐步增加。至少从国际结构的层面看来,总体权力的此消彼长和军事实力差距的缩小,都可能

① 吴征宇:《海权与陆海复合型强国》,载《世界经济与政治》,2012 年第 2 期,第 49 页。

② 判断这种一致性基于一个观点:当前的特定区域经济安排(如 TPP)虽然难免有排他性,也可能造成某种隐性的市场分割,但并未从根本上影响全球化经济体系的开放性和各国的参与程度。

成为引发战争和冲突的关键变量,这在历史上不乏先例。[①] 当然,权力结构的变迁直接导致中美冲突的可能性很小,这已经成为共识。但在结构变迁的背景下,亚太地区的热点问题中包含更大的冲突风险。中国周边存在的军事热点数量很多,相关矛盾往往由来已久,涉及多方。最重要的是,这些热点问题与中国的国家利益和美国作为亚太地区主导霸权的利益密切相关。中国的军事现代化进程作为能力的表现,较之中国历来宣示的带有和平倾向的意图,更好地体现了军力建设的主要目标,那便是应对周边热点问题带来的安全挑战,具体而言,则是在涉及台湾问题、海上交通线、东海和南海的领土领海争议的区域冲突中能够战而胜之。[②] 同时,中国也要应对朝鲜半岛局势的变化,并做好军事干预的准备。[③] 随着时间的推移,中国实现这一系列目标的军事实力日益增强。对此,美国的判断是,自身在亚太地区的主导地位、对盟友和相关地区的安全承诺以及一贯主张的航行自由都受到了威胁。因此,近年来美国随时调整自身的力量部署,做出军事上的应对。[④] 近年来,中美之间的矛盾和对立至少没有减缓的趋势,在具体议题和规则上的合作可以避免操作意外的发生,但无助于安全局势的缓解。东亚地区也并不存在可靠的区域安全机制管控这种可能的局面,短时期内也无望建设这样的机制。[⑤] 总而言之,中国在海洋上的安全需求,首先是应对当前局面下美国的安全压力。

中国的安全需求还包括维护主权与海洋权益,以及应对非传统安全挑战两个方面,这两个方面并不是相对次要的,但在需求的迫切程度上,以及对海权中

---

① Stephen Van Evera, *Causes of War: Power and the Roots of Conflict*, Ithaca: Cornell University Press, 1999.

② Office of the secretary of Defense: *Annual Report to Congress: Military and Security Developments Involving the People's Republic of China*, p. 21.

③ 美国将朝鲜半岛的局势与中国东海南海的紧张局面并称为"局势升级风险的提示"(reminders of risks of escalation),这一定义参见 The White House: *National Security Strategy*, February 2015, p. 10.

④ 例如 2015 年 8 月美国将 3 架 B2 轰炸机部署至关岛安德森空军基地。

⑤ JIA Zifang, "Multilateral Security Institutions: The Gap between Vision and Reality," paper presented to the Conference on "The Future of Security and Governance in East Asia", Tokyo, Japan, December 9, 2011.

军事能力的需求上,其均与应对传统安全挑战有所差异。例如,已有的应对东海和南海的领土争端的经验表明,这种情况下中国面对的压力并不完全是传统安全压力,更多的是对政治智慧和折冲樽俎的外交手段的考验。

总之,在从海权视角分析了中国的经济需求和安全需求之后,可以看出,安全需求对中国的海权观念所起的影响占据更大比重。以确定的需求为基础,可以对中国当代的海权观念进行讨论。

四、海权观念更新的起点

有新则必有旧。研究中国海权观念的更新,则必有更新的起点和基础,也就是说,问题在于对于中国,需要更新的海权观念是什么?所谓的旧式海权观念,是指清帝国的海权观念吗?是指 20 世纪 50 年代新中国成立初期的海权观念吗?答案是否定的。真正亟待更新的海权观念,并没有那么古老。当前的中国,经济和安全需求如前文所述,已然发生了变化,中国可以运用的海上力量远胜往昔,然而,国内海权观念的发展落后于变化的需求和力量,落后于我们所处的时代。也就是说,需要更新的,是用旧知识旧方法建立的、不适应当前条件的海权观念。

首先,需要更新的海权观念包括以往对西方传统海权观念不加批判地继承。近代以来,中国对于外来的知识,往往是先吸收其最引人注目的部分,对马汉式海权论的学习便是一例。学者和公众认识到了海权的重要性,接受了"控制海洋便能控制世界"的论断,但往往还没来得及探究其思想的形成机制、历史条件和时代局限①,就急匆匆地将其融入自身的思想和分析框架加以运用。这也是中国的海权研究往往容易忽视变化的影响因素的原因。

① 关于马汉式海权及海权思想的局限性,可参见徐弃郁:《海权的误区与反思》,载《战略与管理》,2003 年第 3 期,第 15 - 23 页;吴征宇:《海权的影响及其限度——阿尔弗雷德·赛耶·马汉的海权思想》,载《国际政治研究》,2008 年第 2 期,第 97 - 107 页。

马汉的哲学很大程度上是归纳性的，其基本结论的得出源自对1660年至1815年这段时期发生在四五个欧洲国家间的一系列战役的分析。[①] 而海权论之所以在19世纪末由美国人马汉提出，是因为马汉意在动员具有长期陆权传统的美国发展海权。[②] 在“被动员”这一点上，当代的中国倒是并没有落后，但构建当代的海权观念，仅仅依靠马汉这样的古人，显然是不足的。在今天的全球化体系之中，这种古老的制海权观念显得不合时宜。

其次，与第一点有内在联系的是，对历史经验的简化认识和对历史类比的随意运用而产生的海权观念需要从方法和内容上进行更新。在中国的社会科学研究中，有着对宏大叙事的特殊偏好，中国漫长的历史为之提供了丰富的素材。在海权问题的研究中，常有学者强调历史上中国海权的变化，并希望借此强调海权的重要与万能。[③] 其出发点是好的，对历史的强调在提升公众海权意识上亦有裨益，但无论是唐宋“海权”的兴盛，明代郑和下西洋的壮举，还是晚清有海无防的历史悲剧，这都和当前建设怎样的海权、如何运用海权并无直接的因果关系。亦有学者习惯于使用历史类比的方法，这种方法在任何涉及国际安全和当代中国的研究中都是有风险的，除了前述的关于陆权大国和海权大国的认识之外，亦有研究以清朝的海防与塞防之争做比较，以支持中国应发展防御型有限海权的论点。[④] 这也忽视了历史条件的变迁，尽管中国的地理位置并未发生变化，但海陆安全压力与古时相比均不可同日而语，此消彼长，今日的海上安全需求远高于陆上。这一点亦可由中国的军队建设进程佐证。总之，中国最近百余年中的历史是剧烈变化的历史，最近十余年的变化更是惊人，在分析海权问题的时候，历

---

① [美]保罗·肯尼迪著，沈志雄译：《英国海上主导权的兴衰》，北京：人民出版社2014年版，第7页。

② 初晓波、梅然、于铁军、李晨、项佐涛、徐波：《100年前的欧洲与今天的东亚——东亚国家应怎样纪念第一次世界大战》，载《世界知识》，2014年第13期，第20页。

③ 例如胡波：《中国海权策》，北京：新华出版社2012年版，第3-4页；张世平：《中国海权》，北京：人民日报出版社2009年版，第115-150页。

④ 梁亚滨：《中国建设海洋强国的动力与路径》，载《太平洋学报》，2015年第1期，第86-89页。

史材料的适用性通常有限。

再次,一味强调个别地缘因素很可能会带来对海权观念的错误认知,这一类错误认知是落后于时代的。研究海权观念,乃至一切涉及海权的议题,都离不开对地理因素影响的分析,但脱离实际一味强调个别地理因素,容易误入歧途。例如有些中国学者对中国交通线被切断的风险忧心忡忡,强调中国的外向型经济相当脆弱,容易遭受外部因素的影响,海上交通线受阻会立刻影响国内的经济发展。除马六甲海峡外,"波斯湾、印度洋、南海海上运输线的每个点都有可能遭到潜在对手的威胁。连接中国经济与外界的海上动脉几乎时刻处于其他海上力量的威慑[①]之下"。美国和其他区域大国如印度、日本等国都可能利用中国在海洋运输线上的脆弱性谋求中国在其他领域的妥协。[②] 这种认知对应的结论是中国应当大力发展海权保卫海上交通线——如果只将结论的这一句话拿出来看,倒是完全正确的。但中国发展海权、保卫海上交通线,在当前的实际形式是作为全球体系的领导者和参与者,在非战争军事行动中大力打击海盗、恐怖主义等非传统安全威胁,维护全球航行自由和全球海上运输通道的顺畅。在大国斗争中保卫中国的海上交通线是一种过时的想法,可能源自前些年中国和美日等国海上力量差距明显时的恐惧,也可能是不了解当前全球体系基本情况的结果。

有一个笑话是这样的:澳大利亚海军的任务是什么?——和盟军联合作战,打破战时中国海上力量对澳大利亚生命线——向中国出口铁矿石的航线——的封锁。在全球化生产和贸易体系中,没有任何一个国家会封锁中国的海上交通,这完全背离了其维护全球体系的准则和利益,也不可能符合决策者背后利益集团的利益。即使存在这样的动机和意图,决策者也不会冒冲突升级的风险。吴征宇指出:"……战略性海上交通线大都是国际通道,这些航线的安全都是有包

① 原文如此,应为威慑概念的误用。威慑,是指通过使对手相信采取某种行动的代价大于其成本,从而预先阻止其行动。威慑的主体和对象是政治行为体及其行动,不能是海上交通线。威慑的定义参见 Alex L. George and Richard Smoke, *Deterrence in American Foreign Policy: Theory and Practice*, New York: Columbia University Press, 1974, p. 11, and http://www.merriam-webster.com/dictionary/deterrence, retrieved 2015-9-20.

② 胡波:《中国海洋强国的三大权力目标》,载《太平洋学报》,2014 年第 3 期,第 82 页。

括最大海权国家在内的国际社会负责，因此不需要一国为此去单打独斗。对一个大国而言，当它的海上交通线面临被切断的危险时，实际上已经是处在大规模战争的边缘了……”[①]

即使诸大国真的想要“封锁”中国，这从技术角度也是不可行的。[②] 当前，封锁已经是一个过时的概念，和强大的英国皇家海军一起消逝在历史中是其最终的归宿。最后，即使假定美国及其盟国有足够的理由对中国的“生命线”或者沿海地区采取封锁行动，其海上力量也是不足的。美国的军事力量具备最强的全谱作战能力，有着丰富的由海制陆的作战经验，但军费限制导致其在与中国的直接冲突中并没有充足的可供封锁中国的海军力量。

在地理因素中，岛链和海外战略节点等概念也常被误用。简而言之，从军事角度考虑，其具备战役和战术层面的意义，但不足以影响战略层面对海权的设计。“突破岛链”是中国海上力量孱弱时的憧憬，并不是当前中国海权蓬勃发展时的指导。中国海外利益的扩展需要更多的立足点，这毫无疑义，但其并不是关岛或迭戈加西亚这样的传统战略节点。

最后一点应当避免的思考方式是夸大领土争端因素的影响。这一点比较特殊，中国确有不少岛礁被日本、越南、菲律宾等国非法占据，而且究其非法占据我领土的原因，确实包括历史上中国海洋意识的薄弱和海上力量的不足。但在中国海权呈上升态势之时，不宜一味强调中国发展海权的目标或战略包括“收复被外国侵占的领海岛屿如南沙群岛、钓鱼岛等，扫清家门口各种历史遗留障碍”。[③] 中国当然应当发展在涉及领土争端的局部冲突之中能够战而胜之的军事能力，然而从实际出发，更重要的是发展多元化的海上力量以在和平时期应对这种争端。从近年中国海上执法力量的组织改革和力量建设上看，决策者对海权的这

---

① 吴征宇：《海权与陆海复合型强国》，载《世界经济与政治》，2012 年第 2 期，第 48 页。

② 例如对于“马六甲困境”，中国学者薛力就指出在技术上无法封锁中国的能源运输，见薛力：《“马六甲困境”辨析与中国的应对》，载《世界经济与政治》，2010 年第 10 期，第 137 页。遗憾的是，尽管 2010 年在《世界经济与政治》这样的主要学术刊物上就刊登了这样的分析文章，但“马六甲困境”依然和“修昔底德陷阱”一样，如思想钢印般萦绕在部分中国学者的脑海中。

③ 倪乐雄：《太平洋海权角逐的传统与现实》，载《国际观察》，2014 年第 3 期，第 92 页。

一层面把握较准。

总之,旧式的海权观念,是在当前的条件下,对海权的过时认识。其是以全球化时代之前的传统制海思想为教条,结合对中国历史发展变化的误解,在忽略了当前变化的条件的情况之下,对部分并非主要的因素过度强调得出的结论。其要旨是当今崛起的中国应当如传统的海上强权那样控制海洋,收复失地,以保障自身的安全和经济利益,为此中国应当采取更加主动的海权战略。显然,得出这种结论,并非没有意识到国家的核心需求,但恰恰是没有把握住这种需求,管中窥豹,盲人摸象,最终导致针对不同的干扰因素各说各话,对于战略目标和战略原则,看似原则一致,实际缺乏共识。这正是当前中国的海权观念落后于现实的原因。从方法上来说,这种错位归根结底,是由于没有以需求为核心进行分析。历史自会变化,地缘因素的影响力也有潮起潮落,领土争端的权重今不如昔,先贤的金句亦不能照单全收。在这些表象的背后,是历史案例中一以贯之的逻辑:海权的目标、要求和战略原则,一定是从现实的需求中而来,而不是来自手边的故纸堆或脑中的大棋局。

五、中国海权观念的更新

中国的经济需求和安全需求是确定的,但当前的海权观念是相对落后的,这决定了中国的海权观念需要更新,也就是需要对以下两方面的问题进行新的阐述:一是建设发展海权的战略性目标;二是运用海权的战略原则。

(一)中国建设发展海权的战略性目标

1. 威慑

保证有效的威慑始终是中国发展海权的主要目标之一,这一点在短时期之内不会改变。威慑包括核威慑和常规威慑两个方面。即使在全球化的时代,核威慑仍然是大国间和平的基石。其中海基核威慑由于发射平台的隐蔽性，是相对更加可靠和有效的威慑手段，基于这种能力，中国的核威慑政策才具备可信度。所以中国的海上力量必须具备掩护弹道导弹核潜艇的能力，运用这种能力的地理范围也须逐步扩展——这正是"突破岛链"隐含的现实意义之一。常规威慑是威慑这一战略目标的另一方面。中国面对在亚太地区可能与美国及其盟国发生的军事冲突。避免这种冲突的选择之一就是要通过提升自身在常规领域的防御(defense)和报复(retaliation)两个方面的能力，使潜在的敌方相信中国将在未来的冲突中给自身造成不可接受的损失。并且，中国不但具备这种能力，还具备使用这种能力的决心。在这种情况下，敌方会放弃战争的选项，反之亦然，这样中美之间就形成了有效的相互常规威慑。事实上，大国间的相互常规威慑在历史上并无典型案例。技术进步使得中国初步具备了信息化时代的作战体系并将在未来继续发展体系化作战能力，这才使得中美的相互常规威慑成为可能。中国的海上力量正是信息化作战体系中最重要的分系统之一，且其并非仅限于传统的海军力量，而是海陆空天电五个维度构成的综合体系。其未来的进一步信息化和体系化发展，始终指向核威慑和常规威慑这两个目标。

2. 维护海洋主权和海洋权益

国内对于这一目标本身大概没有任何争议，但当前需要特别注意的是，该目标的政治性大于军事性。考虑到核威慑和常规威慑的存在，中国的本土不会遭受海上外敌入侵。两岸的和平统一，主要障碍也不是台湾方面的"海军"力量。而对于钓鱼岛和南海问题，问题不在于中国是否有能力以军事手段改变现状，而在于在使用军事手段改变现状限制重重的情况下，使用海上力量的现实目标是什么。从这一角度出发，当前维护海洋主权和海洋权益的目标应该定位为：在不改变现状的情况下，增强对周边海域的实际控制能力。

3. 确保海洋的自由

中国作为国际体系中负责任的大国和全球化经济体系中最重要的经济体之一，发展海权必须具备维持全球化体系平稳运行的责任意识。无论是地区霸权国家还是海盗、恐怖分子阻止了军舰、邮轮、油轮和集装箱船舶在海洋上的自由航行,中国都应当在国际多边合作的机制下予以坚决打击,确保全球化时代的海上交通线畅通无阻。

4. 力量投送

力量投送主要包括以适当的海上力量维护中国日益扩展的海外利益,保证海外中国公民的人身安全,参与维和行动,以及必要情况下进行武力干涉。力量投送能力将是建设“一带一路”的重要保障。

5. 提供公共产品

提供公共产品除包括前述的确保海洋自由之外,还包括参与人道主义救援、应对自然灾害和环境危害等非传统安全挑战。值得一提的是,在国际公共产品的供给中,部分国家由于国家能力等限制,常面临遵约困境,而公共产品供给国的海权是代行遵约的重要保障之一,这方面英国的案例非常值得当前中国借鉴。①

(二)实现这些目标的战略原则②

1. 建设体系化的主战海上力量

中国当前具备了初步的基于信息系统的体系作战能力,这种能力为实现威慑的目标提供了基本的保证。但相对于美国及其同盟体系,中国的军事能力仍有欠缺,特别是采取对称手段作战的能力依然明显落后。军事能力是海权中的核心能力,也是实现一切战略目标的基础能力,在这方面中国依然任重而道远。

---

① 康杰:《国际公共产品供给中的遵约困境与解决——以19世纪国际反贩奴协定体系为例》,载《国际政治研究》,2015年第3期,第97-113页。

② 战略原则在本文中指与战略方法和手段相关的规范和准则。海权战略是一个过于复杂、须依赖大量一手资料进行研究的系统,一篇论文的篇幅不足以讨论整个海权战略,只能讨论其中抽象的原则。

2. 发展多元化的海上力量

维护海上主权和海洋权益，保卫海上交通线和提供海洋公共产品都需要更加灵活多样的海上力量。仅以水面舰艇为例，巡逻舰、执法船等功能性水面舰只和轻型护卫舰应当成为这些任务的主力军，驱逐舰等主力舰只继续担负这些责任是不合理也不合算的。近年来，中国海军在发展多元化海上力量方面出现了不少积极的趋势，例如056级轻型护卫舰和大排水量海警船的下水。当然，多元化的海上力量并非仅限于水面舰艇，而是包括舰艇、飞机等硬件，人员训练、组织机构改革和理论学说构建的力量体系。未来的中国将具备更广泛的海外利益，也将更多地承担国际责任，这都对海上力量的多元化提出了要求。

3. 灵活的力量运用

这一原则主要包括两个方面。一方面是灵活应用间接路线的战略思想。无论是传统安全问题还是非传统安全问题，无论是寻求威慑、进行干涉还是维护权益，都未必要与对手进行正面的对决，而往往可以选择间接路线达到战略目的。部分学者偏好以地理为基础强调中国的脆弱性，实际上，中国发展海权以实现战略目标的对手和假想敌同样具有脆弱性，而中国可以采用的战略层面的手段是在逐渐增加的，这使得中国在采取间接路线战略或者策略时可以占据主动。另一方面，要注重“斗而不破”的原则。在海洋上，战略层面的敌对与矛盾，战术层面的对峙都是常见的、正常的，斗争中“斗而不破”的意识是必不可少的，这样可以避免无谓的事态升级。例如，2015年美国对在中国南海的航行自由行动(FON Operations)的高调宣传，其主要目的是给国内观众、盟国和靠拢美国的东南亚国家一个交代，其行动本身堪称小心翼翼，并无出格的挑衅行为。中国的应对也并不过激，很好地体现了“斗而不破”的意识，这与媒体的反应形成了一定的对比。

4. 软实力的配合

与海权相关的软实力包含范围甚广。在海洋科学研究、法律研究和历史研究等重要的学术研究方面，国内对其意义并不缺乏共识，各方力量的推动也非常积极。在宣传方面,特别是在国际的公共媒体空间争夺话语权和在国内公共媒体上引导和教育公众方面,还大有文章可做。

以上论述了五点战略性目标和四条战略原则,决策者、政策执行者、学者和公众逐渐对其形成的共识,便是更新的海权观念。与之相比,旧式的海权观念仍是问题导向的,与需求导向的分析路径相比,其很容易将战术和实践层面的问题与战略层面上的需求混淆,从而在海权问题的研究上失去重点。具体问题对应的,始终是海权这一能力的各个具体方面,而非海权能力建设与运用的总体目标与一般原则。问题导向的思维方式,在中国的能力相对较弱的时期并不罕见,并不仅限于海权研究一隅。然而今非昔比,在中国权力崛起与海权上升的时期,决策者和学者都应当将这些问题加以抽象归纳和总结,如此才能既脚踏实地,又高屋建瓴地思考战略层面的问题。

并且,在高速发展的进程中,中国的经济需求和安全需求与世界上的任何一个国家都不尽相同,发展海权的战略目标和战略原则必然有所不同,因而,当前中国的海权观念与其他国家是不同的,更新海权观念的要求的迫切性更可能是独一无二的。这意味着在这一问题领域中,并不存在特定的学习和模仿的对象,唯有坚持需求导向的分析路径,脚踏实地,才能使"中国特色"的海权研究具有指导现实的意义。

从旧式海权观念到新式海权观念的转变,对应的是战略行为上的从被动反应到主动塑造的过程。从被动到主动,中国海权发展和运用的实践,当前看来,走在构建海权观念的前面。换言之,我们的行动和规划已经初步体现了海权观念的更新,但学理上的总结和对公众的宣传相对缺位,新的共识尚未形成。海权的发展和运用,总要经历从实践到理论,再由理论指导实践的过程,而新的海权观念则是理论体系中重要一环。只有当指导性的政策、学术界的研究和公众在媒体上看到的新闻报道体现了前述的对于目标和原则的共识,并与同期的实践达成了动态平衡,才堪称中国海权观念的初步更新。观念与需求的相符,理论与实践的动态平衡,是评价海权观念本身意义和价值的标准,也是评估海权观念更新进程的标杆。如果再进一步,这种共识能够随着经济与安全需求的进一步发展而自行进步，并主动地塑造和指导中国海权建设与力量使用的具体实践，那么就可以认为中国作为一个新的海权国家，在相应的历史阶段具备了更新的海权观念。

结　论

通过对中国当前经济需求和安全需求的分析，本文提出了中国海权观念应该更新。事实上，如果本研究的基本逻辑是经济需求和安全需求决定了海权的战略目标和战略原则，也可以自圆其说。之所以一定要加上国家和国内各界对目标和战略原则的共识这一“帽子”，一定要使用海权观念这一概念，并非画蛇添足。这样做的基本原因是，国内关于海权的研究中对于战略目标和战略原则的共识并不清晰，但也没有进行激烈的争论，存在“各说各话”的现象。使用这一概念，是为了抛砖引玉，通过对概念的讨论和批判，加深对这一问题的认识和理解。

更新海权观念是为了在共识之下凝聚力量、指导实践，但并非只有已然发展完善的海权观念方能指导海权建设与海权运用的实践，实际上，关于海权的实践与观念是在螺旋上升的过程中不断发展并相互影响的。实践上进步一点，观念上创新一点，那么具体问题的解决之道，就多一些，这是一个积累的过程。

举例而言，保卫国家海疆权益和提供海上公共产品这两个具体议题近些年比较受关注。在旧式的观念体系中，决策者和研究者往往都无法摆脱被动应对的局面，耗费精力不少，力量建设易于叠床架屋，力量运用时又容易不得要领。[①]而在新的海权观念框架之下，这二者虽是两个问题，却基于同样的经济和安全需求，需要的力量并没有本质上的区别。硬实力上，二者都需要多元化的海上力量

① 所谓不得要领，主要包括两方面的内容：其一是“牛刀杀鸡”“高射炮打蚊子”，用过剩的力量应对日常需求，例如限于条件，不得不用主战舰艇进行维权巡航，这不仅力量过剩，而且容易引发误判；其二是在研究力量投入相关问题时采取“双重标准”，因为弱者心态的存在，在分析维权问题时调门升高，而一涉及提供公共产品，却又踟蹰不前。

发展,例如,维权巡航和保证海洋自由的巡航,都需要更多、更大吨位、航程更远且自持力更强的海警船。而这正是中国海洋力量发展的闪光点之一。再例如,中国在南海的岛礁建设,实际上是"一力降十会",直接推动了应对传统安全挑战、维护海洋权益和提供公共产品三方面问题的解决。软实力上,海洋维权这一议题明显带动了国内跨学科的海洋研究,特别是对于海洋法、国际法、国际机制等领域的研究。这些智力储备,明显对今后涉及国际公共产品的研究有所助益。同时,无论是硬实力还是软实力的运用,无不需要遵循灵活运用力量的原则。因而,这两个问题在战略层面上具有统一性。

从这个例子就可以看出,基于更新的海权观念,可以更好地理解不同议题之间的关系。而具备"全频谱作战"的海上力量,其建设和运用过程中取得的成就,无疑将是凝聚新时期海权共识的有力依凭。时至今日,当然不能够说,中国的海权观念已经更新,实际上,于研究论文中提出新式的海权观念这样的说法,不过是一个并不起眼的开始。而建设和运用中国海权的诸多实际工作,也正在变革中开始逐步摸索、创新。但实践的进步和共识的凝聚,这两个进程从起始阶段就已经体现出其能够相互影响、相互促进。这使笔者相信,在不远的将来,中国将具备足以满足其经济和安全需求的海权,也将具备更加科学、理性与丰满的海权观念。

最后,以这样一句话作为结尾:英国的海权不仅在于其海军或战列舰队,也在于其行政、政治体系,陆军,殖民地和海洋经济有效的融合,彻底地服务于国家。[1] 对于今日建设海洋强国,建设 21 世纪海上丝绸之路的中国,亦是同理。

---

① Richard Harding, *Seapower and Naval Warfare, 1650 - 1830*, London: UCL Press, 1999, p. 286.

论中国的重要海洋利益

胡 波*

[**内容提要**] 中国要建设海洋强国，从战略设计及政策规划角度而言，首先必须厘清中国的重要海洋利益。在此方面，国内外学界泛泛而谈中国海洋利益的很多，具体阐述中国海洋利益的较少；现有研究还存在分类标准的不统一，缺乏比较的视角和发展的视野。本文尝试以中国和平发展的海洋利益需求与面临的海洋挑战及威胁两大维度，作为确定中国海洋利益重要性的参考，通过比较的方法全面分析中国当前及未来重要的海洋利益清单。根据重要程度、武力偏好和影响权重三大指标，本文认为，中国有五大核心海洋利益、四大重要海洋利益和三大次重要海洋利益。

[**关键词**] 中国 海洋强国 重要海洋利益 核心利益 比较分析

海洋利益是国家利益的重要组成部分，具有国家利益所拥有的一切内涵与特征。国家利益是“指一个民族国家生存和发展的总体利益，包括一切能够满足民族国家全体人民物质与精神需要的东西。在物质上，国家需要安全与发展，在精神上，国家需要国际社会尊重与承认”①。简单而论，国家利益包含生存、发展和荣誉三大方面的内容，国家在不同的发展阶段，或处于不同的国际环境，其主

* 胡波，北京大学海洋研究院研究员。感谢匿名评审专家与朱锋教授提出的宝贵意见，文中若有不妥之处概由本人承担。

① 阎学通：《中国国家利益分析》，天津：天津人民出版社1996年版，第10－11页。

要利益关注点也有很大差异。无论是制订国家大战略，还是进行日常的政策实施，都必须首先确定国家利益，因为国家利益是国家对外行为的根本动因，也是国家制订对外战略与政策最重要的依据。

海洋利益与网络利益、太空利益等的分类方法相似，是基于地理空间或虚拟空间范围而进行归类的国家利益。海洋利益的产生及发展都在海洋空间或与海洋活动密切相关，这是区分海洋利益与其他空间利益的唯一重要标准。海洋空间包括海岸、海上、海中和海底的地理区域，以及海岛或岩礁。之所以将海岛纳入海洋空间，是因为一个海岛的归属最大可能会影响约 43 万平方千米海域的管辖权[①]；而且，处于重要地理位置的海岛，通常还能对海上交通、海上安全甚至是国家安全发挥非常重要的作用。随着人类的海洋实践活动越来越丰富多元，海洋利益牵涉面也愈发广泛，几乎涉及国家的主权、安全、发展及荣誉等方方面面的重大诉求。

在中国不断加快建设海洋强国步伐的背景下，首当其冲需要思考的重大问题就是，中国的主要海洋利益有哪些？这些海洋利益对中国的重要程度如何？对此，有少数学者曾做过相关的努力。徐祥民和宋福敏论述称，中国在海洋上存在主权利益、空间利益、安全利益、资源利益、交通利益、科学研究利益、环境利益、统一祖国、国家地位和国家角色等 9 类重大海洋利益。[②] 李杰和张慧指出，中国的主要海洋利益包括海洋产业、海洋运输、近海油气资源、海外企业和华侨利益、南北极的和平利用、海底矿产资源等。[③] 这些分析都有一定的可取之处，但它们过于泛化，自身分类标准不统一，列举较为随意，因而导致研究深度不够、

① 若某一岛屿归属某国，该国可以最大取得 200 海里专属经济区，近似以该岛屿为圆心、以 200 海里为半径求圆面积，粗略估算延伸的海域面积约为 43 万平方千米。当然，这是该岛屿海域不与其他地貌海域发生划界冲突前提下的理想状态，现实中，多数岛屿因与相邻或相望地貌离得太近而无法有此最大主张。此外，《联合国海洋法公约》规定，“不能维持人类居住或其本身的经济生活的岩礁，不应有专属经济区或大陆架”，虽然该规定有争议，但至少说明并非所有岛礁都能主张 200 海里专属经济区或大陆架。

② 徐祥民、宋福敏：《我国的海洋利益与海洋战略定位》，载《中国海洋大学学报》(社会科学版)，2013 年第 1 期。

③ 李杰、张慧：《关注我国的海洋利益》，载《现代军事》，2006 年 2 月。

政策价值有限。

从国家层面看，中国政府迄今为止同样未对海洋利益清单特别是核心海洋利益清单做过全面的阐述。这一方面是因为中国发展太快，准确把握变动中的利益确实有相当的难度，模糊策略将为未来应对不确定性留有政策回旋余地；另一方面，模糊也有些其自身的好处，在东海、南海等一些重大问题上保持模糊立场，不仅有利于灵活处理与他国的海洋争端，也有利于缓解国内潜在的舆论压力，减少不必要的政策风险。①

然而，即便模糊策略有着上述重大的政策价值，清晰界定中国的海洋利益清单依然迫在眉睫。首先，如若不能对国家海洋利益有全面而客观的认识，中国任何涉海战略和政策的规划设计都是空谈，在中国加快走向海洋，全面建设海洋强国的新形势下，列出这种利益清单的必要性更是与日俱增。其次，在现实的海洋实践中，国家领导人、外交部、军队、海洋局等重要涉海行为体也需要有统一而明确的海洋利益排序，以对内凝聚共识，对外清晰化中国的战略与政策。最后，利益的模糊必然带来政策的模糊性和随意性，这会极大制约国际社会对中国政策的清晰认知，最终将给中国的和平发展环境带来重大负面影响。比如，"南海是否涉及中国核心利益"的话题就在2010年直接引发了一场无厘头的争论。②

---

① Caitlin Campbell, Ethan Meick, Kimberly Hsu and Craig Murray, "China's 'core interests' and the East China Sea," US—China Economic and Security Review Commission, 2013, http://www.uscc.gov/sites/default/files/Research/China%27s%20Core%20Interests%20and%20the%20East%20China%20Sea.pdf.

② 《纽约时报》2010年4月23日报道，中国政府在2010年3月首次向美国政府高官正式表明立场，称南海是关系到中国领土完整的"核心利益"。据称，中方是在3月上旬向访华的时任美国副国务卿斯坦伯格和时任白宫国家安全委员会亚洲事务高级主任贝德转达上述方针的。随后，西方媒体和美国官员频繁炒作该话题，也有说法是在中美战略与经济对话中中国官员向时任美国国务卿希拉里提出的。由于缺乏权威报道，该消息真假难辨，中国学界倾向于认为中国官员未作此表述。对此，美国没有披露进一步的证据，而中国官方则保持缄默。

一、对国家利益进行重要性排序的标准

国家利益的分类方法很多,对于国家战略规划和政策执行而言,按重要程度进行的分类无疑最具有现实意义,因为国家实现利益的手段和能力永远是有限的。因此,我们有必要对国家利益进行重要性排序,以便为国家能将有限的资源用到最需要维护的国家利益上提供必要的依据。美国学者唐纳德·纽克特莱因(Donald Nuechterlein)提出"利益强度"的概念,认为国家利益系统有主次强弱之分,他在此基础上将国家利益分为生存利益、重大利益、主要利益和次要利益四个层次。[①] 美国国家利益委员会曾将美国的国家利益分为核心利益、相当重要的利益和重要利益。[②] 基于类似的分类方法,马平将国家利益分为核心利益、重大利益和重要利益[③];朱锋主张应慎用核心利益,建议将中国利益划分为"战略利益、重要利益和次重要利益"[④]。这些分类方式多大同小异,关键问题是哪些属于核心利益或战略利益,哪些又是重要利益?国家利益是个庞杂的体系,基于不同的认知主体、不同的视角和不同的时期,可能会得出差异很大的结论。因此,在列举这些具体利益之前,我们有必要就分类标准达成基本的共识。

核心利益意指国家生死攸关的东西,是国家生存不可或缺的,一般包括国家的基本制度和国家安全、国家主权和领土完整、经济社会的可持续发展等。需要指出的是,核心利益是动态的,国家在生存需求未得到满足前,生存是第一位的利益;而当国家解决了生存问题后,发展问题也可能变成核心利益。在国际关系

---

① Donald Nuechterlin, " The Concept of National Interests: A Time for New approach," *Orbis*, Vol. 23, No. 1(spring 1979), pp. 73 - 92.

② "The Commission on America's National Interests," *America's National Interests*, July 2000, p. 17, http://www.nixoncenter.org/publications/monographs/nationalinterests.pdf.

③ 马平:《国家利益与军事安全》,载《中国军事科学》,2005年第6期,第64页。

④ 朱锋:《中国"核心利益"不宜扩大化》,载《国际先驱导报》,新华网,http://news.xinhuanet.com/herald/2011-01/10/c_13683711.htm。

的常态下，国家未必总是面对着“生死攸关”的问题。在不存在直接对抗或危机的情况下，国家往往会把自己的适意发展（包括超级大国维护自己的霸权）视为生死攸关的问题。[①] 2011 年发布的《中国的和平发展白皮书》将中国核心利益界定为：国家主权，国家安全，领土完整，国家统一，中国宪法确立的国家政治制度和社会大局稳定，经济社会可持续发展的基本保障。[②] 虽然这个概念仍相对抽象，但它是有关中国核心利益最为权威的官方表述，也是我们确定中国核心利益的重要参考。对于中国政府而言，主权、安全和全面发展将继续是其三大主要追求目标。[③] 因而，是否直接关系到主权与领土完整、党的执政地位及国家可持续发展，即成为区分中国核心利益与非核心利益的重要指标。

除重要性程度差异外，应对方式（是否能够谈判、使用武力的原则）的不同往往是区分核心利益与非核心利益的另一重要指标。如美国国家利益委员会 2000 年发布的《美国的国家利益》报告，就把是否使用武力和使用武力的程度作为衡量不同利益的标准。[④] 原则上，核心利益妥协让步的难度极大，必要的时候不惜坚决使用武力以维护利益；非核心利益妥协相对容易，在维护利益过程中，武力的使用更为稀缺慎重。

此外，核心利益通常有政治、经济、安全等多领域的重要价值，具有战略性或全局性。而且，“核心利益的实现将有助于国家非核心利益的实现，一旦核心利益遭受严重侵害，国家的非核心利益的维护也就失去了保障”[⑤]。与之相比，非核心利益往往仅在某一领域有重大影响，对其他领域少有外溢效应。

---

① 李少军：《论国家利益》，载《世界经济与政治》，2003 年第 1 期，第 7 页。

② 中国国务院新闻办公室：《中国和平发展》（白皮书），2011 年 9 月，第 15 页。

③ Wang Jisi, " China's Search for a Grand Strategy: A Rising Great Power Finds Its Way," *Foreign Affairs*, Vol. 90, No. 2 (MARCH/APRIL 2011), p. 71.

④ 该报告指出，对于生死攸关的国家利益，即使在没有盟友参与的情况下美国也要准备投入战斗；对于极端重要的利益，美国只有在盟国的共同参与下才应准备动用武装力量；对于重要的利益，美国只有在低代价和其他国家分担最大成本费用的情况下才应参与军事行动。参见“The Commission on America's National Interests,” *America's National Interests*, July 2000, p. 17, http://belfercenter.ksg.harvard.edu/files/amernatinter.pdf。

⑤ 王公龙：《国家核心利益及其界定》，载《上海行政学院学报》，2011 年第 6 期，第 76 页。

关于非核心利益,我们还有必要进行进一步的区分,本文以为至少应有重要利益和次重要利益之分(见表1)。前者涉及某些具体领域的重大议题,诸如主权权益、国际政治权力地位等,通常对于某一领域具有很强重要性;而后者往往仅对某一领域具有较重要的意义,或是关系到一般性的全球治理问题。在维护捍卫方式方面,它们也有着较大不同,重要利益的妥协空间相对较小,须慎重使用武力;而次重要利益的妥协空间较大,主要仰仗外交、国际法和非战争军事行动去维护。

表1 核心利益、重要利益与次重要利益特征及分类标准

利益类型	分类标准		
	重要程度(与三大基本问题的关系)	武力偏好	影响权重
核心利益	直接相关	必要时坚决使用武力	全局性或战略性影响
重要利益	间接相关	危急时刻谨慎使用武力	单一领域的重要影响
次重要利益	关联性不大	几乎不运用战争手段	次领域的重要影响

备注:三大基本问题即为主权与领土完整、党的执政地位与国家的基本制度,以及国家可持续发展与社会总体稳定。

二、核心海洋利益

核心海洋利益涉及的是国家海洋事业基本的和长期的目标,诸如国家主权、国家安全、海洋经济的可持续发展等,它们通常对海洋强国的建设具有战略性和全局性的意义。

(一)内水及领海海空空间的绝对安全

"内水"是指沿岸领海基线向陆地一面至海岸线的水域,是国家领水的组成部分,具有与国家陆地领土相同的主权法理地位,完全处在一国管辖之下,非经该国许可，他国船只不得进入。领海是指沿海国主权管辖下与其海岸或内水相邻的一定宽度的海域，同样是国家领土的组成部分，其空中、海床及上覆水域，均属沿海国主权管辖。在领海空间，外国船只享有一定的无害通过权，这是其与“内水”法理效力差别最大的地方。[①] 内水以及约38万平方千米的领海空间是中国陆地主权的直接延伸区域，其绝对安全关系到整个沿海地区的和平稳定；而且，这些空间还是中国海洋经济及社会实践的重要基础，在近海、深海及远洋开发没有大规模进行之前，它们几乎孕育或负载着绝大多数的海洋产业和社会实践活动。

（二）台湾与大陆的统一

台湾涉及中国的主权和领土完整，关系到中国的统一，具有重大政治价值。台湾问题很容易勾起中国人民的痛苦记忆，因为20世纪50年代美国第七舰队的阻挠，大陆解放台湾的计划被迫搁置，而1995—1996年的台海危机则极大激发了中国领导人的忧患意识，反“台独”和反美军介入台海事务成为中国人民解放军的主要任务，很大程度上，台湾问题的存在和发展也是中国近20多年来军事现代化最重要的动因。实现两岸统一是中国海权发展的一项重大使命，无论中国海权发展到何种高度，海洋强国有多“强”，但如果中国依然无法决定台湾的前途，那么任何海权的雄心都最终是巨大的肥皂泡。将来，台湾能否按照中国自己的意愿最终回归大陆也是中国能否真正成为海洋强国的主要标志之一。[②]

对于中国而言，台湾还是防护大陆沿海的天然屏障，是保护海洋交通线的理想支点，是中国海军突破岛链封锁，向太平洋和印度洋延伸的一把钥匙，具有重要的战略价值。“台湾岛横亘在中国海岸线的中央，它能轻松阻止中国海军分布在南北的舰队进行战略集中，而集中兵力是海军应用的原则，它还是中国海军在

---

① 《联合国海洋法公约》，第二部分，http://www.un.org/zh/law/sea/los/article2.shtml。

② 胡波：《中国海权策》，北京：新华出版社2012年版，第105页。

第一岛链以外区域行动的障碍。”①

一直以来,台湾也是最无可争议的核心国家利益。实际上,中国官方有关核心利益的宣示也是从台湾问题开始的。在台湾陈水扁执政时期,也就是“台独”形势最为严峻的那几年,中国明显在台湾问题上加强了核心利益的宣示和强调。② 21世纪初,中国对台湾事务愈来愈多的关注很大程度上推动了核心利益概念的使用。③

(三) 钓鱼岛及南沙群岛等争议岛礁的主权

如前所述,我们需要用发展和比较的眼光看待核心利益,作为一个崛起中的大国,若只将决定生死存亡的东西称之为核心利益,则未免显得过于片面。在世界维持总体和平的背景下,对于中小国家而言,生存本身可能依然面临问题;而对于中美这样的大国,基本生存并不存在大的问题,而生存之外的发展、权力、荣誉等诉求也可能成为国家对外追求的核心利益。

关于钓鱼岛和南沙群岛,《人民日报》等经常使用“核心利益”的说法,而中国官方则显得谨慎低调。不过,在实践层面,钓鱼岛和南沙群岛显然在中国政府的核心利益列表之中。它们的地位神圣不可侵犯。2013年7月30日,十八届中共中央政治局就建设海洋强国进行第八次集体学习。习近平总书记在主持学习时提出要坚持维护海洋权益的12字方针——“主权属我、搁置争议,共同开发”,坚持用和平、谈判的方式解决争端,“但决不能放弃正当权益,更不能牺牲国家核

---

① James R. Holmes and Toshi Yoshihara:*Chinese Naval Strategy in the 21st Century*:*The Turn to Mahan*,New York:Routledge,2009,p. 54.

② 中国官方“核心利益”的提法最先见于时任中国外长唐家璇与时任美国国务卿鲍威尔在2003年初的两次会谈,唐家璇在两次会谈中均指出,“台湾问题事关中国的核心利益”,新华网,http://news.xinhuanet.com/newscenter/2003-01/20/content_697363.htm,http://www.people.com.cn/GB/paper39/8546/802017.html。随后在中国外交部发言人、中国领导人涉台讲话中,中国对美交涉中频繁提及。http://news.xinhuanet.com/taiwan/2004-04/01/content_1396632.htm.

③ Michael D. Swaine, *China's Assertive Behavior Part One*: *On "Core Interests"*, http://carnegieendowment.org/files/swaine_clm_34_111410.pdf.

心利益”。[1]

将钓鱼岛和南沙群岛界定为中国的核心利益，并不意味着中国将主动使用武力夺取被占的岛礁。其政策意义主要表现在两方面：一是中国不能容忍任何国家继续在这些问题上进行挑衅，中国将坚决运用一切手段来避免进一步的利益损失；二是对于历史上形成的现状，中国不会轻易接受，但仍主张通过和平谈判的方式予以解决，武力的作用主要是威慑。

钓鱼岛及其附属岛屿是中国领土不可分割的一部分。无论从历史、地理还是从法理的角度来看，钓鱼岛都是中国的固有领土，中国对其拥有无可争辩的主权。[2] 由于牵涉到日本侵华、战后国际秩序安排等敏感问题，钓鱼岛还有很强的政治意义，处理不好甚至可能影响中国国内稳定。

同时，钓鱼岛的战略位置也十分重要，它是中国领土的最东端。日本侵占钓鱼岛后，就可以把其防御纵深向西南推进 300 多千米，还能以钓鱼岛为基地，对中国大陆沿海和台湾地区的军事部署和行动进行抵近侦察和监视，甚至还可以作为前沿预警阵地，防范来自中国的导弹。对于中国而言，钓鱼岛是一个很好的前置基地，因为它与台湾岛是中国实质性突破第一岛链的战略依托，控制钓鱼岛将大大增强中国走向深蓝海洋的底气。[3]

此外，钓鱼岛问题还涉及重大的海洋经济利益。钓鱼岛附近海域拥有丰富的石油和渔业资源，其中，石油资源储量约为 30—70 亿吨，渔业资源年捕获量可达 15 万吨。“钓鱼台列屿的重要性绝对不能被低估，因为它不仅是日本争取东中国海大陆架石油天然气资源的踏脚石，而且是东亚地区战略安全与和平的重要地点。”[4]

---

① 习近平：《进一步关心海洋认识海洋经略海洋　推动海洋强国建设不断取得新成就》，新华网，http://news.xinhuanet.com/politics/2013-07/31/c_116762285.htm。

② 中华人民共和国国务院新闻办公室：《钓鱼岛是中国的固有领土》(白皮书)，新华网，http://news.xinhuanet.com/2012-09/25/c_113202698.htm。

③ 胡波：《2049 年的中国海上权力》，北京：中国发展出版社 2015 年版，第 73 页。

④ 傅崐成：《中国周边大陆架的划界方法与问题》，载《中国海洋大学学报》(社会科学版)，2004 年第 3 期，第 7 页。

《人民日报》曾刊文称,日本"企图对钓鱼岛附属岛屿命名,是明目张胆地损害中国核心利益之举"[①]。在2013年4月26日外交部举行的例行新闻发布会上,外交部发言人华春莹表示,"国家核心利益包括国家主权、国家安全和领土完整等",而"钓鱼岛问题涉及中国领土主权",[②]实际上以间接的方式表达了钓鱼岛为中国"核心利益"的观点。

中国最早发现、命名南沙群岛,最早并持续对南沙群岛行使主权管辖,南沙群岛关系到中国的主权和领土完整。第二次世界大战期间,日本发动全面侵华战争,占领了中国大部分地区,包括南沙群岛。《开罗宣言》和《波茨坦公告》及其他国际文件明确规定把被日本窃取的中国领土归还中国,这自然包括了南沙群岛,1946年12月,中华民国政府代表中国恢复了对该群岛的主权。战后一段时期内,包括东南亚各国在内的国际社会对此普遍予以认可,越南、菲律宾等国对中国在南沙群岛的主权也并无疑义。但自20世纪70年代开始,越南及菲律宾等国疯狂侵占了南沙群岛的大部分岛礁,到80年代末,已经形成了中国、越南、菲律宾、马来西亚、文莱及中国台湾地区五国六方的割据态势。

南沙群岛对于中国建设海洋强国而言,还有着巨大的战略意义。南沙群岛位于中国领土的最南端,长期以来,就是中国在南海中南部政治、经济、军事等存在的有力支撑,也是中国力量向远洋延伸的地缘基础。

南沙群岛还直接关系到南海海域划界问题,南海各方所争在相当大程度上是岛屿周边的海域。尽管《联合国海洋法公约》(以下简称《公约》)有关岛屿制度的第121条条文存在相当大的模糊性和解释弹性,没有说明非群岛国家的洋中群岛能否划定群岛基线,导致南沙岛礁的领海和专属经济区的划分方法、南沙群岛可否作为一个整体确定领海基线等事项存在争议,但毫无疑问,南沙岛礁的主权目前依然是中国主张南沙周边海域主权权益的重要依据之一。

---

① 参见钟声:《中国维护领土主权的意志不容试探》,载《人民日报》,2012年1月17日第三版"国际论坛"。

② 《2013年4月26日外交部发言人华春莹主持例行记者会》,中华人民共和国外交部,http://www.fmprc.gov.cn/mfa_chn/fyrbt_602243/t1035595.shtml。

笼统称“南海问题关系到中国核心利益”并非清晰而明智的表达，因为南海问题非常复杂，至少包括南沙岛礁、海域划界、历史性权益等不同性质的争端，它们对于中国的重要性不可等量齐观。

（四）近海地缘空间的战略安全

近海是地理概念而非法律概念，根据《中国人民解放军军语》，“近海包括渤海、黄海、东海、南海和台湾岛以东的部分海域”，[①]即第一岛链以内及其周围的海域。中国追求毗邻近海区域的战略优势并非是要在东亚建立自己的势力范围，将美军驱逐出东亚，而是出于积极防御的国家安全战略需要。因为，中国只有在近海取得战略优势，才能捍卫台湾与中国大陆的统一、钓鱼岛及南沙群岛的主权等核心利益。

另外，周边不能乱是所有世界大国成长中的首要安全诉求，美国、俄罗斯都是如此。近海安全与中国本土安全紧密相连，获得近海战略优势是保证中国国家安全的重要内在需求。陆权强国在与海权强国的对峙中，在进攻与防御两个方面均处于战略劣势。历史经验表明，只要中国近海为敌对国家所控制，中国国家安全状况就会骤然紧张，因为敌对国家可以利用这片区域，在上万千米的海岸线上随处威胁中国大陆的安全。甲午战争之后的日本、二战以后的美国都曾长期控制过这片海域，给中国的国家安全带来了巨大威胁。因此，中国近海不仅仅是中国与美日等海洋强国的缓冲地带，更是中国必争的海上战略安全空间。

当前，中国在海上主要面临着如下严峻现实安全压力和潜在安全威胁：美日等国控制了西太平洋上几乎所有重要的岛屿，并以这些岛屿为前进基地，构筑陆海空天的立体优势力量威慑、遏制中国，战略上，中国处于守势；东部沿海地区是中国的经济、政治及文化中心，在面对海上威胁时，中国缺乏必要的战略纵深。

① 参见中国人民解放军军事科学院：《中国人民解放军军语》，北京：军事科学出版社 1997 年版，第 440 页。

另外,安全、稳定也是一种心理诉求。国家安全是一种感觉,对于曾遭受长期外部侵略的中国来说,更是如此。如果中国无法保证近海的安全与稳定,就很可能会在与对手的较量中丧失底气,而外部势力很有可能通过优势海上权力加大中国的不安全感,从而逼迫中国妥协,损害中国政治、经济等其他方面的国家利益。①

(五) 世界主要海上通道的安全

通道自古就是海洋的最重要功能之一。当今世界海洋通道攸关整个全球开放经济体系的维系,因而美英等传统海洋强国无一例外,都将世界主要通道的安全视为自己的核心利益之一。

21世纪伊始,随着中国经济对外依存度,特别是石油等战略资源进口依存度的大幅提升,中国掀起了研究海洋通道安全的热潮。总体上,大家通常认为海上通道对中国很重要,但一般将其界定为中国的重大利益之一。② 最先明确将海上通道问题确定为核心利益的是李忠杰和李兵,他们认为,"国际战略通道是关系到中国经济安全、社会稳定和军事安全等的重大战略问题,也是和平发展进程中必须面对且亟待解决的重大课题,涉及中国的核心利益"。③ 中国政府和军方明显加强了对通道安全的关注,持续多年的亚丁湾护航行动就是重要体现。与此同时,通道问题也频繁进入中国的各类重大战略规划文件中,《2013年国防白皮书》中明确将维护国际海上通道安全作为中国军队的重要职能之一。④

---

① 胡波:《2049年的中国海上权力》,第12-13页。

② 李兵:《国际战略通道研究》,中共中央党校2005年博士学位论文;中国现代国际关系研究院海上通道安全课题组:《海上通道安全与国际合作》,北京:时事出版社2005年版;梁芳:《海上战略通道论》,北京:时事出版社2011年;冯梁、张春:《中国海上通道安全及其面临的挑战》,载《国际问题论坛》,2007年秋季号。

③ 李忠杰、李兵:《抓紧制定中国在国际战略通道问题上的战略对策》,载《当代世界与社会主义》,2011年第5期。

④ 《国防白皮书:中国武装力量的多样化运用》,中国国防部,http://www.mod.gov.cn/affair/2013-04/16/content_4442839_4.htm。

即便如此，在该问题上，大部分学者和官方的认知和阐述还是稍显保守，反映了大陆文明的思维模式。实际上，海上通道安全攸关中国的和平发展道路，无论中国成为海洋强国步伐的快慢与否，该问题都会变得越来越举足轻重且无法回避。

中国已是世界第一贸易大国，中国的和平发展严重依赖开放的国际贸易体系和畅通的国际海上交通线。中国贸易货物运输总量的85%是通过海上运输完成的，早已是高度依赖海洋通道的外向型经济大国。海上交通线哪怕出现一丁点儿的阻碍就会立刻影响国内的经济发展。伴随中国改革开放“走出去”步伐的加快，以及“一带一路”倡议的深入实施，中国非常有可能超越美国成为世界海上通道的最大利益攸关方。

海上通道的畅通与安全是任何世界性体制或实体得以生存、发展的必备条件，用生死攸关来形容也不为过。中国正在成为一个世界性大国，中国的政治、军事、文化等影响力要持续走向世界也都离不开世界主要海上通道的畅通。

三、重要海洋利益

重要海洋利益，涉及军事安全、海洋政治、海洋经济等具体领域的重大利益，诸如主权权益、国际政治权力地位等，通常对于某一领域具有很强的重要性。

（一）专属经济区与大陆架的资源开发权益及生态安全

专属经济区权益包括“以勘探和开发、养护和管理海床上覆水域和海床及其底土的自然资源（不论为生物或非生物资源）为目的的主权权利，以及关于在该区内从事经济性开发和勘探，如利用海水、海流和风力生产能等其他活动的主权权利”。[①] 大陆架权益包括“自然资源包括海床和底土的矿物和其他非生物资源,以及属于定居种的生物,即在可捕捞阶段海床上或海床下不能移动或其躯体须与海床或底土保持接触才能移动的生物”。[②] 中国经济发展任务依然十分艰巨,目前,陆上资源已不足以支撑中国的国民经济发展,许多重要的资源及能源产量大幅下滑,对外依存度日益提高。未来海洋资源将渐渐取代陆地资源成为支撑中国经济发展的主要支柱。根据《公约》的规定和中国的一贯主张,中国拥有约300万平方千米的专属经济区;中国还在东海东部、南海北部地区拥有部分外大陆架权益。这些可管辖海洋空间是中国未来进行海洋大开发与大发展的基础。

海洋环境问题日益成为一大全球治理难题,中国可管辖海域的生态安全不仅关系到中国海域的可持续发展,还将严重影响中国大陆沿海地区的生态环境。由于长期的粗放式经营和掠夺式开发,中国管辖海域的环境恶化趋势尚未得到有效扭转,海洋防灾减灾形势严峻。部分海域污染严重、赤潮多发,海洋生态环境的恶化逐步成为制约海洋经济可持续发展的最重要因素。

(二) 重要海洋规则的话语权

当今全球海洋秩序正处于和平演进过程之中,以《公约》为代表的海洋机制虽已成型,但远未成熟,今后仍有赖于包括中国在内的世界各大沿海国的不懈努力。另外,取得应有的海洋政治权力也是国家利益的需要。中国在世界海洋中的最终收益状况将取决于中国能多大程度影响世界海洋秩序演进发展的方向及其规则的塑造。因此,在世界海洋秩序的演变过程中,中国应该坚持发出自己的声音,尽可能让新的海洋秩序体现中国的利益、价值观念和政治理念。作为一个世界大国,在未来可能出现的包括美、中、俄、欧、印、第三世界国家集团在内的多

① 《联合国海洋法公约》,第56条,http://www.un.org/zh/law/sea/los/article5.shtml。
② 《联合国海洋法公约》,第77条,http://www.un.org/zh/law/sea/los/article6.shtml。

极海洋政治格局中，中国必须成为举足轻重的一极。

（三）和平利用公海、海底区域及南北极地的权利

“公海”是指各国内水、领海、群岛水域和专属经济区以外不受任何国家主权管辖和支配的海洋部分，约为2.3亿平方千米，占全球海洋总面积（3.6亿平方千米）的60%以上。“海底区域”是指国家管辖范围以外的海床和洋底及底土，即各国专属经济区和大陆架以外的深海海底及其底土；“资源”是指“区域”内在海床及其下原来位置的一切固体、液体或气体矿物资源，其中包括多金属结核。[①] 公海、海底区域是人类的共同空间和共同财产，蕴藏着丰富的矿产资源，中国人口多，管辖海域面积小，发展压力极大，公共海洋空间是中国海洋强国建设的必要战略依托。

南北极地由于地理位置特殊、自然资源丰富，其在世界海洋科考、通道、资源开发等方面有着极为重要的地位和作用。中国要成为海洋强国，就必须更积极全面地参与南北极地的各类和平活动。中国是《南极条约》《南极矿产资源活动管理公约》《斯匹次卑尔根群岛条约》的成员或缔约国，也是北极理事会观察员国。这些国际制度或机制赋予了中国和平利用南北极地的权利。

（四）传统海洋权益

除内水、领海、毗连区、专属经济区和大陆架外，中国在南海还拥有“断续线”所界定的历史性权益，它是中国先民长期实践的结果，具有重要的经济价值及政治象征意义。目前，国际海洋法学界在“断续线”法律效力问题上存在较大分歧，海疆线、岛屿归属线、历史性水域线是三种较为流行的解释。本文倾向于认为“断续线”为中国“传统海域”即历史性水域线，它圈定了中国在线内水域的历史

① 《联合国海洋法公约》，第133条，http://www.un.org/zh/law/sea/los/article11.shtml。

性权益。随着专属经济区及大陆架制度的形成及实践,“断续线”内原有的法律事实演变成了三大类:一是岛屿主权及其领海;二是依据《公约》主张的岛屿专属经济区;三是法律效力待定的传统海域,即历史性权利或权益,这也是争议较大的部分。

“断续线”并非领海线,中国政府也从来没有这样界定过,这是现有海洋法体系无法诠释的法律事实。对于这类传统疆域或根据历史实践形成的权益,作为国际海洋基本法的《公约》并没有做出任何规定,也没有对此类实践和既成的法律事实予以明确。《公约》虽在第15条及第298条第1款(a)项提及历史性权利,表明《公约》是承认历史性权利的,但并没有条款说明何为历史性权利。中国的“断续线”主张之所以存在一定的模糊性,也实属无奈,这是《公约》自身条款规则缺失的问题,不能归咎于“断续线”实践。

“断续线”是中国在南沙诸岛及其周边海域行使主权权利的一重要法律基础。“中国政府在1947年为防止外国势力入侵而划定的南海断续线显然起到了一些重要的效用,它不仅确定了中国在南海的管辖范围,还向世人反映了南海诸岛自古以来就是中国领土的历史事实。”①

四、次重要海洋利益

次重要海洋利益涉及海洋产业发展、海外基地的安全、海外公民的人身安全及投资利益等较为重要的海洋利益;或是关系到广泛的、全球性的利害关系,诸如维护地区和平、应对全球性海洋问题等。

---

① 李金明:《中国南海断续线:产生的背景及其效用》,载《东南亚研究》,2011年第1期,第46页。

（一）重要海洋产业的发展与安全

强大的海洋经济是海洋强国的重要组成部分，而海洋经济强不强关键看海洋产业。据测算，2014 年全国海洋生产总值 59 936 亿元，占国内生产总值的 9.4%，全国涉海就业人员 3 554 万人。[①] 海洋渔业、海洋交通运输业、海洋船舶工业等传统产业属于劳动密集型，其健康发展关系到重大的国计民生问题。

而一些新兴产业则攸关海洋强国建设的成败，要打造海洋强国就必须拥有一批具有世界竞争力的海洋产业。在近海，应围绕综合立体应用，着力打造海洋生物医药、装备制造、滨海旅游、近海养殖等产业，大幅提升各大传统行业的科技水准，通过科技创新提升空间利用效率。在深海及远洋，中国应重点加大在深海勘探、海洋生物、海洋观测、海洋遥感等领域的科研投入，提高深海开发技术与装备水平，如深潜器技术、海洋天然气水合物综合探测技术和海洋油气平台技术等，积极探索新的海洋未知空间和已知空间的新领域。

（二）公海自由与安全

自荷兰法学家胡果·格劳秀斯提出海洋自由的观点以来，公海自由即成为世界海洋秩序的重要原则精神。《公约》界定的公海自由包括 6 项内容：航行自由、飞越自由、铺设海底电缆和管道的自由、建造国际法允许的人工岛屿和其他设施的自由、捕鱼自由以及科学研究的自由。[②] 随着中国海外经济活动的增多，公海的航行自由与安全越来越与中国的国家利益密切相关；而维护公海的航行自由与安全也是世界海洋强国的重要职责和义务，这也是中国承担国际责任，做负责任大国的最重要标志和象征。

---

① 国家海洋信息中心，《2014 年海洋经济统计公报》，http://www.coi.gov.cn/gongbao/nrjingji/nr2014/201503/t20150318_32241.html。

② 《联合国海洋法公约》，第 87 条，http://www.un.org/zh/law/sea/los/article7.shtml。

(三) 海外海洋权益

随着中国海洋产业大规模走出去,中国在海外的海洋经济权益将越来越多,人员活动范围和深度都急剧扩大;同样,伴随着中国军事力量走出去,海外军事基地的布局愈发不可避免,中国也将逐渐在海外拥有一定的军事权益。这些海外权益正逐渐成为中国海洋利益的重要组成部分。由于它们大多是根据政治协定或商业合同而获取的,因而容易遭到所在国政府更迭、政局及社会动乱等影响。

结　语

本文根据打造中国海洋强国的总体需求,在全面系统分析世界已出现的所有类型海洋利益的基础上,按照重要程度的不同,列举了中国三类共计 12 项主要海洋利益(见表 2)。核心海洋利益中,主权、安全及发展诉求都有体现,且发展诉求的地位还在快速上升;重要海洋利益中,主要是发展权益和政治权利;次重要海洋利益中,有产业安全、国际责任、经济利益等内容。从中我们不难发现,安全及发展的诉求最为丰富,在三大类中均有体现,只是各类之间在重要性上有较大差异;主权诉求最为特殊,往往集中在第一类,但其附带的权益会向其他类利益扩散;荣誉诉求最为克制,中国的海洋政治利益主要是依据国际法及合约而主张的合理要求,中国会积极承担国际责任,但不应像美国那样,将追求海上主导地位作为自己的重要利益甚至是核心利益。

表 2　按重要程度的国家利益分类

核心海洋利益	重要海洋利益	次重要海洋利益
内水及领海海空空间的绝对安全	专属经济区与大陆架的资源开发权益及生态安全	重要海洋产业的发展与安全
台湾与大陆的统一	重要海洋规则的话语权	公海自由与安全
钓鱼岛及南沙群岛等争议岛礁的主权	和平利用公海、海底区域及南北极地的权利	海外海洋权益
近海地缘空间的战略安全	传统海洋权益	
世界主要海上通道的安全		

本文没有选取的海洋利益也绝非不重要，只是对于国家的总体海洋事业而言，其重要性显然不如现在所列举的海洋利益。这项研究仅仅是个开始，中国海洋利益包括政治、经济、军事、安全、文化、环境等全方位的利益诉求，既有世界所有海洋国家所拥有的共性，也有其自身的特性，准确客观把握的难度很大。

国家利益既是客观的，也是主观的，重要海洋利益的研究更是如此。未来该项研究应遵循以下两大路径：一是结合中国的先天禀赋、整体战略、国际环境、时代特点等进行比较分析和逻辑推理，这种路径解决的是“应该怎样”的问题。本文的研究即是这种努力，若有更多的争鸣，结论将更趋客观。二是进行田野调查和问卷统计，解决“大家或重要人物认为是什么样”的问题。具体方法包括跟踪统计政策部门领导人、政府官员等关于海洋利益的表态，条件许可的情况下可对重要部门的涉海官员进行访谈，选取学生、公务员、海洋从业人员等一些特殊群体做问卷调查等。

两大路径不是割裂的，而是相互促进的。前者的使命是力求准确客观，并着力影响政策部门和大众，推动基本共识的形成；后者的使命在于尊重主观认识和经验，以数据和第一手实践信息验证或校正逻辑推理的结果。

中国海洋政策的文化之维

金永明*

［内容提要］ 中国因历史、地理、科技和意识等原因，积累了较多的海洋问题。为解决这些海洋问题，中国提出了具体的海洋政策，包括优先使用政治方法解决海洋争端，兼顾他方立场提出"主权属我、搁置争议，共同开发"的方针，合作制定规则、管控危机、资源共享的基本政策，坚持"双轨思路"，提出"和谐海洋"理念，等等。它们蕴含丰富的文化要素，体现了中国文化以和为贵的特质。同时，中国的这些海洋政策，不仅具有国际法的基础，而且经实践检验具有强大的生命力，符合国际海洋发展趋势。为此，国际社会应积极支持中国的海洋政策，使中国在搭建海洋平台、加强海洋合作、提供公共产品等方面，发挥更大的作用，为维护海洋安全和秩序、实现人类与海洋的和谐共处做出更多的贡献，以确保中国的主权和领土完整，维系第二次世界大战后确立的国际法制度和国际秩序。这是国际社会的重大责任和应有职责，也是传承中国文化的应有之义。

［关键词］ 海洋问题　海洋政策　海洋合作　海洋秩序

由于众多的主客观原因，包括长期以来我国海洋意识淡薄、海洋科技和海洋装备落后、海洋地理环境相对不利，等等，我国积累了较多的海洋问题，并随着国

---

* 金永明，发表本文时为上海社会科学院法学研究所研究员，中国海洋发展研究会海洋法治专业委员会副主任委员、秘书长。本文为国家社会科学基金重点项目（14AFX025）、中国海洋发展研究会重大项目（CAMAZDA201501）的研究成果。

际社会开发利用海洋及其资源的需求和力度加大，尤其是随着《联合国海洋法公约》的生效和实施，海洋问题争议尤其是南海问题和东海问题日益突出，危及海洋秩序和区域安全。

对于中国面临的这些海洋问题，我国政府提出了具体的解决原则和方法，取得了一定的成绩，也面临一些困境和挑战。我国针对海洋的政策包括坚持协商谈判解决，“主权属我，搁置争议，共同开发”，“双轨思路”倡议（即有关争议由直接当事国通过友好协商谈判寻求和平解决，而南海的和平与稳定则由中国与东盟国家共同维护），制定规则、管控危机、资源共享、合作共赢，实现和平、友好、合作之海的愿望，并实现“和谐海洋”目标，等等。它们均具有深厚的文化要素，特别体现了和平性、包容性、合作性的文化意愿，完全符合国际社会包括海洋秩序在内的发展进程，应该受到理解和尊重。换言之，我国海洋政策中蕴含的和平性、包容性和合作性原则，不仅是传统文化在海洋中的运用和发展，而且体现了中国文化在治理海洋中的地位与作用，有研究的价值。

本文拟对我国依据国情倡议的海洋政策原则或方针进行初步考察，指出其合理性和可行性，以区别于从海洋文化和海洋软实力视角的分析，目的是为让更多的人员理解我国海洋政策的成因，以及文化要素在海洋中的地位与作用。[①]

一、中国海洋政策的和平性：符合国际社会的原则和愿望

中国对于涉及国家重大利益的海洋问题，坚持优先通过和平的政治或外交方法，包括与相关国家直接协商谈判的方法，解决与其他国家之间的海洋争议问题，这种政策的和平性完全符合国际法的制度性要求和中国的国家实践，值得

① 关于海洋文化的研究内容，可参见吴继陆：《论海洋文化研究的内容、定位及视角》，载《宁夏社会科学》，2008 年第 4 期；对于海洋软实力的内容，可参见王琪、刘建山：《海洋软实力：概念界定与阐释》，载《济南大学学报（社会科学版）》，2013 年第 2 期；关于海洋与历史、文化、意识等的关系内容，可参见杨文鹤、陈伯镛著：《海洋与近代中国》，北京：海洋出版社 2014 年版。

坚持。

利用和平方法解决国家间争议不仅是《联合国宪章》的规范性要求,例如,《联合国宪章》第2条第3款第33条;也符合《联合国海洋法公约》的和平解决争议原则,例如,《联合国海洋法公约》第279条;[①]同时符合区域性制度要求,例如,《南海各方行为宣言》第4条,以及其他双边文件要求,例如,中菲系列联合声明(共同宣言),中越系列联合声明,《中日政府联合声明》第6条和《中日和平友好条约》第1条第2款。[②]

利用和平方法尤其是政治方法解决国家间海洋争议也符合中国的理论和实践。例如,《全国人民代表大会常务委员会关于批准〈联合国海洋法公约〉的决定》(1996年5月15日)第2条,[③]《中国专属经济区和大陆架法》第2条第3款,[④]以及2006年8月25日中国依据《联合国海洋法公约》第298条的规定向联合国秘书长提交的将包括领土主权、海域划界、历史性所有权和其他执法活动等事项排除强制性管辖的书面声明。同时,在过去50年中,中国经过努力,通过协商谈判解决了与周边12个国家的陆地领土边界问题,签署了29个陆地边界条约;[⑤]与越南缔结了《中越北部湾划界协定》和《中越北部湾渔业协定》(2014年6

---

① 例如,《联合国海洋法公约》第279条规定,各缔约国应按照联合国宪章第2条第3款以和平方法解决它们之间有关本公约的解释或适用的任何争端,并应为此目的以"宪章"第33条第1款所指的方法求得解决。

② 《南海各方行为宣言》第4条规定,有关各方承诺根据公认的国际法原则,包括1982年《联合国海洋法公约》,由直接有关的主权国家通过友好协商和谈判,以和平方式解决它们的领土和管辖权正义,而不诉诸武力或以武力相威胁。《中日政府联合声明》第6条和《中日和平友好条约》第1条第2款规定,两国政府确认,在相互关系中,用和平手段解决一切争端,而不诉诸武力和武力威胁。

③ 《全国人民代表大会常务委员会关于批准〈联合国海洋法公约〉的决定》第2条规定,中华人民共和国将与海岸相向或相邻的国家,通过协商,在国际法基础上,按照公平原则划定各自海洋管辖权界限。

④ 《中国专属经济区和大陆架法》第2条第3款规定,中华人民共和国与海岸相邻或者相向国家关于专属经济区和大陆架的主张重叠的,在国际法的基础上按照公平原则以协议划界。

⑤ 参见《外交部边海司欧阳玉靖就南海问题接受中外媒体采访实录》(2016年5月6日),中华人民共和国外交部网站,http://www.fmprc.gov.cn/web/wjbxw_673019/t1361270.shtml,登录时间:2016年5月8日。

月30日生效)。换言之,中国坚持优先利用政治方法解决了多个与周边国家之间的领土争议问题,取得了一定的成绩。

二、中国海洋政策的包容性:“搁置争议,共同开发”的合理性与艰难性

针对东海问题和南海问题,我国提出了“主权属我,搁置争议,共同开发”的政策和方针,体现了对其他国家的主张予以尊重和理解的立场,具有包容性的特征,特别蕴含“主权不可分割,资源可以分享”的理念。

对于东海尤其是钓鱼岛问题,尽管“搁置争议”内容并未在《中日政府联合声明》(1972年9月29日)、《中日和平友好条约》(1978年8月12日)中显现,但《中日和平友好条约》换文(1978年10月23日)后的1978年10月25日,中国政府副总理邓小平在日本记者俱乐部上的有关回答内容,表明两国在实现中日邦交正常化、中日和平友好条约的谈判中,存在约定不涉及钓鱼岛问题的事实。[①]换言之,中日两国领导人同意就钓鱼岛问题予以“搁置”。否则的话,针对邓小平在日本记者俱乐部上的回答,日本政府可做出不同的回答,而他们并未发表不同的意见,也没有提出反对的意见,这表明对于“搁置争议”日本政府是默认的。应注意的是,由于邓小平副总理在日本记者俱乐部上的回答,是在1978年10月23日中日两国互换《中日和平友好条约》批准文后做出的,所以针对钓鱼岛问题的回答内容,意在补充《中日和平友好条约》内容原则性、抽象性的缺陷,具有解释性的作用和效果,即针对钓鱼岛问题的回答内容,也具有一定的效力。因为

① 参见《邓小平与外国首脑及记者会谈录》编辑组:《邓小平与外国首脑及记者会谈录》,北京:台海出版社2011年版,第315-320页。邓小平副总理在日本记者俱乐部指出:“这个问题暂时搁置,放它十年也没有关系;我们这代人智慧不足,这个问题一谈,不会有结果;下一代一定比我们更聪明,相信其时一定能找到双方均能接受的好办法。”参见《面向未来友好关系》(1978年10月25日),日本记者俱乐部,http://www.jnpc.or.jp/files/opdf/117,登录时间:2014年8月12日。

《维也纳条约法公约》第32条第2款规定,对于条约的解释,条约之准备工作及缔约之情况,也可作为解释条约之补充资料。

同时,《中日渔业协定》(1997年11月11日签署,2000年6月1日生效)的第1—第3条内容,将钓鱼岛周边海域作为争议海域处理的,承认两国对钓鱼岛周边海域存在争议,体现了其是以“搁置争议”共识为基础的产物。此后,日本政府也是以此“搁置争议”方针处理钓鱼岛问题的,具体表现为“不登岛、不调查及不开发、不处罚”。[①]

即便是在2008年6月18日中日两国外交部门发布的《中日关于东海问题的原则共识》中,也搁置了中日两国在东海的海域划界问题,蕴含共同开发的意识和理念。其指出,经过认真磋商,中日一致同意在实现划界前的过渡期间,在不损害双方法律立场的情况下进行合作,包括在春晓油气田的合作开发和在东海其他海域的共同开发。

对于南海尤其是南沙群岛争议问题,中国邓小平副总理于1984年明确提出了“主权属我,搁置争议,共同开发”的解决方针。1986年6月,邓小平在会见菲律宾副总统萨尔瓦多·劳雷尔时,指出南沙群岛属于中国,同时针对有关分歧表示,“这个问题可以先搁置一下,先放一放。过几年后,我们坐下来,平心静气地商讨一个可为各方接受的方式。我们不会让这个问题妨碍与菲律宾和其他国家的友好关系”。1988年4月,邓小平在会见菲律宾总统科拉松·阿基诺时重申:“对南沙群岛问题,中国最有发言权。南沙历史上就是中国领土,很长时间,国际上对此无异议”;“从两国友好关系出发,这个问题可搁置一下,采取共同开发的办法”。此后,中国在处理南海有关争议及同南海周边国家发展双边关系问题上,一直贯彻了邓小平关于“主权属我,搁置争议,共同开发”的思想。[②]

此外,经过各方的努力,中国与东盟的一些国家依据“搁置争议,共同开发”

---

① 关于钓鱼岛“搁置争议”内容,参见金永明:《中国维护东海权益的国际法分析》,载《上海大学学报(社会科学版)》2016年第4期,第5-7页。

② 参见中华人民共和国国务院新闻办公室:《中国坚持通过谈判解决中国与菲律宾在南海的有关争议》白皮书(2016年7月),北京:人民出版社2016年7月版,第25页。

的政策，取得了一定的业绩，包括中国与越南缔结的《中越北部湾划界协定》《中越北部湾渔业协定》；2005 年 3 月 14 日，中国与菲律宾和越南签署的《在南中国海协议区联合海洋地震工作协议》；依据《南海各方行为宣言》(2002 年 11 月 4 日)，中国与东盟国家于 2011 年 7 月 20 日就落实《南海各方行为宣言》指导方针达成一致共识；[①]2011 年 10 月 11 日中越两国缔结了《关于指导解决中国和越南海上问题基本原则协议》，又于 2011 年 10 月 15 日发布《中越联合声明》。这些均为中国和东盟国家间利用和平方法解决南海争议问题提供了政治保障，具有借鉴和启示的作用及意义。

尽管“搁置争议，共同开发”具有国际法的理论基础，例如，《联合国海洋法公约》第 74 条第 3 款和第 83 条第 3 款，也符合国际社会的国家实践，[②]但由于南海问题的复杂性和敏感性，“搁置争议，共同开发”的政策，并未得到切实的尊重和发展。其理由主要为：东盟一些国家缺乏实施“搁置争议，共同开发”的政治意愿，难以启动；又无现实利益需要，因为东盟一些国家已大力开发了南海的资源；加上南海尤其南沙争议涉及多方，特别是争议海域难以界定，存在实际操作上的困难。所以，“搁置争议，共同开发”的政策或方针在南沙的实施依然存在困境。[③]

在这种情形下，应遵循“先易后难”的方针，重点应从海洋低敏感领域的合作予以突破，包括加强在海洋环保，海洋科学研究，海上航行和交通安全，搜寻与救助，打击跨国犯罪包括但不限于打击毒品走私、海盗和海上武装抢劫以及军火走私等方面的合作。这不仅符合《南海各方行为宣言》第 6 条的规定，也符合《联合

---

① 例如，《中国与东盟国家就落实〈南海各方行为宣言〉指导方针》指出：落实《南海各方行为宣言》应根据其条款，以循序渐进的方式进行；《南海各方行为宣言》各方将根据其精神，继续推动对话和协商；应在有关各方共识的基础上决定实施《南海各方行为宣言》的具体措施或活动，并迈向最终制订“南海行为准则”。

② 例如，《联合国海洋法公约》第 74 条第 3 款规定，在达成专属经济区界限的协议以前，有关各国应基于谅解和合作的精神，尽一切努力做出实际性的临时安排，并在此过渡期间内，不危害或阻碍最后协议的达成，这种安排应不妨碍最后界限的划定。

③ 金永明：《中国南海断续线的性质及线内水域的法律地位》，载《中国法学》，2012 年第 6 期，第 46 页。

国海洋法公约》第123条的规范性要求。换言之,尽管"搁置争议,共同开发"的政策具有合理性,但其在南海尤其在南沙群岛切实实施仍面临挑战和困境,所以,中国与东盟国家找寻能够被多方接受的可行方式仍是重要而艰巨的任务。在此,南海区域的域外国家应尊重中国与东盟国家间的"双轨思路"政策,鼓励和促进中国与东盟国家间达成的共识,以提升政治互信,为解决南海问题做出贡献。

三、中国海洋政策的合作性:构筑海洋合作平台以实现多赢目标

由于海洋自身的复杂性和综合性,海洋的治理和海洋问题的解决,需要各国采取多方合作的态度,才能合理地处置海洋问题,并实现可持续利用海洋及其资源的目标。例如,《联合国海洋法公约》前言指出,本公约缔约各国,意识到各海洋区域的种种问题都是彼此密切相关的,有必要作为一个整体来加以考虑。同时,合作处理海洋问题也是《联合国海洋法公约》规范的要求,体现在多个条款内,例如,《联合国海洋法公约》第100条、第108条、第117条、第118条、第123条、第197条、第242条、第266条、第270条、第273条、第287条。当然,合作原则也符合《联合国宪章》的要求,例如,《联合国宪章》第1条、第2条、第11条、第49条。换言之,合作处理海洋问题是包括《联合国宪章》《联合国海洋法公约》在内的国际法的原则,必须尊重和执行。

而为切实实施合作原则,必须提供或创设具体的路径或平台。在这方面中国提供了很好的公共服务平台,以增进合作的潜能和功效。例如,通过设立亚洲基础设施投资银行、海上丝绸之路基金、中国-东盟投资合作基金等平台,推进"一带一路"倡议并加强与区域国家发展战略对接,实现合作共赢目标。

中国设立这些平台的主要目的,是为了将海洋包括东海和南海建设成为和平、友好、合作之海,并实现和谐海洋目标。我国在2009年提出了构建"和谐海

洋”的倡议,体现了对海洋问题的新认识、新要求,标志着我国对海洋秩序和海洋法发展的新贡献。因为它是结合国内外海洋形势发展、符合时代发展需要的产物,以共同合作维护海洋持久和平与安全。和谐海洋的内容为:坚持联合国主导,建立公正合理的海洋;坚持平等协商,建设自由有序的海洋;坚持标本兼治,建设和平安宁的海洋;坚持交流合作,建设和谐共处的海洋;坚持敬海爱海,建设天人合一的海洋。即通过对“和谐海洋”的目标、原则、方向、路径、态度等的规范和界定,体现了人类开发利用海洋及其资源的美好愿望,合作处理海洋的根本趋势和必然要求,以实现人类利用海洋的多赢目标,人类与海洋和谐共处的目标。

四、中国海洋政策的一贯性:坚持国家主权平等原则处置海洋问题

中国针对海洋政策的上述立场与态度,不仅是一贯的,而且是长期的,具有连续性的特征。即中国处理海洋问题的政策始终蕴涵文化之要素:和平性、包容性和合作性,体现了以和为贵的文化思想和精髓。

即使在2013年1月22日菲律宾单方面提起“南海仲裁案”,“南海仲裁案”仲裁庭无视中国政府始终拒绝单方面提起仲裁的立场,执意推进仲裁,于2016年7月12日做出所谓的最终裁决后,中国在一系列文件或声明中依然坚持与有关国家间通过协商谈判方法解决南海争议的立场,体现了应对重大海洋争议问题政策的一致性和一贯性。

例如,中国外交部受权发表的《中国政府关于菲律宾所提南海仲裁案管辖权问题的立场文件》(2014年12月7日)指出,菲律宾单方面提起仲裁的做法,不会改变中国对南海诸岛及其附近海域拥有主权的历史和事实,不会动摇中国维护主权和海洋权益的决心和意志,不会影响中国通过直接谈判解决有关争议以

及与本地区国家共同维护南海和平稳定的政策和立场。①

《中国外交部关于应菲律宾共和国请求建立的南海仲裁案仲裁庭关于管辖权和可受理性问题裁决的声明》(2015 年 10 月 29 日)指出,菲律宾企图通过仲裁否定中国在南海的领土主权和海洋权益,不会有任何效果;中国敦促菲律宾遵守自己的承诺,尊重中国依据国际法享有的权利,改弦易辙,回到通过谈判和协商解决南海有关争端的正确道路上来。②

《中国外交部关于坚持通过双边谈判解决中国和菲律宾在南海有关争议的声明》(2016 年 6 月 8 日)指出,中国坚决反对菲律宾的单方面行动,坚持不接受、不参与仲裁的严正立场,将坚持通过双边谈判解决中菲在南海的有关争议。③

《中国政府关于在南海的领土主权和海洋权益的声明》(2016 年 7 月 12 日)指出,中国愿继续与直接有关当事国在尊重历史事实的基础上,根据国际法,通过谈判协商和平解决有关争议;中国愿同有关直接当事国尽一切努力做出实际性的临时安排,包括在相关海域进行共同开发,实现互利共赢,共同维护南海和平稳定。④

《中国外交部关于应菲律宾请求建立的南海仲裁案仲裁庭所作裁决的声明》(2016 年 7 月 12 日)指出,中国政府将继续遵循《联合国宪章》确认的国际法和国际关系基本准则,包括尊重国家主权和领土完整以及和平解决争端原则,坚持与直接有关当事国在尊重历史事实的基础上,根据国际法,通过谈判协商解决南

---

① 《中国政府关于菲律宾共和国所提南海仲裁案管辖权问题的立场文件》内容,中华人民共和国中央人民政府网站,http://www.gov.cn/xinwen/2014-12/07/content_2787671.htm,登录时间:2014 年 12 月 8 日。

② 《中国外交部关于应菲律宾共和国请求建立的南海仲裁案仲裁庭关于管辖权和可受理性问题裁决的声明》内容,中华人民共和国外交部,http://www.fmprc.gov.cn/web/zyxw/t1310470.shtml,登录时间:2015 年 10 月 30 日。

③ 《中国外交部关于坚持通过双边谈判解决中国和菲律宾在南海有关争议的声明》内容,中华人民共和国外交部,http://www.fmprc.gov.cn/web/zyxw/t1370477.shtml,登录时间:2016 年 6 月 8 日。

④ 《中国政府关于在南海的领土主权和海洋权益的声明》内容,人民网国际频道,http://world.people.com.cn/n1/2016/0712/c1002-28548370.html,登录时间:2016 年 7 月 12 日。

海有关争议，维护南海和平稳定。[①]

同时，中国依据国家主权平等原则自主选择争端解决方法的权利，理应得到尊重，因为其不仅符合国际法原则和多国实践，而且得到了多数国家的认同。例如，中阿合作论坛第7届部长级会议通过的《多哈宣言》(2016年5月12日)强调指出，阿拉伯国家支持中国同相关国家根据双边协议和地区有关共识，通过友好磋商和谈判，和平解决领土和海洋争议问题；应尊重主权国家和《联合国海洋法公约》缔约国依法享有的自主选择争端解决方式的权利。[②]

《中国和俄罗斯联邦关于促进国际法的声明》(2016年6月26日)指出，中国和俄罗斯重申和平解决争端原则，并坚信各国应使用当事方合意的争端解决方式和机制解决争议，各种争端解决方式均应有助于实现依据可适用的国际法以和平方式解决争端的目标，从而缓解紧张局势，促进争议方之间的和平合作；这一点平等适用于各种争端解决类型和阶段，包括作为使用其他争端解决机制前提条件的政治和外交方式；维护国际法律秩序的关键在于，各国应本着合作精神，在国家同意的基础上善意使用争端解决方式和机制，不得滥用这些争端解决方式和机制而损害其宗旨。[③]

《中国和东盟国家外交部长关于全面有效落实〈南海各方行为宣言〉的联合声明》(2016年7月25日)指出，有关各方承诺，根据公认的国际法原则，包括1982年《联合国海洋法公约》，由直接有关的主权国家通过友好磋商和谈判，以和平方式解决它们的领土和管辖权争议，而不诉诸武力或以武力相威胁。[④]

---

① 《中国外交部关于应菲律宾共和国请求建立的南海仲裁案仲裁庭所作裁决的声明》内容，参见中华人民共和国外交部网站，http://www.fmprc.gov.cn/web/zyxw/t1379490.shtml，登录时间：2016年7月12日。

② 参见《全球70国明确表态支持中国南海问题立场》(2016年7月11日)，人民网国际频道，http://world.people.com.cn/n1/2016/0711/c1002-28544870.html，登录时间：2016年7月12日。

③ 《中国和俄罗斯联邦关于促进国际法的声明》内容，参见中华人民共和国外交部网站，http://www.fmprc.gov.cn/web/zyxw/t1375313.shtml，登录时间：2016年6月26日。

④ 《中国和东盟国家外交部长关于全面有效落实〈南海各方行为宣言〉的联合声明》内容，参见中华人民共和国外交部网站，http://www.fmprc.gov.cn/web/zyxw/t1384157.shtml，登录时间：2016年7月25日。

从上述区域和双边文件内容可以看出,中国始终坚持以政治方法或外交方法与直接有关的主权国家通过友好磋商和谈判解决争议,这一做法得到了多数国家的认可,所以,中国针对海洋政策的立场与态度,不仅具有一贯性,而且完全符合国际法的原则,必须得到尊重。

五、中国解决海洋争议问题的基本路径与要义

如上所述,中国应对和处置海洋问题的立场与态度,不仅得到了多数国家的支持,也符合国际海洋发展趋势。而为了维系海洋秩序,确保海洋的和平与安全,中国保持了最大的克制,包括不在南海尤其在南沙进行开发资源的活动,没有强力阻止其他国家在南沙的资源开发活动;同时尽力推动机制建设,包括依据《南海各方行为宣言》及其后续行动指针的原则和要求,积极推动"南海行为准则"进程,并取得了阶段性成果。这样做的目的是,实现南海空间及其资源的功能性和规范性统一的目标,为区域发展做出贡献。具体来说,中国针对海洋问题的基本路径为:制定规则,管控危机,实施共同开发制度或最终解决海洋争议问题,以合理处理包括南海问题和东海问题在内的重大海洋问题,实现区域性海洋大国目标,为中国推进海上丝绸之路进程、建设海洋强国做出贡献。

总之,中国是坚定维护海洋法制度和海洋秩序的捍卫者,也是丰富和发展包括海洋法在内的国际法制度的维护者和建设者,中国的行为和做法理应受到理解和支持。鉴于中国的发展进程和大国地位,要求其做出更大的国际贡献,承担更多的职责,也符合现实发展所求所需。即和平合力处理海洋问题,目的是维护海洋安全和秩序,使海洋更好地为人类服务,发挥海洋的独特贡献,这是国际社会的共同期盼,必须努力合作实现之。上述的海洋政策和方针,也体现了中国文化的基本要求,体现以和为贵、和合文化的本质,也是传承和坚持中国文化的应

有之义。[①]

最后，应该强调指出的是，中国维护包括南海诸岛和钓鱼岛领土主权，实现主权和领土完整目标，不仅是中国政府的正义合理要求，更是维系第二次世界大战后确立的国际法制度和国际秩序的合理归宿，应该得到国际社会的大力支持；否则，第二次世界大战后确立的国际规则和安全秩序又将面临重大挑战和危机，这是国际社会不愿看到的现实境况。

① 参见习近平：《在庆祝中国共产党成立 95 周年大会上的讲话》(2016 年 7 月 1 日)，北京：人民出版社 2016 年版，第 12－13 页。

克拉运河与中国的海洋安全

任远喆*

［内容提要］ 面对东南亚地区日益严峻的海洋安全形势和日益复杂的海上安全问题，是否要开凿克拉地峡、修建克拉运河一直是国内外争论的一个焦点。尤其是在中国，学术界和媒体圈始终对此抱有极大的兴趣。本文从各界对此感兴趣的原因出发，分析修建克拉运河是否能够缓解所谓的"马六甲困境"，然后从经济、社会、安全、战略等方面探讨开凿克拉地峡，修建克拉运河面临的现实及潜在的障碍，最终从战略层面对走出"克拉地峡迷思"提出自己的看法和建议。

［关键词］ 克拉地峡迷思　马六甲困境　海洋安全

海上通道安全与一国国家安全息息相关，对海洋通道的控制能力直接反映出大国的海洋权力，是大国主导海洋秩序的重要手段。中共十八大提出了建设"海洋强国"的宏伟目标，而维护和建设好海上通道显然是实现这一目标的重要战略途径之一。近年来，中国相继在拉美的巴拿马运河、尼加拉瓜运河建设上投入了巨资，一时间"运河政治"带来的战略利益和引起的战略竞争成为国际社会

---

* 任远喆，发表本文时为外交学院外交系副教授。本文是教育部人文社会科学重点研究基地中国海洋大学海洋发展研究院基地自设项目"太平洋非传统安全合作机制与中国的战略选择"的阶段性成果。特别感谢朱锋教授的建议。文中存在的问题由作者负责。

热议的一个焦点。[1] 与此同时，在东南亚地区，关于在泰国南部开拓克拉地峡，建设克拉运河的传言也再度被热炒。尽管最终证明并无此事，但由此反映出的“克拉地峡迷思”非常值得深思，需要我们从海洋通道建设、海洋战略等层面加以考量。

一、关于开凿“克拉地峡”的不同认知

克拉地峡位于马来半岛北端的泰国春蓬府和拉廊府境内，西为安达曼海，东为暹罗湾。整个地峡都位于泰国境内，最宽处约 195 千米，最窄处仅有 56 千米，分水岭海拔高 75 米，被形象地称呼为“魔鬼的脖子”[2]；地峡东西海岸均为基岩海岸，近海浪平风静，具有开凿运河的优越条件。

开凿克拉运河的兴趣最早来自泰国内部。1677 年，在暹罗大城王国国王那莱在位时，法国工程师德・拉马尔提出在暹罗王国南部开通运河的提议，但由于工程过于复杂，远远超出了当时的技术水平，只能作罢。之后暹罗国王虽然多次讨论过开通运河的计划，但均由于各种原因而导致这些计划无法实施。[3] 一个世纪以后，也就是在泰王拉玛五世朱拉隆功时代，泰国再一次提议开凿克拉地峡运河，但因当时泰国的国力难以独自承担以及担心法国趁机入侵而“流于口头”。然而，泰国开凿克拉运河的兴趣并未因此而有所减退。1932 年，泰国政府就如

---

① Mary Anastasia O'Grady, “China Wants to Dig the Nicaragua Canal,” *The Wall Street Journal*, August 9, 2015. Ishaan Tharoor, “Why the Chinese-backed Nicaragua canal may be a disaster,” *The Washington Post*, December 23, 2014. Daniel Runde, “Should the U. S. Worry About China's Canal in Nicaragua?” *Foreign Policy*, May 26, 2015. Christopher Cruz, “A Grand Undertaking,” *Harvard Political Review*, January 25, 2015. 裘德・韦伯，《中国同时押注美洲两大运河》，《金融时报》，2015 年 3 月 27 日。

② “Breaking the Devil's Neck”, *The Economist*, November 14, 2012, http://www.economist.com/blogs/banyan/2012/11/renavigating-south-east-asia?page=1#sort-comments.

③ Ivica Kinder, “Strategic Implications of the Possible Construction of the Thai Canal”, *Croatian International Relations Review*, July-December, 2007, pp. 110 – 111.

何打通这一地峡先后进行了20多次研究。

在国际上,英国是最早表现出对开凿克拉运河非常感兴趣的国家。早在殖民统治时期,英国的东印度公司曾一度就开凿克拉运河问题开展了实地调查活动,但最后得出的结论是:当地的山地地形非常复杂,开凿费用极其昂贵。鉴于此,英国最后打消了开凿克拉运河的念头。之后,法国、日本等国也都对开凿克拉地峡、建造克拉运河从而沟通太平洋及印度洋的构想表现出浓厚的兴趣。特别是日本,在第二次世界大战前就已经有了开凿克拉运河的宏伟构想,日本甚至曾有学者将此项目描述为"日本在亚洲的苏伊士运河"。[①]

二战结束之后,随着亚洲经济的迅速发展,跨越西太平洋和印度洋的航运量迅速上升,在泰国开凿克拉运河的讨论再次热络,也有过各种不同的尝试,但是一直以来受到泰国国内政治动荡和地区国际关系变化的双重影响,并没有实质性的进展。

然而,近十年来在东南亚地区从学界到媒体对于开凿克拉地峡的热情却一直没有降温,特别是在中国,很多人将其视为东南亚地区的又一条"黄金水道",不断呼吁中国政府和企业积极推动和参与克拉运河开凿。2015年5月,"中泰签署克拉运河项目合作备忘录"的报道登上国内各大媒体头条,引起了人们的热议。据称这个项目需耗时10年,投资总额高达280亿美元。有学者分析认为该项目耗时长,投资巨,因而难以实施;但更多的人是拍手称快,有媒体甚至称"一旦开通,大陆的'马六甲困局'也将迎刃而解"。随后,中泰两国政府都出来辟谣。时任中国外交部发言人洪磊在例行记者会上澄清:"没有听说过中国政府有参与该项目的计划。"尽管如此,围绕着克拉运河的讨论还远远没有结束,支持者和反对者各持己见,莫衷一是,从而构成了媒体、学界和民间热议的一个公共议题。

具体来看,中国人之所以一直对开凿克拉地峡情有独钟,主要是出于以下三方面的原因:

---

① William J. Ronan, "The Kra Canal: A Suez for Japan?," *Pacific Affairs*, Vol. 9, No. 3, September, 1936, pp. 406 - 415.

(一) 从战略上来看,开凿克拉海峡可以增强中国成为未来世界海洋强国的一个重要筹码

制海权一直是西方传统海权思想的核心。马汉海权思想最核心的东西是对"掌控海洋"和"制海权"的崇尚,但在一些学者看来,他"并没有清晰地将海权同这两点区分开来,好像它们就是同义词"[①]。而英国海权战略家科贝尔也将"控制海洋"作为其海权理论的核心:"掌控海上通道,无论出于商业目的还是军事目的,才会描绘出海权的战略维度。"[②]显然,历史上海洋强国的崛起往往围绕着海上战略通道的争夺。[③] 在传统海权思想的基础上,冷战期间美国等西方国家实践了地缘政治学者斯皮克曼的"边缘地带"理论,从太平洋经印度洋再到大西洋建构了遏制苏联集团的漫长战线。例如 1986 年,美国海军正式宣布了将要努力控制的 16 个世界航道咽喉点,突出地体现了美国控制世界海洋的欲望和目标。冷战结束之后很长一段时间里,作为世界唯一超级大国的美国仍然主导着世界海洋秩序,并继续将控制世界主要航道作为其维护海洋秩序的重要目标。奥巴马 2009 年上台之后,迅速确定了"重返亚太"的国际战略,对亚太地区的海上通道尤其是马六甲海峡投入了重要的战略资源,将其视为角逐亚太的重要筹码。在 2015 年发布的新版《海洋战略报告》中,美国再次强调制海权的重要性,特别是要"保护至关重要的海上通道安全"。[④]

伴随着中国海外利益的拓展,对能源进口和货物出口的依赖度大大加强,更需要保障主要海上通道的安全和拓展海上通道的多元化。在许多人看来,中国建设海洋强国也需要加强对海上通道的掌控,因为美国前安全事务顾问、美国著

① John Gooch, "Maritime Command: Mahan and Corbett", *Sea Power and Strategy*, edited by Colin S. Gray and Roger W. Barnett, Annapolis: Naval Institute Press, 1989, pp. 31 - 32.

② J. S. Corbett, *Some Principles of Maritime Strategy*, London: Longman, 1911.

③ 梁芳:《海上战略通道论》,北京:时事出版社 2011 年 9 月版。

④ 参见美国海军最新的战略报告:*A Cooperative Strategy for 21st Century Seapower*, March 2015, p. 22。

名战略家布热津斯基曾经指出“马六甲海峡是控制亚太地区大国崛起的关键水域”,更重要的是,美国已将进一步控制亚太海上通道作为影响中国海洋力量增强乃至整个崛起势头的关键一环。因此,有媒体指出一旦“克拉运河”开通,可让中国在海上通道方面摆脱长期受制于人的战略困局,迈开走向海洋强国的步子,同时整个东南亚战略格局也将因此而产生重大改变。

(二) 从经济上来看,开凿克拉海峡可以减少相关国家的航运费,并为它们带来不菲的经济利益

马六甲海峡每年通行船只 10 万多艘。东南亚地区的航运主要通过马六甲海峡。如果克拉地峡开通,从印度洋直接经克拉运河到太平洋的泰国湾,再到南海,与取道马六甲海峡相比,航程缩短约 1 200 千米,节省 3 至 5 天的航行时间,大型轮船每趟航程可节省约 30 万美元。[①] 继 2013 年中国超越美国成为世界上第一货物贸易大国之后,2014 年中国进出口总值达 43 030.4 亿美元,同比增长 3.4%,保持了第一货物贸易大国的地位。[②] 2014 年,全球十大集装箱港排行榜中,包括香港在内的中国港口共包揽了七席;前十大港口中,中国港口完成的集装箱吞吐量所占比重为 68.6%,与 2013 年 68.7%的水平基本持平。很多港航业内人士表示,克拉运河项目落成后,将为东盟自贸区的物流货运节约出大量的航运成本和时间成本,会为港口和航运业带来显著利好。

在一些人的设想中,克拉运河开通后,很有可能取代马六甲海峡,成为一条新的“黄金水道”。到那时,东盟贸易区和世界各国之间的贸易将不再需要通过马六甲海峡,将为东盟自贸区的物流货运节约大量航运成本和时间成本,中国和日本等东亚国家乃至世界的贸易体都因克拉运河的开通而受益,同时将极大降低世界各国的海运成本,各大洲的贸易将变得更加频繁、快捷和便利。“克拉运

① 宋行云:《克拉运河:像雾像雨又像风》,载《世界知识》,2015 年第 12 期,第 30 页。

② “2014 年中国对外贸易发展情况”,中华人民共和国商务部综合司,2015 年 5 月 5 日,http://zhs.mofcom.gov.cn/article/Nocategory/201505/20150500961314.shtml。

河的修建，将在很大程度上便利中、日、韩等东亚经济体的对外贸易，并降低物流成本。”“东南亚的缅甸、柬埔寨和越南等国也将从克拉运河所产生的运距缩短、贸易收益和产业辐射中受益良多。”同时，“南亚国家也将从克拉运河的通航中获益”。[①]

（三）从外交层面来看，开凿克拉海峡可以提高泰国和东盟的国际地位及外交影响力

首先获益的是泰国。有学者指出，中泰关系可以发挥东盟合作的战略支点作用，泰国可以发挥“海上丝绸之路”战略支点的作用。[②] 克拉运河的开通可以推动泰国的经济增长，实现跨越式发展。这包括为泰国带来众多就业机会，提高其相关产业的发展水平，扩大其外向型经济规模，等等。[③] 这将为中泰合作创造新的机遇。

其次获利的是东盟。有观点认为，修建克拉运河有助于东盟地区内部的互联互通，有助于推动地区一体化进程。一方面，泰国湾将变成“黄金湾”，引领带动整个东南亚地区的经济发展，提升区域一体化程度，泰国也将成为东盟的一个中心国。[④] 另一方面，克拉运河项目的策划、施工和管理运营等环节积累的经验和制度基础，将对未来东南亚地区一体化进程发挥重要的促进作用。此外，一体化进程的推进将不同程度地缓解地区国家在岛礁主权等敏感问题上的争议强度，有利于地区局势的总体稳定。[⑤]

---

① 孙海泳：《克拉运河方案：挑战、意义与中国的战略选择》，载《太平洋学报》，2014 年第 7 期，第 95－96 页。

② 周方治：《中泰关系-东盟合作中的战略支点作用——基于 21 世纪海上丝绸之路的分析视角》，载《南洋问题研究》，2014 年第 3 期，第 17－22 页。

③ 丁阳、黄海刚、王春豪：《21 世纪海上丝绸之路的战略枢纽：克拉运河》，载《亚太经济》，2015 年第 3 期，第 30－31 页。

④ 同上，第 31 页。

⑤ 孙海泳：《克拉运河方案：挑战、意义与中国的战略选择》，第 97 页。

总之,在支持者们看来,从战略、经济、外交等方方面面分析,开凿克拉运河对中国利益巨大且时机已经成熟,或者正在逐渐成熟,中国需要启动相关研究和准备工作。更有外国学者鼓吹"中国提出的'一带一路'倡议将逐步重塑欧亚大陆。在这幅徐徐展开的宏伟画卷中,泰国南部的克拉运河工程将是其中最浓墨重彩的一笔"。"进入21世纪,克拉运河不但象征着中国的复兴,也将给泰国和东盟地区带来触手可及的利益,进而证明我们有能力共同迈向美好的未来。"[①]

二、克拉运河建设与"马六甲困境"

除了上述三个原因之外,开凿克拉地峡、建设克拉运河常常被视为破解"马六甲困境"的一个最优选择。近年来"马六甲困境"似乎成为分析中国国家安全特别是海洋安全时不可忽视的一个议题。究竟何为"马六甲困境"? 根据薛力的归纳,"马六甲困境"的内容主要有以下三点:一是马六甲海峡运输能力已处于饱和状态,浅窄的航道限制了通行船只的吨位;二是和平时期的危险因素如海盗、恐怖主义与意外事故可能会导致马六甲海峡断航,给高度依赖这一通道的中国带来巨大损失;三是非和平时期,中国的对手会封锁这一海上交通瓶颈以围困或打击中国。[②]

人们对"马六甲困境"的担忧不无道理。马六甲海峡是当今世界上最繁忙的海峡之一,每年约有10万艘船只装载价值约5 000亿美元的货物通过这条海峡。它的货运量,占据了东南亚各国70%的能源运输、全球25%的原油和成品油的运输量以及超过30%的全球海上贸易量。中国则是马六甲海峡第一大使用国,每天经过该海峡的船只中有60%左右来往中国,中国进口石油的80%以

---

① David Gosset, "After Suez and Panama, Time to Build the Kra Canal!," *The World Post*, August 26, 2015.

② 薛力:《"马六甲困境"的内涵辨析与中国的应对》,载《世界经济与政治》,2010年第10期,第119页。

及进出口物资的50%要经过这一海峡。可以毫不夸张地说,马六甲海峡是中国的经济生命线,同时其安全问题对于中国来说也已成了牵一发而动全身的大问题。根据美国能源信息管理局的报告,目前中国是世界上第二大石油消费国,石油净进口量到2014年已经超越美国达到了世界第一。[①] 因此,保持海上通道安全具有重要的战略意义。当前中国的能源进口通道严重依赖"马六甲海峡",因而造成了所谓的能源安全困境。

早在2003年11月的中央经济工作会议上,时任国家主席胡锦涛就明确表达了对马六甲海峡以及航道安全问题的关切。他强调指出,中国石油进口的一半以上来自中东、非洲、东南亚地区,其中4/5要通过马六甲海峡,而一些大国一直染指并试图控制海峡的航运通道,因此中国石油的安全现状不容乐观,必须从新的战略高度制定新的能源发展战略,确保能源安全。这是第一次从国家最高层面表示对海峡安全问题的担忧。之后类似的表述不断出现在中央的相关文件和国家战略规划中。从战略层面来看,马六甲海峡就是马汉强调的对于海权来说至关重要的关键点。[②] 当前随着中美在亚太地区战略竞争的加剧,以及海上争端的愈演愈烈,越来越多的学者将美国因素视为"马六甲困境"进一步凸显的根源所在。

在如何缓解"马六甲困境"的政策设计中,修建克拉运河往往成为主要的选择。[③] 孙海泳就指出:"克拉运河的修建将使得东亚能源进口通道更加多元化,有利于保障东亚的能源安全。尤其是中国正处于工业化的特定阶段,对外能源依存度还将持续提高,因此克拉运河对于中国的能源安全与经济安全具有重要

---

① "China: International Energy Data and Analysis," U. S Energy Information Administration, May 14, 2015.

② Bernard D. Cole, *Sea Lanes and Pipelines: Energy Security in Asia*, Westport, Connecticut & London: Praeger Security International, 2008, p. 12.

③ 李晨阳、瞿建文、吴磊:《破解马六甲困局之中国方案分析》,载《参考消息》,2004年8月5日,第12-13版。薛力:《"马六甲困境"的内涵辨析与中国的应对》,载《世界经济与政治》,2010年第10期,第132-133页。Chen Shaofeng, "China's Self-Extrication from the 'Malacca Dilemma' and Implications," *International Journal of China Studies*, Vol. 1, No. 1, January 2010, pp. 9-11。

意义。”[①]但从现实来看,通过开凿克拉运河来化解“马六甲困境”却存在着诸多困难。

一方面,“马六甲困境”这一概念本身就带有一定误导性。根据相关研究报告,2014 年有 79 344 艘超过 300 总吨的货船从北部的一拓浅滩航行到南部。每天通过的船只平均达到了 217 艘,在 2011 年 201 艘的基础上又有所上升。其中,大型集装箱船占据了大多数。[②](见图 1)也就是说,即便未来大型船只通航量进一步上升,马六甲海峡的运输能力和通航能力也并不存在问题。而在海盗等非传统安全方面,根据国际海事局的报告,东南亚地区 2014 年全年遭受海盗袭击达 141 次,几乎是其他地区的总和。2015 年上半年,东南亚地区发生的海盗和武装劫持事件占到了全球的 55%。可以说,这一地区面临的海上非传统安全威胁依然相当严峻。与此同时,从 2010 年开始,发生在马六甲海峡的海盗袭击次数则一直较少且比较稳定,每年最多两次,2014 年只有一次。[③] 由此可见,经过地区各国的共同努力,马六甲海峡的航行稳定可以得到有效维护,不太可能出现突发断航的情况。而修建克拉运河并不能规避海盗侵扰等非传统安全威胁,相反还将面临新的安全问题。同时,与巴拿马运河建成之后的路线节省数周航运时间相比,克拉运河缩短的航程及时间则相对有限。所谓的克拉运河修建之后就能破解“马六甲困境”的说法,夸大了克拉运河的战略重要性,毕竟泰国和马六甲海峡沿线的国家同属东盟。[④]

另一方面,通过修建克拉运河来化解美国及其他国家的战略压力同样很难实现。筹划中的克拉运河位于泰国境内,主要由泰国一国管辖。泰国是美国的亚太盟国之一,长期与美国保持着紧密的军事合作。美国在泰国多处一直有驻

---

① 孙海泳:《克拉运河方案:挑战、意义与中国的战略选择》,第 97 页。

② Marcus Hand, “Malacca Strait traffic hits an all time high in 2014, VLCCs and dry bulk lead growth,” *Seatrade Maritime*, February 27, 2015.

③ ICC International Maritime Bureau, *Piracy and Armed Robbery against Ships*, *Annual Report*—2014, January 2015.

④ 《泰国专家:克拉运河项目不是优先选项》,新华网,2015 年 5 月 21 日,http://news.xinhuanet.com/world/2015-05/21/c_1115364998.htm。

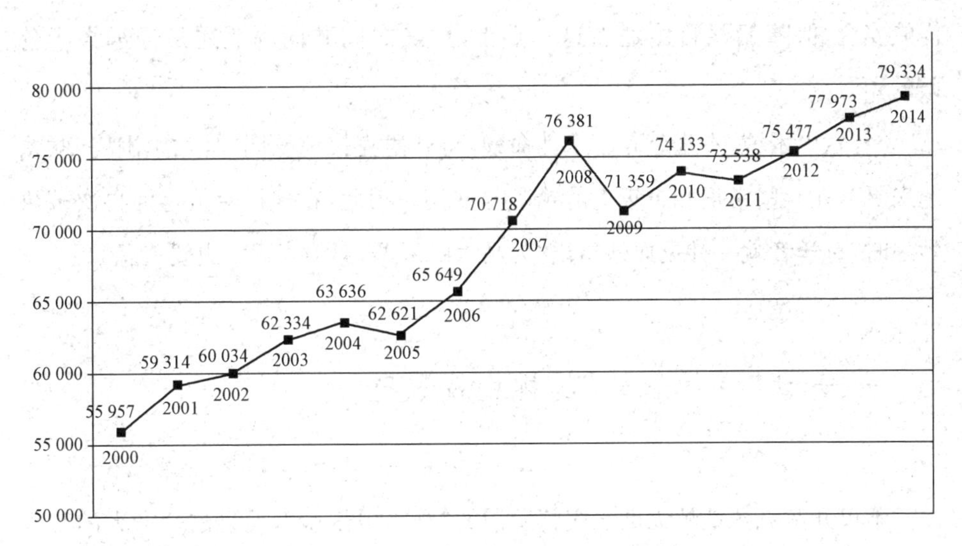

图 1　马六甲海峡船舶通航数量统计(2000—2014 年)

资料来源:数据由马来半岛海事局整理发布。

军,同时每年还有例行的大规模联合军事演习。在美国实施“亚太再平衡”战略的背景下,美泰关系有进一步加强的趋势。泰国驻美大使 2014 年在塔夫茨大学的演讲中强调:“泰国是美国主要的非北约盟国,美泰同盟为美国提供了一个更加广泛介入东南亚乃至亚太地区的平台。”①一旦克拉运河建成之后,根本不可能由中国来掌控,在危机时刻同样无法摆脱美国的封锁与控制。张明亮指出,“美国只要封锁马六甲海峡,就可捏紧中国的石油运输命脉”等说法难以成立。在他看来,马六甲海峡由印尼、马来西亚、新加坡三个国家共管,克拉运河如果建成,极可能由泰国自身管理,“如果说担心受制于他国,那是受制于三个国家还是一个国家的风险更高?”②同样,有学者指出,“马六甲困境”被高估,除非是在中美两国开战的情况下。③ 不要说在经济全球化的今天中美开战的可能性微乎其微,就是东南亚地区一旦真的进入战争状态,美国不会也不敢封锁海峡。在维护

① Remarked by Vijavat Isarabhakdi, “The Thai-U. S. Strategic Partnership in the Context of the U. S. Rebalance to Asia,” Tufts University, Novebmer 21, 2014.

② 薛之白:《克拉运河:战略布局还是国际骗局》,载《联合早报》,2015 年 5 月 20 日。

③ 薛力:《“马六甲困境”的内涵辨析与中国的应对》,载《联合早报》,2010 年 8 月 13 日。

海峡安全、保障船只自由通航这一点上,中美之间共同利益还是远远大于分歧的。

"马六甲困境"本来就是一个伪命题,将开凿克拉地峡同"马六甲困境"联系起来更存在一些常识和逻辑上的错乱与漏洞。因此,在建设克拉运河再次被热炒之时,有学者就一针见血地指出"无马六甲困局,建中泰运河也要三思"。[①]

三、开凿"克拉地峡"的挑战及风险

不仅开凿克拉地峡无助于缓解所谓的"马六甲困境",而且这一浩大的工程还面临着众多挑战。

(一) 经济风险巨大

长期以来,克拉运河项目之所以一直处在纸上谈兵的状态,一个很重要的原因就是建设周期长、投资风险大、技术要求高。这一点不要说在首倡该项目之时的17世纪很难实现,即便是在400多年后的当下,开凿克拉地峡的工程依然相当艰巨。1999年,来自日本的研究团队在进行可行性研究时提出,在克拉地峡开凿一条50千米长的航道需要花费至少200亿美元。[②] 2003年初,泰国政府授权一家香港公司对运河计划进行可行性研究,该公司预计工程费用将高达250亿美元,建设周期为10~15年。[③] 而据现在估算,克拉运河开挖建设周期也将超过10年,总投资高达300亿美元左右,一般企业恐难有能力承担这笔巨额投

① 林民旺:《无马六甲困局,建中泰运河要三思》,*http://www.360doc.com/content/15/0522/07/15549792_472353196.shtml*。

② Sulong and Rini Suryati, "The Kra Canal and Southeast Asian relations," *Journal of Current Southeast Asian Affairs*, April 2012, p. 110.

③ 安维华:《南线:四大构想的权衡》,载《世界知识》,2006年第8期,第18页。

入,就算以国家行为融资也将会有很大的难度,并会面临种种挑战。除此之外,运河建成之后的通航能力、航道维修费用等也是一笔相当可观的开销。

(二) 克拉运河建成后所带来的经济收益其实并没有预期那么高

巴拿马运河与苏伊士运河作为重要的国际航道,分别节省航程 8 200 多海里和 10 000 多海里。即便如此,这些工程在建成之后几十年时间里,一直处于亏损状态。而克拉运河与之相比,从节省的航程到地缘位置的重要性等方面还有一定差距,再加上还要与效率很高、运作能力突出、管理机制完善的马六甲海峡竞争,优势并不明显。同时,与其他运河面临的挑战一样,克拉运河的实际收益同世界经济的发展状况密不可分。根据联合国贸易和发展会议 2014 年发布的数据,2013 年全球海运贸易只增长了 3.8%,低于过去十年的平均水平,而 2014 年这一数据还将继续下降。这反映出海运贸易于 2012 年达到顶峰后新的周期性变化的开始。[①] 世界贸易组织 2015 年 4 月发布的报告称,由于全球经济增长疲软,2015 年全球贸易额预计仅将增长 3.3%。在此背景下,修建新运河究竟能给泰国以及相关利益方带来多大的收益,还存在很大的不确定性。

(三) 社会负面效应显著

在泰国专家看来,克拉运河的开凿将带来社会和环境方面的不确定影响。泰国社会文化注重对传统生活方式的尊重,环境保护意识很强。开凿长达 100 余千米的克拉运河势必对森林和海洋生态环境以及水流、气候、地貌、耕地、居民社区等诸多方面造成不良影响。运河如果开通,大量船只将会从安达曼海和泰国湾的国家海洋生态保护区及著名风景旅游区如斯米兰群岛、素林群岛、安通群

① United Nations Conference on Trade and Development, *Review of Maritime Transport 2014*, November 2014.

岛、苏梅岛、龟岛等附近经过。这样一来,通过当地的环境影响评估的难度很大。一旦发生油轮泄漏事故等海上交通事故,还将对环境和旅游业造成灾难性后果。对于泰国民众来说,与国家的经济利益相比,他们更关心的是环保、生态方面的影响,因此这一项目在民众中的支持率并不高。有民调显示,只有不到1/3的泰国人支持开凿克拉地峡,约1/3的人不置可否,其余的人反对。[①] 泰国公民社会发达,民意对政府决策的影响不容忽视,没有大多数民众的支持,克拉运河项目很难真正付诸实施。

(四) 克拉运河建设需要平衡东南亚各国之间的利益

有学者指出,克拉运河将会为泰国的华人企业带来好处,但同时损害了新加坡华人企业的利益。除非东南亚地区所有的华人企业团体达成一致,否则克拉运河不可能进行建设。[②] 不只是在经济利益上,在环境保护上也是如此。有马来西亚专家就担心,随着克拉运河的建成,各国对于保护马六甲海峡以及新加坡海洋环境的兴趣将会大大降低,因为这里不再是他们的经济利益所在。[③] 一旦如此,对于马六甲海峡带来的社会和环境方面的影响也会十分急迫。

(五) 泰国及周边地区安全形势不容乐观

虽然掌握克拉地峡对中国来说是战略上的天赐良机,但是也会给泰国政府

---

① 宋行云:《克拉运河:像雾像雨又像风》,载《世界知识》,2015年第12期,第31页。

② Gagu Shimada, "Kra Isthmus shortcut would mean big shifts in Southeast Asia," Asian Review, *Nikkei*, June 25, 2015. http://asia.nikkei.com/magazine/20150625-IS-ASIA-READY/Politics-Economy/Kra-Isthmus-shortcut-would-mean-big-shifts-in-Southeast-Asia? page=2.

③ Mohd Hazmi Mohd Rusli, "Proposed Thai canal project: Between myth and reality," *The Malay Mail Online*, June 2013.

带来很大的安全关切。[1] 泰国国内局势并不稳定。近年来，泰国政府更迭频繁，不同的政府执政对待克拉运河的重视程度也有不同。在他信政府时期，其副首相差瓦立对开凿克拉运河有很大的兴趣，并力图吸引中国、日本加入开发。然而他信对这一项目并不感兴趣，一直希望建造一个贯穿于泰国南部、造价更低的石油管道。[2] 随着2006年他信下台，这些计划都不了了之。直至英拉继任，运河项目才重回聚光灯下。“她的党派已经宣誓，重审和恢复各类包括运河在内的发展项目，以发展、改善泰国经济。”如今的军政府并未将运河项目列入优先选项，迄今为止，克拉运河项目尚未被提到内阁的议事日程上，也不在泰国政府的交通基础设施八年建设计划中。军政府发言人威拉冲明确表示“现在周边的环境并不有助于开展这一项目”。不仅如此，泰国政府还担心泰南的分裂主义运动。[3] 泰国南部的分裂主义暴力活动时常发生，未来运河的安全将受到很大威胁。一旦运河修建完成，不能完全排除南部分裂主义分子借威胁运河安全来要挟泰国政府和国际社会以实现其政治目的的可能性。有泰国学者指出“克拉运河不需要从地理上将泰国一分为二”。[4] 如果仅从经济利益出发，开发克拉运河也许还有可能，但是如果将安全因素考虑在内的话这一可能性就变得微乎其微。在“克拉项目研究委员会”看来，“安全问题将永远困扰着修建克拉运河倡议”。[5]

---

① Shannon Tiezzi, “No, China Isn’t Building a Game-Changing Canal in Thailand (Yet),” *The Diplomat*, May 21, 2015.

② Ian Storey, “China’s Central American Canal Dreams,” *The Strait Times*, June 27, 2013.

③ James Bean, “Thailand’s Little-Known Peace Process,” *The Diplomat*, July 31, 2013.

④ Jeerawat Na Thalang, “Kra Canal dream still far from reality,” *The Bangkok Post*, June 7, 2015, pp. 10 - 11.

⑤ “Security issues will forever plague Kra Canal initiative,” *The Nation*, February 2, 2015. http://www. nationmultimedia. com/business/Security-issues-will-forever-plague-Kra-Canal-init-30253140. html.

(六) 修建运河还将加剧相关国家之间的地缘战略竞争

一方面,新加坡、马来西亚、印度尼西亚这三个马六甲海峡沿岸国的传统利益将受到影响,特别是新加坡作为东南亚地区金融、航运中心的地位会受到挑战;另一方面,缅甸、越南两国也担心克拉运河的建设会对其港口、航运等海上利益造成不利影响,例如缅甸极力打造的土瓦港和越南与美国合作开发的薯岛深水港,都将受到冲击。① 当然,在有些学者看来,这样一条打通印度洋和太平洋的海上通道必然成为中、美、印三大国在"印太地区"角逐的砝码。美国著名的地缘战略学家罗伯特·卡普兰强调:"中国政府正在设想一条穿越泰国克拉地峡的运河,联结印度洋和中国的太平洋沿岸——这项堪比巴拿马运河的项目将进一步颠覆亚洲的权力均衡,使其向中国期望的方向发展,让中国迅速增长的海军和商船更加轻而易举地进入从东非到日本和朝鲜半岛的广阔海上区域。"②印度方面也将这项计划视为中国海上"珍珠链战略"的组成部分,并对此抱有很大的疑虑。③

凡此种种可以看到,在克拉运河项目还是"空中楼阁"之时,即现"几家欢乐几家愁",相关各方已经投入了极大的关注,甚至上升到地缘战略层面的讨论,未来一旦投入实施,必将引起东南亚地区、亚太地区乃至整个印太地区的连锁反应,撬动相关各方地缘关系、利益关系和认知关系的一系列变化。

---

① Gordon Brown, "Resurgent interest in a Kra canal poses threat to Dawei project," *Mizzima News*, March 18, 2015. Graham Ong-Webb, "New Viet port a clue to Kra Canal?," *The Strait Time*s, August 20, 2015.

② Robert D. Kaplan, "Center Stage for the 21st Century," *Foreign Affairs*, March/April, 2009, p. 22.

③ Harch V. Pant, "Sino-Indian Maritime Ambitions Collide in the Indian Ocean," *Journal of Asian Security and International Affairs*, Vol. 1, No. 2, 2014, p. 193.

四、走出"克拉地峡迷思"的路径

回溯历史,围绕着开凿克拉地峡的讨论已有数百年,起起落落,热热冷冷,其间有的国家、企业乃至个人都曾对此付出不少心血,也曾出现过一些令人鼓舞的进展,但总给人一种"画饼充饥""望梅止渴"的感觉。从设想、设计到实施建设之间好像有一道永远也跨不过去的鸿沟,每次都在吵吵闹闹过后再次回到原点。尤其对中国人来说,仿佛有一种挥之不去的迷思萦绕在想象中的克拉运河上空,弃之不舍,用之又无处着手。"克拉地峡迷思"是一种复杂情绪的综合体,是一种多重利益的交叉体,更是一种战略迷思的承载体。眼下,如何尽快走出"克拉地峡迷思",对迈向海洋强国的中国来说至关重要。

(一) 从战略上来看,中国在未来相当长的一段时间内,应该将自身定位为地区性的海洋强国,而非全球性的海洋强国,更不可追求成为海洋霸权国

全球化时代的海权目前已经呈现出许多新的特点。传统军事战略学派强调的控制海洋不再是单纯地利用海洋为本国利益服务,而是保证除敌国外的每个国家都可以安全利用海洋,航行自由具有很重大的意义。这与传统排他性的"主导海洋"有很大区别。与此同时,海上的无序往往是陆地上无序的延伸,各种非传统安全尤其是新型非政府行为体带来的安全威胁都是巨大的,它们的所有行动都有可能损害以海洋为基础的全球体系。[①] 这需要我们跳出西方经典海权思想中主导海洋、控制海上通道的逻辑,通过共同的海上行动,引领海上非传统安全合作,从而奠定走向海洋强国的道义基础。在这一战略之下,我们应该摒弃通

---

① Geoffrey Till, "New Directions in Maritime Strategy? Implications for the U. S Navy," *Naval War College Review*, autumn 2007, pp. 31 - 36.

过控制克拉运河等相关海上通道来保障自身海上运输安全并与美国展开竞争的想法,在战略思维上破除“马六甲困境”带给我们的困扰。当然,这不等于忽视海上通道维护和建设对于我国国家安全的重要性,而是从我们一直坚持的和平、发展、合作、共赢的和平发展道路中,从命运共同体建设的思维逻辑中,汲取养分,创造在一种维护海上航道安全的合作新范式。

(二)从实际操作层面来看,要充分认识到克拉运河建设可能带来的种种地缘政治影响,使其为我国整体周边外交战略服务,努力做到软硬结合

从软的方面来看,我们要着眼于海洋软实力的建设,更多地提供海上公共产品。针对东南亚地区面临的非传统安全威胁,我们应该成为合作理念的积极倡导者,合作行动的积极推动者,利用各种多边和双边平台发挥建设性作用。而从硬的方面来看,海军力量的建设至关重要,中国军事战略中“近海防御,远海护卫”的目标需要强大的海军,海上通道的安全也离不开自身经济实力和海军力量的增强。同时,充分发挥海军在非传统安全中的作用,推动海洋安全合作,积极开展海洋外交。

(三)近年来随着中国新的外交倡议不断提出,开凿克拉运河问题需要放置于新的外交战略框架下重新加以审视和权衡

要看到克拉运河议题的热炒同我国推行“一带一路”倡议有直接的联系。随着中国建设“一带一路”倡议的稳步推进以及由中国倡议成立的亚投行,有不少外国评论认为这为克拉地峡的开凿创造了条件和机遇。[1] 有文章甚至将克拉运河称为“21世纪海上丝绸之路”的战略枢纽。要建设“一带一路”需要通过各种

---

[1] Corey Rhoden, “Easing the Malacca Energy Bottleneck: Is it Time for the Kra Canal?,” *Forbes*, June 29, 2015.

举措加以实施和推进，创造双赢、共赢的局面。同时，"海上丝路"及亚投行的实践，应该遵循从易到难、由简入繁的进程，扎扎实实地进行项目可行性研究，从低风险的领域和发展前景看好的项目着手，尤其是要让市场发挥主导作用，将经济收益放在首位。对于克拉运河这项经济风险巨大的项目，还应该谨慎对待，特别是在"一带一路"和亚投行运作初期更不应作为投资的优先选项。

（四）破除"克拉地峡迷思"还需要对现实状况有冷静的观察和清晰的分析研判，不被一些国外学者所谓"宏伟"的建议干扰和左右，更不能被各种媒体尤其是西方媒体的炒作冲昏头脑

一切从国家利益出发，一切都要围绕实现国家战略目标的需要。可以说，在未来相当长的一段时间里，克拉地峡的开凿和克拉运河的建设都是不切实际的计划，尽管民间的研究和呼吁不会停止，但是上升到官方层面和操作层面还将面临一道又一道不可逾越的障碍。这将是多方博弈、多层互动的结果。尤其是克拉地峡位于国内政治状况异常复杂的泰国，就像《华尔街日报》所说，"在泰国，每个人都挖空心思提出开凿运河的建议，但是结果往往一无所获"。[①] 何况近期泰国军政府已经明确表示对该项目没有兴趣。就像我们在总结推进"一带一路"倡议的经验时，提出要做到同沿线国家的密切沟通和战略对接，将此要旨用于破除"克拉地峡迷思"尤为关键。在未来考虑"克拉运河"与中国海洋安全时，要从政治、经济、安全等方方面面加以考量，做好与泰国、新加坡、印尼、马来西亚以及美国的战略沟通，放弃一厢情愿的盲目幻想。

① James Hookway, "In Thailand, Everyone Digs the Idea of a Canal, but It Never Goes Anywhere," *The Wall Street Journal*, July 15, 2015.

第四部分　中国与东盟：竞争、合作与发展

2015—2016年的中国-东盟关系：在求同存异中稳步发展

鲁　鹏*

［内容提要］　中国-东盟关系在过去20多年中取得了令人瞩目的进展。在从对话伙伴向战略合作伙伴转变的过程中，中国与东盟不仅构建了密切的经济相互依赖关系，在政治互信方面也取得了长足进步。2013年中国与东盟战略伙伴关系十周年之际，中国政府把确立战略伙伴关系以来的十年定义为“黄金十年”。同年10月，习近平主席在印度尼西亚国会发表重要演讲，倡议与东盟共建“21世纪海上丝绸之路”，携手建设更为紧密的中国-东盟命运共同体，为中国-东盟关系的长远发展指明了方向。2016年是中国-东盟建立对话关系25周年，李克强总理进一步提出中国-东盟“2＋7”合作框架，包括深化战略互信、聚焦经济合作这两条政治共识和加强政治、经贸、互联互通、金融、海上合作、安全、社会人文等七个重点领域合作设想，为各领域务实合作做出了规划。而双边关系“钻石十年”目标的提出，则进一步说明了中方对中国与东盟关系的积极预期。特别值得注意的是，中国与东盟作为亚太地区两种不同的国际行为体，近年来都实现了自己在地区国际关系中的崛起，并且在地区事务中正发挥着越来越重要的作用，逐渐成为本地区经济发展与地区安全和稳定的关键力量。这既突出体现在双方对于南海海洋领土主权争端长期的协调与克制立场，更体现在双方国家

* 鲁鹏，南京大学中国南海研究协同创新中心研究员。

发展与对外战略的高度契合与互补性上。因此,中国与东盟双边关系能否继续健康发展则直接影响到彼此在今后十年甚至更长时期能否继续保持崛起的良好势头。接下来将首选简要回顾中国与东盟双边关系在近年来的发展,接着讨论双边关系中存在的一些问题以及解决的途径,最后对2017年中国与东盟双边关系的走向做出展望。

[关键词] 中国-东盟关系 求同存异 稳步发展 2015—2016年

中国与东盟双边关系的发展,是在东盟与中国崛起的大背景下进行的。中国崛起是近20年来国际关系中最深刻而且影响最为深远的变革之一。改革开放以来特别是进入21世纪以后,中国不仅在经济上成为世界第二大经济实体,更在综合国力乃至国际影响力方面成为国际政治舞台上举足轻重的行为体。虽然这一进程遭到西方以及中国周边一些国家的猜忌与质疑,但是中国的崛起总体上来说保持了其和平的取向,因此迄今为止也是成功的。在中国快速崛起的同时,东盟也经历了崛起。虽然东盟的崛起不如中国的崛起那样引人注目,但一个变化中的东盟,一个崛起中的东盟,却成为一个不争的事实。东盟1986—1990年年均GDP增长7.02%,1991—1995年年均GDP增长率为7.48%,虽然受1997年金融危机影响经济总体表现欠佳,但进入21世纪后又开始进入稳定增长阶段,2001年以来年均GDP增长率超过5%。1990年以来的20多年里,东盟各国的人均GDP平均增长了4.7倍,其中增长最快的越南为19.8倍,增长最慢的文莱也达到2.9倍。到2013年,老挝、缅甸、柬埔寨等传统落后国家的人均GDP都超过了1 000美元,新加坡和文莱的人均GDP更是分别位列全球第7位和第20位。

东盟崛起是下面两个量变积累的结果:一是长期快速增长后经济实力的增强;二是共同体建设提高了内部一体化水平,使东盟作为地区集团的存在感和国际地位大大提升。这说明,东盟"中心地位"作为一种自我认知,虽以自身能力提升为基础,但也接受国际社会对其实力崛起的反馈。换句话说,外部大国对东盟的支持和认可强化了东盟对其"中心地位"的自我认知,而大国对东盟态度转变的背后又都包含着中国崛起的因素,因此可以说,东盟国际地位的重要性在一定程度上被中国崛起所放大。在中国和东盟共同崛起的背景下,双方的合作在近年来取得了显著的成果,具体表现在以下几方面:

一、双方政治安全互信建设初见成效

中国和东盟在政治安全互信方面的合作,其基础就是双方对外战略的高度契合与相互默契。对于东盟国家而言,东盟共同体是其战略目标。2003 年 10 月,东盟提出了构建东盟共同体的宏伟目标和规划。近年来,东盟共同体建设全面展开,并且取得了较大的发展。2015 年底,东盟正式宣布建成了共同体,这标志着东盟跨入了共同体时代。中国一直公开支持东盟一体化进程和东盟共同体建设。2012 年 10 月 29 日,中国驻东盟大使杨秀萍在雅加达表示,"中国始终支持东盟一体化建设"。2013 年 10 月 9 日,李克强总理在文莱出席第 16 次中国-东盟领导人会议时再次表示,"一个团结、繁荣、充满活力的东盟符合中国的战略利益,为支持东盟共同体建设,中方愿向东盟及相关机构提供发展援助"。2014 年 11 月 13 日,李克强总理在出席第 17 次中国-东盟领导人会议时再次表达了对于东盟共同体建设的支持。2015 年 11 月 7 日,习近平主席在新加坡国立大学发表演讲时再次表示,"坚定支持东盟发展壮大,坚定支持东盟共同体建设"。

中国对于东盟共同体的肯定立场得到了东盟国家的广泛赞誉。与之相对应,东盟国家在中国对外战略上的理解与体谅也为双方政治安全互信的建设提供了良好的基础和氛围。中国对外战略的最终目标就是在融入国际社会的过程中实现自身的和平崛起。这一战略始于邓小平时期的"韬光养晦",在近年来经由习近平提出的"有所作为"而进一步明确起来。和平崛起对外战略能否成功的一个关键就在于能否维持并且发展睦邻友好关系。东盟国家在中国实施和平崛起战略过程中,总体上保持了极大的善意和克制,特别是在涉及东盟自身成员国利益的南海海洋领土争端上,多数东盟国家对于中国-东盟关系的大局仍然保持着清醒的认识,因此既反对个别成员国借助南海问题绑架东盟对话政策,也对域外大国利用东盟火中取栗阻扰中国和平崛起的做法保持足够的警惕。因此我们一方面看到马来西亚和文莱等与中国在南海存在争议的东盟成员国并没有像菲律宾和越南那样采取咄咄逼人的态势挑战中国的国际形象,而另一方面,与中国没有海洋领土争端的其他东盟国家则极力维持东盟在南海问题上开放和合作的态度。这也使得中国对于东盟在本地区事务中进一步发挥积极作用始终持鼓励和支持的态度。

二、双方经贸合作不断深入,积极探索合作的新模式

中国与东盟合作是从经济领域取得突破的。在建设中国-东盟自贸区的10多年中,中国与东盟经济合作不断加快。目前双方都是对方的重要经济伙伴,在东盟的对话伙伴中,其与中国的贸易相互依赖程度最深。中国已连续多年成为东盟第一大出口目的地和进口来源地,而东盟目前是中国第二大进口来源地、第三大贸易伙伴和第四大出口市场。截至2015年8月,中国与东盟累计相互投资超过1 500亿美元。虽然中国与东盟2016年双边贸易额出现下降,但随着人民币国际化、产能合作深入、双边投资范围更广泛等因素,中国与东盟的商业关系将持续向好。比如,在由中国-东盟商务理事会和东盟北京委员会共同主办的“2017中国-东盟迎新春话合作系列活动”上,缅甸驻华大使帝林翁表示,预期2017年中缅经贸投资关系提升,利好因素包括《区域全面经济伙伴关系协定》今年预期达成,已成为中缅边贸主要支付手段的人民币国际化程度提高。

目前中国与东盟经贸合作的一个极其重要的平台就是东博会。2003年10月,温家宝总理在第七次中国-东盟领导人会议上倡议,从2004年起每年在中国广西南宁举办中国-东盟博览会。这一倡议得到了有关各国领导人的普遍欢迎。博览会由中国商务部、东盟十国经贸主管部门及东盟秘书处共同主办,以“促进中国-东盟自由贸易区建设、共享合作与发展机遇”为宗旨,内容涵盖商品、服务

贸易和投资合作。

而中国东盟合作的一个重要投资载体则是产业园区。产业园区在促进中国-东盟双边贸易投资中扮演着十分重要的角色。加强产业合作是中国-东盟自贸区的活力所在,加强双方行业对接和产业合作是自贸区升级发展的当务之急,而通过建设跨国园区探索产业合作新模式,则是实现互利共赢目标的最佳载体。以"促进中国-东盟自由贸易区建设、共享合作与发展机遇"为己任的东博会,积极牵线搭桥,提供积极牵线搭桥,提供优质服务,成为中国-东盟产业园区合作的重要平台。中马钦州产业园区和马中关丹产业园区,开创了"两国双园"的国际产业合作新模式,成为中国与东盟产业合作的最新亮点之一。在中国-东盟自贸区升级和"一带一路"建设的大背景下,"两国双园"成为中国推进"一带一路"倡议实施的先行探索和重要实践。

在中国,有东盟国家投资建设的产业园区,在东盟,一批中国参与建设的产业园区正在发力。泰国泰中罗勇工业园是中国首批境外经济贸易合作区,也是首家在泰开发建设的中国境外工业园区,自 2006 年启动以来,该园区已入驻 70 家以上的中国企业。入驻企业来自北京、上海、山东等沿海发达区域的城市。经过多年的发展,泰中罗勇工业园已成为中国传统优势产业在泰国的产业集群中心与制造出口基地,是目前中国境外经贸合作区开发最成熟、招商最多、入驻企业最优质的园区之一。此外,中国与柬埔寨、印度尼西亚、缅甸、老挝、越南等国家共建的多个产业园区也在如火如荼地进行。产业园区正在为中国和东盟国家企业提供新的投资平台,开创了双边产业合作的新模式,成为中国-东盟加强投资合作的试验田,也成为国际产能合作的重要途径之一。

此外,中国与东盟经贸合作过程中还不断探索新的合作模式,目前,全球经济竞争的重点正从货物贸易转向服务贸易,世界上诸多国家衡量一个国家现代化水平的标准主要就是看服务业与服务贸易的发展水平。服务贸易在各组织与各地区中的比重越来越高,在西方发达国家之中,这点尤其明显。而东盟国家与中国作为彼此的邻国,双方的发展建设对于彼此有着重要的意义,如果得到应有的重视与相关政策的支持,将极大促进双方经济的发展,所以中国与东盟自由贸易区的建设有着不可忽视的积极意义。然而,第三产业,即服务业的发展是未来发展的趋势,随着经济总量的增加和人民生活水平的提高,人们越来越重视服务业,也在服务业方面投资越来越频繁,所以,在探讨中国-东盟自由贸易区的前景及建设的时候,对双方服务贸易合作发展的分析必不可少。21 世纪以来,中国-东盟双边服务贸易总额保持高速增长,除受到 2008 年国际金融危机冲击导致后一年的小幅下降之外,中国与东盟的服务贸易进出口总额都以高于 20%的速度增长。

三、积极开展地区安全对话与合作

长期以来,东盟历经冷战和地区格局演变,对地区安全问题尤为重视。根据自身特点形成了以不干涉内政、协商一致和照顾各方舒适度为主要内容的"东盟方式",有力维护了内部团结,抓住了东亚区域合作的主导权,取得了在本地区事务中的"中心地位"。2015 年年底,东盟正式建成共同体,这是东亚一体化进程中新的里程碑,有助于提升东盟在国际上的地位。

中国与东盟之间的安全问题是客观存在的,但是经过双方的坦诚对话、交流与合作,总体来说是处于可控的局面。当前中国-东盟关系发展的总体态势良好,正从过去的"黄金十年"迈入未来的"钻石十年"。南海问题只涉及中国与部分东盟国家的领土主权和海洋权益争议,并非中国同东盟整体间的问题。东盟十个国家中,只有四个是声索国,立场与中国分歧较大的也只有一两个国家。这是中国与东盟关系的全貌,而南海问题只是双方关系中一个很小的部分。而且各方在地区安全问题上开展了坦诚的对话与合作,对于稳定地区局势起到了积极的作用。

近年来,安全合作成为中国与东盟合作应对地区非传统安全威胁的重要内容,双方军事防务交流合作不断拓展,在中国和东盟"10+1"、东盟地区论坛、东盟防长扩大会、东盟和中日韩"10+3"等框架下开展了形式多样的交流活动。2011 年,中国同东盟举行了首次防长交流。2015 年,双方首次在华举行中国-东盟防长非正式会晤和中国-东盟执法安全合作部长级对话。自 1997 年起,中国同东盟每两年举行一次打击跨国犯罪部长级会议,双方还签署了《关于非传统安全领域合作谅解备忘录》。中国公安部通过举办近百场禁毒执法、刑事技术、海上执法、案例研讨、出入境管理、网络犯罪侦查等培训或研修项目,培训了大批东盟成员国执法官员。2015 年 11 月,在出席第 18 届中国-东盟领导人会议期间,李克强总理建议共同提升安全合作水平,争取早日实现防长非正式会晤机制化和执法安全合作部长级对话机制化,建立中国-东盟防务直通电话,设立中国-东盟执法学院,并建议在未来五年为东盟国家执法部门提供 2 000 人次培训,同时加强双方在打击跨国犯罪、反恐、灾害管理等非传统安全领域的合作。

2016 年 9 月,由财政部和外交部重点支持的“2016 年中国-东盟防灾减灾与可持续发展专家论坛”在广西南宁举行。这是多学科、多部门、多领域的国际综合防灾减灾与可持续发展论坛,是中国-东盟区域防灾减灾工作者的一大盛会。来自中国以及越南、印度尼西亚、柬埔寨、老挝、马来西亚、缅甸、菲律宾、新加坡、泰国等东盟国家气象水文部门、高校、研究所的代表和专家,以及世界气象组织(WMO)和联合国亚洲及太平洋经济社会委员会(ESCAP)的气象、水利、地震、地质、海洋等领域的专家、学者近 150 人出席会议。这次论坛的主题是“做好防灾减灾工作,更好地服务‘一带一路’发展战略”,选择这样的主题旨在重视和加强中国与东盟地区防灾减灾工作的科学研究,推动防灾减灾技术的进步、提高区域防灾减灾能力、减轻自然灾害造成的损失,更好地为区域经济发展服务。深入分析自然灾害特征及形成机理,探讨中国与东盟各国在全球气候变化环境下应对自然灾害的能力和防灾减灾协同机制,构建防灾减灾交流合作平台,从科学角度上研讨减轻自然灾害对策和措施,把自然灾害造成的损失降到最低,促进中国-东盟区域经济可持续发展。

四、积极开展农业合作

2002 年 11 月《中国东盟全面经济合作框架协议》和《中国东盟农业合作谅解备忘录》的签署标志着中国-东盟农业合作进入大规模发展时期;2010 年 1 月

1日,中国与东盟建立了世界上最大的自由贸易区,在农业领域展开了更加广泛、深入的合作。中国农资行业全面市场化推动了农资商品的优化升级,落后产能向先进产能转变,绿色、环保、技术含量高的高端农资产品利润空间更大。同时,农资行业产能普遍过剩,农资产品尤其是低端产品面临去产能、去库存等挑战。当前多数东盟国家都在推进工业化、城镇化和农业现代化,农业生产领域尤其是农资产品需求旺盛。中国农资行业拥有完备的工业生产体系,农资产品性价比高,综合配套和工程建设能力强,中国和东盟可发挥各自的比较优势,以市场主导、民间参与的形式,在农资领域推动技术和产能的输出,实现互利共赢。

中国农资产品成为东盟热销商品。多数东盟国家是典型的农业国家,对化肥、农药、农机、农膜等农资的需求日益增长。近年来,越南、柬埔寨、老挝等东盟国家从中国进口大量此类产品。与此同时,许多东盟国家具有相对比较丰富的农资原材料储备。例如,泰国和老挝的钾资源储量丰富。目前,有10家外资企业在老挝进行勘探开采,其中9家来自中国。中国中农矿产资源勘探有限公司等企业已经与老挝政府签署了开采权为30年的“老挝甘蒙省农波县和他曲县进行钾盐开采和加工的合同”,达成了覆盖面积35平方千米、资源量1.044亿吨(KCL)的合同,最终将建成每年300万吨规模的钾盐项目。该项目受到中、老两国政府的高度重视,被称为中国农资企业“走出去”战略在东盟市场的“标杆”。

在直接农产品和农业物资贸易的同时,中国与东盟还积极开展了农业生产合作。双方进行了农业人才培训。2002年11月,农业部与东盟签署《中国-东盟农业合作谅解备忘录》,明确双方在农业合作方面的主要领域,中国在栽培技术、水肥管理、病虫害防治及其他领域对来自东盟的专家进行培训,另外还在渔业与水产养殖领域、农业生物技术应用领域、农业工业领域、农业推广领域及畜牧业领域开展交流与培训,中国和东盟还在农业高新技术、林业、采后技术及粮食安全等领域开展交流与合作。特别是2008年云南省农业科技国际人才培养基地以及2012年中国-东盟教育培训中心的设立,为云南农大开展国际交流合作提供了广阔平台。

农业技术的推广也成为中国与东盟近年来农业合作的重要内容。特别是杂交水稻方面的合作,包括水稻栽培、水肥管理、病虫害综合防治、种子培育、技术人员培训等内容。中国与菲律宾的“中菲农业技术中心”项目推动了菲律宾杂交水稻技术的发展。湖南省与印度尼西亚开展的杂交水稻种植示范合作项目对印度尼西亚的杂交水稻生产起到了巨大促进作用,印度尼西亚的整秧田播种效率和质量明显提高,增幅达16.8%~44.7%。

除此之外,由于在农业自然资源、农业劳力资源、农业技术等方面具有很强的互补性,中国与东盟在农业领域的互动投资也成为各方农业合作的重要形式,并且成为各方经济往来的主要形式。双方的农产品贸易更是加快了中国农业企业对外投资步伐。2008—2014年中国累计对东盟农业投资近16亿美元,投资存量为24.44亿美元,自2004年以来,东盟在广西投资农业项目40多个,总额超过16亿美元。

五、不断探索海上合作的新路径

海洋是中国和东盟经贸文化交流的重要纽带。自中国与东盟1991年正式建立对话关系以来,在海洋领域的合作不断深化。1992年《东盟南海宣言》公布后,中国与部分东盟国家启动了以双边谈判解决岛屿主权和海洋划界等问题的模式;1994年,中国-东盟联合完成了联合国涉海合作项目“东亚海洋污染防止与管理计划”;1997年,中国与东盟确定建立“面向21世纪睦邻互信伙伴关系”;2000年,中国和越南签署了《中越在北部湾领海、专属经济区和大陆架的划界协定》《中越北部湾渔业合作协定》;2002年中国和东盟签署了《南海各方行为宣言》,这成为和平解决南海争端的重要法律文件;2003年中国-东盟从“睦邻互信伙伴关系”升级为“面向和平与繁荣的战略伙伴关系”,同时把海上合作纳入双方合作的十大领域之一的“交通”领域推进;2010年,东盟提出与中国实行海上互联互通计划,2011年中国设立了“中国-东盟海上合作基金”,致力于推动中国-东盟海上互联互通建设;2013年,“21世纪海上丝绸之路”倡议的提出为中国-东盟海洋务实合作搭建了新平台,中国与东盟沿海国家分别在海洋科研与环保、海洋基础设施建设、海洋渔业、航行安全、联合执法等领域开展合作;2015 年,“中国-东盟海洋合作年”的确立不仅夯实了“21 世纪海上丝绸之路”倡议,同时为中国-东盟海洋合作提出了新命题。在机制建设方面,目前中国与东盟已经建立了较为完善的对话机制,在“10+1”和“10+3”框架合作的基础上,同时建立了领导人会议机制、12 个部长级会议机制和 5 个工作层对话机制。总体来讲,中国-东盟海洋合作目前呈现出双多边同时推进、多领域同时开展的新局面,合作领域也从渔业合作逐步扩展至海洋经济合作、海洋科研与环保、海洋联合科考、海上互联互通、海洋港口建设、共建海洋联合实验室等。

六、通过教育合作架起友谊的桥梁

2016 年是中国-东盟教育交流年。4 月至 5 月初,中国-东盟中心(以下简称中心)在教育领域开展了丰富多彩、形式多样的活动,在中国和东盟之间架起了相互理解和沟通的桥梁。2016 年 4 月 24 日,第三届北京东盟留学生运动会隆重开幕,主题是“让运动团结你我”。柬埔寨驻华大使凯·西索达、老挝驻华大使万迪·布达萨冯、马来西亚驻华大使扎伊努丁、越南驻华使馆临时代办武进勇等东盟国家驻华使节及代表、留学生代表 600 余人出席了开幕式。该活动由东盟在京留学生联合会承办,持续至 5 月 28 日,利用周末时间在北京语言大学和北京体育大学运动场馆举行比赛。500 余名东盟留学生运动员参加了包括田径、篮球、排球、五人足球、网球、乒乓球、羽毛球、保龄球、国际象棋等项目角逐。

中国和东盟国家现有互派留学生 18 万人。双方积极落实“双十万学生留学计划”,即到 2020 年,双方将实现在对方国家各有 10 万名左右留学生的目标。中国政府决定向东盟国家提供 1.5 万个政府奖学金名额。建立了中国-东盟教育交流平台。中国开设了所有东盟成员国的语言专业,在天津国际汉语学院建立了中国-东盟汉语和文化教育基地。中国在东盟国家建立了 29 所孔子学院、15 座孔子课堂和中国文化中心。中国政府已建立 10 个中国-东盟教育培训中心,涉及多个行业领域。中国与东盟国家职业教育机构和学术院校间交往不断扩展,在天津大学设立了中国-东盟工程技术大学合作与交流网络秘书处,为双方合作与交流提供更多平台。在出席第 18 届中国-东盟领导人会议期间,李克强总理宣布中国与东盟商定将 2016 年确定为"中国-东盟教育交流年",倡议在此框架下举办第二届教育部长圆桌会。李总理还宣布,将在现有向东盟十国提供政府奖学金名额基础上,在未来 3 年新增 1 000 个新生名额。

七、以旅游促交流,以交流促合作

中国和东盟是好邻居、好朋友。新加坡、马来西亚、泰国等东盟国家早在 20 世纪 80 年代末就成为最早一批中国公民组团出境旅游目的地国家,一直都受到中国游客的青睐。近年来,中国与东盟的旅游快速发展,旅游已成为各国合作的先导。中国已成为东盟第一大客源国。2017 年迎来了中国-东盟旅游合作年,中国和东盟将以此为契机,进一步加强旅游合作。中国已经成为东盟第一大客源国。中国与东盟的旅游合作呈现快速发展的好势头,每周有上千架次航班穿梭于中国和东盟的上百个城市之间。中国和东盟双向人员往来已从 2003 年的 387 万人次,增至 2015 年的 2 300 多万人次,旅游交流规模创历史新高。近年来,中国公民赴东盟旅游游客上升 50%,达到 1 700 多万人次。

与此同时,中国对东盟游客的吸引力也继续上升。2016 年上半年,按入境旅游人数排序,中国主要客源市场前 15 位国家中,有 6 个是东盟国家。东盟国家来华旅游达到 650 多万人次。以毗邻东盟的广西为例,目前广西每年入境游客超过 300 万人次,其中近一半来自东盟国家。马来西亚发林集团主席丹斯里林玉唐表示,看好中国旅游消费和旅游地产的发展潜力。"随着中国居民消费能力的提升和城市化进程的持续加快,中国旅游业潜力将加速释放,迎来黄金增长期。"他透露,

2016年底在山东德州投资总额达150亿元的“东盟国际生态城”首期项目即将落成,为东盟中小企业寻找在中国合作项目搭建平台,实现更广泛的投资合作。

八、开展医疗卫生对话与合作

中国与东盟建立对话关系25周年之际,首届中国-东盟卫生合作论坛10月26—29日在广西南宁举办。国家卫生计生委副主任崔丽出席开幕式并倡议,加大联合科研力度,不断挖掘传统医学中的智慧结晶。崔丽指出,“健康中国”建设与“2015年后东盟卫生发展日程”的理念高度契合,加强中国与东盟卫生各领域务实合作、促进卫生人文交流、携手应对全球卫生挑战符合各方利益。中国和东盟在传统医学领域交流合作不断加深,人民有需求、政府很支持,有广阔合作前景,倡议加大联合科研力度。

结　论

总的看,尽管中国和东盟国家多边贸易关系在最近几年尤其是2016年取得了显著的进展,但是仍然存在很多不容忽视的问题。比如近年来中国与东盟部分成员国围绕南海领土争端的升温,提醒我们建设双边关系“钻石十年”面临的巨大挑战:一方面是南海争端升温成为域外国家力量介入的借口,加剧了问题的复杂性,另一方面是东盟及东盟成员的南海政策进入调整阶段,给地区安全格局带来新的不确定性。在当前的国际环境下,中国深知自己的和平与发展身系亚洲,因此对中国-东盟关系十分看重,而现实是中国对东盟的经济重要性正在下降,在此背景下,中国在积极的对外政策指导下的中国-东盟自贸区升级版把双边经济更深层次的一体化作为指向。正常状态下,作为这种安排的结果,未来的中国-东盟经济相互依赖关系将进一步深入。但当中国认为中国-东盟关系会因为这相互依赖而更加稳固时,东盟却开始担心中国对东南亚的经济主导和政治影响。因此,在东盟自我认知发生变化、因为维护东盟中心地位而选择从战略上疏远中国时,中国长期以来采取的以经济合作促进彼此关系的战略将面临挑战。

与此同时,在经贸领域,由于从单一双边贸易关系转向综合型的多边贸易投资关系,投资的增长意味着今后的贸易将会有更大的增长,此外,各方贸易额下降将倒逼产业结构升级,有助于优化贸易结构。深化产能合作是未来中国与东盟经贸关系升级的一大抓手,有助于将中国-东盟自贸区建设和产能合作进一步紧密结合。这对于中国与东盟而言都是自身实现进一步崛起的机遇所在。但机遇总是伴随着调整。在中国和东盟双边经贸关系调整、升级的过程中,仍存在不少问题,比如服务贸易合作的信息服务平台不完善。自然人流动和商业存在是进行投资或贸易的基础,但中国-东盟自由贸易区对于商业存在、自然人流动的统计不够全面、系统,而且关于这两点的统计滞后性非常明显,关于东盟具体地区的金融、旅游、通信等具体的服务产业资料欠缺,有很多必须到特定的官方网站才能找到,并且某些拥有相应统计数据的官方网站还设置了进入障碍,把投资人士拒之门外;关于中国与具体的不同东盟国家的国际服务贸易的统计数据更是缺乏。

虽然中国-东盟之间的服务贸易如今的发展势头很猛,信息的更新换代也非常快,但是自贸区的服务贸易统计往往跟不上发展的步伐,这不利于中国和东盟服务贸易的发展进程,也不利于自贸区国家内部之间根据对方的实际情况对服务产业进行合理投资。此外,中国与大部分东盟国家服务贸易竞争力弱,中国与东盟的大部分国家在新兴的、在某种意义上也是未来服务产业发展根本的行业,如交通、保险方面,竞争力很弱,有很多东盟国家的保险与专利特许费方面的竞争力远远低于−0.6,这对很多国家的服务贸易来说是很不利的,在某种程度上也阻碍了这些国家服务贸易的均衡发展和全方面发展。

此外,在“海上丝绸之路”建设方面,中国将通过合作投资推动周边国家的基础设施建设,支持装备制造业“走出去”,进而推动国内相关行业到资源富集、市场需求大的国家建立市场基地。这种以“通路、通航和通商”为主要目标的建设,必然需要大规模的资金支持。如此庞大的投资规模和需求,单个国家或金融机构均无法满足,而国际金融资本也受制于欧美情势而无法大规模投入,因而在这样的背景下,相比较于此前彼此的金融合作,此时的合作更强调投入与效益,即如何通过金融合作来推动各方,尤其是中国企业的海外投资与跨境贸易,也是中国和东盟经贸关系将面临的新挑战和新机遇。

目前中国和东盟国家正处于发展建设的关键时期,通过深化双方合作来促进各自发展,符合有关各方共同利益。中国实施了经济社会发展第十三个五年规划,围绕全面建成小康社会的目标,通过实施创新、协调、绿色、开放、共享五大发展新理念,引领未来发展行动。东盟发布《东盟共同体愿景 2025》及政治、经济和社会文化三个共同体发展蓝图,面临着加快发展、缩小差距、改善民生等紧迫任务。未来,中国与东盟及东盟十国拥有着进一步对接发展战略,提升国家整体发展水平,建成东亚经济共同体目标的难得历史机遇。

在良好的双边政治互信互动以及经贸往来和全方位合作的背景下,中国-东盟关系在未来几年中有可能会出现以下几方面的新进展:一是不断加强的政治互信。中国与东盟建立战略伙伴关系以来,高层交往日渐频繁,政治互信不断加深。但伴随中国综合国力的迅速提升以及东亚力量格局的深刻演变,东盟个别国家对中国未来发展前景和外交政策走向开始产生疑虑,这在中国-东盟关系的实践当中已有所反映,一定程度上干扰了彼此深化合作的进程。各方需要共同努力,找到能够有效增强战略互信的途径,使相互关系能够行稳致远。二是继续深化经贸合作。2015 年,中国与东盟贸易额达到 4 721 亿美元,双向投资累计超过 1 564 亿美元。至此,中国连续 7 年是东盟第一大贸易伙伴,东盟连续 4 年是中国第三大贸易伙伴。未来,双方抓住东盟共同体建成和中国-东盟自贸区升级版协议达成的重要机遇,加快"一带一路"倡议与东南亚各国发展战略的对接,极有可能促进中国-东盟经贸关系发展再上新台阶。其中,互联互通建设和国际产能合作将是双方重点推进的领域。三是人文交流更上一层楼。2015 年,中国和东盟人员往来突破 2 300 万人次,互派留学生超过 18 万人次。每周有千余架次航班穿梭于中国与东盟国家之间。下一步,教育、旅游作为人文合作的优先方向,将有可能成为中国-东盟关系新的支柱。

硬实力、软实力、巧实力：透视中国-东盟关系

李明江*

［内容提要］ 中国在东南亚的战略目标是希望成为该地区最有影响力的大国。过去20年来，为达到此目标，中国在政治、经济、外交、人文等各个领域对东南亚实施了强有力的软实力战略。这种战略的成效喜忧参半，一方面中国在东南亚的影响力的确有了长足的进展，同时双方的战略互信还不牢固，双边关系进一步发展也面临阻碍。中国在东南亚的硬实力政策与其软实力战略存在诸多矛盾和冲突，导致中国在东南亚的巧实力受阻。因此，中国还需要下大力气与东南亚国家发展更加稳定和密切的安全关系，尤其是在南海问题上可以考虑做较大的政策调整。只有软实力和硬实力之间不相互矛盾，并尽可能地形成良性互动，中国在东南亚的战略目标才更有可能得到实现。

［关键词］ 中国-东盟关系　软实力　硬实力　巧实力　南海问题

"巧实力"一词在几年前刚刚被提出来的时候，引起过学界的广泛关注，但将这一概念和分析框架用于分析中国外交政策的研究还比较少。巧实力的基本含义很简单，指的是一个国家如何综合、平衡、巧妙地同时运用自己的软实力和硬实力以达到自己在国际政治中的战略、政治、外交和经济等方面的国家利益的最大化。本文主要探讨中国在东南亚的巧实力外交。东南亚可以说是研究中国软

---

* 李明江，发表本文时为新加坡南洋理工大学拉惹勒南国际研究院副教授。

实力和硬实力互动的比较好的案例，有几方面的原因：第一，中国与东南亚国家的双边关系历史悠久，双方对彼此都相对了解；第二，这个地区除了印度尼西亚之外基本上都是小国，区外大国包括中国的软实力和硬实力的影响对它们能够产生比较明显的效果；第三，由于这个地区的地理位置的战略重要性，大国之间的竞争和角逐从未间断；第四，地区部分国家与中国在南海问题上存在领土主权纠纷，给我们考察中国的硬实力影响带来客观条件。

中国在很大程度上将东南亚视作其周边最为重要的战略次区域。一些国外分析人士甚至认为中国将东南亚看作其战略后院。[①] 为了与东南亚国家建立更为友好的关系，中国从20世纪90年代后期开始对这一地区展开"魅力攻势"，[②] 并延续至今。很多学者也把中国的这种做法称为软实力战略。中国在东南亚运用软实力的方式(实质是权力资源的软运用)可以归纳如下：增进与各国的政治关系，积极参与地区多边主义，推进经济合作，提供经济援助，加强社会和文化交流，以及淡化领土和安全冲突。中国的软实力战略旨在构建一个更为友善的中国形象，获取更多的经济机会，以及(也许是最为重要的)提高中国在东南亚的战略影响力，以达到与其他区外大国竞争的目的。经过十多年的努力，中国利用软实力的方式已经成功实现了上述许多目标。

但如何继续维持与东南亚国家牢固的关系并进一步加强这种关系，依然是中国面临的一个不小的挑战。这种挑战来自多个方面。有历史原因，比如冷战时期中国与区域众多国家的政治和意识形态矛盾，历史上与华人有关的一些冲突。有客观现实的原因，中国作为一个迅速崛起的大国，军事等综合国力蒸蒸日

---

① See for instance, Andrew Scobell, "China's Geostrategic Calculus and Southeast Asia—The Dragon's Backyard Laboratory," Testimony before U. S. China Economic and Security Review Commission, February 4, 2010; For full text, see: http://www.uscc.gov/hearings/2010hearings/written_testimonies/10_02_04_wrt/10_02_04_scobell_statement.pdf; Michael R. Chambers, "The Evolving Relationship between China and Southeast Asia," in Ann Marie Murphy and Bridget Welsh, eds., *Legacy of Engagement in Southeast Asia*, Singapore: Institute of Southeast Asia, 2008, p. 298.

② Joshua Kurlantzick, *Charm Offensive: How China's Soft Power Is Transforming the World*, Yale University Press, 2008.

上，一些周边国家对一个强大的中国将如何与邻近小国相处产生不确定感，进而导致疑虑甚至担忧。当然，也不能排除周边国家的精英人士在一定程度上受到西方媒体的影响，对中国抱持一些误解。

但是，这些原因都不足以解释为什么一些东南亚国家对中国始终保持防范的态度，还不能接受中国在这个区域的影响力的大幅增长。很多地区关系观察人士认为，阻碍中国更进一步扩展在东南亚影响力的最主要因素是南海问题。具体来说，他们认为，中国利用硬实力强势维护其在南海的领土主权、安全利益以及海洋权益，在很大程度上造成了东南亚多数国家对中国的战略不信任。中国官方和学界对这种看法基本上持批判的态度。官方一再声明，中国对南海拥有无可争辩的主权和权利，因此中国在南海采取的维权行动是为了维护中国的合法权益，无可厚非。国内绝大多数研究人员认为，中国近些年在南海的行动只是对其他声索国的行为的反应。很多学者也将南海冲突和争端的加剧归咎于美国以及其他区外大国的干涉和挑拨。这些观点和判断在一定程度上是有道理的。但是，更加值得我们注意的是，东南亚国家的外交政策精英们如何看待这些问题，以及他们如何看待中国的做法。在东南亚，比较一致的看法是，中国在南海问题上强势并且在很多方面充满矛盾的应对方式加剧了东南亚国家对中国的疑虑，结果导致中国在与其他域外大国争夺东南亚地区影响力上处于不利的地位。在 21 世纪初，中国不断增长的经济影响力曾受到地区内许多国家的欢迎，但现在这些国家开始担心在经济上过分依赖中国，担忧这种依赖将使得它们对外关系上的独立自主地位收到太大的损害。21 世纪海上丝绸之路的推行目前遇到的种种困难即是例证之一。

也就是说，外界主流看法认为中国在东南亚的硬实力政策，尤其是南海政策严重影响了中国在东南亚期望获得的战略和政治利益。中国政府试图通过提出宏大的地区合作倡议来缓解运用硬实力带来的负面效应，现实证明这一举措在某种程度上是有用的，但不会从根本上解决这一问题。中国在东南亚的软实力和硬实力政策存在比较突出的矛盾，结果是两种力量将中国与众多东南亚国家的关系往两个相反的方向推，使得双边关系表面一团和气，实则暗流涌动，面临种种障碍。这可能也是在将来很长一段时间内,中国在与东南亚国家交往的过程中运用巧实力不得不对面临的困境。走出这个困境,需要中国在南海问题上跳出多年来形成的自我话语圈子,更客观地去理解这个问题,尤其是高层领导人要更完整和更清楚地认识南海问题的历史和法理的方方面面,要有政治魄力去教育民众,让民众了解中国在南海拥有什么样的真正、合理、合法的利益,让民众懂得哪些利益诉求是不现实的,同时下大力气最大限度统一国内各个部门和地方政府对南海问题的认识和利益追求。不这样做,恐怕中国与东南亚的关系会长期在进步、徘徊和后退的圈子里打转,导致中国和东南亚众多国家对双边关系都不满意甚至怨言不断。

一、中国对东南亚的软实力影响

综合学界的分析,中国的东南亚政策包括以下几个相互关联的目标:第一,维持与地区国家稳定和友好的关系;第二,获得地区国家足够的战略信任;第三,获得稳定的资源供应以维持国内高速的经济增长;第四,获得在本地区强大的政治影响力地位;第五,地区国家不加入也不支持地区内其他国家或域外国家发起的针对中国的战略联盟或包围圈;第六,获得地区在国际战略问题上对中国的支持,如推动世界多极化,拓展中国的软实力(塑造一个更好的中国形象),等等。[①]把这些目标糅合起来,可以看出,中国意在成为东南亚地区最有影响力的大国,这似乎是中国地区战略目标的实质所在。从这个意义上来说,东南亚可以被理解为中国周边外交政策中的"战略后院"。

---

① 参阅许宁宁:《中国与东盟关系现状、趋势、对策》,载《东南亚纵横》,2012年第3期,第51-55页;李庆四:《中国与东盟关系:睦邻外交的范例》,载《国际论坛》,2004年第2期,第30-34页;李晓伟,《中国与东南亚合作的地缘战略思考》,载《云南民族大学学报》,2008年第3期,第68-73页;中国现代国际关系研究所东盟课题组:《中国对东盟政策研究报告》,载《现代国际关系》,2002年第10期,第1-10页;陈峰君:《加强中国与东盟合作的战略意义》,载《国际政治研究》,2004年第1期,第24-28、68页。

为了达到这些目标，中国力求在这一地区推行软实力战略，这一趋势在2000年以后更为明显。中国一直支持东盟一体化发展，支持它在地区事务中发挥主导作用。中国还积极参与东盟发起的机制和论坛，如东盟地区论坛、东盟10+3、东亚峰会、东盟防长扩大会议等等。中国支持所谓的“东盟方式”，以展现它融入地区秩序的诚意，遵守东盟规范的决心，开展多边合作的兴趣以及提升自身透明度的意愿。中国学者经常说，与其他区外大国相比，中国是支持东盟一体化和东盟在地区事务中发挥主导作用最有力的国家。这种说法在一些方面是正确的，但是东南亚的学者会反驳说，由于中国与一些东盟成员国有领土和安全利益冲突，中国也是所有区外大国中对东盟分化和削弱东盟在地区安全事务“驾驶员”地位最明显的国家。不管如何，中国积极参与地区多边主义对增加中国在东南亚的软实力影响是大有裨益的。

一段时期以来，中国和东盟达成了许多重要的双边文件。例如，2003年，中国与东盟签署《面向和平与繁荣的战略伙伴关系联合宣言》，标志着双方关系迈向一个新阶段。双方承诺在以下11个领域加强合作：农业、信息通信、人力资源开发、湄公河流域开发、相互投资、能源、交通、文化、公共卫生、旅游业、环境保护。同年，中国还成为第一个加入《东南亚友好合作条约》的对话伙伴国，这一举措激发了东盟其他对话伙伴纷纷加入该条约。这一条约的地位由此也得到极大的提升。

从安全领域来看，20世纪的第一个十年之初，中国在南海推行一种审慎的、温和的安全政策。2002年10月，中国与东盟签署《南海各方行为宣言》。在许多分析人士看来，《宣言》是要么什么都不签署与要么签订具有法律约束力协议的折中方案。从《宣言》的内容来看，它清楚地表明了三大目标：建立信任措施，开展具体的海上合作，以及为制定一个更加正式、更具约束力的“南海行为准则”进行相关磋商和谈判。

有学者认为，从法律的角度来说，《宣言》应当被视为是具有法律约束力的文件。他们提出，《宣言》是中国政府和东盟成员国政府达成的协议，由各自的官方代表签署，与其他正式的国际协定无异。还有学者认为，《宣言》并不是一无是处。因为它作为各方政治善意的象征,在很大程度上有助于南海地区整体局势的稳定,为各争端方交流和互动提供了平台。也有学者认为,《宣言》至少对各争端方在南海的行为施加了道义上的限制。他们进一步指出,南海合作案例数量尽管不多,但至少也有一些。

可以说在过去一段时期的南海紧张局势中,中国方面仍然一直保持了一种温和和克制的姿态。比如2011年7月,中国和东盟在巴厘岛就"落实《南海各方行为宣言》指导方针"达成一致。中国承诺与其他声索国一道推动落实《南海各方行为宣言》,中国还提议举办关于南海航行自由的研讨会,成立海洋科研和环保、航行安全与搜救、打击海上跨国犯罪三个专门技术委员会。[①]

在2011年11月召开的第14届中国-东盟领导人会议上,时任国务院总理温家宝宣称,中国愿与东盟永做好邻居、好朋友、好伙伴。他说中国愿与东盟国家积极推进全面落实《南海各方行为宣言》,并着手探讨制定"南海行为准则"。温家宝还承诺,中国将设立30亿元人民币的中国-东盟海上合作基金,用于海洋科研与环保、互联互通、航行安全与搜救、打击跨国犯罪等领域的合作。[②] 在此次会议上,温家宝强调了南海航行自由的重要性。他还对《南海各方行为宣言》表达了乐观的看法,并强调中国寻求与相关国家和平解决争端的一贯立场。[③]

2011年9月,中国主办的南海区域海洋学研讨会、南海航行自由与安全研讨会分别在青岛和海南召开。[④] 2012年1月14日,中国主办了落实《南海各方行为宣言》第四次高官会,与会代表就2012年的工作方案交换了意见,并同意尽快落实各类合作项目。他们还同意共同出资举办一个纪念《南海各方行为宣言》

① 《环球时报》,2011年7月20日,http://world.huanqiu.com/roll/2011-07/1835028.html 登录时间:2015年4月30日。

② "China pledges to be 'good friend'," *Straits Times*, November 19, 2011; "zhongguo zongli wen jiabao: fandui waibu shili jieru nanhai" [Chinese premier Wen Jiabao: China opposes the involvement of external forces in the South China Sea], *Lianhe zaobao*, November 19, 2011.

③ 《温家宝就南海问题阐明中方立场》,2011年11月19日,http://news.xinhuanet.com/2011-11/19/c_111180192.htm? prolongation=1 登录时间:2015年4月30日。

④ 《外交部就落实〈南海各方行为宣言〉高官会等答问》,2012年01月12日 http://www.gov.cn/xwfb/2012-01/12/content_2042900.htm,登录时间:2015年4月30日。

签署十周年研讨会。中国还承诺主办南海海洋防灾减灾研讨会以及南海海洋环境保护与生态系统监控研讨会。双方还同意在2012年召开第五次高官会和第八次联合工作组会议。在接下来的两年多的时间里,中国和东盟的外交部门高官就南海行为准则的制定进行了一系列的磋商,初步启动了协商和制定准则的程序。

中国和东南亚国家还寻求加强它们在非传统安全领域内的合作。2002年,中国-东盟签署《关于非传统安全领域合作联合宣言》。2004年,双方签署《关于非传统安全领域合作谅解备忘录》,2009年到期后,又续签了5年(2010年1月到2014年12月有效)。此外,在2011年12月印尼巴厘岛举行的第二届东盟-中国打击跨国犯罪部长级会议上,双方还批准了《关于落实〈东盟-中国非传统安全领域合作谅解备忘录〉的行动计划》。

与此同时,中国与东南亚国家在社会交流方面也发展显著。对于很多中国人来说,东南亚是他们青睐的旅游目的地。2010年,越南、泰国和马来西亚接待了超过100万的中国游客。前往新加坡、菲律宾、印度尼西亚、柬埔寨和缅甸的中国游客数量在过去十年中也增长迅速。①

为了推动双方的教育交流,从2005年开始,中国提高了对东盟十国的政府奖学金配额;2008年以来,奖学金数量以每年50%的速度在增长。2010年,中国向东盟国家提供了3 337份奖学金,这一数值比2005年增长了329%。2010年以来,中国和东盟开始积极推行“双十万学生流动计划”。到目前为止,中国在东盟国家的留学人数超过了10万,东盟国家在中国的留学人数超过了5万。

中国政府似乎很热衷于利用经济手段来增进在东南亚的战略利益。在过去的10年中,中国向地区国家,特别是东南亚大陆国家提供了大量的经济援助。2009年,中国设立总额100亿美元的中国-东盟投资合作基金并向东盟提供150亿美元的信贷。后者包括17亿美元的优惠贷款,后来这一数量增长到67亿美元,用于资助超过50个位于东盟国家的基础设施建设项目。2011年,为推进东

① 参阅中国旅游局2003至2010年年度统计公报。

盟互联互通总体规划，中国在第14次中国-东盟领导人会议上宣布向东盟追加100亿美元贷款(其中包括40亿优惠贷款和60亿商业贷款)，用于推动东盟的互联互通建设，成立中国-东盟互联互通合作委员会，加强中国和东盟的海上互联互通网络建设。

中国的软实力战略还表现在中国-东盟自由贸易区的成立上。为了缓解东盟国家对中国加入WTO后经济体量的担忧，中国提议与东南亚国家共建一个自由贸易区。这一倡议最早在2000年由时任国务院总理的朱镕基提出，这也是中国早期战略思考的结果。① 朱镕基总理指出，在同东盟国家进行双边贸易活动时，要秉持“多予少取”“先予后取”的原则。中国-东盟自贸区框架下的“早期收获计划”也很好地体现了这一战略思考。中国在东南亚有两大战略，一是维持中国在东亚金融危机中获得的信任，二是进一步减弱“中国威胁论”在地区内的影响。中国也逐渐意识到自贸区机制能帮助中国实现与东南亚国家建立和谐关系这一战略目标。既然中国已经成为东盟最大的贸易伙伴，那么中国的领导人有理由相信中国在这一地区持续增长的投资将加强双方的经济联系并稳固双边政治关系。

在过去的十年中，中国的一些省份在中国-东南亚双边关系中也发挥了积极作用，其中，云南和广西最为突出。云南省在大湄公河次区域合作及其他互联互通项目中发挥了重要的作用。广西壮族自治区也热衷于推进泛北部湾经济合作区以包括地区内所有沿岸国。云南和广西还有志于与邻国(如缅甸、老挝、越南)建立跨境经济合作区。尽管这些项目获得了中央政府的支持，但相关进展比较缓慢。

随着主要领导人给予越来越多的支持，上文所述的中国软实力要素都有望得到进一步扩展。中国已经公开呼吁与东南亚国家携手并进，打造升级版自贸区。2013年10月，在访问东南亚的过程中，中国国家主席习近平指出中国愿与

① 王玉主:《自贸区建设与中国东盟关系——一项战略评估》，载《南洋问题研究》，2012年第1期，9-20页。

东盟国家商谈缔结睦邻友好合作条约。他还邀请东盟国家与中国合作共建21世纪海上丝绸之路。

总体来看,中国对东南亚国家展开的软实力攻势帮助中国在这一地区站稳了脚跟。大量民调显示,20世纪末,中国在这一地区的影响力已大幅提升。中国在东南亚地区逐渐增长的影响力也引起了域外国家的恐慌,它们担心在这一地区的影响力由于中国的成功而遭到削弱。比如,许多分析人士都认为,美国的亚太再平衡战略部分是出于对中国在东南亚地区逐渐增长的影响力的担心。此外,即使是近几年南海局势紧张的时候,东南亚国家(菲律宾除外)的政治精英人士也很少公开提及"中国威胁论"。还有,东盟越来越难形成统一的立场来批评中国在南海争端中的行为和表现。相关的事例也有很多,比如,2012年东盟在中菲黄岩岛对峙中保持沉默;同年在金边举行的东盟部长会议上,东盟国家由于在南海问题上的立场不一致,导致没有按照惯例及时发布联合公报。

二、中国在东南亚的硬实力政策

但从另一方面来看,即使按照中国自己的标准,东南亚显然也远未成为中国的战略后院。一些民调显示,由于地区国家对中国相当大程度的战略不信任,中国还没有成为地区内最有影响力的大国。它们既不信任中国"和平崛起"或"和平发展"的允诺,也对中国构建和谐世界的诚意抱有疑虑。中国近期主张的"中国-东盟命运共同体"倡议也遭受冷遇。现实是,许多地区国家欢迎甚至支持美国的"亚太再平衡"战略,这清楚地表明,中国还不具备控制地区战略重组的能力。即使是缅甸,这个过去曾高度依赖中国投资的国家,目前也在尽量摆脱对中国的过度依赖,修复它与其他大国的政治外交关系。

在经济领域,中国也面临着新的问题和挑战。中国提出的一些次区域经济一体化倡议,如泛北部湾经济合作区,无法得到东盟国家(比如越南)的支持。此外,东盟国家还积极与其他大国达成双边贸易协定。国内的学者认识到,中国的战略设计因某些域内国家意图加入跨太平洋伙伴关系协议(TPP)而受到威胁。近几年南海局势日趋紧张也预示着,中国"利用经济手段实现政治目标"的策略面临着挑战。[①]

中国在东南亚的战略目标没有得到完全实现的原因有很多。从宏观的角度看,中国作为快速崛起的大国,无论采取什么行动都会引发地区内国家的担忧。另外,中国和区域内国家的经济合作也还有很多可以改进的地方,特别是中国国有企业在东南亚的一些重大投资引发了一些负面的影响。[②] 这些企业在遵守东南亚地区劳工和环境标准方面还有待提高。相关的例子很多,比如中国在缅甸密松大坝项目投资流产,中国在越南中央高地的铝土矿项目遭到当地民众抗议。缅甸也非常担心中国(特别是来自云南的)商人在缅北地区毫无节制地开采自然资源。

但是这些因素还不至于对中国与东南亚关系造成严重损害,从根本上阻碍中国实现其地区战略目标的原因,在于中国与东南亚地区脆弱的安全关系。具体来看包括三个方面:中国的军事建设、中国与大多数地区国家的低层次安全交流关系以及南海争端。其中,对双边关系损害最大的莫过于地区大多数国家对中国在南海问题上的强硬立场的认知。南海争端复杂且严峻,经常引发中国与东南亚(或与某些东南亚国家)的紧张局势,可谓是双方关系的阿喀琉斯之踵。而这一问题又因中国的国内政治社会因素而进一步复杂化。

南海问题的复杂和难于应对有诸多原因,外界认为其中一个重要原因在于中国在南海问题上的主张和声索的模糊性。模糊性并不是因为北京故意与邻国打模糊牌,而是因为中国国内在如何理解南海经断续线的问题上存在分歧和争论。长期以来,中国外交部门都使用如下程式化的、内容含糊的声明来阐释中国的主张:中国对南海诸岛及其附近海域拥有无可争辩的主权,并对相关海域及其

① 王玉主:《自贸区建设与中国东盟关系——一项战略评估》,载《南洋问题研究》,2012年第1期,第9-20页。

② 斯蒂芬·弗罗斯特:《中国大陆的投资浪潮:国有企业和在东南亚的国外直接投资》,载《南洋资料译丛》,2006年第四期,第1-20页。

海床和底土享有主权权利和管辖权。[①] 外界不清楚"附近海域"和"相关海域"到底指的是哪些海域。而国内对南海主张越来越多、也越来越令人困惑的解释，使得这一问题更加复杂化。

中国一些海洋法专家提出，中国主权主张的解释必须完全建立在对《联合国海洋法公约》的理解上，也就是说，中国只能对南海岛屿主张主权，并根据《公约》享有相应的海域权利。还有一些专家认为中国应当将南海断续线内的海域主张为"历史性水域"。中国的媒体和学者经常使用一些非常随意的词汇来表达中国在南海的主张。他们声称中国具有300万平方千米的"水域"[②]、"海洋国土"[③]、"海域"[④]、"领海"[⑤]。比如，中国海军一位高级将领指出，中国拥有航空母舰是正当的，因为中国拥有300平方千米海洋国土。这300万平方千米海洋国土包括南海断续线内的约200万平方千米的海域。越来越多的学者主张中国在断续线内拥有"历史性权利"。但是，拥有什么样的"历史性权利"没有讲清楚，也没有讲清楚这些"历史性权利"的法理依据，目前所看到的陈述都还比较笼统。

也有中国学者呼吁政府澄清它的南海主权和权益主张。他们指出，中国目前面临的最大、最紧迫的挑战是如何解释南海断续线的问题，因为这是东盟和其他国家最为担忧的问题。清华大学教授孙哲指出，尽管南海对中国很重要，但中国应当认识到，南海不是中国的内湖，它的大部分应该是国际性水域。他告诫中国不要被其他国家理解为正在试图将南海控制为内湖。[⑥]

中国的海上执法机构倾向于将南海视作是中国主张的"管辖水域"或实际的"管辖水域"。基于这种观念，这些执法机构加强了它们对中国海洋渔业及能源

---

① China's Responses to Vietnam Submission & Joint M-V Submission to UNCLCS, May 7, 2009.

② Wang Qian, "China to dive into mapping seabed," *China Daily*, September 14, 2011.

③ Wang Xinjun, "China one step closer to developing aircraft carrier," *China Daily*, August 1, 2011.

④ "Refitting aircraft carrier not to change naval strategy," *China Daily*, July 27, 2011.

⑤ Zhang Zixuan, "Cultural relics discovered under sea," *China Daily*, May 17, 2011.

⑥ 《美强推南海问题国际化，杨洁篪七驳希拉里歪论》，《东方早报》，2010年7月26日。

资源权益的保护。他们愿意使用强势力量来阻止其他国家在中国专属经济区和断续线内进行资源勘探与开发活动。中国的国有石油公司,特别是中海油,加强了对南海地区的石油开采活动。外界认为,这些行为引发了南海地区的冲突和紧张局势。当这些冲突发生的时候,中国外交部别无选择,只能在外交姿态上支持中国海上执法机构的行动以及它们的"管辖水域"和"管辖权"主张。在中国国内,公众似乎认为整个南海都属于中国,因为自中华人民共和国成立以来,中国的历史和地理书籍都提到中国领土(陆地)的最南端是南沙群岛的曾母暗沙。这种情感也反映在中国相当大一部分不是海洋事务专家的国际关系学者身上。他们的文章或在媒体上的评论又进一步加强了公众认为整个南海事实上应当归属中国的信念。

中国国内各不相同的观点对中国的南海政策产生了不利影响。民族主义情绪笼罩着南海争端。在中菲黄岩岛对峙事件中,《环球时报》在中国7个城市做的舆情调查显示,接近80%的受访者都支持中国对在南海遭遇的挑衅和侵犯进行军事回击。[①] 公众在南海争端上的强硬立场给中国的外交决策带来了严重的限制。事实上,最近的国内舆论普遍认为中国政府在处理与周边邻国的争端时显得过于软弱,这也使得国内政治环境越来越支持在南海的海上执法行动。在这种语境下,强硬的立场和果断的行动在中国的决策环境中发展成一种政治正确。少数希望客观讨论南海问题并敦促实行谨慎政策的学者对来势汹汹的民族主义情绪无可奈何,他们微弱的声音被强硬派的政策主张完全淹没。

中国既没有在南海主权和权益主张上形成统一和明确的表述,也没有在如何解决南海争端的问题上达成共识,中国的南海政策因而充满了矛盾。由此带来的结果是,一些中国的媒体对菲律宾和越南发表恐吓性的言论,中国军方也不吝啬展示其强大的实力,中国的海上执法机构在执法时也享有更大的自由裁量权。中国外交部一方面坚决维护中国的立场和行为,另一方面也在忙于修复与

---

① 《南海局势微妙,八成国人支持军事回应南海问题》,2012年5月5日,http://news.enorth.com.cn/system/2012/05/05/009169236.shtml.登录时间:2015年4月30日。

东南亚国家的关系。但鉴于它在中国政治决策体系中的地位,外交部无法掌控决策进程,特别是在危机和冲突发生的时候。外交部门也成为国内民族主义者指责和控诉的最直接的对象。鉴于这种情况,近些年来,外交部似乎在南海问题上也采取了比在其他问题上更为强硬的立场。很多人认为,中国在南海的行为都是对其他声索国的所作所为以及其他大国干涉做出的反应。这种说法不完全错误。国外分析人士认为,中国的策略是利用其他争端国迈出一步的机会自己跨出两大步,而且中国在南海的有些行动似乎并不是对情势发展的反应。这种行动—反行动的解释忽略了处理南海争端的一个重要的政策选项,那就是如果中国有强烈的政治意愿的话,它完全有能力采用外交和其他手段促使所有争端国都不采取任何单边行动,从而维护南海的整体稳定。

南海问题不仅仅是立场模糊的问题,更深层次的问题在于要不要考虑对南海的历史和法理等各个方面的一贯理解和说法进行更客观和更全面的重新检视。中方一再强调,中国的先民很早就发现和利用南海及其岛屿岛礁,这个说法在一定程度上应该是成立的。但是,有几个问题值得仔细探讨。第一,东南亚这些沿海国家的渔民们几百年甚至上千年以来在哪里打鱼?他们也得利用南海,南海渔业一直是这些国家沿海无数居民蛋白质营养的主要来源。南海一直是海洋东南亚国家之间相互来往交流的必经之途。第二,东南亚国家虽然有文字记载的历史比较短,但是在这些国家民众的集体记忆中,中国在近代以前在南海(尤其是在南海南部)的活动和存在并没有那么明显。在众多的国际会议上,东南亚对历史有一定了解的学者或者精英人士都会反复强调,历史上在南海海域穿梭往来更多的是阿拉伯和印度的商船。相关研究表明,中国在南海的航行活动开始变得比较频繁始于唐宋时期。过去几十年在南海的沉船发掘考古活动中,研究者没有发现12世纪以前来自中国的船只。另外,这些沉船考古研究表明,目前,在南沙群岛附近海域所发现的所有沉船没有来自中国的古船只,基本上是近代来自欧洲的船只。古代中国的商船主要采用两条航线,一条是从中国沿海出发,沿着菲律宾群岛的西海岸南下,另一条路线是沿着越南和马来半岛海岸南下,这些中国船只都力图远离危险的南沙群岛海域。还有,中国声称历史上就对南沙岛屿岛礁和海域实施了有效管辖,这种说法在东南亚国家里没有得到足够认同,包括那些非争端国。

外界普遍认为,中国并没有讲清楚其历史依据和论述如何可以通过当代海洋法或者传统国际法的诠释,来支持中国在南海的主权和权利主张。很多学者认为,中国更有说服力的一些证据来自20世纪30年代之后的行为,尤其是民国政府在二战结束后的几年里针对南海采取的行动,包括在西沙和南沙的岛屿主权收复行动以及1947年绘制的南海诸岛位置图。因此,外界有相当多学者也认为,中国对南海岛屿岛礁的主权主张的历史和法理依据并不比其他争端国的立场弱,但是涉及南海断续线内的海域管辖和权益,外界对中国的一些说法和官方做法几乎没有支持的声音。南海的航海自由问题一直是一个热点。中国官方一再声明南海的航行自由从来没有受到影响,将来也不会受到影响,但是,这些声明并没有完全消除一些国家对南海航行自由的担忧。东南亚国家以及区外大国由于中国在南海海域的主张模糊,并不能完全肯定航海自由能够得到保障,区外大国希望明确南海的航行自由不是中国施舍和由中国来管辖的,而是应该天然存在的。

中国在处理南海问题上明确提出"双轨"的思路是明智的,虽然中国与东盟国家自20世纪90年代末期以来一直是在这么做。中国一再声明和呼吁中国与东盟关系不能受制于南海问题,也不能由于菲律宾和越南的立场而受到南海问题的绑架,这些政策思路和做法都是必要的,也产生了一些实际的积极效果。但是,同时也要看到,东盟的一体化在加速发展,东盟作为一个地区机制不可能完全不顾及南海的安全问题。这就是为什么在最近的东盟领导人峰会上通过的主席声明措辞严厉,不点名指责中国在南沙的"填海造岛"活动"侵蚀了信任和信心"并"可能损害南海的和平、安全与稳定"。①

---

① "Chairman's Statement Of The 26th ASEAN Summit Kuala Lumpur & Langkawi," 27 April, 2015. "Our People, Our Community, Our Vision," April 28, 2015. http://themalaysianreserve. com/new/story/chairmans-statement - 26th-asean-summit-kuala-lumpur-langkawi - 27-april - 2015-our-people-our. 登录时间:2015年4月30日。

结　论

中国努力打造与东南亚国家更为密切的关系，但十多年后，这一努力的成果只能算是好坏参半。中国无法完全实现这一地区战略目标的原因有很多，比如，中国与东南亚国家经济交往的质量还有待提高。在东南亚几乎看不到中国非政府组织的声影，相比之下，美国和日本的非政府组织要活跃得多。此外，尽管多年以来中国政府一再声明要与地区国家共同应对非传统安全问题，但目前为止还没有太多实际进展。

中国实现地区战略目标最大的障碍源于中国和东南亚缺乏牢固的安全关系，这在很大程度上归结于中国不愿在安全领域充分发挥软实力的作用。如果没有可靠的安全联系，中国就不可能从地区国家那里获得持久的政治和战略信任。南海问题又进一步阻碍了中国和东南亚安全关系的发展。从很大程度上来说，由于存在着不同的观点和政策取向，中国国内无法就其南海目标达成一致意见。与此同时，也正是由于南海争端，中国的军方，以及在某种程度上一些政治精英人士，对东南亚国家抱有很深的疑虑：他们认为东盟以集体的身份在南海问题上支援其成员国；某些东盟国家还以南海为借口拉拢域外国家来平衡中国。所有这些都使得中国很难提出一个连贯的、协调的东南亚安全政策。

一般来说，中国的精英人士总是很难理解为什么东南亚国家会惧怕中国。他们将地区国家对中国的战略疑虑视为无稽之谈。在中国人眼中，军事现代化是民族复兴过程中很自然的一部分，但这对地区国家来说是一个很主要的关切。而中国人将这种关切视为对中国不友好的表现甚至是反华阴谋，对东盟的批评意见也越来越多。越来越多的学者认为东盟国家既不感激也不回馈中国的善意和慷慨。他们还认为一些东盟国家支持美国的“重返亚太”战略，邀请美国平衡中国在这一地区的影响力。中国的外交决策人士还认为，在南海问题上，东南亚声索国与美国串通一气共同反对中国。那种认为“中国在南海的强势政策疏离了东南亚国家并在事实上帮助美国实施‘重返亚太’战略”的观点在中国并没有受到多大重视。中国与东南亚地区的安全关系在一定程度上陷入恶性循环。

最后,不断变化的政治决策环境也使中国很难实现它的东南亚战略目标。2000 年以来,出于领导人“维稳周边”的战略考虑,中国在地区内推行了很明显的软实力战略,以满足国内经济快速发展的需要。但如今决策层对这一战略逐渐失去兴趣。中国的大众和精英人士都有一种的受害者心态,他们认为中国被周边小国欺负。他们还认为中国的国家利益,特别是海域和资源利益,受到周边国家的侵犯。中国国内似乎逐渐在形成一种共识,即是时候让中国运用硬实力来维护它在南海的合法海洋权益。在某种程度上,“维权”取代了“维稳”的考虑。这些心态和政策变化对中国寻求建立与东南亚更为密切的战略关系产生了不利影响,导致中国的巧实力战略进一步陷入困境。

从有限包容理论看中国-东盟关系的经济依赖与安全疑虑

张子霄*

［内容提要］ 中国-东盟关系经历25年的正式交往，建立了紧密的经济联系，取得巨大的经贸成就，但也存在许多不确定因素和尚未实现的战略诉求。随着双方的实力差距不断加大和受域外国家介入南海争端的干扰，中国-东盟关系在高端政治领域的发展滞缓，东盟对中国的安全疑虑不断增强。本文以包容理论分析中国-东盟关系中东盟"经济上依靠中国，安全上依靠美国"二元关系格局的形成原因，依据国际关系中既有权力对崛起权力的一般包容规律，解释中国为何在经济领域获得东盟的积极包容，在安全领域始终无法获得实质性包容。本文以包容理论中物理能力、身份认知、目标行为体的内部决策机制维度解释促进中国-东盟经济包容的原因和双方历史纠纷、地缘基础、南海争端等变量对安全包容的负面影响，认为中国因改革开放后准确把握时机、审慎推动合作的低姿态获得东盟在经济领域的包容与信任，但随实力增长而趋于激进的行为使东盟加深中国进攻性意象的认知，加之域外国家的介入、亚太地缘政治风险，要求中国应在追求大国权力地位的全包容进程中继续坚持战略审慎的心态与行为。

［关键词］ 中国-东盟关系　有限包容　身份认知　安全担忧

* 张子霄，南京大学政府管理学院。

2016年是中国与东盟建立正式对话关系的25周年,中国-东盟关系已在25年互动交流中由对话伙伴升级为战略合作伙伴,经济上构建起密切的相互依赖关系。但在安全领域,中国-东盟关系受到南海争端持续升温、域外大国介入加剧区域关系复杂性、相关东盟国家政策调整、安全机制固有矛盾等多重挑战。尽管双方经济合作成果显著且中国多次做出和平发展的政治承诺,但受上述问题影响,加之中国快速发展,东盟始终无法信任中国而视中国为潜在的区域安全威胁,并长期寻求美国提供安全保护,三者关系呈现"经济上依靠中国,安全上依靠美国"的二元结构。

本文认为东盟"经济上依靠中国,安全上依靠美国"的对外政策是其"有限包容"中国的战略执行,即在经济领域承认并接受中国的大国地位,开展广泛多样的经贸合作,容纳中国进入区域经贸体系,但在安全尤其是政治安全领域不愿接纳中国,不承认中国在东南亚具有地区性乃至全球性崛起大国的特定地位和权力,实行均势外交,通过寻求美国等域外大国介入与相互制衡的方式维护自身安全和独立身份,形成"小国绑架大国"的区域权力互动系统。东盟对中国的"有限包容"战略有别于传统的霸权国与崛起国之间的包容关系,是其历史、地缘政治、身份定位与认知等多维度相互作用下小国对外政策基本逻辑。

一、"包容"理论与中国-东盟关系中的有限包容

国际关系中的"包容"理论含义广泛,一般情境下泛指"国际关系在权力层面的相互适应与接纳,并消除或实质性减少彼此间敌意",是涉及地位调整,通过给予机制内成员资格以分享领导地位与特权,势力范围的接纳等多个领域的复杂过程。[1] 尽管"包容"的互动主体狭义上为霸权国与崛起国,但在国际体系之间、

① T. V. Paul, *Accommodating Rising Powers: Past, Present, and Future*, London: Cambridge University Press, 2016, pp. 4 - 6.

不同区域体系之间、国家与国际体系、国家与国际组织、国家与国家等多种国际关系行为主体的相互作用中均有"包容",因此包容理论有普遍的适用性。

包容在国际关系中表现形式众多,可分为:全包容,即承认崛起国在全球范围的领导角色、特权与势力范围,如一战前后英国认可美国的国际地位;有限包容,即局限于某一领域的部分权力承认,但在其他领域否认崛起国的地位诉求,如美苏承认彼此的超级大国身份和部分特权,而拒绝对方及其盟国获得IMF和经互会成员的资格;地区性包容,承认地区性大国在其附近区域具有某种特权与核心利益;象征性包容,即霸权国给予崛起国一些特定权力,有时是实际包容的前奏,如2005年后美国对印度的包容;不包容,即忽视、拒绝或遏制崛起国的地位诉求,不承认其在国际体系中的地位等级与集体信念,如20世纪初西方社会否认日本在国际秩序中有平等的资格和大国的利益诉求。[①] 在国际关系史上,非暴力的全包容非常罕见,既有权力一般不愿接受新力量提出的所有权力调整要求,而如果双方都有避免战争的意愿,有时会互相妥协,暂时形成有限包容。

包容战略一般包括经济包容、领土包容、机制包容,其中作为低阶政治层面的经济包容较容易成为双方接受的包容战略。经济包容尝试将潜在的威胁者融入现有的经济秩序并使其与现有成员形成相互依赖,以此实现和平的权力承认或过渡。[②] 因为经济包容战略对国际机制的规范原则变更较小,不涉及他国领土、内政、意识形态等高阶政治领域,经常成为有限包容中既有权力主体愿意承认的部分。但随着经济包容战略的成功,崛起国的权力意愿随实力增长而改变,不再满足局限于经济领域的有限包容,而在领土、机制领域被拒绝的包容会因此呈现更具刺激性的反差,引发新一轮的特权诉求,最终仍使全包容成为双方不可避免的战略冲突。此时被提出地位追求的一方大致依据物理安全、身份安全、国

① William Wohlforth, Deborah Larson, and T. V. Paul, "Status Dilemmas and Interstate Conflict," *Status in World Politics*, London: Cambridge University Press, 2014, pp. 115 - 140.

② T. V. Paul, *Accommodating Rising Powers: Past, Present, and Future*, p. 18.

内政治因素三个标准决定是否承认对方的特权要求。[①] 当认为崛起国追求的势力范围、目标界定、身份认知、政治结构较为安全,承认对方的地位诉求不会与本国政治偏好、公众情感差别过大时有较大可能实现和平包容;反之则会加深双方战略互疑,陷入安全困境,使此前的有限包容尝试最终失败。

通常包容发生在霸权国与崛起国之间,即国际关系中拥有较强相对权力的一方包容可能对现有权力结构构成挑战的崛起国或潜在的威胁者。但在东亚出现了"弱者包容强者"的态势,即相对权力处于弱势的东盟及其成员国包容有优势权力的中国。这一看似反常的包容关系主要由现代国际关系的变化与东亚区域多元政治主体的复杂性造成。受全球化、民主化推动,现代国际体系在物质与认知层面发生了根本性不同于近代以欧洲为中心的传统国际体系的变化。"强权即公理"、霸权武力扩张成为违背国际规范的行为方式,不被国际社会接受或承认。[②] 现代国际环境中全球化加剧,各国际行为体相互依存加深,多种国际机构的存在允许软平衡和参与战略和平实施,国际强制规范禁止武力变更领土边界与势力范围,军事技术发展带来核革命与核威慑,极端的民族主义或扩张主义意识形态不再是国际社会的主流价值取向,小国自我认同意识的觉醒和对平等主权身份的追求等变化,都为和平包容创造有利的国际氛围,也有效制约了大国的权力威慑,为小国独立自主追求政治目标与国家安全提供可能。[③] 在现代国际环境下,即使是占明显优势的大国也不能无视小国的政治独立与安全诉求,难以将追求国际地位、身份认知等权力强加于他国。因此尽管中国的国家力量远高于东盟国家,但无法仅凭此而必然得到东盟在经济、政治、安全、机制等各领域的全包容,需要在与东盟长期持续互动中逐渐确立区域大国的领导地位。中国与东盟存在认同的双向选择过程,中国不能单边完成包容的目标。换言之,东盟

---

① Steven Ward, "Race, Status, and Japanese Revisionism in the Early 1930s," *Security Studies*, Vol. 22, 2013, pp. 607 - 639.

② Miles Kahler, "Rising Powers and Global Governance: Negotiating Change in a Resilient Status Quo," *International Affairs*, Vol. 89, No. 3, May 2013, pp. 11 - 29.

③ T. V. Paul, "Soft Balancing in the Age of US Primacy," *International Security*, Vol. 30, No. 1, (Summer 2005), pp. 46 - 71.

实力虽弱,却是区域包容的接收者,拥有选择包容进程快慢、包容领域类别的主动权。在国家层次上,中国始终坚持走和平发展道路,不推行霸权主义,永不称霸,不搞扩张,坚持和平共处五项原则,不会以实力强权压迫东盟承认区域特权。这既是中国一贯坚持的外交政策,有很强的路径依赖和制度约束力,也是符合自身实力与复杂国际态势的战略定位。此外这一区域除中国与东盟国家的关系之外,美、俄、日、印、澳等国也有介入,地区多元机制与多边关系结构复杂,相互制衡形成一定的均势,任何大国都无法独大或建立排他性、封闭性势力范围。[①] 因此,国际环境的变化与区域各国的互动方式使东盟在中国-东盟关系中具备通常为霸权国拥有的包容主动权,有权自主选择对中国实行何种包容战略。这种与权力结构分离的特殊双边身份使东盟在有限包容战略选择与执行中需要考虑的因素更为多样而复杂,形成“经济包容,安全不包容”的区域格局。

二、经济领域东盟对中国有限包容成功的演进及原因

国际关系史上和平包容很难实现,东盟成功实现对西太平洋区域体系权力结构中高于自身的中国的有限包容,是现代国际社会成员互动机制与行为规范变革的结果,也是中国与东盟战略诉求交集的产物。在国际体系层面,全球化与区域合作是国际关系现代化的整体趋势,也是国家发展的普遍路径选择,各国尤其是后发国家发展经济必须与外界联系交流。东盟成员国普遍为发展中国家,为经贸发展选择与地理位置相邻的中国进行经济合作是其战略必然。换言之,东盟对中国的经济包容是一种主动包容,中国巨大的市场资源和经贸潜能吸引东盟愿意赋予中国以重要区域成员资格,纳入地区经济秩序并做出相应的秩序结构调整与让步,以承认中国特殊地位为政治交换筹码,换取中国承担区域增长

① Deepak Nair, “Regionalism in the Asia Pacific/East Asia: A Frustrated Regionalism,” *Cotemporary Southeast Asia*, Vol. 31, No. 1, 2008.

引擎的大国责任。[①] 国际社会趋于秩序化、规范化,意识形态斗争和扩张主义不再有合法性,和平发展理念成为多数国家认可的价值取向。东盟的经济包容属于低阶政治互动,符合国际规范和中国树立国际威望的大国目标,成为中国-东盟创设议题合作的突破口,为建构中国引导下区域经济机制及其运行塑造互动氛围。

在国家层面,东盟以经济包容作为对中战略选择并获得成功的原因涉及中国、美国、东盟国家各方的政策规划和政治反应。

一是美国与东盟的关系互动。东盟国家均为后发国家,普遍经济落后,所在区域内缺少能提供"搭便车"式的公共产品与服务、发挥集聚辐射效应的地缘政治核心国家。[②] 20 世纪 90 年代以来,美国对提升合作的意愿与敏感度远少于迫切希望得到战略机遇的东盟,美国与东盟看待强化合作的心态互异,利益敏感性脱节。[③] 美国的合作政策议程设置在弱势的东盟认知上偏于战略消极而转向中国寻求合作。此后中国-东盟经贸往来日益密切,尽管美国实施"亚太再平衡"战略,强化与东盟的联系,但长期的中国-东盟合作已形成路径依赖,甚至成为新的地区经济交往规范,使得中国近年来仍是东盟的第一大贸易伙伴,美国在东南亚经济等级关系较之 20 世纪 90 年代明显下降。东南亚地区传统的以美国为中心的经济结构出现地位调整,一定程度上完成了经济权势转移。[④]

二是中国与东盟国家关系互动,对东盟经济包容积极回应,实现战略对接。崛起国与既有权力实现和平包容一般会经过长期持续的战略克制,双方相互包容尊重对方的核心利益与战略诉求,最终在认知上界定彼此为良性政治行为体

① 宋伟:《中国的东亚区域一体化战略:限度、方式与速度的反思》,载《当代亚太》,2011 年第 5 期,第 52 页。

② [美]兹比格纽·布热津斯基著,中国国际问题研究所译:《大棋局——美国的首要地位及其地缘战略》,上海:上海人民出版社 2007 年版,第 54 - 58 页。

③ 周方银:《中国崛起:东亚格局变迁与东亚秩序的发展方向》,载《当代亚太》,2012 年第 5 期,第 14 页。

④ David Lake, *Hierarchy in International Relations*, Ithaca and London: Cornell University Press, 2009, pp. 28 - 30.

或"善良的霸权"。[①] 改革开放后中国积极融入国际体系，寻求国际领域的"社会化""合法化"，释放遵守现行国际秩序的政治信息；[②]消除意识形态在对外关系中的导向性功能，停止对东南亚共产党夺权的各方面援助，外交"去革命化"，同菲律宾、泰国、印尼等国建交或复交，正式承认东盟组织，肯定各国政权合法性，表现出对东盟国家主权和东盟组织独立性的尊重，以改善周边外交环境；[③]对历史遗留问题予以冻结，暂时搁置领土纠纷，倡导共同开发；[④]主动推进同东盟的区域经贸合作，促进双方稳健发展。在 1991 年建立正式联系前，中国为维护东盟在主权、领土、政权稳定、经济发展等维度的核心利益做出了巨大努力，尽力避免双方战略意图冲突对抗，大幅减少可能使东盟产生侵略性意象的战略激进行为，在东盟认知上塑造和平发展、自我克制的积极形象，有效缓解了东盟国家的安全疑虑，愿意在经济领域尝试战略合作。此后 1997 年亚洲金融危机，中国主动提供公共物品与服务，坚持人民币不贬值，为东盟提供 40 亿美元援助和进出口信贷服务，拉动区域经济恢复，有力地树立负责任大国形象，促进区域经济一体化，进一步提升东盟的战略信任。在中国传递战略合作诚意后，东盟在新的国际环境中判断包容中国的经济合作诉求比遏制中国崛起更有利，并出于自身经济战略取向，积极回应中国的区域经济地位要求，包容中国对区域经济的推动和引领，部分默认中国拥有相关议程设置权与战略导向权，满足了中国作为大国应有的领导权、话语权，实现经济包容。这一过程中双方都坚持战略审慎，将自我克制与积极回应高效结合，持续传递积极信息，主动表现意图的可塑性，又避免过于激进引发对方疑虑，顺利实现战略对接与经济领域的正和博弈。[⑤] 此后双

---

① Paul F. Diehl and Gary Goertz, *War and Peace in International Rivalry*, Ann Arbor: University of Michigan Press, 2000, p. 75.

② Xiaoyu Pu, "Socialization as a Two-Way Process: Emerging Powers and the Diffusion of International Norms," *The Chinese Journal of International Politics*, Vol. 5, 2012, pp. 347 - 361.

③ 王家瑞:《中国共产党对外交往 90 年》,北京:当代世界出版社 2013 年版,第 132 页。

④ 张蕴岭、沈铭辉主编:《东亚,亚太区域合作模式与利益博弈》,北京:经济管理出版社 2010 年版。

⑤ Kai He and Huiyun Feng, "China's Bargaining Strategies for a Peaceful Rise: Successes and Challenges," *Asian Security*, Vol. 10, No. 2, 2014, pp. 68 - 87.

方经贸合作水平不断上升,中国积极融入区域经济秩序,在享受东盟经济包容提供的区域权力的同时释放维护政策延续的善意信息,并以可持续增长的经济绩效为东盟经济包容战略提供合法性支持,证实其战略收益,使东盟从物理和认知上都逐渐固化对中国的身份定位,在对外经贸伙伴的选择上形成路径依赖,并随"合作—包容"的正反馈机制不断强化这一情感认知,增大区域经济结构调整的转移成本。① 因此,尽管2009年后南海争端等因素冲击中国-东盟友好关系,但未能对各方经贸联系造成结构性伤害,未破坏东盟经济包容战略。东盟的经济包容已成为可以自约束、自维持、自加强、自修复的政治安排,并对区域经济分配体系修正带来的不确定性有较强的风险防范心理,路径迁移难度很大,具有很强的政策延续性、确定性。

三是中国与美国的关系互动。中国作为崛起国在改革开放后坚持韬光养晦的对外政策,在国际事务上采取战略防御姿态,减少美国的担忧,避免过早受其遏制战略的打压。② 中国为争取和平稳定的外部环境,长期坚持避免挑战性行为,降低对既有国际秩序的冲击,防止造成战略上的自我包围。③ 韬光养晦策略是认同、参与而不挑战现有国际体系与规范,承认美国作为唯一超级大国在全球拥有最高权势的战略审慎,借此寻求国际身份接纳与各领域、层次的大国身份包容。这一政策以国家的社会化、合法化与战略克制为政策工具,在遵守秩序的同时为中国寻求东盟包容的行为得到规范性依据,以非对抗性、弱刺激性的方式不断寻求"歧异协调",逐步修正国际体系中不利的分配结构,以"决不当头"的低姿态防止美国感知中国行为具有挑衅性和战略冲击性。④ 加之中美经济合作下双方存在可观的相互依赖与利益交集,美国未对中国执行高强度的全面遏制政策,

---

① [英]郝拓德:《反复性紧张局势的后果研究——以东亚双边争端为例》,载《世界经济与政治》,2014年第9期,第57-60页。

② Richard Ned Lebow and Thomas Rise-Kappen, *International Relations Theory and the End of the Cold War*, New York: Columbia University Press, 1995.

③ Michael D. Swaine and Ashley J. Tellis, *Interpreting China's Grand Strategy: Past, Present, and Future*, New York: Rand Publishing, 2000, p. 113.

④ T. V. Paul, *Accommodating Rising Powers: Past, Present, and Future*, p. 203.

而是在接触政策中有限遏制。[1] 因此，韬光养晦战略使中国实现国际社会化、合法化，学习在国际"社会中的适当技术、知识、价值、动机和与身份相符的地位"，[2]通过百万大裁军、加入《核不扩散条约》《全面禁止核试验条约》等降低安全威胁的行为减少美国疑虑，实现经济和平崛起。[3] 中国以经济这一低阶政治为突破口，发展与各国的经济合作，在与美国、东盟形成高度相互依赖的同时也弱化权力上升的刺激性，完成美国默许下经济领域东盟对中国大国地位、权力的包容。

三、东盟有限包容战略与中国-东盟安全关系

与中国-东盟经贸联系取得辉煌成就形成巨大反差的是双方关系在安全领域实际进展的明显滞后，东盟组织与东盟各国普遍不愿与中国深入进行安全合作，而更多向美国寻求安全保护，使东亚区域国际体系出现经济中心与安全中心分离的二元格局。[4] 东盟在这种二元结构中长期奉行"经济依靠中国，安全依靠美国"的双轨政策，在经济领域包容中国的同时猜疑、恐惧、防范中国，虽未正式拒绝包容中国进入地区安全领域，但其战略推进的速率、形式均显示不愿或至少不愿主动赋予中国相关特殊权力。这种对中国大国地位诉求的拒绝是东盟有限包容战略的另一面，不直接否认中国的政治大国地位或应有的安全权益、空间，但希望仅以定期召开会议，达成不具强制规范能力的宣言的形式对其予以象征

---

① William Wohlforth, "The Stability of a Unipolar World," *International Security*, Vol. 24, No. 2, 1999.

② H. Andrew Michener and John Delamater, *Social Psychology*, Fort Worth: Harcourt College Publishers, 1999, p. 46.

③ Alastair I. Johnston, *Social States: China in International Institutions, 1980—2000*, Princeton: Princeton University Press, 2008, chapter2.

④ 祁怀高:《中美制度均势与东亚两种体系的兼容共存》，载《当代亚太》，2011年第6期，第60-65页。

性包容。这种象征性包容并非是实际包容的过渡阶段,而是一种消极的象征性包容战略。反对中国更深介入东盟安全机制,本质是拒绝包容中国的安全战略,并为此实施“小国绑架大国”的均势规划。[①] 这种拒止性包容主要受历史纠纷、地缘政治、领土争端影响,涉及物理威胁、身份认知、国内政治等维度。

(一) 历史因素引发的反复负面情感信念

东盟国家多数曾沦为西方列强的殖民地,在20世纪通过民族解放运动实现民族独立后,因殖民记忆和独立代价,各国的民族国家认同感、凝聚力和独立的国家意识非常强烈。从东盟成立起至今的政治宣言中也可见其始终将维持政治独立性、保护国家安全作为首要任务,有很强的稳定性、延续性,对任何可能威胁其政治安全的力量都高度警惕且敏感。1967年标志东盟正式成立的《东南亚国家联盟宣言》中规定,东盟的目标即是“确保稳定和安全不受任何形式和表现的外部干预”,《东南亚和平、自由和中立区宣言》解释了其安全担忧是“因为干涉将对其自由、独立和安全产生有害的影响”。[②] 2007年的《东盟宪章》则再次重申和补充发展上述立场,进一步增强独立意识,强化地区认同。民族主义始终是东盟国家主流意识形态,“自我理解”要素在政治运行中定位很高,并对产生过历史纠纷的国家有负面认知。[③] 而中国恰是在东盟国家民族主义最为高涨的时期与多国在领土、意识形态、政权承认等多个领域产生纠纷,且很多相关纠纷化解工作长期未取得实质性进展,并在近年和解进程出现反复,对双方关系造成二次伤

---

① 朱锋:《南海主权争议的新态势:大国战略竞争与小国利益博弈——以南海“981”钻井平台冲突为例》,载《东北亚论坛》,2015年第2期,第7-10页。

② ASEAN Basic Documents, “Treaty of Amity and Cooperation in Southeast Asia,” February 24, 1976, http://www.aseansec.org/3631.htm.

③ 贾德忠:《中国对东南亚国家政党外交:历史得失与政策启示》,载《国际论坛》,2015年第5期,第46页。

害,形成“在历史的对抗中逐渐积累不满与敌意”的恶性互动关系。①

安全领域作为高阶政治,东盟对是否包容中国的地区特权或隐性势力范围的考虑比经济包容时远为审慎保守,以一般的国家行为逻辑拒绝安全包容,尤其反对中国在机制建构和领土主张方面的大国利益诉求。历史上中国与东盟间的纠纷加剧了东盟的安全疑虑,更使其对中国定位出现偏差,夸大中国实际物理威胁能力,滋生国内极端民族主义。

身份认知偏差主要表现为中国主动传达构建区域安全共同体的意图时,东盟更多关注双方的历史性纠纷和对华负面意象,选择性忽视经济合作成就和中国维护地区安全的善意。中国的安全战略总是被消极解读则进一步加深了东盟的战略偏见,强化了东盟拒绝对中国安全包容的战略定力,双方陷入“本体论安全困境”。② 其原因主要在于20世纪40至70年代北京成为东南亚共产党代表的活动联络中心,双方存在组织模式、指导和被指导的关系,使东南亚国家将中国身份认定为操纵本国内政的幕后主使。③ 20世纪50年代,中共中央成立对外联络部,为东南亚共产党培训干部,教授政治军事斗争技术;通过东南亚共产党代表听取情况,传递指示;派出军事顾问、提供资金,支持武装夺权。④ 受“革命外交”与共产主义意识形态的“威胁”,与中国地理相邻且政权合法性与执政党地位受直接威胁的东南亚国家对中国破坏现有国际秩序的感受更为直观,对自身恐惧与敌对心理更加强烈。⑤ 尽管改革开放后中国努力修正国际社会对自身的身份理解,但此前过于激进、意图颠覆别国政府的行为已在民族主义高涨的东盟

---

① Paul R. Hensel, “An Evolutionary Approach to the Study of Interstate Rivalry,” *Conflict Management and Peace Science*, Vol. 17, No. 2, 1999, p. 186.

② Jennifer Mitzen, “Ontological Security in World Politics: State Identity and the Security Dilemma,” *European Journal of International Relations* 12, 2006.

③ 沈志华:《亚洲革命领导权的转移:毛泽东与东方情报局》,载《华东师范大学学报》,2011年第6期,第27-30页。

④ Chin Penh, *My Side of History as told to Ian Ward and Norma Miraflor*, Malaysia: Media Maters Publishing, 2003, pp. 426-432.

⑤ William R. Heaton, “China and Southeast Asian Communist Movements: The Decline of Dual Track Diplomacy,” *Asian Survey*, 22, August, 1982, pp. 783-787.

国家留下很难打破的负面身份认知。此后双方合作暂时弱化了这一身份恐惧，但随着中国国力不断增强，中国主导双方关系进程的行为频次增高，要求包容的领域扩展，战略抱负扩大，身份认知的障碍再次唤醒东盟国家的担忧。持续升温的南海问题使得这种消极身份认知反复受到外来刺激、强化，东盟对中国的行为因负面情感的积累产生过度反应，唤起负面情感的临界点逐步降低。[①] 现代媒体的信息爆炸则加剧公众的非理性认知，如《海峡时报》《雅加达邮报》高频使用"a threat to the region(区域威胁)"等强消极色彩话语来形容中国，在民众中形成难以改变的进攻性意象，使反复性消极理解从东盟内政阻碍中国安全大国追求。[②] 加之中国在界定自身利益清单时一向较为模糊，导致相关对外政策更难识别，加剧东盟对中国真实意图的怀疑。这种以"过去行为理论"和"自我建构的身份认知"为评估中国意图主要依据的战略偏见有时甚至使东盟不太关注中国的实际物理能力和互动中的具体利益，也为其拒绝安全包容提供了"防御性逃避"在民意上的合法性支持。

(二) 西太平洋地缘政治中东盟的战略信任与机制选择

东盟始终未对中国安全包容追求做出实质回应的重要物理原因是西太平洋地缘政治和安全机制现状。其安全包容的战略拒止手段主要为建构区域多元安全机制和大国权力平衡外交，力图完成地区中心地位的自我定位。双方的地理位置、实力对比、中国表现出的战略扩张行为与意图使东盟形成在安全领域包容中国会危害自身核心利益的认知，导致东盟不敢包容。区域机制的约束和美国的利益、决心、能力，使东盟相信区域安全不会空心化而被中国强行控制或因地位诉求的拒绝而报复，并信任美国的安全承诺的可靠性，因此敢于不包容。

---

① Rose McDermott, *Political Psychology in International Relations*, Ann Arbor: University of Michigan Press, 2014, pp. 691 - 706.

② 张昆、陈雅莉:《东盟英文报章在地缘政治报道中的中国形象建构——以〈海峡时报〉和〈雅加达邮报〉报道南海争端为例》,载《新闻大学》,2014 年第 2 期,第 75 - 80 页。

相对于东盟国家，中国在领土、人口、资源、经济、科技、军事等多领域都拥有明显优势，在区域权力结构中形成非对称权力关系，使东盟对中国存在物理能力方面固有的安全担忧。因此形成的安全偏见使得中国主动推进“一带一路”、提出新的国家安全观等防御性战略行动被东盟国家消极解读，认为中国是在确立与大国地位相符的“势力范围”和区域绝对安全。博鳌亚洲论坛 2014 年年会上李克强指出“构建融合发展的大格局，形成亚洲命运共同体”，“维护和平发展的大环境，打造亚洲责任共同体”[①]的倡议也带来中国意图建立自身主导下区域政治秩序的怀疑。东盟政治家则将中国的一系列积极战略姿态与同时期的领土争议联系，担忧“除了要在南海问题上按自己意愿解决外，还要‘借宣示领海主权树立自己的国际地位’”。[②] 东盟感知中国的物理威胁是个不断加深的动态过程。2002 年中国国防开支约 328 亿美元，与东盟 218 亿美元（各国共计）无太大差距。但 2012 年中国军费开支 1 576 亿美元，居世界第二，而东盟仅 330 亿美元。[③] 此时恰逢中国与周边国家的领土争议升温，使中国许多防御性战略支出和正常增长的国防建设被误解为进攻性霸权追求。经济上的巨大差距使东盟担心中国会利用非对称相互依赖作为换取进一步地位包容的筹码，最终“重新制定地区行事规则”，达到“中国治下的‘和谐’”。[④] 双方固有的物理差距和中国发展带来的主动战略布局使东盟在能力和行为两个维度做出中国有修正并控制东南亚新秩序、建立排他性势力范围的意图推断，因此不敢对中国安全包容。而因不敢直接对抗而形成的消极包容与对抗性认知结构，为双方可能陷入安全困境外加入了地位困境风险。

---

① 李克强：《共同开创亚洲发展新未来——在博鳌亚洲论坛 2014 年年会开幕式上的演讲》，中华人民共和国外交部网站，2014 年 4 月 10 日，http://www.fmprc.gov.cn/mfa_chn/zyxw_602251/t1145916.html.

② 李光耀：《中国已重新定义海洋规则》，环球网，2014 年 3 月 28 日，http://oversea.huanqiu.com/breaking-comment/2014-03/4937711.html.

③ 瑞典斯德哥尔摩和平研究所公布的 2012 年统计数据，The SIPRI Military Expenditure Database，http://milexdata.sipri.org/.

④ Bhaskar Roy, “Why China Is Subject to Suspicion and Hostility,” *Chennai Centre for China Studies*, August 26, 2011, pp. 52-60.

东盟的地缘环境使其长期执行大国平衡外交,其战略构想是积极发展与中国的经贸合作,通过接触对话将中国纳入由东盟制定、维持的地区机制安排,引导中国遵守现有区域规则,以机制约束中国。同时加强与美国的政治、安全联系,利用美国在西太平洋的军事存在对冲中国日益增强的影响力,并实行地区开放战略,接纳其他域外国家,实现区域内的大国权力均势,缓解安全压力。[①] 这一外交战略与美国契合,尤其是在美国的亚太再平衡战略提出后得到积极政策回应,双方的利益交集升级为战略纽带。

美国在东南亚的地域战略、制衡中国、市场占有、推动反恐等重要利益,和以政治表态、机构参与、军事演习、武器出售等实际行动表示的亚太再平衡战略实施决心、超级大国的行为能力等几个因素共同增强其安全承诺的可信性,并由此形成"承诺信任—有限包容"的美国-东盟间认知互动。在这一认知信息正反馈过程中,美国取得维护东南亚至全西太平洋重要利益的战略效能,东盟获得依靠美国提供的安全保障承诺的信心,不担心因错误相信而陷入盲目乐观的正向错觉偏差;[②]武器出售和军事援助增强了东盟的实际物理能力,"美国可信赖的安全依靠"认知增强了东盟的潜在安全防御能力。二者共同塑造了东盟执行对中国有限包容战略的能力得到增强的认知,并强化了东盟执行这一战略的意图决心。

值得注意的是,物理担忧在东盟的包容选择上有双重作用,一方面因畏惧中国物理能力而拒绝安全包容,另一方面因为美国的安全承诺而增强了自身反对中国安全主导权的物理能力,敢于拒绝中国。可以据此评估东盟维护自身独立地位是路线性、目标性追求,而在安全、经济等领域依靠何方是基于权力对比的策略性反应。即东盟平衡外交的实质是东盟现阶段尚弱小的实力基础使其希望各国相互牵制,不希望被迫选边站队或与任何一方绑定,失去战略旁观的权力,

---

① Kim Min-hyung, "Why Does A Small Power Lead? ASEAN Leadership in Asia-Pacific Regionalism," *Pacific Focus*, Vol. XXVII, No. 1, 2012.

② Daniel Kahneman and Jonathan Renshon, "5 Hawkish Biases," in *American Foreign Policy and the Politics of Fear: Threat Inflation since 9 / 11*, Routledge: Abingdon, 2009, p. 82.

最终损害政治独立;而一旦东盟有足够的物理能力和认知自信,或美国、中国、东盟的关系出现新的力量对比变化,都会使其主动改变“经济上依靠中国、安全上依靠美国”的大国平衡策略,重新调整同中美在各领域的关系及战略距离。这种目标与策略的二分为东盟未来改变有限包容战略、为中国-东盟避免陷入安全困境和地位困境提供了可能。

(三)域外大国介入下的南海争端

南海问题因中国的快速发展而使其战略敏感性增大,成为近期阻碍东盟安全包容的关键阻力。南海问题涉及中国与部分东盟国家的领土争议、域外大国干预性的介入、东盟机制约束成员国的有限性、东盟意图增加未得到国际认可带来的落差等变量,是东盟制度与运作原则制约部分成员国包容中国安全诉求的多方政策互动过程。

东盟各国在南海问题上的立场和政策执行方式各不相同,集体宣言是相互利益妥协的产物。东盟的决策机制坚持平等、协商一致、搁置保留原则,安全决策主体多样化、权力分散化,各国均可就任何存有异议的安全决议行使否决权,没有统一的机构权威能强制规范成员国的立场与行为。[①] 这种组织松散、权力碎片化的制度设计使多元主义成为东盟基本政治规范,降低统一决策、执行能力,导致个别对中国有较高信任度、愿意以安全包容实现区域一体化和南海问题双边协商解决的成员国无法在机制内达成框架性协议,减慢双方政治互信建构。东盟整体上在2014年前较为中立,但在2015年中国加强南海岛礁建设后,南海问题东盟化、东盟态度一致化的趋势明显增强。东盟进而试图强化对成员国的领导力,其原因是希望以南海问题为契机,发挥组织力量,提高内部凝聚力和认同感,打开安全一体化的“政策之窗”,将安全共同体建设提到政策议程的优先位

① 李文良:《东盟安全机制及其特点探究》,载《国际安全研究》,2013年第2期,第138－144页。

置。[1] 尽管泰国、柬埔寨、缅甸、新加坡、老挝作为非争议国希望通过外交协商实现区域权力均势，反对任何一方主导南海，[2]但因东盟安全决策机制使得菲律宾、越南作为激进争议国可以少数绑定整体，以“木桶原理”操纵中国与东盟关系进展速度，阻滞东盟安全包容战略的实施。

因此，目前东盟对中国的安全拒止性包容是反向表决机制的结果，只要有一国拒绝，东盟都无法有实质性的战略调整。中国追求安全大国地位将是漫长的互动过程，只有东盟全体一致同意才能以符合国际规范的方式实现，而南海问题持续升温使这一进程更加缓慢。

域外大国介入南海争端则以行动支持传递对抗中国战略扩张的收益将大于成本的政治信号。[3] 如 2014 年中越南海“981”钻井平台冲突后，美国以此为战略契机，进一步拉近美越安全军事伙伴关系。10 月 2 日，美国国会允许政府向越南出售防御性武器，解除部分对越禁令，推动美越关系取得重大进展。美国国务卿克里宣布提供 5 720 万美元帮助东盟改善海洋执法能力。美国在这一危机管控中的支持行为有助于维持其主导下同东南亚盟友的双边关系，有效缓解了承诺难题，树立将提高违规代价的姿态，以规则执行增加未来贴现。越南则形成在南海问题上对华强硬政策能博得国际同情和域外国家支持的认知，而外溢效应让其他声索国也有效仿强硬对抗中国的意愿。此后美国对菲律宾“南海仲裁案”的反应再次强化这一认知，利用南海争端的介入使东盟国家普遍相信拒绝对中国安全包容将利大于弊。

最后应注意到，东盟也在迅速崛起，2013 年东盟人口 6.17 亿，2014 年 GDP

---

① 刘艳峰:《区域间主义与南海区域安全机制》，载《国际关系研究》，2013 年第 6 期，第 63 - 66 页。

② Prashanth Parameswaran, “The Power of Balance: Advancing US-ASEAN Relations under the Second Obama Administration,” *Fletcher Forum of World Affairs*, Vol. 37, Winter 2013, pp. 125 - 128.

③ Ramses Ramer, “China, Vietnam, and the South China Sea: Disputes and Conflict Management,” *Ocean Development and International Law*, Vol. 45, No. 1, 2014, pp. 17 - 40.

总量居全球第七，与世界经济互动日益增强，区域中心地位逐渐凸显。[①] 东盟的意图随其物质基础的增强而扩大，自我定位提升，尤其是强调其区域主动权。在自我地位追求提高的心理预期下，中国在南海问题上的强硬态势比此前更为直接刺激东盟的地位判断，将本可能以中立客观心态回应中国政策的东盟推向消极解读的一面。某种意义上东盟渐趋强硬而统一的姿态是因为其认为中国的安全战略是对自身地位的严重忽视，是核心利益荣誉受损的问题，从而偏离了一般的理性反应，产生很强的情绪性对抗。引导域外大国介入、对中国包容的停滞，也可以部分视为对中国"傲慢"行为的"反区域拒止"报复。

结　论

本文以包容理论分析中国-东盟关系中东盟"经济上依靠中国，安全上依靠美国"二元关系格局的形成原因，依据国际关系中既有权力对崛起权力的一般包容规律解释中国为何在经济领域获得东盟的积极包容，而在安全领域始终无法取得实质性包容进展。其中应注意到中国在经济领域实现包容成功与中国主动放低姿态，努力塑造东盟的正面认知密不可分，而东盟拒绝安全包容的关键因素也是对中国的认知。尽管有美国等域外因素的干涉，以"中国威胁论"扭曲中国形象，加以"危险""专制""颠覆"等负面标签，但这些和中国-东盟的实力对比都属于常量因素，不能完全解释东盟在整体实力上升、国际规范加强的环境下为何更为怀疑中国的意图、抗拒对中国的安全包容。从对物理能力、身份认知、国内情感等维度的论证中可以看出，不只是中国的对外宣传技术落后于美国，更重要的是中国上行的对外心态开始不再十分关注政策宣传会对周边国家产生何种影响。从民众到领导层都有普遍信奉"唯实力论"的对外心态，过于强调国家硬实

① 王玉主:《东盟崛起背景下的中国东盟关系——自我认知变化与对外战略调整》，载《南洋问题研究》，2016 年第 2 期，第 2－6 页。

力增长与地位提高的因果关系,忽视软实力、巧实力的作用,这在东盟看来过于激进、傲慢。近年来中国在行为上的信息传递比诸双方合作之初,表现出明显提升的大国抱负,也存在值得居于弱势一方的东盟担忧的战略推进规划与大国特权意识。如推进"一带一路"、加强海上军事建设、海域巡航常态化、推进区域安全一体化的速度过快过于主动、拒绝参与菲律宾南海仲裁案、不承认仲裁判决等行为及在中国引发的强烈民族主义情绪都对中国之于东盟的身份认知、意图判断产生不利的影响,并在失真的信息传递中夸大了物理威胁能力。自2013年起中国明显加强了对战略军事的使用和依赖,尽管2014年后重新注重战略经济的作用,但始终没有放缓战略军事的推进幅度,呈现二者并重的战略复合态势。这在构建中国硬权势的同时也妨碍对软权势的理解与使用,增强了周边外交环境的复杂性,推动美国亚太再平衡的实施,也阻碍东盟国家对中国身份认知的正向调整,增加了战略透支的风险。[①] 可以预见,在现阶段中国大战略指导下,中国-东盟关系的和平全包容几乎不可能在短时期实现,甚至有限包容战略也会有所动摇,双方关系可能在表面深化合作下发生实质性倒退。

因此,中国应学习改革开放初期以低姿态积极追求融入国际社会的经验,以平等而非"施舍者"的身份开展包括"一带一路"、区域安全一体化等由经略周边向塑造周边转型的对外战略。中国应坚持战略审慎,将战略议程规划、设置、执行、维护的能力作为发展关键,有效化解、合理管控在中国崛起中必将应对的各种问题和挑战,不断调适自我观念、政策,认识到"只要中国强大了,各种国际问题就可以迎刃而解"的逻辑并不成立。[②] 中国如果能以更具战略耐久性的对外布局发展与东盟的关系,减少"战线"数量,避免过度延伸,实施战略审慎的实际行为,来改变东盟的现有认知,将有利于缩短有限包容战略的调整周期,实现东盟对中国全包容和中国-东盟安全互信的双赢格局。

---

① 时殷弘:《传统中国经验与当今中国实践:战略调整、战略透支和伟大复兴问题》,载《外交评论》,2015年第6期,第59页。

② 朱锋:《中美战略竞争与东亚安全秩序的未来》,载《世界经济与政治》,2013年第3期,第25页。

海上丝绸之路架构下东南亚安全格局的愿景与塑造

陈良武*

[内容提要] 海上丝绸之路战略背景下东南亚安全格局要以习主席提出的共同、综合、合作和可持续安全观为指导,要以中国及加入海上丝绸之路的东南亚国家为主导,建立海上丝绸之路架构下的东南亚安全机制、中国与东南亚国家单边或多边安全同盟关系,处理好在海上丝绸之路架构下东南亚地区安全与其他地区安全的关系以及美国与东南亚地区安全的关系。中国要承担地区大国责任,积极探索在东南亚实现新安全观的方法和机制,妥善处理建设海上丝绸之路与南海领土主权和海洋权益方面争端的关系。

[关键词] 海上丝绸之路　东南亚　安全格局

古老的海上丝绸之路自秦汉时期开通以来,一直是沟通东西方经济文化交流的重要桥梁,而东南亚地区自古就是海上丝绸之路的重要枢纽和组成部分。正是由于东南亚地区的重要性,所以,2013 年 10 月,习近平总书记访问东盟国家时首先提出了“建设 21 世纪海上丝绸之路”的设想。当前,东南亚地区,尤其是南海地区安全形势复杂多变,因此,塑造良好的东南亚地区安全形势对海上丝绸之路建设目标的实现显得尤为重要。

---

* 陈良武,海军指挥学院研究员。

一、海上丝绸之路背景下东南亚安全格局的愿景

塑造东南亚地区的和平安全环境，是中国人民、东南亚地区人民，乃至全世界人民的共同愿望。习近平主席 2014 年 5 月 21 日在亚信峰会(亚洲相互协作与信任措施会议第四次会议)上发表主旨讲话，提出了“亚洲新安全观”。它的主要内容是：**亚洲和平发展同人类前途命运息息相关，亚洲稳定是世界和平之幸，亚洲振兴是世界发展之福，和平、发展、合作、共赢始终是亚洲地区形势主流。亚洲良好局面来之不易，值得倍加珍惜。亚洲地区安全合作进程正处在承前启后的关键阶段，我们应该积极倡导共同、综合、合作、可持续的亚洲安全观，创新安全理念**。习近平主席提出的“亚洲新安全观”，是顺应国际体系演变大趋势的深度创新，是应对亚洲新挑战的理论升华，体现了中国文化“和”“合”的深厚内涵，它不仅为亚洲新安全指明了方向，也描绘了海上丝绸之路背景下东南亚安全格局。在这一安全观的指导下，建设海上丝绸之路倡议的东南亚安全格局的愿景是：

(一) 共同安全

这是一个集体安全概念，就是要尊重和保障加入海上丝绸之路建设的所有东南亚各国及相关国家和地区的安全。东南亚地区各国大小、贫富、强弱不尽相同，历史文化传统和社会制度千差万别，安全利益诉求也多种多样。因此，共同安全不是一国安全而他国不安全，更不是为一国的安全而牺牲他国的安全，它是一种各国共同享有的普遍安全。共同安全也是一种平等和包容的安全，必须恪守尊重主权、独立自主和领土完整、互不干涉内政等国际基本准则，尊重并照顾各方合理安全关切。

(二) 综合安全

东南亚地区安全问题极为复杂,既有敏感热点问题,又有恐怖主义、跨国犯罪、环境安全、重大环境自然灾害等,传统安全和非传统安全威胁相互交织。"综合安全"就是要统筹维护加入海上丝绸之路建设的东南亚国家以及相关国家的和地区传统领域和非传统领域安全,通盘考虑该地区安全的历史经纬和现实状况,在社会、文化、宗教、经济、政治等多方面多管齐下,综合施策,统筹谋划,协调推进。

(三) 合作安全

合作安全就是要通过对话合作促进各国的本地区安全。这是海上丝绸之路架构下安全观的核心,也是维护该区域安全的必由之路。要通过坦诚深入的对话沟通增强战略互信,减少相互猜疑,求同化异,和睦相处。海丝背景下的合作安全就是要着眼东南亚各国共同利益,从低敏感领域入手,积极培育合作应对安全挑战的意识,不断扩大合作领域,创新合作方式,通过加强加入海上丝绸之路建设的东南亚国家以及相关国家和地区的对话合作,以合作谋和平、促安全,以和平方式解决争端,反对为一己之私挑起事端、激化矛盾,反对以邻为壑、损人利己。

(四) 可持续安全

可持续安全就是要强调发展和安全并重,以可持续发展促进可持续安全。对大多数相对贫穷的东南亚国家来说,发展就是最大的安全。因此,应聚焦发展主题,积极改善民生,缩小贫富差距,不断夯实安全的根基。要以建设海上丝绸之路为推手,推动地区共同发展和一体化进程,努力形成区域经济合作和安全合作的良性互动,以可持续发展促进可持续安全。

东南亚地区只有实现了共同安全、综合安全、合作安全和可持续安全,才能保障海上丝绸之路国家战略目标的顺利实施。

二、海上丝绸之路架构下东南亚安全格局的塑造

近年来,东南亚政治、安全和外交形势发生了引人注目的变化:缅甸、泰国、印度尼西亚等多国内部政权更迭;面临"伊斯兰国"组织(ISIS)带来的日益严峻的恐怖主义威胁和渗透;毒品、海盗、气候变化、自然灾害、灾难等非传统安全威胁不断增加;南海岛礁主权争端不断升级;以美国为首的域外大国介入南海的力度不断加剧;外交领域,大国平衡外交继续在东南亚各国外交中占据主导地位。这些都导致了东南亚地区形势乃至南海形势日趋紧张和不断升级。因此,构建海上丝绸之路架构下的东南亚安全格局变得严峻而又迫切。

(一) 海上丝绸之路架构下的东南亚安全应由中国及加入海上丝绸之路的东南亚国家主导

长期以来,东南亚地区安全不是东南亚地区人民说了算,而是被美国为首的外部势力影响、干涉和主导。海上丝绸之路架构下的东南亚安全应由中国以及加入海上丝绸之路的东南亚所有国家主导。要防止外部势力干涉和主导海上丝绸之路架构下的东南亚及相关地区安全问题;要防止外部势力凌驾于本地区之上;要防止海上丝绸之路架构下东南亚及相关地区安全问题域外化、国际化。

(二) 建立海上丝绸之路架构下的东南亚安全机制

加强打造海上丝绸之路架构下东南亚安全机制的战略共识;充分利用现有

的东南亚的安全机制为建设海上丝绸之路服务，如东盟地区论坛、香格里拉对话、东盟＋N等；建立新的旨在推进和确保海上丝绸之路平稳实施的新的安全机制，如应对传统安全威胁的协商对话机制、应对非传统安全威胁的协作与配合机制、应对海洋权益纠纷的海洋利益协调与协商机制、应对突发事件和冲突的危机控制与管理机制，以及维持区域安全机制有效运行的规章制度。

（三）正确处理好在海上丝绸之路架构下东南亚地区安全与其他地区安全的关系

海上丝绸之路经东南亚各国连接印度洋和南太平洋海域，因此，东南亚地区安全仅仅是海上丝绸之路安全的一部分。同时，东南亚地区，尤其是南海海域的安全，与印度洋和印度洋沿太平洋海域的安全不可分割，因此要整合好东南亚区域安全合作机制与次区域安全合作机制的关系，如与太平洋安全合作机制、印度洋安全合作机制的关系等，使次区域合作机制为东南亚区域安全机制服务。同时要建立与相关国家，如亚太国家以及印度洋沿岸国家的关系，确立应对海上丝绸之路其他相关区域安全的相关机制。

（四）正确处理好海上丝绸之路架构下美国与东南亚地区安全的关系

东南亚安全，尤其是南海海域的安全，涉及各国利益，是包括美国在内的各国的共同需求。美国在东南亚地区的影响力是历史形成的，美国与一些东南亚国家的军事同盟关系，如与菲律宾、新加坡等国的军事同盟关系是冷战的产物。在南海岛礁争端日益激烈的今天，一些国家希望依靠美国来谋求在南海的不正当利益，同时美国也希望介入南海争端遏制中国的崛起。在海上丝绸之路架构下，一方面要认识到美国对中国的围堵和防范心态，另一方面我们对此也不要过度解读。要善于将美国在东南亚地区的存在纳入海上丝绸之路背景下建设东南亚地区安全的大框架中，为建设海上丝绸之路的安全服务。

三、海上丝绸之路架构下中国在塑造东南亚安全格局中的作用

中国与东南亚国家的关系,是中国周边外交战略的重要组成部分,其目标是建立中国周边利益共同体,这是基于地缘空间或地缘板块位置来思考周边战略。同时,东南亚地区是中国的核心利益和重要利益所在,在海上丝绸之路大背景下,中国必须拥有友好的、稳定的、和平的周边环境,才能确保中国"一带一路"倡议目标的实现。

(一) 积极向东南亚国家宣传海上丝绸之路架构下的新安全观

东南亚国家与中国领土相邻,文化传统相近,价值观相似,对地区安全的需求相同,习近平主席提出的共同安全、综合安全、合作安全和可持续安全的新安全观,不仅是对传统安全理念的超越,也反映了亚洲各国对安全的共同追求,同时也是维护海上丝绸之路安全的必由之路。因此,我们要通过各种外交和学术场合,积极宣传新安全观,使东南亚国家全面理解和深刻领会其中的内涵,使其成为东南亚国家安全架构共同的哲学理念和支撑。

(二) 积极探索和推进新安全观实施的方法和路径

以建设海上丝绸之路为契机,充分利用区域对话和合作平台以及各种机制,不断探索推动新安全观实施的具体政策、路径和机制,最终实现"利益共同体、责任共同体、命运共同体"三位一体的格局,淡化东南亚各国领土纷争与安全的疑虑。

（三）承担大国责任，履行大国职责

中国是负责任的大国，我们“不怕事”，但更要注意“不惹事”，在坚决维护国家主权利益的前提下，决不以损害周边国家的利益以满足自己的利益，要在追求本国利益时兼顾他国合理关切，在谋求本国发展中促进各国共同发展。共建海上丝绸之路构想首先由中国提出，因此，在海上丝绸之路架构下塑造东南亚地区安全新格局中国应主动、主导。东南亚有不少国家经济和军事相对落后，经济上正积极寻求与中国开展合作，对此，我们要有大国的气度，应当在遵循互利互惠原则基础上，积极与东盟国家发展经贸关系，帮助他们摆脱经济困境，而不能锱铢必较。军事上，面对南海以及印度洋海域的传统和非传统安全威胁，很多国家心有余而力不足，对此中国军队应承担更多责任。

（四）妥善处理建设海上丝绸之路与南海领土主权和海洋权益方面争端的关系

中国与很多东南亚国家，尤其是越、菲存在南海岛礁和海洋权益之争，这个问题处理不好，会严重影响海上丝绸之路的安全。我们要强调主要通过外交谈判而不是武力的形式和平处理岛礁主权和海洋权益争端，但对置中国的和平善意于不顾，肆意践踏我国领土主权的行为要坚决斗争，决不妥协。我们要强调并形成机制，海上丝绸之路建设是以共同发展为主题，任何国家都不应从本国利益出发，以任何理由影响海上丝绸之路安全。

“一带一路”建设是实现中华民族伟大复兴的重要举措，东南亚地区是海上丝绸之路的枢纽和咽喉，该地区的安全形势关系到海上丝绸之路目标的实现。因此，我们要努力塑造良好的东南亚安全格局，为推进“一带一路”建设服务，为中华民族的伟大复兴服务。

加强对东盟海洋公共外交的若干思考

杜　博*

[内容提要]　海洋公共外交作为国家公共外交的重要组成部分，以良好的沟通方式和互动效果，能在国家之间特别是政府和民间之间塑造良好的海洋关系，扩大海洋影响力和感召力，对传播一国海洋理念，塑造国家形象，改善国际舆论环境具有重要意义。加强对东盟海洋公共外交，有利于我推广"和谐海洋"理念、推动国家周边外交发展、推进"21 世纪海上丝绸之路"建设，但目前面临一些问题，其中既有海洋公共外交理论研究滞后、理念不成熟，以及海洋软实力不足等自身问题，也有"中国威胁论"等外部因素的影响和作用。鉴于此，我们应遵循"区分对象、先易后难、坚持底线"的原则，采取构建海洋公共外交战略、增加高层海洋外交频次、提供南海安全公共产品、提升公共外交效力、打造中国特色海洋软实力等手段，不断推进对东盟海洋公共外交。

[关键词]　中国　东盟　海洋公共外交

公共外交是一个国家的政府和民间团体、社会组织和其他国家公众(包括其政府成员)所开展的，旨在提升本国形象或声誉，增进国家间友好关系的活动。①海洋公共外交是国家开展公共外交的重要途径和方向，可理解为由国家外交和海洋主管部门负责、各涉海职能部门及人员参与的、围绕海洋事务所开展公共外

---

*　杜博，发表本文时为海军指挥学院讲师。

①　公共外交的概念参见赵启正主编:《公共外交战略》，学习出版社、海南出版社 2014 年版，第 1 页。

交活动。其行为主体不仅包括政府和涉海职能部门，而且还包括涉海民间组织、社会团体精英以及广大公众。[①] 随着海洋地位不断凸显、国家海洋利益不断拓展延伸，其在我国公共外交中的地位也愈发重要。东盟作为中国周边外交重要战略方向，是我维护南海和平稳定、维护国家发展重要战略机遇期的重要一环。加强对东盟海洋公共外交，可以促使东盟国家逐渐认可和接受我“和谐世界、和谐海洋”理念，为国家发展塑造良好的舆论环境，达到以舆论赢“国缘”。

一、加强对东盟海洋公共外交的战略意义

加强对东盟海洋公共外交意义重大，特别是对传播我海洋文化理念、推动周边外交发展、建设“21世纪海上丝绸之路”大有裨益。

（一）有利于推广“和谐海洋”理念

把人类社会共同拥有的海洋变成合作之海、和平之海和共赢发展之海，是和谐海洋的应有之义，也是中国作为世界和地区大国的责任所在。海洋公共外交手段多样、内容丰富，开展过程中通过对话与交流，既促进相互间的了解和信任，而且还可以通过直接行动在东盟国家中树立良好的形象，无形中传达国家海洋话语，最终达到影响“别人以我所期望的方式思考问题”[②]——传播“和谐海洋”理念、争取他国的追随和认同。例如，我国参与的印尼海啸救援、菲律宾“海燕”台风灾后救援等行动得到了两国人民的高度评价，让他们切身体会到了我建设和谐海洋的决心和诚意。

---

① 海洋公共外交的行为主体中，政府是舵手，涉海民间组织、社会团体精英是中坚，广大公众是基础。

② Ken Booth, *Navies and Foreign Policies*, New York: Holmes & Meier Publishers Inc., 1979, p. 20.

(二) 有利于践行"亲、诚、惠、容"外交理念

"亲、诚、惠、容"是对中国周边外交工作实践的精辟概括,反映了中国外交理念的发展创新,发出了中国坚持走和平发展道路的宣言。加强对东盟的海洋公共外交,可以使周边国家对我们更亲近和认同,让命运共同体意识在周边国家落地生根,是中国践行"亲、诚、惠、容"外交理念的重要方式和手段。2013年以来,中国领导人先后对印尼、马来西亚等东盟国家进行走亲戚式的访问,提出包括海上互联互通在内的中国-东盟"2+7"合作框架等海上安全合作理念,无不体现"亲"字;着眼双方共同发展需要,中国提出了建设"21世纪海上丝绸之路"的发展理念,真心诚意地推动双方政治经济发展,是"诚"的最好体现;提出提供南海安公共全产品、帮助东盟国家建立防灾减灾体系、加强在打击海上犯罪领域的合作等无不"惠"及东盟各国;不断强调愿意与东盟国家发展好海洋合作伙伴关系、多次表示中国坚定支持东盟发展壮大及在区域合作中的主导地位,体现了"容"的理念。

(三) 有利于推进"21世纪海上丝绸之路"建设

"21世纪海上丝绸之路"将太平洋、印度洋联通,以东南亚地区为核心、以东北亚和中南亚为两翼向外扩展,并与中巴、孟中印缅经济走廊以及中亚丝绸之路经济带相衔接。东盟地处"海丝"十字路口,是"海丝"发展的首要目标,加强对东盟海洋公共外交可为"21世纪海上丝绸之路"建设提供助力。其一,可以展示中国友好形象,一定程度打消部分东盟国家对"海丝"的疑虑,特别是在我与部分东盟国家存在海洋领土主权和海洋权益争端的情况下,仍能够顾全各方关系发展大局,助力东盟经济发展和社会进步,无疑表明了我和平、友好的形象;其二,让东盟国家明白"海丝"建设的意义、目标、途径、方式,使其逐渐认可和接受"海丝"理念;其三,可为"海丝"建设培塑良好的舆论氛围和相对宽松的外部环境,促进

"海丝"建设发展。

二、中国对东盟海洋公共外交面临的主要问题

囿于多种因素,中国对东盟公共外交面临许多问题,其中既有我海洋公共外交理念不成熟、海洋软实力相对不足、理论研究滞后等自身问题,又受"中国威胁论"等外部因素的影响作用。

(一) 理论研究滞后导致开展海洋公共外交"无据可依"

正确的理论可以为实践提供更好的现实指导。当今中国海洋公共外交实践方兴未艾,但相关理论更多是源自美国等西方海洋强国,表现出某种程度的理论"饥渴",主要体现在以下几个方面。

一是缺乏海洋公共外交的顶层设计相关理论。目前,我国海洋外交理论尚未形成自己的体系,思路不够清晰,目标不够明确,海洋公共外交战略布局的针对性还不够强,没有从国家的海洋核心价值理念、未来目标和理想、国家的形象标志和身份识别,海洋公共外交的总体目标、战略任务、决策机制和运行机制等方面入手,全面制定中国海洋公共外交的总体发展规划。

二是操作层面理论研究不足。约瑟夫·奈认为:"公共外交的价值不可替代,它不仅有获取特定时限目标的潜力,而且是实现一国长期战略目标必不可少的部分,它通过软实力资源的比较优势使对外政策利益得以巩固……"海洋公共外交是国家总体外交的重要方式,又是国家公共外交的表现形式,其作用更甚于此。东盟国家国情各异,经济、科技水平发展不一,文化千差万别,只有适时、恰当的操作层面理论才能够有效指导怎样与东盟国家开展海洋公共外交,以及何时开展、开展到何种程度,才能清楚哪些国家是我应重点开展海洋公共外交的对象、哪些国家是我应拓展的对象,才能知晓采取哪些海洋公共外交方式和手段以

巩固我传统友好海洋国家的关系、发展持中立立场海洋国家的关系、改善与我有海洋争端国家的关系,等等。

三是相关研究成果较少。近年来,随着海洋公共外交逐渐兴起,国内对其关注度也逐渐增加,然而针对海洋公共外交开展的研究鲜见,但大多数学者还是停留在“国家外交”“公共外交”的角度进行研究,[①]文章中即使涉及海洋公共外交的内容也只是蜻蜓点水、一带而过。目前仅有《当代海洋外交论析》《1962—1973苏美东地中海对峙对中国海洋外交战略的启示》等几篇文章对海洋外交进行了较为深入的研究,此外还有个别学者对海军外交进行了深入细致的探索。[②]

21世纪是海洋世纪,海洋公共外交的深入广泛开展迫切需要相关理论的指导。如何适应当前海洋形势的变化发展,有针对性地开展海洋公共外交,使其重要作用充分发挥出来,还需要进一步加强理论研究。

(二) 理念不成熟使海洋公共外交效果打了折扣

随着海洋公共外交实践的发展,加之对西方海洋强国相关实践的研究,中国对于海洋公共外交的认识取得了较大的进步,已从最初的茫然无措转变到现在的积极作为。但是囿于起步晚、经验不足等因素,中国海洋公共外交的理念较西方海洋强国还有一定的差距,特别是观念上的问题直接制约了海洋公共外交开展。

一是将海洋公共外交简单地理解为国家公共外交的海上部分。虽然海洋公共外交源于国家外交,但是其并不仅限于国家总体外交的海上部分,而是以海洋立法、海洋政策及其执行为基础,旨在调整海洋国际关系并规范海洋政治秩序,是进一步谋求海洋战略主动性、加速推动与东盟海洋关系的国家战略行为。在海洋世纪中,海洋公共外交的影响和作用正在逐渐增加,是一国国家总体外交的

---

① 笔者认为较具代表性的有博士学位论文《全球化时代的公共外交》《中国对美公共外交研究》等。

② 参见张启良著:《海军外交论》,北京:军事科学出版社2013年版。

重要组成部分。此外，海洋外交的形式也有其特殊性，如参与国际海底区域事务、海军舰艇互访、海上联合科学考察等，均突破了传统的国家外交形式。

二是偏重海洋经济外交。东盟国家经济发展参差不齐，大部分国家经济规模仍处于较低水平。基于此，中国延续了以往外交中的理念，即以经济为先导，如设立 30 亿元人民币的中国-东盟海上合作基金，旨在促进中国与东盟国家间的海上合作、发展好海洋伙伴关系，但客观来看，这一举动并未达成最佳效果，部分国家仍对我提供资金的目的持一定的怀疑态度。

三是主动性有待提高。目前，我国对东盟的海洋公共外交工作经常存在被动应对的情况，制于人而非制人。例如，2014 年台风“海燕”给菲律宾造成重创，囿于多种因素，中国进行灾后救援的时间和方式确定得较晚，当美国等西方国家大肆散播“中国不负大国责任”的舆论时，才派出海军医院船赴菲进行救援。提高海洋公共外交的主动性势在必行。

四是忽视舆论宣传。中华民族几千年的传统文化铸就了中国人朴实、内敛、不善言辞的民族性格。在对东盟开展海洋公共外交时，中国经常秉承着“只做不说”的理念，或者在被问起进行有关活动目的等问题时才加以阐释和说明，敏于行而讷于言，忽视宣传推销自己。“21 世纪海上丝绸之路”倡议惠及诸多东盟国家，是促进它们发展的重要纽带，但最初提出时遭到了部分东盟国家的怀疑和疑虑，缺乏宣传是重要原因之一。

上述错误或模糊的认识，使我对东盟海洋公共外交工作事倍功半，效果打了折扣。随着美、日、印等域外国家逐渐深度介入南海事务，南海形势必将更加复杂，如何充分发挥我国海洋公共外交优势、变被动为主动，进而化解当前海洋安全困局，值得深思。

（三）海洋软实力相对不足制约海洋公共外交开展

海洋软实力是各国实现海洋治理、维护海洋权益、与海洋和谐共处时的文化、价值观、法规制度、生活方式所产生的吸引力和感召力，是建立在此基础上的认同力与追随力。[①] 与西方海洋强国相比,中国海洋软实力存在明显不足。

一是海洋思想理念的吸引力和感召力尚存不足。“国际生活的特征取决于国家间相互存有的信念和期望。”[②]对某些特定观念或规范的认同,可以对行为体间确定彼此关系及采取何种行为方式产生重要影响。[③] 海洋思想理念是软实力的核心,也是一国关于海洋事务的核心观念,关乎他国能否构建认同、构建何种程度的认同,而只有得到认同才能使海洋公共外交工作事半功倍。拿破仑说:“世界上只有两种力量:利剑和思想。从长远看,利剑总是败给思想。”

目前,中国所提倡的“和谐海洋”“新型海上安全观”等海洋思想理念尚未被广泛认可和接受,在世界和地区范围内的影响力仍然不足。“和谐海洋”是中国于2009年提出的,主张海洋为人类社会所共同拥有,要把它变成合作、和平、发展共赢的海洋;“新型海上安全观”是2014年时任海军司令员吴胜利在国际海上力量研讨会中提出的,其核心精神可概括为“4C”,即共同安全(Common Security)、综合安全(Comprehensive Security)、合作安全(Cooperation Security)、可持续安全(Continuous Security)。两种思想理念一脉相承,都符合世界海洋事务的发展潮流以及和平发展的时代主题,并得到许多国家的赞扬和肯定,然而部分东盟国家不断挑动南海事端,推动南海问题国际化、司法化的举动某种程度说明了“和谐海洋”“新型海上安全观”并未被完全的认可,其仍处于塑造吸引力、产生感召力的过程之中。“如果中国能够使其他国家相信他们曾在国际体系中发挥过有益的作用,并仍信守自我克制的传统,则可以减小该体系采取平衡行为来遏制其外交政策的倾向。如此,其外交成功的前景将会更加明朗。”[④]但中国海洋思想理念在构建认同方面的功效还不强,影响了对东盟海洋

---

① 王印红、王琪:《中国海洋软实力的提升途径研究》,载《太平洋学报》,2012年第4期,第36页。

② [美]亚历山大·温特著,秦亚青译:《国际政治的社会理论》,上海:上海人民出版社2005年版,第24页。

③ 夏建平:《认同与国际合作》,华中师范大学博士论文,2006年12月,第26页。

④ [美]詹姆斯·霍姆斯、[日]吉原恒淑著,钟飞腾、李志斐、黄杨海译:《红星照耀太平洋:中国崛起与美国海上战略》,北京:社会科学文献出版社2014年版,第218页。

公共外交的效果。例如，中国在南海问题上主张南海有关争议由直接当事国之间通过谈判寻求和平解决，但部分东盟国家却将南海问题国际化，观念不同使得东盟国家一定程度上对我外交行为产生疑惑、甚至抵触心理。

二是涉海人员国际化素质有待增强。拥有较强的国际化素质，可以促进与他国涉海人员进行深入的沟通与交流，进而传播本国的海洋文化理念，推广国家海洋软实力，促进公共外交开展。其一，相关人员的外语水平和实践运用能力与进行有力公共外交工作的要求还有一定差距；其二，国际视野有待拓展。绝大部分人员没有认识到海洋公共外交在改善国家外部环境、塑造正向舆论的地位作用；其三，战略意识有待提高。作为海洋公共外交的参与人员，应明确国家的大政方针，清楚开展公共外交的原因、要实现的目标、指导思想是什么等问题。然而当下，我国相关人员往往是认真执行上级下达的任务而忽视任务背后的国家意图，知其然而不知其所以然。

三是提供海洋公共产品能力不足。公共产品是在具有广大公共利益空间的社会中，由国家政府或社会组织所提供的，满足社会个体的公共消费利益、保障社会整体平稳与发展的产品，[①]其主要特征是具有使用上的非排他性、非竞争性和可持续发展性。提供公共产品能力是衡量国家海洋软实力的重要指标之一，也是推动海洋公共外交的有力手段，美国主导的《集装箱安全倡议》、日本出资建立的"亚洲反海盗信息共享中心"为东盟国家维护海上安全发挥了重要作用，也得到了东盟国家的认可，而中国在提供南海安全公共产品方面还有很长的路要走。

（四）"中国威胁论"的存在给海洋公共外交带来不利影响

"中国威胁论"是冷战后西方国家中少数人一手炮制并大肆宣传的一种谬

---

① 参见陈清：《全球公共产品供给：集体行动困境下的全球公共产品供给研究》，厦门大学硕士学位论文，2007年6月，第5页；李志斐：《东亚区域安全合作中的公共产品提供问题研究》，中国人民大学博士学位论文，2009年5月，第22页。

论，意在挑拨离间我国和东盟国家业已建立起来的睦邻友好关系。他们固守“霸权以及暴力或非和平方式占领别人的领土的自保和聚财之道”习惯思维，认定中国有同样的野心，将“中国威胁论”强加在中国头上。西方政客的极力鼓吹，加上战略互信的不足，使“中国威胁论”在部分东盟国家中有一定的市场。在其影响和作用下，中国海洋外交活动经常因东盟国家担心我推行新海洋霸权主义而迟滞不前，特别是使我海洋公共外交活动的“度”难以把握。例如，我国为维护南海航行自由及航行安全加强在南海活动的频率和力度，部分东盟国家却认为“中国可能会利用军队来实现其对该地区的领土要求”[①]、“复兴的中国正把它的势力从东亚大陆伸向临近的海洋地区，特别是南中国海”[②]；又如，我国推广“和谐海洋”理念而进行的一系列文化交流被个别东盟国家炒作为“心怀不轨”。凡此种种，无不影响中国对东盟海洋公共外交的力度、频度、深度、广度。

三、加强对东盟海洋公共外交应遵循的主要原则

指导原则是加强对东盟海洋公共外交需要把握的尺度和标准，对开展海洋公共外交有着全局性、方略性的指导意义。

(一) 区分对象

一是要从宏观上将东盟十国的整体和东盟十国的个体区分开来。在加强对东盟海洋公共外交时，要把东盟十国作为一个整体从宏观上进行把握，不断探寻双方的共同利益，如确保南海地区的海上通道安全、建设“21 世纪海上丝绸之路”等，进而确定适当的内容和方式。二是要根据东盟十国国情、南海地区安全

---

① 喻常森编著：《亚太国家对中国崛起的认知与反应》，北京：时事出版社 2013 年版，第 56 页。

② Fidel Valdez Ramos, "The World to Come: ASEAN's Political and Economic Prospects in the New Century," http://www.aseans.org/2808.htm.

形势、我方战略需求等因素对十国进行分类，明确要重点进行公共外交的国家、应着力提升公共外交力度的国家、需要巩固保持既有公共外交活动的国家、既斗争又合作的国家，并策略性地进行。

（二）先易后难

要根据中国、东盟的现实情况，采取循序渐进的方式，从容易做、急需做、共识最多、阻力最小的领域入手，稳步扎实地加以开展和推进海洋公共外交。“中国威胁论”、部分东盟国家反华排华、域外国家干涉挑拨等问题，都对中国加强对东盟海洋公共外交带来极大挑战；特别是中国与部分东盟国家之间的领土和海洋权益争端，更使得部分东盟国家心存芥蒂。上述种种原因直接或间接导致了双方相互信任的缺失，这也成为双方的“阿喀琉斯之踵”。因此我们应先从容易进行公共外交的国家入手，从简单的、容易的领域入手，促进相互了解，渐次累积信任，使对方逐渐消除误解，形成战略互信，然后在此基础上向深层次领域拓展。

（三）坚守底线

由于东盟内部团结程度问题、域外国家干涉介入问题等多种因素的影响，中国对东盟海洋公共外交成效未必如想象中显著，但即便如此，我们也应坚持“国家核心利益为上”原则，决不能以牺牲国家核心利益的方式推动海洋公共外交，在对部分与我国有领土争议的国家开展外交时，决不允许以主权换安全的情况发生，“老祖宗留下的土地，一寸也不能丢”。[①] 必须在涉及国家核心利益的问题上设置红线、底线、高压线。

① 《中美南海再较量：斗而不破，保持安全距离》，环球网，2014年5月19日。

四、加强对东盟海洋公共外交的对策思考

加强对东盟海洋公共外交对国家意义重大,必须依据国家海上方向安全的战略需求,针对面临的问题,结合当前实际情况找出应对之策。

(一) 深化相关理论研究,构建海洋公共外交战略

海洋公共外交战略是在国家战略指导下,对海洋公共外交力量建设和运用进行的总体筹划和部署,是从战略全局高度指导国家有效开展海洋公共外交的总体方略。构建海洋公共外交战略对我塑造有力的海洋环境、推动海洋公共外交大有裨益。首先,要深刻认识海洋公共外交面临的战略形势。准确判断战略形势是科学进行战略决策的前提和基础。要明确当前我国开展海洋公共外交的国际总体形势和环境、面临的主要威胁和挑战、存在的主要问题等,是一个持续的、动态更新的过程,需要根据现实情况不断进行修正和调整。其次,要科学进行战略决策,其是根据海洋公共外交面临的战略形势而做出的战略性决定,要明确战略目的、任务、对象、模式、方针、部署、手段等。最后,要合理统筹海洋公共外交战略规划,其是根据海洋外交战略决策而对海洋整体所作的统筹安排,是海洋公共外交战略决策的具体体现,也是"运筹帷幄、决胜千里"的重要因素,主要包括我开展海洋公共外交的形式、步骤、计划、路线图等。

此外,还要对海洋公共外交力量的建设和运用进行研究。海洋公共外交力量的建设是前提和物质基础。笔者认为,海洋公共外交力量大致可概括为物质性资源力量和非物质性资源力量。前者主要指用于海洋外交的有形物质力量,主要包括人力(如国家政府涉海部门官员、涉海商人、海外华侨和族裔群体、非政府组织和思想智库等)、物力(如海军舰艇、公务执法船舶、科考船、渔船等)、财力(如资金、技术支持等)及其他基础设施建设等;后者主要指开展外交所需要的体

制、机制、规范、文化等无形力量。海洋公共外交力量的建设既要注重数量，也要确保质量；既要统筹兼顾，又要重点突出。海洋公共外交力量的运用主要研究其运用的时机、方式、程度、规模等，如在什么情况下开展、由谁牵头实施、开展到何种程度、怎样开展等。海洋公共外交力量的运用要因时而定、因势而定，做到有的放矢。

（二）增加高层海洋公共外交频率，发挥领导人战略引领作用

高层海洋公共外交代表国家意志，体现国家的诉求，"往往是最生动和最具效果的"。[①] 此外，高层领导是国家海洋公共外交的战略指导者，对相关全局问题有着整体的把握和了解。十八大以来，政治局常委多人次访问东盟国家，均提及海洋事务及开展海洋领域的合作。无论是访问东盟国家的还是谈及涉海事务的频次在我国外交史上都极为罕见，无不表明了国家对海洋公共外交作用的认可，应进一步巩固和加强。一是高层领导要更多地参与设计海洋公共外交。高层海洋公共外交的意义和作用无须赘述，关键是如何更好地开展以实现既定目标。笔者认为应从顶层设计抓起，发挥高层独特优势，进一步增加高层领导参与设计的频率，从国家战略全局高度推动高层海洋外交，使高层讲好中国故事，使外国聆听中国好声音，[②]充分发挥领导人战略引领作用。二是增加海洋公共外交主动性。"成功者凡事主动出击。"要塑造良好的海洋外交政治氛围必须要主动出击，谋篇布局，造势部署，要去选择而非被选择。因此，高层海洋公共外交工作要发挥主动性，体现预见性。例如，目前美国、日本等域外国家不断拉拢泰国、缅甸加入遏制中国崛起的阵营，下一步它们拉拢的对象会是谁？印尼还是马来西亚？对此我们要有正确的认识和判断，并主动出击，预防性地对印尼和马来西亚开展海洋外交，防患于未然。

① 赵启正主编：《公共外交战略》，第 3 页。

② 目前，习近平主席是中央外事工作领导小组的组长，对中国的外交工作，有时会亲自参与设计。参见《中国领导人外交：高效务实，注重底线》，《新京报》，2014 年 9 月 9 日。

(三) 以提供南海安全公共产品为突破,促进东盟国家正向认同

印尼战略与国际问题研究中心执行主任里扎尔·苏克玛指出,“如果中国发展军事力量的目的是提供地区安全产品,如打击海盗和进行灾后救援,东南亚国家就没有必要害怕中国的海上力量,许多东南亚国家是欢迎中国在这些领域发挥重要作用的”①。中国可以从海上非传统安全领域开始合作提供公共产品。②但目前东盟国家综合国力与我还有较大差距、部分国家政局不稳、与我海洋关系紧张,在合作提供公共产品时可能会存在“有心无力”“原地观望”或“随风摆动”等情况。因此,我应先以单方面行为引导其他东盟国家,主动让步、让利,让东盟国家搭公共产品红利的“便车”,进而逐渐引领它们共同参与公共产品的使用和建设。其一,努力研发能服务于南海通道安全的公共安全产品,在船舶导航、航运安全、水文气象、灾害预报、抢险救灾等方面,向东盟国家提供价廉优质的安全产品。其二,加强南海海域的海洋观测、航道测量、航海保障等能力建设,加大海上航运监管与服务力度,优化船舶交通管理系统布局,完善沿海干线航标体系,建成西沙、南沙海域公用航标,将航道安全巡航扩展至专属经济区及其他管辖海域,为南海海上通道安全提供更为全面、准确的公共服务产品。其三,与东盟国家加强海上联合搜救、海上灾害救援等方面的演习,建立相关内容的合作机制,最终实现合作提供南海公共产品,并逐渐向高级公共产品过渡。通过上述行为,使东盟国家了解我发展海上力量本意,切身体会到中国发展海上力量乃至综合

① 《提供地区安全产品是中国的义务》,《华夏时报》,2011年9月03日。

② 就地区公共产品而言,主要有两种提供方式,即霸权供给和合作供给。霸权供给者之所以会不断提供公共产品,主要是因为其可以从提供的过程和结果中获得大于付出成本的收益。随着时间的推移,霸权国家提供公共产品的成本会逐渐增加而收益相对减少,这就使其不得不采取节省成本的手段——减少公共产品供应量,进而会导致公共产品提供的不稳定与稀缺。合作供给公共产品可理解为所有的地区国家,无论综合国力如何,均可以联合起来,通过集体行动,实现个体利益和共同利益的双赢,它可以促进地区公共产品稳定的供给和输出。此外,合作提供公共产品可以展现国家实现互利共赢的态度和决心,促进相互认同。

国力所带来的实惠，不断提升中国的国际形象和地位，化“中国威胁论”为“中国机遇论”。

在提供南海安全公共产品的过程中，切忌直接谋求主导权，而是要通过积极引导、主动作为的方式渐进性地掌握主导权。以开放和以我为主的心态去从事公共产品领域的学术研讨、顶层设计、开发方案、基础设施建设与营运等。

（四）多管齐下，提升对东盟海洋公共外交效力

一是要高度重视海洋公共外交。深刻认识海洋公共外交的重要战略意义，为对东盟海洋公共外交提供充足的政治支持、机构设置和经费是其有效开展的重要保障。习主席指出，要着力加强对周边国家的公共外交，巩固和扩大我国同周边国家关系长远发展的社会和民意基础。这既肯定了公共外交的地位、作用，又为国家对东盟开展海洋外交奠定了基调、指明了方向。二是在注重发挥政府对东盟开展海洋公共外交的主体作用的同时，要深刻认识民间团体、社会组织、社会精英、广大公众等对我开展海洋公共外交的重要意义，意识到他们承担的海洋外交是大量的、长久的、内容丰富的，甚至是“润物细无声”的。三是争分夺秒加强舆论宣传。舆论宣传是传播我海洋文化的重要渠道，也是开展海洋公共外交的重要环节。既要想方设法增强我海洋文化的吸引力和感召力，让东盟国家产生共鸣，更要在宣传上争分夺秒、把握先机，充分发挥新闻、广播、影视、网络等媒体资源的作用，因为人们往往有“先入为主”的习惯，“你不讲故事，如果别人先讲了假故事，你再讲真故事，那么，依照‘先入为主’的习惯，你的真故事也未必能战胜假故事”。[①] 此外，不但要注重在举办奥帆赛、纪念郑和下西洋等大型活动中产生轰动性效应以进行海洋公共外交，还要在可持续的小型、微型常态活动中将之延续；将海洋经济外交与海洋政治外交、海洋文化外交、海洋科技外交密切配合，相辅相承，发挥“1+1>2”的功效；不断推广海洋军事外交，发挥其独特优势。

---

① 赵启正主编:《公共外交战略》,第 25 页。

(五)打造中国特色海洋软实力,为外交创造有利的软环境

“软实力是一种能够影响他人喜好的能力”,[①]由于其所起到的作用往往超过军事作用而广受世界大国关注,要不断提升海洋软实力、特别是建设中国特色海洋软实力,使东盟国家减少对我的误解和担忧。一是要努力培塑中国特色海洋文化。中华民族有着灿烂悠久的海洋历史文化,“郑和下西洋”“海上丝绸之路”等都是中国特色海洋文化的成果结晶。要赋予其时代新的内涵,不断将其传承和发扬光大;打造更多的中国海洋文化符号和标志,并通过网络、媒体、人民群众进行宣传和传播,输出中国海洋价值观;加强海洋文化理论研究,深入挖掘各类海洋文化的丰富内涵,建立中国传统海洋文化价值观核心体系,使之具有吸引力和感召力,促进东盟国家接受和认同我海洋文化。二是要提升涉海人员国际化素质,拓宽战略视野。推进军民融合式人才培养,发挥军、地各自的优势,统筹、优化、共享资源,实现资源的科学调动,最大程度地发挥资源在人才培养中的作用;主动创造机会参与涉海事务,熟悉国际通用话语、制度、规则;利用东盟国家涉海人员到中国学习的机会,加强沟通交流,既能加深相互友谊和了解,又可在无形中提升了人员国际化素质。三是要加强宣传教育,切实提高公民的修养,减少不文明现象发生;引导公民树立正确的海洋义利观、海洋可持续发展观及国家大局观,为中国塑造良好国际形象增添正能量。

---

① Joseph S. Nye, Jr., *Soft Power*: *The Means to Success in World Politics*, Public Affairs, 2004, p. 5.

中国-东盟自贸区国际商事仲裁机制的构建

范　健　梁泽宇　张虹玉*

[内容提要]　随着中国-东盟自贸区(AFTA)的升级建设和发展，中国与东盟国家发生的双边与多边的商事纠纷日趋频繁，而无论是国际通用的 WTO 争端解决机制，还是国内法的纠纷解决机制，都已无法满足中国-东盟区域经济合作日渐复杂的发展趋势，特别是中国-东盟《争端解决机制协议》中确立的仲裁规则落后于中国-东盟自贸区商事实践。由此，本文提出为了应对复杂的中国-东盟自贸区法律风险、保障优良的商事秩序，有必要构建独特的 CAFTA 商事仲裁机制，为中国-东盟自贸区未来经济的密切合作提供法律保障。

[关键词]　中国-东盟自贸区　商事仲裁机制　争端解决机制

在国际服务贸易中，仲裁属于法律服务贸易的重要领域之一。[①] 现代国际社会商业竞争的成败，很大程度上取决于法治环境是否完善。作为法治的重要环节，公正、专业、效率的仲裁能够为商业交流提供良好的法律服务，尤其是在我国推动中国-东盟自贸协定推出升级版过程中，如何应对涉东盟国家国际商事纠纷在数量上和复杂性上的剧增趋势，是一个重要的挑战。

近年来中国正在积极推动中国-东盟自贸协定的签订，包括区域全面经济合作伙伴关系协定(RCEP)、中国-东盟自贸协定升级版和中日韩自贸区等，因而

---

*　范健，南京大学法学院教授；梁泽宇、张虹玉，发表本文时为南京大学法学院经济法专业 2014 级硕士研究生。

①　赵秀文：《国际商事仲裁现代化研究》，北京：法律出版社 2010 年版，第 1 页。

由此带来的日益频繁的东南亚贸易与逐渐增加的法律风险。2004 年签订的《中国-东盟全面经济合作框架协议争端解决机制协议》(以下简称《争端解决机制协议》)已然无法胜任新的纠纷体系。因此本文从中国-东盟自贸区(以下简称"CAFTA")国际商事仲裁制度的法律基础出发,通过对构建 CAFTA 商事仲裁机制的缺失入手,分析有必要建立独立的 CAFTA 商事仲裁机制和构建独特的 CAFTA 体系,为 CAFTA 的升级和东南亚贸易的繁荣提供法律保障。

一、构建 CAFTA 商事仲裁机制的必要性证成

(一) 应对 CAFTA 自贸区升级过程中的法律风险

为了应对中国-东盟自贸协定推进过程中产生的法律风险,与其相配套的法律机制的构建尤为重要。一方面,虽然现有的国际投资领域已经存在诸多解决国际投资问题的机制,其中比较主要的有多边投资担保机构、国际投资争端解决中心和 WTO 建立的贸易争端解决机制等。然而上述争端解决机制都是为了解决国家与另一国国民之间的法律争端,而非直接适用于各国国民、组织之间的商事纠纷。因此中国-东盟自贸区推进过程中涌现的民商事纠纷还不能以现有争端解决机制得到完全、权威、有效、专业的解决。另一方面,中国和东盟各国之间还没有建立专属、有效的区域性争端解决机制,不同国家国民之间出现了法律纠纷,往往诉诸发达国家的国际商事仲裁机构,面临语言、取证、执行等一系列的困难。可以说,"一带一路"建设的顺利实施还面临着众多未知的法律风险与挑战。

国际商事仲裁是重要的国际经贸争端解决机制,也将是未来区域间解决商事争端的重要途径。中国-东盟自贸区大多数是发展中国家,在法律制度、意识形态、文化传统、经济水平、宗教信仰上都存在较大差距,这种差异赋予国际商事仲裁服务更大的发展空间。

(二) CAFTA自贸区的建立呼吁良好的国际商事秩序

竞争是发展的动力。在“平等协商、互利共赢、循序渐进、开放包容”原则的基础上，加强东亚区域经济合作发展，增强本地区经济竞争力，实现东亚区域经济持续稳定发展，是中国-东盟的共同愿望。中国和东盟国家都力图创造一种既充分发挥自由贸易的好处，而又不危及本国产业安全和秩序的法治环境，走自由贸易与保护贸易相互协调的发展路径。

竞争也与风险并存。“10＋1”各国的商事法律制度不统一，对外经贸法律制度也各有不同。东盟国家中新加坡、文莱的自由贸易程度高，贸易合作空间也相应较大，而菲律宾、印度尼西亚、泰国、马来西亚等国存在较多贸易壁垒，相应的贸易合作难度较大。尤其是中国实施统筹国内国外两个市场的发展战略，东盟实行出口导向型发展战略，以劳动密集型产业为主，区域内产业结构相似度高，且都以美、欧、日等地为主要市场，这就使得中国与东盟各国的经济发展战略和产业结构之间的相互摩擦不可避免。

因此，在CAFTA升级过程中面对已经和可能出现的国际商事合作中的问题和困境，我们应客观地分析各成员国法律制度的特点以及各国之间在民商事司法协助方面的实践，努力构建合理的国际民商事秩序，为CAFTA的顺利建立提供良好的国际商事秩序。

(三) CAFTA国际商事仲裁机制的缺失

一方面，CAFAT《争端解决机制协议》本身不能完全解决具有特殊性的中国-东盟自贸区中的商事纠纷。虽然CAFAT《争端解决机制协议》中确立的仲裁机制体现了仲裁制度的公平、公正与效率原则，在保障经贸秩序和谐稳定发挥积极的作用，但也存在如仲裁庭组成、仲裁庭人员甄选、仲裁庭表决方式、仲裁裁决复核程序等制度设计的缺陷。这一定程度上也归责于缺乏专属的CAFTA的国际商事仲裁机制。CAFTA 争端解决机制本身在立法上的不足和缺陷,应该是影响该机制有效实施的最直接最重要的原因,比如当事人管辖权竞合、救济措施等问题都存在规定不明的情况。

另一方面,CAFTA 的升级建设伴随的仲裁案件数量上的增加、种类上的增多和规模上的扩大等新问题,要求我国重视在区域经济、金融规划和建设中同时推进构建配套的国际通商事仲裁机制。首先,在推进 CAFTA 升级过程中,必须格外重视仲裁的专业化。中国与东盟各国的国情差异较大,相互之间的经贸往来具有产品特色化、合作种类多元化的特点,更需要建设配套的仲裁制度和仲裁机构。在中国与东盟国家的经贸往来中,会涉及大量关于金融、房地产、知识产权、电子商务、计算机软件等行业纠纷,而这些纠纷又有其专业性和特定性,如果裁判者不熟悉系争双方所在国家的法律规定、行业惯例、规则,很难做出合理、合法的裁决。其次,为了顾及 CAFTA 各国不同的法律传统,必须强调当事人的意思自治,尊重法律适应和选择。在国际商事仲裁中,当事人不仅可以选择仲裁程序法和仲裁规则,而且可以选择实体法,甚至可以用第三国法律来解决国际商事争议。

三、CAFTA 商事仲裁制度的法律基础

(一) WTO 确立的仲裁制度

WTO 争端解决机制的一个突出特点就是它综合了外交、协商、调解、仲裁及司法判决等多种国际争端解决手段,共同构成了“准司法性”(quasi—judicial)

的国际争端解决机制。[①] 而 WTO 所确立的新型仲裁机制是以 WTO 专家组程序和上诉机构上诉审查程序为核心的，主要具有以下特点：一是 WTO 专家组程序具有许多典型的国际仲裁特征，WTO 上诉机构的创新性设立及其上诉审查程序的运作模糊了“国际法院”和“国际仲裁庭”间的理论的边界。二是各项 WTO 仲裁分别与其他 WTO 争端解决手段和程序具有替代或补充的关系。

具体来说 WTO 中的仲裁机制体系主要由三个部分组成：第一是 DSU（即《关于争端解决规则与程序的谅解》）正文规定的仲裁，主要涉及的条文包括第 26.1(c)条的“非违约”仲裁[②]、第 22.6 条的“报复”仲裁[③]、第 21.3(c)条的“合理期限”仲裁[④]和第 25 条的速效仲裁[⑤]。第二是附件特殊规则中的 SCM 和 GATS 中规定的仲裁，其中 SCM 中规定的仲裁主要包括第 8.5 条规定的关于减让表修改等的仲裁[⑥]、第 7.10 条可诉性补贴中的仲裁和第 4.11 条禁止性补贴[⑦]，

---

① See Surya P Subedi, “The WTO Dispute Settlement Mechanism as a New Technique for Settling Disputes in International Law,” In: Duncan French, Matthew Saul and Nigel D. White (eds.). *International Law and Dispute Settlement: New Problems and Techniques*, Oxford and Portland, Oregon: Hart Publishing, 2010:173.

② 根据 DSU 第 26 条第 1 款(C)项的规定，关于非违约之诉中的“利益丧失或减损程度”的确定亦可适用上述 DSU 第 21 条第 3 款规定之仲裁程序。参见《关于争端解决规则与程序的谅解》第 26 条第 1 款(C)项。

③ DSU 第 22 条第 6 款规定，如果在合理期限结束期满之日起 20 天内争端双方未能议定令人满意的补偿，DSB 可以给予中止减让或其他义务的授权，如果有关成员反对提议的中止程度或声称胜诉方未遵守相关原则和程序时，则应将该事项提交仲裁。参见《关于争端解决规则与程序的谅解》第 22 条第 6 款。

④ DSU 第 21 条第 3 款(C)项规定，如果争端各方对于执行 DSB 建议和裁决的“合理期限”(reasonable period of time, RPT)存在异议，可通过有约束力的仲裁来确定期限。这一仲裁程序的设置初衷是为了避免 DSB 建议或裁决的执行被无限期拖延。参见《关于争端解决规则与程序的谅解》第 21 条第 3 款(C)项。

⑤ DSU 第 25 条规定：“WTO 中的速效仲裁作为争端解决的一个替代手段，能够便利解决涉及有关双方已明确界定问题的争端。”参见《关于争端解决规则与程序的谅解》第 25 条第 1 款。

⑥ SCM 第 8 条第 5 款规定，不可诉补贴的确认争议应提交有约束力的仲裁，DSU 的规定应适用于此种仲裁。参见《补贴与反补贴措施协定》第 8 条第 5 款。但根据该协定第 31 条，目前其第 8 条作为一项临时适用的条款已经失效。

⑦ 参见《补贴与反补贴措施协定》(Agreement on Subsidies and Countervailing Measures, SCM)第 4 条第 11 款、第 7 条第 10 款的规定。

GATS中规定的仲裁包括第23.3条“非违约”的仲裁[①]、第22.3条避免双重征税协定有关的仲裁[②]和21.3(a)条关于减让表修改等的仲裁[③]。第三是非DSU规定的仲裁,如目前WTO机制内达成的一些豁免协定(Waivers)以及在WTO争端解决过程中争端双方所达成的“双方同意的解决办法”(Mutually agreed solutions,MAS)。因此,不难看出WTO中的国际仲裁体系是一套独特的仲裁体系,机制本身具有复杂复杂性和先进性。

(二)CAFTA《争端解决机制协议》确立的仲裁规则

在中国-东盟自贸区的建设过程中,中国与东盟主要签署了5个法律文件,分别是:2002年11月签署的《中国与东盟全面经济合作框架协议》(以下简称《框架协议》);2004年11月签署《中国-东盟全面经济合作框架协议货物贸易协议》(以下简称《货物贸易协议》);同年又签署了《中国-东盟全面经济合作框架协议争端解决机制协议》(以下简称《争端解决机制协议》);2007年1月《中国-东盟全面经济合作框架协议服务贸易协议》(以下简称《服务贸易协议》)签署;2009年8月《中国-东盟全面经济合作框架协议投资协议》(以下简称《投资协议》)签署,该《投资协议》的签署也标志着中国-东盟自贸区的主要谈判基本完成。

在这5个法律文件中《争端解决机制协议》所确立的投资争端解决机制为中国-东盟自由贸易区内投资争端的解决提供了法律依据,中国与东盟国家间的经贸摩擦随着合作量的增加而愈发频繁,《争端解决机制协议》所设置的程序(磋

---

① GATS第23条第3款规定,关于GATS中非违约措施造成影响的补救争议可诉诸仲裁解决。参见《服务与贸易总协定》第23条第3款。

② GATS第22条第3款规定,对于一措施是否属于“与避免双重征税有关的国际协定范围”的问题,双方有争议的,任何一方可向服务贸易理事会要求仲裁解决。参见《服务与贸易总协定》第22条第3款。

③ 《服务贸易总协定》(General Agreement on Trade in Services,GATS)第21条第3款(a)项规定,关于具体承诺减让表修改或撤销造成影响的补偿性调整争议,受影响成员可要求仲裁。参见《服务与贸易总协定》第21条第3款(a)项。

商、调解或调停、仲裁、仲裁执行及补偿和中止减让)为双方化解贸易摩擦、维护自身正当权益提供了有效的途径。[①] 该文件共包含18个条款和1个附录,对争端的适用范围、联系点、磋商、调停和调解、仲裁庭的相关规则等做了一系列的规定。这一法律文件是落实《框架协议》的重要措施和步骤,不仅在法律效力和社会影响两大方面上加强了《框架协议》,而且更深层次地使中国与东盟国家之间的经济合作制度化和规范化。这一文件确立的仲裁规则主要包含以下内容:

1. 适用范围

《争端解决机制协议》的第2条第1款、第3款和第4款共同规定了中国-东盟自贸区争端解决机制具体适用于各缔约方之间关于《框架协议》项下权利和义务争端的避免和解决。[②] 具体包括:一是根据《框架协议》(包括附件及其内容)提起的争端;二是《框架协议》的任何引文,包括按照它而设置的所有将来的合法文书中涉及的争端;三是在成员国领域内,凡中央、地区、地方政府或者权力机构达成的有关《框架协议》中的措施所产生的争端,但是以下情况除外:(1) 本协议另有规定;(2)《框架协议》另有规定;(3) 缔约方另有规定。[③]

《争端解决机制协定》明确了自贸区内解决争端的受案范围,强化了建立争端解决机制的主要目的即提示争端风险的可预见性,使争端各方可直接通过争端解决机制来解决问题。

2. 联系点

《争端解决机制协议》的第3条是对中国-东盟各国之间联系点的概念和职责等方面的具体规定。该规定要求中国和东盟各缔约国之间相关事务的处理应

① 程信和主编:《中国-东盟自由贸易区法律模式研究》,北京:人民法院出版社2006年版,第221页。

② 参见《中华人民共和国与东南亚国家联盟全面经济合作框架协议争端解决机制协议》第二条。

③ 参见齐虹丽主编:《中国-东盟自贸区法律协议条文释义》,经济管理出版社,2011年版,第113页。

当有一个固定的联系场所。[1]

3. 仲裁

《争端解决机制协议》第 6、7、8 条分别规定了仲裁庭的设立、组成、职能。[2]仲裁程序作为争端解决程序的灵魂是中国-东盟自由贸易区争端解决机制的核心程序,拥有以下一些特点:裁决的公正性、一裁终局性、适用法律的确定性等。协议第 6 条对仲裁庭的设立做出了规定,提出申诉的一方在提出磋商请求 60 天内或者紧急案件情况下的 20 天内没有办法解决争端的,可以请求设立仲裁庭。申诉方要求设立仲裁庭的请求中应当说明的请求理由包括解决争端所采用的具体措施和起诉事实及法律依据。协议第 7 条对仲裁庭的组成做出了规定,仲裁庭须由三人组成,争端当事双方各自指定一名仲裁员,双方共同选定第二名仲裁员并且任命其为仲裁庭主席。协议第 8 条对仲裁庭的职能做出了规定,仲裁庭的职能为对调查的事项做出客观、公正的评价,对案件做出事实认定和法律认定,并根据《框架协议》和对争端双方适用的国际法规则做出仲裁裁决。仲裁庭享有做出争端裁决的权利,并向争端当事方提交裁决报告,以及给予当事方复审的机会;但是,仲裁庭没有权利要求缔约方政府采取何种措施。仲裁庭应当基于一致的原则做出裁决,如果仲裁庭不能达成一致,则应依照少数服从多数的原则。仲裁庭的裁决具有终局裁决的效力,并对争端各方具有约束力。

4. 仲裁裁决的执行

《争端解决机制协议》的第 12 条对仲裁裁决的执行做出了相关规定。[3] 仲裁裁决对当事双方均具有约束力,仲裁裁决也应立刻得到执行。被诉方应当遵循仲裁庭的裁决,并将其执行裁决的计划通知申诉方。如果不能立刻执行仲裁

---

① 参见《中华人民共和国与东南亚国家联盟全面经济合作框架协议争端解决机制协议》第 3 条。

② 参见《中华人民共和国与东南亚国家联盟全面经济合作框架协议争端解决机制协议》第 6、7、8 条。

③ 参见《中华人民共和国与东南亚国家联盟全面经济合作框架协议争端解决机制协议》第 11 条。

裁决，被诉方应当在由双方共同决定的合理期限内执行。申诉方对于被诉方的执行是否符合《框架协议》的要求发生争议，应把该争议的裁决权提交原仲裁庭。

5. 补偿和中止减让

《争端解决机制协议》的第 13 条对补偿和中止减让做出了规定。[①] 因仲裁裁决的终局性，若被诉方未能执行裁决，则须按规定给予申诉方必要的补偿；同时，申诉方也享有中止被诉方的减让或利益的权利。从实践来看，《争端解决协议》不鼓励争端当事方采取中止减让的措施，认为最根本的措施还是执行裁决。

三、CAFTA 国际商事仲裁机制的构建

随着中国-东盟自贸区的建设和发展，中国与东盟国家发生的双边与多变的商事纠纷日趋频繁，解决这些纠纷的途径主要有两种思路：一方面通过依靠各当事国国内法确立的诉讼、仲裁、调解等机制解决；另一方面通过专门的区域纠纷解决方式如 WTO 所确立的纠纷解决方式。但是中国-东盟自贸区虽然是全球第三个自贸区，但是它不同于成熟的北美自贸区和欧盟自贸区，其集团内部各个经济体之间文化、政治、法律发展均有较大的差异。即便是专门的中国-东盟《争端解决机制协议》也是基本承袭了 WTO 争端解决机制的理念与语言的风格，因此可以说无论是通用的 WTO 争端解决机制与中国-东盟《争端解决机制协议》，还是国内法的纠纷解决机制都已无法满足中国-东盟区域经济发展、合作与共同推进发展的需要。由此，本文提出构建独特的 CAFTA 商事仲裁机制，为中国-东盟自贸区未来经济的密切合作提供法律保障。

① 参见《中华人民共和国与东南亚国家联盟全面经济合作框架协议争端解决机制协议》第 12 条。

(一) CAFTA 国际商事仲裁机制的原则

1. 公正性

中立的仲裁地和仲裁庭使国际商事仲裁的裁决结果更加客观公正。诉讼的争端解决机制,往往存在法院地的一方当事人获得的信息更加充分,法院地一方当事人处于相对优势地位等问题,难以保证判决的客观公正。[①] 而国际商事仲裁充分体现和尊重当事人的意思自治,通过由当事人选择中立的仲裁地和仲裁员、选择适用于案件的程序规范和实体规范等方式保证裁决更加客观公正。

2. 效率性

与传统诉讼程序的冗长与低效不同,仲裁具有高效和灵活的特点。这不仅体现在程序上的简易,也体现在时间上的高效。CAFTA 各国主要合作和投资的领域集中在商事交易领域,商事交易实践在高效和迅速上的要求使商事仲裁机制成为处理中国-东盟各国之间商事纠纷的极佳选择。

3. 保密性

保密性是国际仲裁领域最基本的原则。仲裁的保密性指的是除仲裁双方当事人外,其他利害关系人不能通过出席庭审或者查询仲裁文件来获取信息。[②] 国际商事仲裁的当事人都高度重视保密性,当事人会选择采用国际商事仲裁而非诉讼解决争端是因为仲裁程序使裁决不会轻易进入公共领域。

4. 透明性

透明度是国际商事仲裁应当予以重视的原则。尽管仲裁保密性被视为一种法律上的默示义务,但并不意味保密性是绝对的。有学者提出随着国际商事仲裁可仲裁事项范围的不断扩大、WTO 透明度基本原则的影响以及投资仲裁透

---

① 石现明:《效率与公正之平衡国际商事仲裁内部上诉机制》,载《仲裁研究》,2007 年第 2 期,第 13 页。

② 高扬:《论商事仲裁的保密性》,载《河北法学》,2009 年第 7 期,第 37 页。

明度改革的逐步深入，国际商事仲裁领域也逐渐重视透明度的改革。[①] 仲裁透明度属于 WTO 框架下的三个原则(贸易自由化、透明度和稳定性)之一，以强调透明度来提高公众对 WTO 制度的认识；NAFTA 的框架下要求，国会命令总统应争议双方的要求保证及时公开所有文件的结果和决定，确保公众能够参加所有的听证会，建立企业、工会和非政府组织接受法庭之友意见书的重要机制。

透明度的功能与公众参与的作用相类似，主要目的是促进对仲裁员的监督。[②] 笔者认为在国际仲裁领域所指的透明度是本着为利害关系人及时了解仲裁决策过程中的法律规则，对仲裁过程主要起到监督的作用。

(二) CAFTA 国际商事仲裁机制的构建框架

1. 仲裁对象

为了契合中国-东盟当事国及其企业、国民可能面临的贸易纠纷，构建 CAFTA 国际商事仲裁机制首先应当扩大仲裁对象的范围。CAFTA 争端解决机制中争端当事方仅仅指东盟成员国和中国，将企业和个人都排除在争端主体之外。私人性质的投资者的投资积极性在这样的主体范围的限制下也一定程度上受到了约束。正如有学者认为的，应当借鉴 NAFTA 中的相关规定，不应将争端主体范围限制在国家层面。[③]

2. 管辖权

《争端解决机制协议》中的管辖机制是一种排他性的选择管辖，即当事国可以选择 CAFTA 争端解决机制。然而这样管辖权的设置虽然尊重了当事方的自主选择，但同时也存在一定的封闭性。

---

① 林其敏:《国际商事仲裁的透明度问题研究》，载《河北法学》，2015 年 6 月，第 112 页。

② Mark Fenster, “The Opacity of Transparency,” *Lowa Law Review*, Vol. 91, 2006.

③ 周彧:《试析中国-东盟自由贸易区争端解决机制》，载《云南大学学报(法学版)》，2007 年第 4 期，第 128 - 134 页。

因此本文所构建的CAFTA商事仲裁机制应当建立专属管辖。由于CAFTA《框架协议》中关于投资体制、早期收获计划的规定、环境合作的规定,以及CAFTA《货物贸易协议》中保障措施及其附件《原产地规则协议》《投资协议》等都属于区别于WTO涉及的领域,为了避免排他性的选择权遗漏上述领域的案件,在自贸区国际商事仲裁领域另外采用专属管辖权应当是互补性的选择。

3. 依据的仲裁规则

CAFTA国际商事仲裁裁决仲裁规则的适用应当充分尊重当事国(人)的意思自治,采用选择使用优先的规则,其次再考虑CATFA仲裁规则与WTO中的仲裁规定。由于可能涉及国家主权权利与国家利益,国际仲裁相较于国内仲裁具有更高的选择权与开放度,因此在CAFTA国际商事仲裁案件中赋予当事国(人)以充分的选择权,充分体现其权利主张与仲裁的合理性。

4. 仲裁机构及组成

(1) 常设仲裁庭。由于中国-东盟自贸区是一个长期的合作机制,固定的常设机构,尤其是常设仲裁庭的建立是完善CAFTA商事仲裁制度、规范仲裁事务、增强经济合作稳定性的机构保障。而《争端解决机制协议》中确立的是临时的仲裁庭,相对于常设仲裁庭而言,临时仲裁庭具有无固定人员、临时组建、裁决完毕即行解散等特点,因此其稳定性和功能性不足。(2) 仲裁庭的组成。CAFTA《争端解决机制协议》中确立仲裁庭一般由三名仲裁员组成,仲裁庭成员的选定采取争端方各自推选仲裁员组成,即在三名仲裁员中,争端各方各指定一名仲裁员,并且这些仲裁庭成员和仲裁庭主席需要满足一定的担任资格。[①] 本文认为CAFTA国际商事仲裁庭的仲裁员的组成应当设置"仲裁员名册",该名册的确定可以由中国-东盟11个国家分别审查、分别编列,最后组成汇总的

---

① 被指定座位仲裁庭成员或主席的人选,应在法律、国际贸易、《框架协议》涵盖的其他事项或者国际贸易协议争端的解决方面具有专门知识或经验,并且仅在可观、可靠、公正和独立的基础上严格选任。此外,主席不应为任何争端当事方的国民,且不得在任何争端当事方的境内具有经常居住地或为其所雇用。参见2004年11月签署、2015年1月1日生效的《中华人民共和国与东南亚国家联盟全面经济合作框架协议争端解决机制协议》第7条第6款。

“仲裁员名册”。当事方可以优先在名册中选择仲裁员，也可以单独选择仲裁员，这种安排是出于方便当事人、提高选择仲裁员的效率等考虑。

5. 仲裁裁决做出与执行

设立上诉机制与有效执行机制，是对仲裁裁决做出和执行的有力保障。仲裁裁决能否被公正地执行是CAFTA国际商事仲裁机制的灵魂所在，这种公正的执行主要建立在程序正当和有效执行的层面上。从程序上说，仲裁裁决的做出应当建立在合法的程序之上，在被最终执行前仲裁庭组成应当合法有据，如果出现程序不合法或超越权限等影响仲裁裁决的公正性时，该裁决的执行需要有所制约。因此上诉机制的建立在整个国际商事仲裁制度构建中起到及时救济的作用。从有效执行的层面上说，中国与东盟之间的商事交易具有密切的地域联系与延续价值，因此积极推动商事仲裁裁决在各国的承认与执行，推进有效执行的立法机制与执法机构是未来发展的方向。

结　语

东盟是世界第六大经济体，CAFTA是全球第三大自由贸易区，也是发展中国家最大的自由贸易区。自CATFA成立以来，中国在东盟已经建立了5个境外经贸合作区，中国-东盟投资合作基金、中国-东盟银行联合体相继成立，成为双方投融资合作的重要平台。双方相互开放市场后，中国与东盟行业合作已成为中国-东盟自贸区实现共赢的重要支撑。同时随着“一带一路”倡议的逐步推行，中国对周边区域和国家的开放程度将是空前的。在此背景下，虽然中国与东盟国家在政治、文化、法律体系上均有较大的差异，但是在维护地区和平稳定、保持亚洲发展势头方面拥有着共同利益和责任，双方可以借助逐步构建CAFTA国际商事仲裁机制为中国-东盟的发展创造良好的法制环境，推动中国-东盟战略伙伴关系的深入发展。

中国-印尼南海共同开发区财税制度构建

杨　颖*

［内容提要］　中国与印度尼西亚在南海建立共同开发区，其财税制度如何设置，既影响到两国政府的财政收入和石油安全，也会对共同开发区内实际经营人与承包人的切身利益产生重大影响。更为重要的是，税收具有高度的主权色彩，当事国在这方面的让步常会被赋予某些政治意义。因此设计一套为当事国双方接受的，谨慎、合理、双赢的财税制度，对于共同开发区的设立以及设立之后区域内油气资源的有效利用都是至关重要的。本文以共同开发区合同模式、管理模式、法律适用模式的选择为基础，结合国际实践以及我国与印尼的实际情况，进一步详细论述了中国印尼南海共同开发区内应选择何种财税制度模式。

［关键词］　南海　中国印尼共同开发区　财税制度

南海蕴藏着丰富的油气资源，但是这些资源的开发利用却是一个极为敏感和复杂的问题。南海周边国家权利主张重叠十分严重，对于南海的油气资源争夺也相当激烈。在当前的形势下，中国想要实现自己和平开发南海争议海域油气资源的目的，就需要与争议国家协商一致，建立共同开发区。目前来看，选择印度尼西亚作为我国首个南海合作开发区块的合作方，可操作性相对较大。

本文主要探讨中国与印尼在南海争议海域建立共同开发区的过程中如何设置适用于共同开发区的完整且有效的财税制度，包括税收法律制度、费用征收及

* 杨颖，四川大学法学院。

收益分享制度。财税制度如何设置,既影响到两国政府的财政收入和石油安全,也会对共同开发区内实际经营人与承包人的切身利益产生重大影响。更为重要的是,税收具有高度的主权色彩,当事国在这方面的让步常会被赋予某些政治意义。因此,设计一套为当事国双方(或多方)接受的,谨慎、合理、双赢的财税制度,对于共同开发区的设立以及设立之后区域内油气资源的有效利用都是至关重要的。但是,在选择设置财税制度之前,需要先确定开发区的管理制度及合同模式。因为,开发区管理制度的设置方式、管理机构的权限范围以及适用于开发区的合同模式都会对开发区财税制度的设置和执行产生影响,也是选择开发区财税制度的基础。

一、中国-印尼南海共同开发区合同模式选择

在油气资源开发国际合作中存在着多种合同模式,例如:租让制合同、产品分成合同、服务合同、联合经营合同模式、混合型合同。不同的国家在本国进行国际油气资源开发活动时,会根据各自的实际情况选择不同的合同模式。

中国未来与印尼在南海争议海域建立共同开发区采用何种合同模式,主要需要考虑的因素是整个共同开发区的经济利益最大化。同时,由于共同开发毕竟涉及两国的主权问题,在选择共同开发区的合同模式时也要考虑双方在政治上和策略上的可接受性,即双方国内目前适用的合同法律形式。

印度尼西亚作为产品分成合同的首创国,目前国内的石油合同模式仍然为产品分成合同。我国国内海上对外合作合同模式也主要为产品分成合同。因此在开发区合同模式的选择上首先应考虑产品分成合同。

所谓产品分成合同,高之国教授将其定义为:“产品分成合同是一种外国石油公司充当东道国或其国家石油公司的合同方,在有商业性发现后,每年从产品中回收其成本,并有权获得一定份额的剩余产品作为其承担勘探风险、提供开发

服务的补偿的协议。”[1]这种合同模式具有以下几个特点:第一,资源国拥有资源的所有权;第二,日常作业由合同者负责,但资源国享有监督和管理的权力;第三,用于合同区内石油作业的全部设备和设施通常属资源国所有。[2]

中国与印尼在共同开发区内使用产量分成合同,可以根据合作方的具体情况、勘探开发区块的情况等,对产品分成合同进行必要的修改以适应实际需要。也就是说可以以产品分成合同为基础,吸收其他合同模式的某些要素,采用混合合同模式。合同范本应该在两国政府订立共同开发协定时议定,并作为协定附件。

二、中国-印尼南海共同开发区管理模式的选择

综合国际实践经验来看,不同国家间共同开发所选择的管理模式各不相同。主要包括以下几种:

(一) 由合作方一国管理模式

由合作方一国进行管理,是指由共同开发一方当事国代表双方对共同开发区进行管理。肖建国将这种管理模式称为代理制。1958 年巴林和沙特阿拉伯的共同开发案采用的就是这种管理模式。巴林在这一共同开发案中以牺牲主权的方式换取经济利益的方式至今饱受诟病。

这种管理模式是几种模式中最不完备的,现在几乎没有一个主权国家愿意接受这种放弃主权的合作模式。

---

① Zhiguo Gao, *International Petroleum Contracts Current Trends and New Directions*. Graham & Trotman Ltd, 1994, p. 72.

② 王年平:《国际石油合同模式比较研究》,对外经济贸易大学博士学位论文,2007 年,第 49 页。

（二）超国家管理模式

超国家管理模式，是指由共同开发当事国双方或者多方共同成立一个联合管理机构代表共同开发各方管理共同开发区块内的一切活动。这种管理模式从形式上来看体现了公平原则，但操作比较困难，国家之间需要协调的内容很多，可能需要相当长时间的磋商才能达成共识。

泰国和马来西亚的共同开发案采用的是超国家管理模式。由两国派出同等数量的代表组成联合管理局，代表泰马双方全面管理共同开发区块内的一切活动，包括发放许可证、对开发活动进行监督管理、确定合同者享有的份额等。

（三）联合经营管理模式

联合经营管理模式，是由共同开发当事国平行行使管理权的一种管理模式，它是由当事国国家之间或者由当事国指定的石油公司之间进行合资，共同开发合作区域内的油气资源。

1978 年《日韩共同开发协定》采用的就是这种管理模式。在该协定框架下，双方当事国政府可在共同开发区各个小分区内分别行使自己的管理权，指定各自的租让权人，之后双方指定的租让权人必须采取合资的形式对该小分区进行开发。这种方式又被称作强制合资。虽然日韩共同开发案中也存在一个联合管理委员会，但该委员会只具有监督和协调功能。共同开发区的实际管理权由日韩两国平行行使。

马来西亚与越南的共同开发案也采用了这种管理模式。与日韩共同开发案不同的是，马来西亚与越南的共同开发案是由双方政府分别指定本国的国家石油公司，代表双方政府进行石油勘探、开发。双方国家石油公司可就具体事宜签订协议，但须经双方政府批准。

(四) 混合管理模式

混合管理模式,顾名思义,是混合了几种管理模式的特点而形成的一种管理模式。这一模式的典型即澳大利亚与印度尼西亚共同开发案。澳大利亚与印尼签订的《帝汶缺口条约》将共同开发区划分为A、B、C三个分区,分别适用不同的管理模式。B区和C区分别由印尼和澳大利亚管理,适用各自的法律。A区是实际意义上的共同开发区,在该区域确立了一种双层管理体制,笔者认为这种体制的实质仍然是超国家管理模式。这一管理体制的上层为部长理事会,全面负责A区内的勘探开发活动;下层为联合管理局,它是部长理事会的执行机构。

鉴于中国缺乏共同开发实践经验,在踏出共同开发的第一步时,选择合作区块的管理模式不宜过于复杂。对于管理模式的设置应在不放弃主权的前提下,尽可能做到可操作性强,并且易于合作双方接受。笔者认为,中国与印尼南海共同开发区块可首先考虑采用联合经营管理模式。这一模式既尊重了双方当事国的主权,又不用在共同开发区块内制定新的法律、设定新的制度,便于具体实施。对于共同开发区设定之前已经存在的一国单方授权,另一国应当予以承认。但同时,该另一国有权授权自己选定的公司进行强制合资,即,自共同开发区设定之日起,一国单方授权的公司应暂停勘探开发工作,待另一国授权其选定的公司后,双方在平等协商的基础上合资进行接下来的勘探开发工作。

另外,笔者建议两国在共同开发区设立一个管理委员会,由双方派出相等数量的人员组成。该委员会主要负责政策咨询和联络工作,实际的监督管理职能仍由两国政府或者两国政府授权各自的国家石油公司行使。但该委员会还应具有一项实质性的权利,即与经营人签订产品分成合同。当然,合同范本应该在两国政府订立共同开发协定时议定,且管理委员会在与经营人签订合同前需将待签订文本提交两国政府通过。若最终确定的共同开发区面积较小且(或)油气资源蕴藏状况不允许分割,则可以考虑在签订共同开发协定时,由两国议定产品分成合同完整文本,并作为协定附件。

三、中国-印尼南海共同开发区一般财税制度安排

与共同开发区适用法律模式相对应，现有共同开发协定中主要采用三种不同的征税制度，即并行税务制、单一税务制和新建税务制。[①] 并行税务制，又被称作单独税务制，它是指两国对于各自选定的租让权人分别适用各自的国内税收法律制度。单一税务制，是指将其中一国的税收法律制度完全适用于整个共同开发区。新建税务制，是指针对共同开发区建立一套新的税收法律制度。

鉴于中国与印尼在南海争议海域建立共同开发区，选择当事国本国法律适用于其各自选定的租让权人的模式，这决定了当事国本国的财税法律及制度安排也适用于各自选定的租让权人。换言之，笔者建议，中国-印尼南海共同开发区的税收制度安排选择并行税务制，而对于双方分别选定的租让权人如何分配共同开发区油气资源收益，以及如何分担勘探开发成本的问题则由两国政府在订立共同开发协定时议定，将其作为产品分成合同范本的组成部分，并将产品分成合同范本作为共同开发协定的附件。

至于是否将共同开发区进一步划分为小区块，要根据双方建立共同开发区的实际情况确定。若最终划定的共同开发区面积较大且地下油气蕴藏状况允许划分，可以考虑参照日韩的做法将共同开发区分为若干分区，每个分区均由双方的租让权人订立经营协议，共同勘探开发。每个分区都由双方授权的租让权人在一定期限内选定经营人作为该分区的代表，如果在特定时间内不能协商选定，则抽签确定经营人。每一分区所获利益双方均享，由于勘探开发所产生的合理成本费用双方均摊。在确定各个分区的经营代表时应平衡两国利益，在数量上尽量做到平均分配。若最终划定的共同开发区面积较小或者油气资源地下蕴藏情况不允许划分，则可将整个共同开发区作为一个整体，由双方各自选定租让权

① 孙炳辉：《共同开发海洋资源法律问题研究》，中国政法大学博士学位论文，2000年，第67页。

人,由租让权人订立经营协议并选定经营人。选定的经营人须经两国认可,未被选定为经营人的一方对经营人有监督权。未被选为经营人的一方其监督权范围可由两国政府在订立共同开发协定时议定,也可由两国授权各自选定的租让权人在订立经营协议时议定并经两国政府认可。需要强调的是,两国选定的租让权人需要均摊的勘探开发所产生的合理成本费用不包括双方向各自授权国缴纳的不对所得税前利润产生影响的税金。

无论是否划分小区块,中国与印尼两国均不得将自己国内税法适用于对方选定的石油公司通过共同开发区的勘探开发活动获得的收益。两国分别选定的租让权人各自向授权国家依法纳税,其中影响利润的税金由双方按年度汇总分摊,对利润不产生影响的所得税由双方各自负担。增值税在印尼和中国的油气勘探开发领域都有涉及,但由于增值税为间接税,最终负担者并非油气公司,也不会对利润计算产生影响,因此租让权人各自按照授权国的税收法律法规加纳,不需汇总分摊。

两国各自的税收优惠政策可以适用于各自选定的租让权人,但对于对方选定的租让权人则不适用。并且,国内税收优惠政策是否适用于共同开发区内自己选定的租让权人由该国政府决定。之所以做出这样规定的原因在于,国内税收制度针对一些影响利润的税种实施优惠政策时,这种优惠可能会被最终的成本费用均摊中和掉,己方选定的租让权人无法实际享受这种优惠。一国政府需要根据不同的税收优惠政策,综合考虑实际情况,决定是否适用于开发区内己方选定的租让权人。

四、中国-印尼南海共同开发区费用及产品分成安排

如前所述,中国与印尼在南海争议海域建立南海共同开发区宜采用双方均比较熟悉的产品分成合同模式。产品分成合同由管理委员会与经营人签订。产品分成合同中就具体费用及产品分成问题予以详细约定,但不约定税种及税率。

双方各自选定的租让权人适用各自授权国的税收法律法规。

产品分成合同中需要明确的矿区使用费、成本回收限制、成本回收顺序、未回收成本的处理等财务条款由中国与印度尼西亚政府在谈判建立共同开发区时议定，原则上不允许变更。特殊情况下，需要对财务条款进行调整时需要经过两国协商并一致通过。

对于产品分成的具体比例也应由两国在谈判签订共同开发协定时议定。该比例是将共同开发区视为一个整体，两国分别选定的租让权人视为另一方进行设定的。共同开发区一方获得的利润油份额在两国之间平均分配，由经营人代表的租让权人获得的利润油份额在各个租让权人之间平均分配。若租让权人之间协商对于利润油份额不按照均等的原则分配，在不影响两国所得税收入的情况下可以经两国政府批准按照议定的比例进行分配。但是一般情况下，利润油的分配比例都会对所得税产生重要影响，所以原则上是不允许对均等原则进行变更的。

五、中国-印尼南海共同开发区会计制度安排

共同开发区作为两国共同管理的区域具有特殊的法律地位，相应的会计制度也需要根据实际情况做出安排，并将这种安排于双方签订的共同开发协定中明确予以规定。同时，也需要在产品分成合同中明确约定。

笔者建议在中国-印尼南海共同开发区的实际勘探开发中选取国际会计准则作为经营者必须执行的会计准则。原因有以下几点：

首先，中国与印尼采用的会计准则存在差异。而经营人代表双方选定的租让权人，作为一个整体进行成本费用分摊和收益分享时需要按照统一的会计准则进行核算。否则共同开发区的制度安排将不具有可操作性。

其次，选择国际会计准则而非某一国的会计准则作为共同开发区适用的会计准则，易于为两国接受。

最后，我国会计准则已经逐步向国际会计准则趋同。

除确定国际会计准则为共同开发区内进行油气勘探开发的企业应当采用的会计准则外,两国需要在签订共同开发协定时议定,双方分别向各自授权的租让权人征税时,以国际会计准则为基础对税会差异进行调整。

六、中国与印尼两国国内税法特别调整

两国在搁置争议的前提下建立的共同开发区是一个特殊的合作区域,在共同开发期间两国均不应单独在这一区域行使主权权利。因此,虽然根据共同开发区的安排,各自的国内税法可以适用于各自选定的租让权人,但是为了使一份统一的产品分成合同具有可操作性,双方必须对各自的国内税收法律做出一些特别调整。当然这部分调整仅针对共同开发区,其效力并不及于两国国内。这种调整可由双方政府在谈判建立共同开发区时议定,并作为一项义务约定于共同开发协定中。

这些特别税法调整的目的:第一,是要消除各国国内税收制度与产品分成合同条款的冲突或者重叠,以免造成开发区经营人无所适从,或者一方租让权人重复缴纳性质相同的税费,致使一国的财政收入受到侵蚀的情形;第二,是要使共同开发区内的制度更为科学、更具可操作性,促进共同开发区的勘探开发进程,从而使两国在南海争议区域的利益诉求更快地实现。

这些国内税法的调整主要包括两方面:

第一,两国税收法律、法规规定与产品分成合同中约定的矿区使用费性质相同的税种原则上应予免征。例如,我国税法法律法规中规定了矿区使用费和资源补偿费,两者其实具有相同的属性,区别仅在于一个为从量计征,一个为从价计征。鉴于产品分成合同中已经对矿区使用费有具体约定,若我国再向中方选定的租让权人收取矿区使用费和资源补偿费,势必造成印尼财政收入减少,引发两国矛盾,影响共同开发进程。因此有必要对我国国内税法进行特别调整,在共同开发区内对我国选定的租让权人免征这两项税费。

第二，根据税收原理及国际实践经验，一般不宜向油气勘探开发企业征收的税费。比较典型的是中国与印尼都在向油气企业征收的增值税。鉴于油气产业资本密集，经营风险大，且增值额难于把握，笔者建议，中国与印尼在谈判建立共同开发区时可以协商对于开发区内各自的租让权人免征增值税。

七、中国-印尼南海共同开发区关税安排

关税，是指一国对通过其关境的进出口货物、物品课征的一种税收。关税具有很强的主权特征。对于共同开发区这一主权存在争议的特殊合作区域来说，对进出这一区域的货物、物品如何征收关税，是一项需要由中国与印尼两国协商并明确在共同开发协议中的特殊安排。

笔者建议，中国-印尼共同开发区的关税安排可以借鉴《日韩共同协定》第18条的安排：第一，共同开发区内勘探或者开发自然资源所需的设备、材料和其他物品引进共同开发区，嗣后在该区域内使用该设备或该设备从该区运出，均不视为进出口；第二，设备从一方管辖的地区运至共同开发区，不应视为该方的进口货物。

八、避免双重征税

国际重复征税指的是，两个国家依据各自的税收管辖权，按照相同的税种对同一个纳税人的同一征税对象在同一征税期限内同时征税。产生这一问题的原因主要是一国依据居民税收管辖权对该纳税人征税，另一国依据所得来源地税收管辖权对该纳税人征税，其实质是两个主权国家税收管辖权冲突。对于主权国家来说，避免国际重复征税的方法之一就是签订避免重复征税的税收协定。但是对于共同开发区来说，其法律地位具有特殊性。由共同开发区作为主体同其他国家或地区签订税收协定缺乏相关法律上的依据，很难操作。

在现有的共同开发区实践中,有部分共同开协定对避免重复征税做了安排,主要有两种方式:第一,当事国居民尤其是被发放了许可证的许可证持有人只向该国纳税;第二,其他国家居民向当事国两国分别纳税,之后由两国各退税50%。笔者建议,中国印尼共同开发区可以综合采用这两种方式,对各自的居民以及各自选定的租让权人征税。对于与经营人签订合同,提供技术服务或者管理咨询的,来自两国之外其他国家的企业或个人需要依据中国和印尼各自的税法向两国分别纳税,之后由两国定期各自退税50%。这种安排部分地解决了共同开发区内当事国两国之间的税收管辖权冲突。

还有一个重复征税问题存在于当事国与其他国家之间,即,当事国各自与其他国家签订的避免重复征税的税收协定是否适用于共同开发区内的企业和个人。有学者认为这种使用会导致两个后果:其一可能引起对条约的"双重居民"的解释,因此根据投资国的税法请求两次抵免;其二可能导致认为共同开发区不属于两国任何一国。[1] 笔者认为,以上两种情况是完全可以避免的,原因如下:

首先,若不允许两国各自与其他国家签订的税收协定适用于共同开发区,在法律上将会导致否认该国对于共同开发区的主权。这是有悖于开发区建立的国际法法律基础的。

其次,若允许两国各自与其他国家签订的税收协定适用于开发区内所有作业的企业和(或)个人,将在实际操作中导致无法执行。因为两国在共同开发区内各自享有依据本国国内法征税的权力,若要求一国向其选定的租让权人征税时遵守另一国与其他国家签订的税收协定,这显然是没有法理依据的,也是对该国主权的侵犯。

最后,共同开发区内作业的企业要么是在两国之外的第三国注册成立,要么是在两国中任何一国注册成立,其居民身份是确定的,不存在"双重居民"的问题。

① 孙炳辉:《共同开发海洋资源法律问题研究》,中国政法大学博士学位论文,2000年,第70页。

结 论

中国从20世纪80年代开始，就提出了“搁置争议，共同开发”的原则，但迄今为止并没有得到争议他方的响应。我国在南海争议海域的油气开发一直处于停滞状态，而与此同时，与我国存在争议的南海周边国家却单方面在争议海域进行了大量的勘探和开采工作。

今天，在“一带一路”倡议框架下，我们应抓住机会，积极推进南海油气资源的开发利用。印度尼西亚作为我国海上丝绸之路的重要节点国家，与我国有着文化上的共同性和经济上的互补性。而且，印尼与我国在南海的争议较为单纯。以印尼为突破点，打破目前我国有效利用南海油气资源的僵局，可以说是一个紧迫且现实的问题。但是，实现这一合作需要做出一系列的制度安排，其中最为重要的就是财税制度安排。财税制度安排的合法性、合理性、可行性将直接决定两国建立共同开发区谈判的进程，以及共同开发区的资源利用效率。如果我们可以提供一套对双方都有吸引力、能够使双方就南海争议海域的油气资源公平获利的财税方案，那么将会对中国与印尼合作开发南海争议海域油气资源的进程起到一定的推动作用。若中国与印尼在南海的合作能够顺利开展，并实现双赢，将对中国与其他国家在争议海域进行共同开发起到积极的推进和示范作用。

中越海上共同开发所面临的困难与挑战

陈平平*

[内容提要] 为了解决中国与周边国家的海上争议，20世纪70年代，中国政府提出了“搁置争议，共同开发”的原则。然而，多年的实践表明，这一原则在南海并没有发挥预期的效果，在实施过程中遇到了诸多的困难与挑战。

[关键词] 中国 越南 海上共同开发 困难与挑战

中越两国分别于2012年和2013年成立了中越北部湾湾口外海域工作组和中越海上共同开发工作组，并举行了数轮的磋商组会议。本文以两个工作组的磋商会为出发点，分析中越海上共同开发所面临的困难与挑战，并对促进中越之间的海上共同开发提出建议。

一、中越湾口外海域划界与海上共同开发谈判进展

为妥善解决中越之间的南海争议，中越两国进行了建立多层次、多级别的沟通与谈判机制，如专家组、政府级别谈判、外长级谈判和高级别谈判等。① 2011年，中越两国签署了《关于指导解决中越海上问题基本原则协议》，该协议的签署

* 陈平平，发表本文时中国南海研究院研究员。

① Ramses Amer, “Dispute Management in the South China Sea,” NISCSS Report No. 1, http://en.nanhai.org.cn/uploads/file/file/20150302_Ramses.pdf，登录时间：2016年11月10日。

对妥善处理和解决海上问题具有重要的指导意义。双方对该协议也做出了积极评价,并在该协议的指导下,积极开展了多种谈判活动。2012 年 5 月,双方正式启动了"中越北部湾湾口外海域工作组"磋商会议。2014 年 1 月,双方正式启动了中越海上共同开发磋商工作组。

2015 年 4 月,在两国签署的《联合公报》中,双方也再次肯定了该协议的作用,并一致同意,推进海上共同开发磋商工作组工作,稳步推进北部湾湾口外海域划界谈判,积极推进该海域共同开发,年内尽早启动北部湾湾口外海域共同考察。①

表 1　中越北部湾湾口外海域工作组会议进展情况表

会议	时间	地点	共识
第一轮	2012 年 5 月 21—22 日	越南 河内	双方阐述了各自国家就北部湾湾口外海域相关问题的立场。双方重申,基于 2011 年 10 月签署的《关于指导解决越中海上问题基本原则协议》原则,共同努力推进北部湾湾口外海域划界和共同开发合作。双方还就有关问题交换了意见,旨在为以后磋商奠定基础;就磋商程序和工作步骤达成了共识,并就共同开发问题进行了讨论。
第二轮	2012 年 9 月 26—27 日	中国 北京	双方都决心按照两国 2011 年 10 月签署的《关于指导解决越中海上问题基本原则协议》,共同努力推动磋商,稳步推进北部湾湾口外海域划界,同时就共同开发问题进行讨论。双方一致同意,北部湾湾口外划界的指导原则将根据国际法,特别是 1982 年《联合国海洋法公约》和有关国际实践制定。
第三轮	2013 年 5 月 29—30 日	越南 河内	双方进一步详细阐述了北部湾湾口外海域划界主张,并同意共同协商,以及尽早在北部湾湾口外海域寻找一块可进行共同开发合作的地区。双方也同意成立北部湾湾口外海域共同考察技术专家组,履行北部湾湾口外海域谈判职责。
第四轮	2013 年 10 月 7—9 日	中国 北京	双方基于《关于指导解决越中海上问题基本原则协议》,根据所达成的谈判路线图和原则推进谈判,深入交换了意见。

① 《中越联合公报》,2015 年 4 月 8 日,新华网,http://news.xinhuanet.com/world/2015-04/08/c_1114906532.htm,登录时间:2016 年 12 月 15 日。

(续表)

会议	时间	地点	共识
第五轮	2014 年 2 月 19—20 日	越南 河内	在此轮谈判中,双方共同考察技术专家组就服务于北部湾湾口外海域划界和在该海域合作共同开发两大目标的一些具体内容交换了意见。
第六轮	2014 年 12 月 10—12 日	中国 北京	在此轮谈判中,双方共同考察技术专家组就双方按照包括 1982 年《联合国海洋法公约》在内的国际法,在北部湾湾口外海域达成共识的地区进行共同考察,以服务于划界和在该地区合作共同开发等一些具体内容交换了意见。

注:表中内容根据媒体公开报道整理。

截至 2015 年 11 月,湾口外海域工作组已经进行了六轮谈判,最近的一次是 2014 年 12 月。2015 年,该工作组没有进行任何进展,谈判进入僵局状态。从表 1 中可以看出,从目前所进行的六轮谈判中,所取得的进展和达成的共识主要有:(1) 基于《关于指导解决越中海上问题基本原则协议》来进行谈判;(2) 双方划界的指导原则将根据国际法,特别是 1982 年《联合国海洋法公约》和有关国际实践制定;(3) 在北部湾湾口外海域寻找可以进行共同开发的区块;(4) 北部湾湾口外海域共同考察技术专家组;(5) 中越共同考察专家组相互交换了意见。2015 年 11 月 6 日发布的《中越联合声明》中,双方宣布将于 2015 年 12 月中旬启动北部湾湾口外海域共同考察海上实地作业。①

虽然在公开报道中没有报道,但从双方的立场可以推断,双方谈判的主要分歧应集中在以下几个方面:海域划界的范围;西沙群岛的主权争议;共同开发和海域划界先后顺序;等等。越南声称对西沙拥有"主权",而中国则认为西沙群岛主权属我不存在争议。因此可以确定双方在划界谈判的第一步,确定划界范围方面存在着较大的争议。从目前进展来看可以看出在未来相当长的时期内,中越两国完成北部湾湾口外海域划界谈判的难度较大,谈判前景比较暗淡。

① 《中越联合声明》,2015 年 11 月 6 日,人民网,http://politics.people.com.cn/n/2015/1106/c1001-27786514.html。

2013年10月，中国国务院总理李克强访问越南，并提出建立三个工作组，分别由中越成立海上、陆上、金融合作三个工作组。其中海上共同开发磋商工作组是最早开展磋商谈判的工作组。目前已经进行了四轮磋商(见表2)。然而从目前公开报道的谈判结果中可以看出，双方仅仅达成了一般性、原则性的共识，在共同开发区域、方法等实质性问题上并没有进展。说明双方在共同开发上分歧较大，短时间内难以达成取得实质性进展。

表2　中越海上共同开发磋商工作组

会议	时间	地点	共识
第一轮	2014年 1月8—9日	中国 北京	双方就海上共同开发深入交换了意见，决心遵循两国领导人达成的有关共识和2011年签署的《关于指导解决中越海上问题基本原则协议》，积极推进中越海上共同开发尽早取得实质性进展。
第二轮	2014年 4月16—17日	越南 河内	双方就海上共同开发进一步深入交换了意见，并同意遵循两国领导人达成的有关共识，继续推进中越海上合作与共同开发，争取尽早取得实质进展。
第三轮	2014年 10月9—10日	中国 南宁	双方就海上共同开发相关事宜进一步深入交换意见，并同意遵循两国领导人达成的共识，继续努力推进中越海上共同开发。
第四轮	2015年 3月13—14日	越南 岘港	双方就中越海上共同开发相关事宜坦诚、深入地交换了意见，并一致同意遵循两国领导人重要共识和《关于指导解决中越海上问题基本原则协议》，继续努力推进中越海上共同开发取得积极进展。

注:表中内容根据媒体公开报道整理。

二、中越海上共同开发所面临的困难

中越海上共同开发谈判分歧较大、进展缓慢，主要有以下几方面的原因：

(一) 政治互信不足，缺乏合作的政治意愿

真诚的政治意愿是促进南海共同开发取得实质性进展的前提条件。中越之

间建立了多层级的沟通磋商机制和局级的海上共同开发工作组,但目前来看,这些沟通磋商机制的作用主要体现在管控危机和进行科考、环保等一些非敏感领域的合作。而共同开发活动本身具有强烈的政治色彩,在缺乏互信、合作的政治意愿不强烈的情况下,双方很难真正克服困难、化解分歧,推动共同开发的实质性进展。[①] 越南对中国所提出的"搁置争议,共同开发"的原则甚至持有战略猜疑和偏见,认为中国式的"搁置争议,共同开发"是一个不公平的原则。[②] 中越双方政治互信不足,缺乏合作的政治意愿是阻碍中越两国海上共同开发的主要困难。

此外,越南国内的极端民族主义情绪也是影响两国进行共同开发的障碍之一。近年来,由于南海争端,再加上历史上的种种原因,越南国内存在着一股针对中国的极端民族主义情绪。2014 年 5 月在越南发生的针对中资企业的"打砸抢烧事件"就是这股极端民族主义情绪的一个表现。越南国内的一些民众担心与中国进行共同开发会使其在南海的利益受损。因此越南政府一方面利用和煽动国内的极端民族主义情绪来向中国施压,转移其国内矛盾,另一方面为了安抚这股民族主义情绪,对于共同开发也是消极应对,使得谈判的进展缓慢。

(二)经济利益不高,缺乏合作的必要性

共同开发作为国家间对争议区域的一种临时性安排,对于缓解争议、增加互信具有积极的作用,因此具有较强的政治合作色彩。但是具体的执行单位是双方的石油公司,企业参与的前提是能产生经济利益。在目前国际油价大跌、海上石油开采成本高、政治风险太大的大背景下,目前双方石油公司参与海上共同开

① 杨泽伟:《"搁置争议,共同开发"原则的困境与出路》,载《江苏大学学报(社会科学版)》,2011 年,第 13 卷第 3 期,第 70 - 75 页。

② 《中国式的"搁置争议,共同开发"》,http://www.luyendichtiengtrung.com/gac-tranh-chap-cung-khai-thac-kieu-trung-quoc_n58397_g738.aspx。

发的经济意愿不高。

此外,越南、马来西亚等国在南海南部海域已经进行了大量的油气开发活动,而中国在南海南部没有一口油井。在这种情况下,越南等国为了巩固其在南海的既得利益,认为没有与中国进行共同开发的必要性。[①] 因此,经济利益低,中国在南沙海域没有进行石油开采活动使得越南等国与中国没有进行共同开发的必要性和紧迫性。

(三) 岛礁主权争议,争议海域不明

从目前成功的海上共同开发的案例中可以看出,大多数的共同开发案例是在没有岛礁主权争议的海域中进行的。[②] 而中越之间不仅在南沙海域存在着岛礁主权争议,而且越南对于在中国的完全控制下、完全没有争议的西沙群岛也存在着觊觎之心。中越北部湾湾口外海域工作组的谈判中,越南就试图将西沙海域纳入谈判的范围内。[③] 这就使得双方在争议海域方面存在着很大的分歧。

此外,一些南海周边国家还在岛礁概念上做文章,以期实现其国家利益最大化。从 2009 年越南和马来西亚共同提交南海 200 海里外大陆架划界案和 2013 年菲律宾单方面提起的南海仲裁案等一些国家实践中可以看出,越南、马来西亚和菲律宾等一些南海周边国家倾向于将南海所有岛礁的法律地位都最多认定为礁,而不是岛屿,也就是说南海的岛礁最多拥有 12 海里的领海,不能拥有专属经济区和大陆架,也就不能进行油气开采等经济活动,这些南海周边国家意在利用南海岛礁距离本国大陆沿岸线较近的优势,来侵占中国在南海的合法权益。

因此,在岛礁主权存在争议、岛礁法律地位和南海断续线的法律地位不明确

---

① 高之国、张海文、贾宇主编:《国际海洋法的理论与实践》,北京:海洋出版社 2006 年版,第 203 页。

② 萧建国:《国际海洋边界石油的共同开发》,北京:海洋出版社 2006 年版,第 182－183 页。

③《中越北部湾湾口外海域划界谈判被指前景暗淡》,环球网:http://mil.huanqiu.com/observation/2012－07/2884875.html,登录时间:2016 年 11 月 15 日。

的情况下,中国与越南等国要划定共同开发区域,进行共同开发的困难较大。

(四)域外势力的介入,共同开发活动更加困难

近年来,随着美国、日本、印度等域外国家的高调介入,南海形势日趋复杂,在一定也阻碍了共同开发的实施。此外,越南为了和中国争夺南海利益,广泛吸纳西方国家、印度、日本等域外国家的石油公司参与到其在南海的资源开发活动中来,甚至为了吸引投资,制定了多项优惠政策。通过这样的活动,一方面可引入域外势力与中国抗衡,另一方面希望这样的开采活动造成对南海的实际管辖,以获取更大的利益。因此,在这样的情况下,与中国的共同开发谈判进展缓慢也是预料之中的事情。

(五)自然环境恶劣、深海勘探开发技术要求高、风险大等现实因素,限制了共同开发活动的开展

南海海域平均水深 1 000 多米,最深处达 5 000 多米,深海勘探开发的难度大、技术要求高。虽然我国自主研发的 981 钻井平台已在南海北部海域开始了钻探作业,但距离实际生产作业还有一段距离。目前我国的许多重大油气田项目都是承包给外方完成的[①],在深海勘探的技术和管理方面和西方发达国家还有不小的差距。再加上南海的自然条件恶劣,台风频繁,海况复杂,诸多因素叠加,将会使得中国与越南的海上共同开发合作面临更多的挑战。

---

① 何小超、王娴、杨海军等:《南海深水油气资源的开发现状》,载《第十五届中国海洋(岸)工程学术讨论会论文集》,第 525 - 528 页。

三、推动中越海上共同开发的建议

虽然中国和越南的海上共同开发谈判中面临着众多的挑战和困难，但“搁置争议，共同开发”仍然是与南海周边国家处理南海问题中要坚持的重要原则，中越之间在共同开发方面也已经达成了原则性共识，因此，实践中应创新思路与方法，努力促成双方之间的共同开发，为我国的“搁置争议，共同开发”原则树立典范。

(一) 充分利用中越两国现有高级别沟通机制，加强政治互信，为推动南海共同开发提供有力的政治保障

中国和越南政治体制相似，两国政府之间维持着不同级别的沟通机制。从两国已有的合作来看，在中越陆地边界和中越北部湾划界谈判过程中，中越两国领导的互访与高度共识为划界的顺利完成提供了强有力的政治保障。因此，应充分利用现有的高层沟通机制，加强中越两国高层的沟通与交流，提高两国之间的政治互信，减少战略猜疑，为实现中越海上共同开发创造良好的政制环境。

(二) 配合“一带一路”倡议，加强中越之间的经济合作，为中越海上共同开发创造良好的经济环境

自 2013 年中国提出“一带一路”倡议，并设立丝路基金和筹建亚洲基础设施投资银行以支持“一带一路”建设以来，包括越南在内的东盟国家也积极回应，并希望加入“一带一路”建设中。因此，在积极推动海上共同开发磋商工作组的同时，应充分利用“一带一路”发展的战略机遇期，邀请越南加入，使“一带一路”倡

议和中越海上共同开发有机结合,相互促进、相互补充。同时,充分发挥中越基础设施合作工作组和金融合作工作组的作用,加强双边的沟通与交流,促进实质性合作,打造中越经济命运共同体,互惠互利,为管控中越海上争端、实现海上共同开发而创造良好的经济环境。

(三) 积极拓展中越海上合作领域,为海上油气资源共同开发积累合作经验

海上共同开发一般是以油气资源开发为主,然而,近年来的国家实践表明,海上共同开发的领域和范围已经从油气资源开发向生物资源、海上旅游等多领域延伸和扩展。[①] 现阶段,中越双方对海上油气资源开发的范围、共同开发与海洋划界的先后顺序等基本议题分歧较大。同时,全球油价下跌,海上油气开发成本较高,中越实现海上油气共同开发的可能性较低。中越双方应本着先易后难、互信互利的原则,在推动海上共同开发磋商工作组工作的同时,也积极落实已达成的协议,拓展海上合作领域,使中越海上共同开发的合作范围不仅仅局限在油气等非生物资源的合作。可拓展的合作领域包括海洋资源共同考察、海上大范围生态环境保护、海洋渔业资源开发与合作海上旅游合作等。

(四) 加强两国学术和媒体领域合作,宣传共同开发是“双赢”的正确观点,为在南海开展共同开发创造良好学术和舆论氛围

鉴于当前中越两国国内民众和学术界对于海上共同开发有着不同的观点与看法,甚至是一些消极的看法,有必要加强中越双方民间学术和媒体的合作,增进了解,推介宣传,凝聚共识,为双方进行海上共同开发创造良好的学术和舆论氛围。双方民间学术方面的合作可包括智库间的学术交流与访问,共同举办有

① 杨泽伟:《论海上共同开发的发展趋势》,载《东方法学》,2014 年第 3 期,第 71 - 79 页。

关海上共同开发的研讨会和共同进行海上共同开发的课题研究等。同时双方的媒体也要做好宣传,宣传共同开发的正确思想与内涵,是搁置争议,实现利益共享的途径,是一个“双赢”的方法。以此创造良好的学术和舆论环境,增加双方对共同开发的接受程度,促进实现中越海上共同开发。

瑕疵双边关系理论和南海争端下的中菲与中马关系比较研究

王　峥*

[内容提要]　双边关系是国际关系中国家行为体互动的主要行为模式,存有领土主权争端的双边关系可以特指为瑕疵双边关系。根据逻辑演进方向的不同和学理论证的偏好差异,瑕疵双边关系有两种不同的分析路径:一是以“瑕疵”为导向,关系瑕疵的不同性质和不同状态的排列组合构成了瑕疵指数体系,瑕疵指数决定瑕疵水平和瑕疵关系状态;二是以“双边关系”为导向,双边关系行为体的内外资源构成情境结构,情境结构决定关系样式和瑕疵关系变迁。通过比较分析,探视瑕疵双边关系差异性的作用机制,有助于厘清国家行为体在互动过程中的行为逻辑,把握国家对外政策的演变规律。南海争端下的中菲双边关系与中马双边关系因各自不同的关系瑕疵指数和关系情境结构,在共同存有海洋领土主权纠纷的前提下,表现出了不同的双边关系逻辑和模式。

[关键词]　瑕疵双边关系　瑕疵指数　情境结构　南海争端　中菲关系和中马关系

在国际社会中,互动交往是国家生存的基本常态,尤其是在全球化深入发展的时代,更是如此。人类生存与发展的漫长历史和基本规律也表明,交往是人存

* 王峥,发表本文时为外交学院外交学博士。本文为外交学院研究生科研创新基金项目、国家领土主权与海洋权益协同创新中心外交学院分中心资助项目,项目编号:ZY2015YA27。

续和进步的根本动力和基本前提。在国家交往过程中，双边关系是一种最为基础和最为根本的互动模式和交往样式，可以说，国家间关系或国际关系都是由双边关系发展而来的，双边关系是国际关系的蓝本。但是自从国家开展双边关系以来，双边关系就呈现出多样性和差异性。尽管最为理想的双边关系形态是友好型双边关系，[①]但是从历史发展的长时段来看，瑕疵双边关系（Defective Bilateral Relations，DBR）[②]是一种普遍现象。

瑕疵双边关系是指双边关系中存在着不利于关系积极发展的消极问题，而这些问题是高政治性的。高政治性的瑕疵问题包括很多种类，诸如领土争端、军事冲突等，但是本文不对一般性的瑕疵双边关系进行讨论，主要探讨的是存有领土争端这一类特殊的瑕疵双边关系。现代国家的权力来自其所占领的领土范围，[③]领土主权争端是相关国家双边关系中的核心议题，但是同样存有领土争端的双边关系，为何表现出较大的关系样式差异性？这是本研究的核心问题。本文拟将从“瑕疵”和“关系”两个方向分别对瑕疵双边关系进行讨论，然后在此基础上探析瑕疵双边关系差异性的逻辑体系和影响机制。

一、瑕疵双边关系的瑕疵指数和瑕疵水平

领土问题，向来都是双边关系中的高敏感度议题。在主权国家的政治意象中，领土问题具有不可调和性，但是主权国家并未因为彼此之间的领土争端而拒绝交往，或者终止交往，这说明，领土争端无论存在于国家交往之初，还是产生于

① 阎学通、齐皓：《中国与周边中等国家关系》，北京：社会科学文献出版社 2011 年版，第 15 页。

② “瑕疵”：玉的斑痕，亦比喻人的过失或事物的缺点。双边关系瑕疵是指双边关系中存在的、影响双边关系正向发展的各种因素，在本研究中，“瑕疵”特指双边关系中存在的、阻滞双边关系正向发展的高政治性因素，阻滞因素在类型和程度上均存在差异性，这些消极因素给双边关系带来的负向影响称为“瑕疵性”，存在负向影响的、高政治性因素的双边关系称为“瑕疵双边关系”。

③ Geoffrey Parker, *Western Geopolitical Thought in the Twentieth Century*, Routledge, Introduction.

双边关系建立之后,都是一种客观存在。根据领土争端在双边关系发展过程中出现的阶段不同,可以把此类瑕疵分为原发性瑕疵和继发性瑕疵,所对应的瑕疵双边关系为原发性瑕疵双边关系和继发性瑕疵双边关系两类。

原发性瑕疵(primary defectiveness)是指双边关系建立之前,两国之间业已存在的领土争端。在国际关系发展中,国家之间建立双边关系,不以两国是否存在争端或者矛盾为先决条件,国家交往互动是在综合因素作用下进行的,利益最大化和国家理性是双边关系建立的原动力。因此,国家行为体在国际体系和国家权力的综合作用下,“求同存异”,“不拘小节”,这是原发性瑕疵下双边关系成立的基本逻辑。中印关系、中俄关系、中日关系建立之前,关系双方之间都已存在领土边界问题。具有原发性瑕疵的双边关系称为原发性瑕疵双边关系(Bilateral Relations with Primary Defectiveness)。一般而言,原发性瑕疵变迁过程比较复杂,相对难以解决。[①]

继发性瑕疵(secondary defectiveness)是指双边关系建立之后,在双边关系基础上“衍生”出来的领土争端问题,瑕疵性的领土争端是双边关系发展的结果,是两国互动交往的“衍生物”。继发性瑕疵虽然是由双边关系衍生而来,但是一旦形成,又相对独立于双边关系而存在,可谓是双边关系“机体”上的“异型性”[②]组织,其自身的变化情况会对双边关系产生较为直接的作用力。作为互动关系发展进程中产生的瑕疵问题,关系行为体一般会比较重视争端管理,强调双边关系的主体性,努力把争议限定在可控范围内。因此,继发性瑕疵一般与双边关系

① 原发性瑕疵类的主权领土问题,并非绝对的复杂而难以解决。一般而言,国家边界勘定和领土争端解决是由多重因素决定的,国际体系和局势、双边关系历史和现状、国家实力和国家意愿等,甚至和国家领导人的个人气质也有关联,故此,两国领土争端解决与否是一个复杂而综合的系统问题。中俄之间的边界争议在两国建交时即存在,但是随着两国关系的深入发展,边界问题最终得到妥善解决;而中印边界问题和中日钓鱼岛领土争端问题,双边关系建立之初存在,发展至今依然没有解决。同种性质的主权领土问题,在同一对象国的不同双边关系中却演变出不同的存在样式,这是研究双边关系过程中的一个重要问题,此处暂不做详述。

② 在生物组织学上,“异型性”是指肿瘤组织与其生发的正常组织之间出现的差异性,差异性的大小不同,组织异型性也呈现出不同。一般而言,肿瘤组织与其起源组织的异型性表现是判定肿瘤细胞恶性或良性的组织学依据,即异型性大,说明是恶性肿瘤,异型性小,说明是良性肿瘤。

的异型性相对较小，对双边关系的反作用力比较可控，可把带有此类瑕疵的双边关系定义为继发性瑕疵双边关系（Bilateral Relations with Secondary Defectiveness）。南海领土争端下的中马关系是此类双边关系的典型代表。[①]

瑕疵双边关系中的瑕疵问题除了具有原发性和继发性的性质差别之外，还表现出一定时段和一定范围的程度差异，即“瑕疵程度差异”。所谓“瑕疵程度”是指瑕疵双边关系中的瑕疵烈度，瑕疵烈度表现为关系双方围绕瑕疵问题而发生的争端或对抗频度，在一定的时期范围内，这种争端或对抗频度表现为双方因瑕疵问题而产生争端或对抗事件的次数。因此，比较某一时段瑕疵问题升级事件的数量，可以间接导出瑕疵双边关系的瑕疵程度。

瑕疵双边关系的瑕疵程度大体可分为两类，即高烈度和低烈度，对应的双边关系瑕疵分别是高烈度瑕疵和低烈度瑕疵。高烈度瑕疵（strong-clash defectiveness），是指在一定时期内，两国之间的领土争端问题比较突出，双方围绕领土争端博弈激烈，矛盾升级事件相对较多，我们将此类双边关系称为高烈度瑕疵双边关系（Bilateral Relations with Strong-clash Defectiveness）。高烈度瑕疵条件下的瑕疵双边关系一般发展缓慢，甚至停滞或倒退，瑕疵因素的反作用力相对较强，其对双边关系发展的阻滞效应相对较大。2000 年以来，南海争端下的中菲关系就是此类瑕疵双边关系。[②] 低烈度瑕疵（weak-clash defectiveness），是指一定时期内，双边关系围绕瑕疵问题互动较少，瑕疵问题“活性”较弱，因瑕疵问题而出现的紧张事件相对较少，瑕疵状态相对比较稳定，我们把具有此类瑕疵的双边关系称为低烈度瑕疵双边关系（Bilateral Relations with Weak-clash

---

① 1974 年 5 月 31 日中马建交时，两国之间不存在南海岛礁争端问题，马来西亚政府是在 20 世纪 80 年代《联合国海洋法公约》生效实施之后，鉴于当时探明的南海资源储量，出于攫取资源的目的才提出的南海岛礁主权主张。当时遭到中国政府的强烈抗议。中马建交 40 多年来，虽然南海领土问题一直悬而未决，但是两国关系仍不断深入发展，现在两国已经建立起“全面战略伙伴关系”。中马之间的南海争端比较和缓，其对双边关系发展的阻滞力相对较小。

② 2000 年以来，中菲南海争端总体呈升级态势，双方围绕南海问题而发生的摩擦和冲突次数呈上升趋势，截至 2016 年 7 月南海仲裁案结果公布，中菲的南海领土争端紧张不断。由于两国之间南海问题的扩大化和复杂化，两国关系在这一时期一直处于停滞状态，甚至出现一定程度的倒退。

Defectiveness)。在低烈度瑕疵双边关系中,双边合作尤其是在瑕疵问题上的合作是双边关系发展的主趋势,“搁置争议”是双方政策行为的基本共识。如果说高烈度瑕疵是“活火山”,那么低烈度瑕疵在某种意义上就是“休眠火山”,[①]各种程度的瑕疵因素都会对双边关系产生影响,但是低烈度瑕疵的负向效应相比较于高烈度瑕疵要小很多。2000 年以来,中马之间虽然存在南海岛礁争议,但是两国双边关系发展相对乐观。[②]

从以上分析可以看出,瑕疵双边关系中的瑕疵因素在性质上存在原发性和继发性之分,在程度上有高烈度和低烈度之别,瑕疵双边关系的瑕疵水平既受瑕疵性质的影响,也受瑕疵程度的制约,因此,可以根据不同性质和不同程度的瑕疵情况来判定瑕疵水平,进而确定瑕疵双边关系的区位范围。[③] 在此,我们用瑕疵指数来衡量瑕疵水平,瑕疵指数的确定可以根据瑕疵性质和瑕疵程度的量化赋值进行计算,从而实现可操作化处理。具体赋值如下:原发性瑕疵:10,继发性瑕疵:5,高烈度瑕疵:10,低烈度瑕疵:5,那么瑕疵双边关系的瑕疵指数如表 1 所示:

表 1　瑕疵双边关系瑕疵指数

		瑕疵程度	
		高烈度瑕疵	低烈度瑕疵
瑕疵性质	原发性瑕疵	(10,10)	(10,5)
	继发性瑕疵	(5,10)	(5,5)

---

① 在地质学上,活火山(active volcano)指现代尚在活动或周期性发生喷发活动的火山,休眠火山(dormant volcano)指有史以来曾经喷发过。但长期以来处于相对静止状态的火山,从宽泛的角度分析,高烈度瑕疵也可称为“活瑕疵(active defectiveness)”,低烈度瑕疵可称为“休眠瑕疵(dormant defectiveness)”。

② 2000 年以来,尤其是 2010 年中菲、中越南海争端升级以来,南海地区局势不断恶化,再有美日等域外因素的干扰,南海形势复杂化趋势陡增。在这种情势下,马来西亚政府总体保持双边谈判解决争端的既定政策,中马之间的岛礁争端一直处在可控和预期范围之内,两国因南海问题发生的矛盾和争议事件比较少,两国关系总体呈正向发展。

③ 双边关系区位的分类可参阅阎学通、齐皓:《中国与周边中等国家关系》,北京:社会科学文献出版社 2011 年版,第一章。

表1显示，具有原发性且高烈度瑕疵的瑕疵双边关系瑕疵指数最大，为20，表明其瑕疵水平最高，同时对应的双边关系区位值最低，关系状况最差；具有继发性且低烈度瑕疵的瑕疵双边关系瑕疵指数最小，为10，表明其瑕疵水平最低，双边关系区位值最高，关系状态最佳。[①]

通过对瑕疵性质和瑕疵程度进行量化处理，可以为比较不同情况下的瑕疵双边关系提供一种可视、直观的衡量指标，即瑕疵指数。当然，这是对瑕疵双边关系复杂状态的一种简约化安排，瑕疵指数对瑕疵双边关系的衡量效果也只是一种概括性研判。

二、瑕疵双边关系的情境结构和关系样式

分析瑕疵双边关系不仅可以从“瑕疵”的角度对关系进行剖析，也可以从“关系”的自身属性对瑕疵以及瑕疵关系进行研究。

关系属性是由关系环境所塑造，关系环境是由行为体双方的环境条件共同建构，而各方的环境条件又是行为体的内环境和外环境所决定，[②]我们把这种由多种影响因素所构成的瑕疵双边关系环境叫做“瑕疵双边关系情境”，即影响和左右瑕疵双边关系演变和发展的各种外部性环境因素总和。而每一个瑕疵双边关系行为体的环境条件又构成瑕疵关系情境的次情境，其由关系主体的内环境条件和外环境条件所组成，而情境结构变更是导致瑕疵双边关系变迁的重要原因。

---

① 关系状态的“最差”和“最佳”均是指存在瑕疵的前提下，双边关系所表现出的一种比较状态，是一种相对情形。

② 此处所谓的“内环境”和“外环境”是以双边关系的关系主体为标准划分的，内环境指由关系主体的硬实力和软实力共同组成的影响机制，外环境是指国际体系和世界格局以及关系主体与外部行为体的关系形态所形成的外部条件，但是，相对于瑕疵双边关系自身而言，这些因素都是外部性因素，其与由瑕疵指数所代表的瑕疵水平状况形成对比，后者是固有性因素，或内嵌性因素，前者是外源性因素，或负担性因素。

从单一行为体来看,瑕疵关系的内环境主要指国家行为所依凭的内部资源情况,由两部分构成:一是政治、经济、军事等硬实力,其是国家开展对外行为进而建立对外关系的基础和根本;二是由国际声望、国家影响力和美誉度等组成的软实力,其是国家在国际互动过程中所建构的国家形象力和国际话语权。如果说硬实力主要指物质性权力,那么软实力主要指观念性权力,两者之间相辅相成。虽然军事力量等硬实力是国家开展国际交往的主要资本,但是硬实力并不是国际互动的全部,软实力在一定条件下也可发挥关键性作用,行为体物质性权力和观念性权力所构成的内环境条件总和可称之为内部性权力,其通过影响行为体的行为选择偏好,制约瑕疵双边关系发展。

瑕疵关系的外环境主要指行为体可资利用的外部条件总和。国家存在于国际社会,国际社会是由国家之间的关系网络所建构的,所以,从某种意义上说,瑕疵双边关系的外部环境就是行为体的关系网络体系。国家行为体通过与其他国家互动建构国家间关系,国家间关系反过来塑造和影响国家行为,国家所拥有的关系网络是由具体的国家间关系组合而成,各种关系之间相互制约和影响,对于国家来说,这些关系存在是其生存与发展的外部条件。在这诸多关系存在中,有些关系样式对国家行为具有较强的指标性影响,比如同盟关系。同盟关系的指标性意义最大,其对国家行为制约最多。因此,瑕疵双边关系的外环境条件某种程度上是由指标性关系所决定,指标性关系条件所形成的外部性关系是影响瑕疵双边关系发展的重要因素。

故而,从瑕疵双边关系的单一行为体来看,行为体在瑕疵双边关系中的行为逻辑受到内环境和外环境的共同影响,也就是受到行为体内部性权力和外部性关系的合力制约,行为体的内环境和外环境条件构成了行为体自身的情境。在每一对瑕疵双边关系中都存在着两个关系主体,也就存在着两个关系主体情境,对应存在着两个内环境和外环境条件,即存在两个关系主体的内部性权力和外部性关系合力,瑕疵双边关系情境是由两个内环境和外环境、两个内部性权力和外部性关系的合力所组成。设定瑕疵双边关系中有行为体 A,行为体 B,分别对应的内环境和外环境分别 Internal Circumstances of A (IC_A), External

Circumstances of A（EC_A），Internal Circumstances of B（IC_B），External Circumstances of B（EC_B），相应的内部性权力和外部性关系分别为 Internal Power of A（IP_A），External Relations of A（ER_A），Internal Power of B（IP_B），External Relations of B（ER_B），瑕疵双边关系情境可以表示如下：

表 2　瑕疵双边关系的情境结构

<table>
<tr><td rowspan="6">瑕疵双边关系情境</td><td rowspan="3">次情境A</td><td rowspan="2">内环境 A　IC_A</td><td rowspan="2">内部性权力 A　IP_A</td><td>硬权力 Hard Power</td></tr>
<tr><td>软权力 Soft Power</td></tr>
<tr><td>外环境 A　EC_A</td><td>外部性关系 A　ER_A</td><td></td></tr>
<tr><td rowspan="3">次情境B</td><td rowspan="2">内环境 B　IC_B</td><td rowspan="2">内部性权力 B　IP_B</td><td>硬权力 Hard Power</td></tr>
<tr><td>软权力 Soft Power</td></tr>
<tr><td>外环境 B　EC_B</td><td>外部性关系 B　ER_B</td><td></td></tr>
</table>

表 2 显示，瑕疵双边关系情境结构受到行为体双方次情境状况的作用，用公式表现为：瑕疵双边关系情境结构＝$(IP_A+ER_A)/(IP_B+ER_B)$

根据现实的国家关系实践可知，以上比值越接近 1 或 0，瑕疵关系的稳定性越高。设定瑕疵双边关系的稳定性为 y，瑕疵关系情境结构为 x，那么瑕疵关系的稳定性与情境结构的关系如图 1：

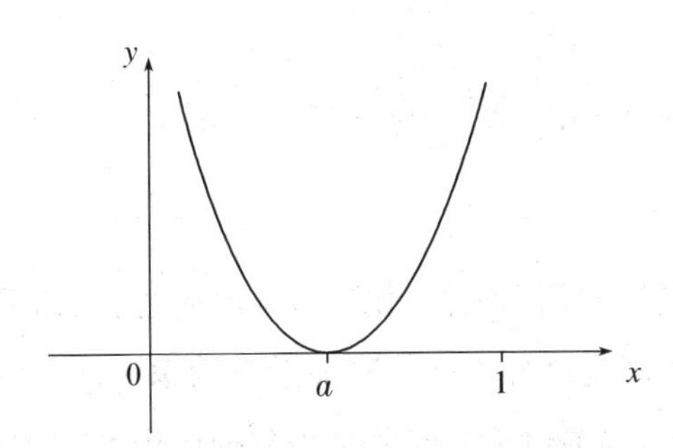

图 1　瑕疵双边关系稳定性与情境结构的函数关系

由图 1 可知，瑕疵双边关系的情境结构处于 a 点时，瑕疵双边关系的稳定性最差；在 $0\sim a$ 之间，瑕疵双边关系的稳定性随情境结构反比例变化；在 $a\sim 1$ 之间，瑕疵双边关系的稳定性随情境结构呈正向相关变化，用公式表示为：

$y=(x-a)^2$,$(0<x<1)$。

瑕疵双边关系的稳定性与双边关系的发展状态呈正相关关系,稳定性越强,关系状态越好,关系瑕疵对双边关系的作用力越小。所以从瑕疵双边关系的情境结构看,关系行为体的情境资源情况决定着关系的发展变迁方向。在上述函数式中,当 x 接近 1 时,此时的瑕疵双边关系可以称为对称性瑕疵双边关系(Symmetrical DBR);当 x 接近 0 时,此时的瑕疵双边关系可称之为极端不对称瑕疵双边关系(Ultra-Asymmetrical DBR),这两种情形的瑕疵双边关系发展最为稳定,瑕疵因素的影响力也最为有限。这两种状态之外的瑕疵双边关系统称为不对称瑕疵双边关系(Asymmetrical DBR),此类瑕疵双边关系的情境结构不稳定,情境结构的不均衡性导致瑕疵双边关系的不稳定性,一般而言,在这种情形下,关系瑕疵敏感度相对较高,瑕疵双边关系相对比较脆弱。

从上述的分析可以看出,瑕疵双边关系的变化不仅受自身瑕疵指数的影响,而且受关系情境结构的制约。通过对瑕疵双边关系瑕疵指数和情境结构的分析梳理,可以进一步探明瑕疵双边关系的变迁轨迹,以及瑕疵双边关系的差异性机理。下面运用瑕疵双边关系理论剖析冷战后南海争端下的中菲关系和中马关系演变,探寻两者之间的差异性,把握瑕疵关系的发展实质。

三、冷战后南海争端下的中菲与中马关系比较分析

南海问题主要是海洋领土主权问题,但从根本上说也是国家间关系问题,所以,分析南海问题,也就是区分不同国家关系下的南海问题,国别性质是南海问题的第一特征。当然,当前讨论的问题是指其他国家和中国围绕南海主权争端

而存在的问题[1]，现实中，不同的国家在南海争端下同中国的关系表现出不同特点，即相同类型的领土争端，不同类型的关系特征，为何？从本质上说，南海争端下的双边关系属于瑕疵双边关系，受瑕疵双边关系的瑕疵水平和关系样式的制约。

（一）中菲和中马关系中的南海争端起源

1. 中菲关系和南海争端

菲律宾1946年独立之前是美国殖民地[2]，作为美国的殖民地，菲律宾的南海政策直接受其影响和制约，二战前后美国在南海争端上的基本立场是"不认为南沙群岛是菲律宾的领土"[3]，这从根本上表明，菲律宾不拥有南海岛礁的任何主权，中菲之间不存在领土纷争。但是日本战败后，美国"对于是否将南沙群岛转交给中国基本持否定态度"[4]，冷战开始之后，尤其是在《旧金山对日和约》签订之后，美国又进一步调整了其南海政策，其极力削弱中华人民共和国对南海的主权声索，而支持美国的东南亚盟国[5]，可见，美国南海政策的倾向性鼓励了菲律宾对南海领土主权的索求，推动了中菲在南海的争端和对抗。20世纪70年代，菲律宾陆续占领南海诸多岛屿，而菲律宾佐证其主权声索的主要理由是地理

---

① 严格意义上说，在南海地区，不仅存在着其他国家同中国的领土争端问题，而且在其他国家之间也存在着同样的问题。比如越南政府主张对南沙群岛和西沙群岛的全部主权，但是菲律宾和马来西亚都主张其在南沙群岛所占岛礁的主权，这与越南的主权主张相冲突，因此彼此之间也存在领土争端。目前，因为中国政府主张对南沙群岛和西沙群岛拥有全部主权，其他声索国同中国的权利主张矛盾更为激烈，所以通常说法中的南海争端都是指其他国家同中国之间的争端。

② 菲律宾全称是菲律宾共和国（英语：Republic of the Philippines，他加禄语：Republika ng Pilipinas），1898年6月13日成立，1816年2月2日菲律宾独立，1942年之后成为日本殖民地，1945年后成为美国殖民地，1946年7月4日真正独立。菲律宾虽然建国较早，但是作为独立国家发展的道路却比较曲折，殖民历史是影响其外交政策的重要因素。

③ 张晓明：《美国南海政策的起源与演变》，载《美国研究》2016年第1期，第35页。

④ 同上，第38页。

⑤ 注：当时的美国东南亚盟国有菲律宾、南越，二战后在美国支持下，菲律宾和南越都提出了南海岛礁的主权要求。

因素(临近其本土)和无主地(*terra nullius*)原则(认为直到20世纪30年代和40年代法国和日本分别占领这些岛屿之前,没有国家对这些岛屿实行有效的主权管辖)。[①] 所以,中菲南海争端起源于20世纪50年代,主要推动力量是美国。

1975年6月9日,中国总理周恩来和菲律宾总统马科斯共同签署《中华人民共和国政府和菲律宾共和国政府建交联合公报》,两国正式建立外交关系。但是中菲建交之前,南海问题已经存在,而且20世纪70年代是中菲南海问题较为活跃的一段时期。

2. 中马关系和南海争端

中马之间的南海问题相对比较复杂。20世纪六七十年代,马来西亚政府在南沙群岛海域进行资源开发,但是没有提出领土要求,1979年12月,马来西亚出版马来西亚大陆架地图,将部分南沙岛礁和海域划入其版图[②],《国际海洋法公约》实施以来,马来西亚以此为依据,不断侵占南海岛礁,提出领土主权诉求。从1983年开始,陆续武装占领南沙岛礁[③],1983年占领弹丸礁时马来西亚政府宣称,"弹丸礁一直是现在也是马来西亚领土的一部分"[④],其后马来西亚政府又基于《大陆架公约》的相关规定占领了四个南沙群岛岛礁。[⑤]

根据马来西亚政府占领南海岛礁的基本历程和逻辑思路可以看出,马来西亚的南海图谋经历了一个相对较长的过程,从20世纪六七十年代资源开发到20世纪八九十年代真正占领,经历了数十年。但1974年5月马来西亚总理访问中国,签署《中国政府和马来西亚政府联合公报》时[⑥],中马之间并不存在南海

① Haberer, C. *Between tiger and dragon: A history of Philippine relations with China and Taiwan*, Manila: Anvil Publishing, Inc. 2009.

② 马来西亚1979年的大陆架地图把南乐暗沙、校尉暗沙、司令礁、破浪礁、南海礁、安波沙洲一线以南的南沙群岛地区都划入了马来西亚的版图,详见吴士存著:《南沙争端的起源与发展(修订版)》,北京:中国经济出版社2013年版,第六章内容。

③ 郭渊:《地缘政治与南海争端》,北京:中国社会科学出版社2011年版,第153页。

④ 吴士存:《南沙争端的起源与发展(修订版)》,北京:中国经济出版社2013年版,第165页,

⑤ 这四个岛礁分别是南海礁、光星仔礁、榆亚暗沙和簸箕礁。

⑥ 《中国政府和马来西亚政府联合公报》,1974年5月31日,新华网:http://news.xinhuanet.com/ziliao/2002-04/17/content_361350.htm,登录时间:2016年8月9日。

领土争端问题，

通过比较分析中菲关系和中马关系中的南海问题由来，可以看出，中菲之间的南海争端始发于两国关系建立之前，而中马之间的南海争端发生在两国建立正式外交关系之后，即中菲关系中的南海争端是原发性争端，中马关系中的南海争端是继发性的，两对双边关系中的领土争端问题存在性质差异。

（二）冷战后南海争端下的中菲和中马关系比较

1. 南海争端下菲律宾的对华政策分析

中菲之间的外交联系由来已久，甚至在中美正式建立全面外交关系之前，两国已经存在外交往来。[①] 但是两国正式建立外交关系是在 1975 年 6 月 9 日。冷战结束后的 20 世纪 70 年代，虽然中菲就南海问题达成了“搁置争议，共同开发”的共识[②]，但是两国关系发展并不顺畅。21 世纪初期，南海争端基本保持稳定，两国关系发展相对较快，但是基本上是经贸、旅游等领域的合作增多，政治、安全领域的双边互动不甚明显。2010 年以来，由于黄岩岛事件，两国关系一度非常紧张。目前，中菲两国的高层往来已经中断许久，中菲两国的关系定位也停滞在 2011 年菲律宾总统贝尼尼奥·阿基诺访华时双方的“战略性合作关系”水平上[③]，至今没有突破。

冷战结束以来，中菲关系的总体发展比较缓慢，南海问题对双边关系的掣肘作用比较大。菲律宾政府在南海问题上总体比较强硬，对华政策相对激进，双边关系发展不稳定。

---

① Julian V. Advincula Jr., China's Leadership Transition and the Future of US-China Relations: Insights from the Spratly Islands Case, *Journal of Chinese Political Science*, (2015) 20: 51 - 65, p. 54.

② 马燕冰、黄莺：《列国志：菲律宾》，北京：社会科学文献出版社 2007 年版，第 380 页。

③ 《中华人民共和国与菲律宾共和国联合声明》，2011 年 9 月 1 日，新华网：http://news.xinhuanet.com/world/2011-09/01/c_121947424_3.htm，登录时间：2016 年 8 月 19 日。

2. 南海争端下马来西亚的对华政策分析

总体而言,马来西亚的对华政策呈现出两大特征。第一,经济实用主义。经济收益最大化是吉隆坡政府发展马中关系的主要动力,因此,在双边关系中,经济合作具有主导性。第二,政治约束性接触。冷战结束后以及马来西亚共产党解体后,两国在政治与外交领域的合作日趋加强,无论是在双边层面,还是在东盟等地区机制中,马来西亚都加深了与中国合作。另外,独立以来,随着国际形势和国内政治的变迁,马来西亚的对外战略和外交政策也经历了重大变革,从独立初期的"亲西方"转变成现在的"和平、中立和不结盟"[①],所以,从马来西亚外交战略的总体布局来看,与域外大国的有限合作,采取大国平衡战略,运用和平手段解决国际争端和纠纷,是马来西亚在南海争端问题上与中国互动的基本思路。[②]

马来西亚政府采用"规避战略"[③]发展对华关系,这不仅是由其特殊的国内政治特质所决定,而且也受到国际及地区格局的影响,在这一政策的指导下,中马关系总体"呈现出延续而非变革的特征"[④],马来西亚政府不过分夸大"中国威胁论",避免挑战中国的核心利益,继承历届政府的对华外交政治遗产,发展同中国更为密切与综合性的双边关系,在南海问题上强调与中国接触而不是对中国实施包围,强调外交协商而非军事对抗,关注地区的政治权力均势而非军事权力

---

① 马燕冰、张学刚、骆永昆:《列国志:马来西亚》,北京:社会科学文献出版社 2011 年版,第 424 - 425 页。

② 龚晓辉:《马来西亚南海安全政策初探》,载《南洋问题研究》,2012 年第 3 期,第 60 页。

③ 规避战略是指国际行为体在高度风险和高度不确定的环境下所出现的行为趋向,以自我利益为中心的国家行为体,通过寻求一系列旨在补偿国际结构变化带来任何可预见的威胁,而采取的相互抵消的选择来确保自身长期的利益。规避战略通常是小国在大国博弈的国际环境中所采取的诸多相对模糊的战略选择,力求在大国互动中利益最大化。参阅:Kuik, "The Essence of Hedging"; Cheng-Chwee Kuik, *Smaller States' Alignment Choices*: "A Comparative Study of Malaysia and Singapore's Hedging Behavior in the Face of a Rising China", PH. D Dissertation Johns Hopkins University, 2010, pp. 126 - 131;黄黎洪:《后马哈蒂尔时代马来西亚对华规避战略》,载《世界经济与政治论坛》,2012 年第 6 期。

④ 黄黎洪:《后马哈蒂尔时代马来西亚对华规避战略》,载《世界经济与政治论坛》,2012 年 11 月第 6 期,第 126 页。

均势。马来西亚政府的战略立场充分体现了其对华政策偏好，规避战略将作为其“对华政策的指南”[①]继续坚持下去。因此，可以预想，虽然两国之间存在南海领土争端，但是两国关系的发展大局是稳定的，是可控的，也是可以预测的。2015年，中马两国总理就“进一步推动马中全面战略伙伴关系的全方位发展”[②]达成战略共识，再次表明虽然两国之间存在南海争端，但是马来西亚政府依然坚持妥善管控分歧，通过双边谈判解决南海问题，推动两国双边关系积极发展。

通过以上分析可知，菲律宾与马来西亚在同样存在南海争端的前提下，其对华政策呈现出许多差异性。首先，“延续而非变革”是马来西亚政府对华政策的基本原则，这种政策的连贯性和一致性保障了两国关系平稳发展，不会因为国内政治变迁或者国际政治转型而产生较大震荡。但是菲律宾则不然。菲律宾的外交政策受到国内政治因素和外部国际因素的严重影响，政治领导人更迭，国内政党轮替，都会给国家的对外战略带来较大的冲击。因而，菲律宾对华政策随机性较大，稳定性较差，可预测性不强。其次，菲律宾的对华政策受到美国因素的强烈影响，美菲同盟既是对菲律宾的帮助，也是对其的制约。因此，美国因素始终是影响南海争端下菲律宾对华政策的一个重要因素。但是马来西亚政府一直坚持中立、不结盟政策，其不存在外部性的联盟体系，[③]所以马来西亚的对华政策受到的外部影响较小。再次，在南海问题上，菲律宾在美国的支持下，主张通过多边渠道解决争端，极力推动南海问题国际化。而马来西亚始终坚持通过双边

---

① 黄黎洪:《后马哈蒂尔时代马来西亚对华规避战略》,载《世界经济与政治论坛》,2012年11月第6期,第127页。

② 《人民日报》,2015年11月24日01版。

③ 马来西亚独立以来,其对外关系和外交政策也经历了较大变迁。独立初期,马来西亚与英国签订了《马英防务协定》(1957—1970),两国建立了军事同盟关系。1970年之后,马来西亚调整了其对外政策,坚持和平、中立、不结盟原则,其不再受制于马英军事同盟。虽然在1971年马来西亚又与新加坡、澳大利亚、新西兰和英国签订了《五国联防协定》(Five-Power Defence Arrangements),但是这只是一个象征性的多边安全协议,其与军事同盟相比,关系密切度大为减弱。虽然随着国际形势和地区局势的变化,域外国家对“五国联防协议”的地位和作用重新“定位”,但是其与同盟关系依然不可相提并论。因此,冷战之后,马来西亚并不存在外部性的同盟关系。

谈判解决纷争,不强调多边外交形式。由此可见,在处理同中国关系时,马来西亚政府相对积极稳定,而菲律宾政府则变动不稳,预测性比较差。

(三)南海争端下中菲和中马关系的瑕疵指数比较

1. 南海争端下中菲关系的瑕疵指数

根据瑕疵双边关系的瑕疵指数理论可知,中菲双边关系中的南海争端性质是原发性瑕疵,存在于两国建立外交关系之前;而南海争端瑕疵程度可以根据两国关系中围绕南海问题而出现的矛盾升级事件数量进行衡量。通过资料整理,冷战后中菲两国围绕南海争端而发生的主要升级事件见表3:

表3 冷战后中菲南海争端主要升级事件表

序号	升级事件	备注
1	1997年4月,菲律宾军舰和军用飞机跟踪、监视和干扰中国无线电运动协会组织的黄岩岛探险活动。	
2	1997年4月30日,菲律宾众议员登上黄岩岛,在岛上竖旗立碑。菲海军炸毁黄岩岛上的中国主权界碑。	
3	1997年5月20日,菲海军在黄岩岛外拘捕中国渔船,拘留中国渔民。	
4	1997年8月5日,菲律宾和美国联合在黄岩岛附近举行实战演习。	
5	1998年1至3月,菲海军在黄岩岛海域拦截中国渔船,拘押51位渔民。	
6	1999年5月23日,中国渔船在黄岩岛被菲军舰扫射撞沉,中国外交部向菲提出严正抗议和交涉。	
7	1999年6月,菲律宾教育部将黄岩岛和南沙群岛列入新版图。	
8	1999年8月,菲政府把“南沙群岛是菲律宾领土”列为修宪内容。	
9	1999年11月3日,菲海军舰艇搁浅黄岩岛。	
10	2000年1月6日,菲海军在黄岩岛驱逐6艘中国渔船。	
11	2000年5月28日,菲海军射杀1名中国渔船船长。	
12	2009年1月28日,菲律宾参议院通过2699号法案,即“制定菲律宾领海基线的法案”,将中国两处岛屿划归菲律宾所属。	

（续表）

序号	升级事件	备注
13	2009年2月2日，菲众议院通过第3216号法案（House Bill 3216），将南沙群岛部分岛礁（包括太平岛），以及中沙群岛的黄岩岛划入菲国领土。	
14	2009年3月10日菲律宾总统阿罗约正式签署“领海基线法”，将中国的南沙部分岛礁和黄岩岛划入菲领土。	
15	2009年3月11日，中国驻菲大使馆就“领海基线法”表示强烈反对和严正抗议。	
16	2012年4月10日菲海军在黄岩岛海域抓捕中国渔民，中国渔政船和菲律宾海军对峙，黄岩岛事件爆发。①	
17	2013年1月22日，菲律宾外交部照会中国驻菲大使馆，表示根据《联合国海洋法公约》，就中菲有关南海“海洋管辖权”的争端递交仲裁通知，提出强制仲裁。	
18	2013年2月19日，中方将菲方照会及所附通知退回。	
19	2013年3月26日，菲单方面将南海争端提交国际海洋法法庭。	
20	2013年7月15日，菲外交部声称，菲律宾已“不可能”与中国就南海问题继续进行双边磋商。	
21	2013年7月16日，菲外交部表示，国际法庭对中菲南海争端启动仲裁程序。	
22	2016年7月12日，菲律宾南海仲裁案仲裁庭做出不利于中国的最终裁决。	

通过对冷战后中菲两国围绕南海争端而发生的升级事件次数和发生升级事件的频度可知，中菲关系中的南海问题是高烈度瑕疵。因此，南海争端下中菲关系的瑕疵指数应为10＋10＝20，即属于原发性高烈度瑕疵，其对两国双边关系发展的影响较大，双边关系发展受到南海问题的掣肘程度较高，这也是目前中菲关系发展进入低谷的原因之一。

---

① 黄岩岛对峙事件中的主要事件以及影响：2012年4月15日，中国外交部就黄岩岛紧张局势提出交涉，宣布在南沙海域开展为期50天的维权护渔巡航任务；2012年4月16日，美菲举行军演；2012年4月20日，菲律宾驻华大使李永年请辞；2012年5月13日，中方暂停赴菲旅游。

2. 南海争端下中马关系的瑕疵指数

中马建立正式外交关系之前,两国之间并不存在海洋争端,所以两国关系中的南海问题是继发性的,其与中菲关系中的南海问题存在明显差异。

关于中马关系中南海争端的罅隙程度问题,可以从冷战后两国围绕南海问题而出现的一系列争端升级事件数量进行概括性总结(见表4)。

表4 冷战后中马南海争端的主要升级事件表

序号	升级事件	备注
1	1992年5月21日,马来西亚最高元首阿兹兰沙阿首次视察弹丸礁。	
2	1993年,马来西亚总理马哈蒂尔视察弹丸礁,弹丸礁飞机跑道建成竣工。	
3	1995年5月4日,马来西亚最高元首端古·惹化视察弹丸礁。	
4	1995年5月26日,马哈蒂尔乘坐抵达弹丸礁视察。	
5	1999年6月,马来西亚在榆亚暗沙建造直升飞机着陆的跑道。	
6	2008年8月,马来西亚副总理纳吉布登上南沙群岛燕子岛,宣示"主权"。	
7	2009年3月5日,马来西亚总理巴达维登陆南沙群岛弹丸礁("拉央拉央岛")和光星仔礁(乌比乌比礁),宣示"主权"。	
8	2009年3月17日,马来西亚政府向国会提呈《2009年大陆架法令》(修正案)	
9	2009年5月6日,马来西亚和越南联合向大陆架界限委员会提交200海里外大陆架"划界案"。	

通过以上分析可知,冷战结束以来,中马关系中的南海问题是属于继发性低烈度瑕疵问题,所以南海争端下中马关系的瑕疵指数是5+5=10。南海问题对中马两国双边关系的影响较小,两国关系发展比较稳定。

通过以上比较可知,中菲关系中的南海争端是属于原发性高烈度瑕疵问题,双边关系的瑕疵指数较大,双边关系瑕疵水平较高;中马关系中的南海争端问题属于继发性低烈度瑕疵问题,双边关系瑕疵指数较小,双边关系瑕疵水平较低,这是同样存在南海争端,而中菲关系和中马关系呈现出差异性的重要原因之一。

(四) 南海争端下中菲和中马关系的情境结构比较

1. 南海争端下中菲关系的情境结构

从瑕疵双边关系的内部性权力角度来看,中国的国家硬实力远超菲律宾,无论是从国家的经济体量与资源优势,还是从军事实力和领土幅员以及人口总量来看,中国都绝对优于菲律宾,所以,在瑕疵双边关系的情境条件中,中国的物质性权力远大于菲律宾。至于观念性权力,由于中国的快速崛起和中国对外政策的积极作为,国际社会尤其是西方社会对中国发展产生了质疑,甚至出现了误解,[①]中国在国际社会中的国家形象受到了一定的负面影响。尤其是自 2010 年南海问题再次"活跃"以来,国际社会对中国在南海地区所采取的一系列行为产生了极大的质疑和忧虑,对中国发展"诟病"很多。而菲律宾借力于美国支持和帮助,依凭美国在国际话语体系和世界规则系统中的优势地位,极力为自身的领土主张辩驳,并且利用自身在中菲力量对比中的劣势地位,积极塑造"受害者"的角色,[②]渲染"弱者悲情",争取国际同情。另外,菲律宾还通过把南海问题诉诸国际司法程序,从而塑造遵守国际规则的良好形象。所以,某种意义上看,在国际舆论宣传、对外公共外交实践以及获取国际话语支持等方面,菲律宾略优于中国。但是,观念性权力是一个复杂体系,除了国际舆论和国际声誉所带来的国际

---

① "中国威胁论""中国新殖民主义"等论断都是国际社会对中国发展误判和误解的代表,相关研究可参阅:陈岳:《"中国威胁论"与中国和平崛起——一种"层次分析"法的解读》,载《外交评论》,2005 年第 3 期,第 93 - 99 页;周琦、彭震:《"中国威胁论"成因探析》,载《湘潭大学学报(哲学社会科学版)》,2009 年第 3 期,第 130 - 134 页;王子昌:《解构美国话语霸权——对"中国威胁论"的话语分析》,载《东南亚研究》,2003 年第 4 期,第 46 - 50 页;王洪一:《试论"中国威胁论"》,载《西亚非洲》2006 年第 8 期,第 28 - 32 页;吴飞:《流动的中国国家形象:"中国威胁论"的缘起与演变》,载《南京社会科学》,2015 年第 9 期,第 7 - 16 页;张义明:《对西方"新殖民主义"之考与中非合作之辨》,载《东南亚纵横》,2007 年第 4 期,第 75 - 79 页;刘乃亚:《互利共赢:中非关系的本质属性——兼批"中国在非洲搞新殖民主义"论调》,载《西亚非洲》,2006 年第 8 期,第 33 - 39 页。

② 左希迎:《亚大联盟转型与美国的双重再保证战略》,载《世界经济与政治》,2015 年第 9 期,第 74 页。

话语权之外,还包括国家综合实力生发出来的国际影响力,以及国内政治生态环境变迁所带来的国际信任度。虽然中国在国际舆论中的国际形象稍逊于菲律宾,但是基于综合国力的国际影响力和基于国内政治稳定发展的国际信任力都要远胜于菲律宾,所以,综合而言,在南海争端下的中菲双边关系中,中国的内部性权力绝对优于菲律宾。

从瑕疵关系的外部性情境条件来看,中国与菲律宾的条件恰好与内部性情境形势相反。根据瑕疵双边关系的情境结构理论,瑕疵关系行为体的外部性情境资源主要是由指标性关系条件决定的,在指标性关系中,与外部国家的同盟关系对瑕疵关系行为体的行为偏好影响最大。在菲律宾的外部性关系条件中,美菲同盟关系是菲律宾外部性条件中的指标性关系,其直接影响菲律宾在南海问题上的政策立场和行为选择。而且在一定时期内,美菲同盟与菲律宾的南海行为目的高度契合,其对菲律宾的南海政策发挥着积极的推动作用,支持了菲律宾在南海问题上的战略行为。但是对于中国来说,情况大不相同,中国同包括美国在内的其他国家都不存在指标性的同盟关系,所以,中国外部性情境资源极为有限,尤其是在中、美、菲的三边关系互动中,中美关系一定程度上掣肘南海争端中的中菲关系,其不仅不能提供情境资源支持,反而会带来负面作用。因此,南海争端下的中菲关系中,菲律宾的外部性关系绝对优越于中国。

然而从双边关系的总体情境结构来看,南海争端下的中菲关系是非对称性瑕疵双边关系。菲律宾的情境条件中是内部性权力远小于中国。而外部性关系胜于中国,但是从瑕疵关系的总体态势来看,中国的情境条件总体胜过菲律宾。尽管菲律宾持有美菲同盟的突出优势,但是这种资源优势不足以弥补其内部性权力的劣势,而且中美关系的深入发展,也决定了中美关系并非必然地给中国带来压力。因此,中国在南海争端下的中菲关系中处于总体优势地位。但是美菲同盟的特殊性外部关系,对南海争端下中菲关系的演变,发挥着“推动器”和“催化剂”作用。菲律宾政府会因为美菲同盟的外部性关系保障,试探性或周期性地挑战或改变中菲两国在南海地区的权力结构,期望借力美菲同盟关系力量实现南海获益最大化，在保护国家利益和保卫主权声索中，马尼拉政府采取了“推诿(buck-passing)”和“绑缚(chain-ganging)”战略，在努力把其国家安全和海洋领土争夺的责任转嫁给美国的同时，又主动把自己同美国捆绑在一起，宣称对美国的任何攻击都是对菲律宾的攻击。[①] 因此，菲律宾政府存有规律性倚重同盟力量打破南海争端下中菲关系现状的努力和趋势，这也是为何中菲关系不稳定发展的一个重要原因。

故此，在中菲南海争端下的非对称性关系中，情境结构的不稳定是导致双边关系不正常发展的根本机制。虽然中国整体优势明显，但是菲律宾国内政治生态的变化，菲律宾政府在南海地区的政治谋求和领土渴望，以及美菲同盟所带来的主动性和被动性作用力，都是影响中国优势施展的制约性因素。

2. 南海争端下中马关系的情境结构

从综合国力的角度看[②]，马来西亚与中国相差较大。所以从瑕疵关系的内部性物质条件来看，中国绝对胜过马来西亚，中国的硬实力远超过马来西亚。在软实力方面，中马两国也存在较大差别，无论是在国际的影响力，还是世界的贡献度，中国都远胜于马来西亚。马哈蒂尔时期的马来西亚与西方关系相对较为疏远，与发展中国家关系较为密切，在国际事务中反对强权政治和霸权主义，在世界反恐问题上与西方国家存在较多分歧，马哈蒂尔也被西方媒体讥讽为“愤怒

① Julian V. Advincula Jr., “China’s Leadership Transition and the Future of US-China Relations: Insights from the Spratly Islands Case,” *Journal of Chinese Political Science*, (2015) 20: 51 - 65, P. 56.

② 综合国力是一个主权国家在一定时期内所拥有的各种力量的有机总和，包括各种资源、经济活动能力、对外经济活动能力、社会发展程度、军事能力、政府调控能力和外交能力等。综合国力也是指国家战略资源的分布组合，一般而言，决定国家综合国力的战略资源包括八大类，即经济资源、人力资源、自然资源、资本资源、知识技术资源、政府资源、军事资源和国际资源。国家综合国力的计算和比较是一个复杂体系，参阅：综合国力比较研究课题组：《对中国综合国力的测度和一般分析》，载《中国社会科学》，1995 年第 5 期，第 4 - 19 页；王诵芬：《世界主要国家综合国力的实测及分析(1970—1990 年)》，载《世界经济与政治》，1997 年第 7 期，第 13 - 17 页；胡鞍钢：《对中美综合国力的评估(1990 - 2013 年)》，载《清华大学学报(哲学社会科学版)》，2015 年第 1 期，第 26 - 39 页。

的人物”,[1]后马哈蒂尔时期,马来西亚与西方国家关系得到改善,但是马来西亚中立与不结盟的外交原则以及马来西亚在伊斯兰国家和第三世界的积极作用,都表明马来西亚在世界媒体中的形象有更多的“非西方”倾向。在南海争端问题上,马来西亚一方面与中国进行双边谈判,避免南海局势升级恶化;另一方面寻求国际司法程序解决争端和纠纷,在南海争端中行为较为谨慎,政策也相对温和,因此在南海争端中马来西亚保持着较好的国际形象。总体而言,在围绕南海问题的国际舆论中,马来西亚的形象好于中国,但是这并未改变中国内部性权力的总体优势。

从外部情境条件看,中马有很大的相似性,双方外部情境中都不存在类似同盟关系的指标性关系,所以从是否存在同盟指标性关系这个角度看,中马外部性条件相似。对于南海问题中的美国因素,中美的战略竞争甚至对抗已经形成,而马来西亚与美国的关系虽然在应对中国这一点上具有目标一致性,但是在后冷战时期,美马关系并非一路向前,反而是“交锋激烈”,“一度非常紧张”[2],马来西亚的对美“强硬政策”间接影响了其在南海问题上同中国的双边关系发展。美国重返东南亚以来,虽然美马关系有所改善,但是马来西亚政府对美国一直抱有高度的戒备心理,防止美国过度干预自身政策和发展。在中—马—美的三角关系结构中,美马关系的发展走势必然会对中马关系产生重要影响,所以马来西亚与美国的关系定位决定其不会在南海问题上与美国太过接近,但借助美国力量制衡中国影响则是马来西亚南海政策的“题中之义”。不过,综合而言,中马在外部情境条件方面相似。

综合考虑南海争端下中马双方的内部性与外部性条件,中国处于绝对优势,所以南海争端下的中马关系是一种极端不对称结构,瑕疵关系的情境结构极度不平衡,在这种特殊结构中,马来西亚意图挑战中国南海行为的资源支持严重不

---

① 廖小健:《后冷战时期马来西亚对美政策评析》,载《史学集刊》,2006年11月第6期,第44-50页。

② 廖小健:《后冷战时期马来西亚对美政策评析》,载《史学集刊》,2006年11月第6期,第46页。

足，尝试改变南海现状的心理冲动不强；另外，马来西亚可资利用的外部力量也比较有限，所以在南海问题上，马来西亚政府比较谨慎、克制、务实，与中国关系相对积极主动。所以，在双方关系处于极度不均衡和不对称的状态下，中马关系发展平稳，南海问题在双边关系中的活性较低。

通过分析南海争端下中菲和中马关系的情境结构可以看出，同样领土主权争端下，不同的关系情境结构决定不同的关系存在状态。首先，南海争端下中菲关系的非对称情境结构决定了中菲关系在南海争端下的不均衡发展，而处于极度不对称条件下的中马关系，却因为特殊的内外条件，实现了一种特殊的关系"稳态"。其次，虽然菲律宾和马来西亚与中国的国家硬实力相比都具有明显劣势，但是在观念性权利方面，菲律宾与马来西亚却存在较大差异，由于菲律宾与美国的特殊关系，菲律宾在美国主导下的国际舆论和世界话语体系中可以获取较多的优势资源，而马来西亚则缺少这种资源，也正因为这种资源条件的差异性导致两国在南海问题上表现出不同的态度和行为。再次，在外部情境条件方面，菲律宾存在美菲同盟的指标性关系支持，而马来西亚则没有，其虽然与西方国家维持"军事联系"，但是没有"军事联盟"①，所以在外部性关系方面，两国差异较大。

本文通过考察南海争端中菲关系与中马关系的关系瑕疵指数和关系情境结构发现，南海争端下中菲关系的瑕疵指数为20，而中马关系是10，所以中菲关系的瑕疵指数大于中马关系，中菲关系稳定性较之中马关系要差；关系情境结构方面，中菲关系是非对称性结构，中马是极端不对称性结构，中马关系稳定性大于中菲关系。所以，无论是从瑕疵指数还是从情境结构来看，南海争端下的中菲关系和中马关系发展都呈现出较大的差异性。

---

① 黄黎洪：《后马哈蒂尔时代马来西亚对华规避战略》，载《世界经济与政治论坛》，2012年11月第6期，第127页。

结　语

本研究以问题为导向，从分析双边关系中的领土争端着手，以探究领土争端下双边关系存在和发展的逻辑思路为核心，建构了领土争端下双边关系的瑕疵指数理论和情境结构理论。文中把双边关系中的领土争端设定为双边关系瑕疵，把存有领土争端的双边关系定义为瑕疵双边关系，瑕疵性质和瑕疵程度决定了瑕疵双边关系的瑕疵水平，瑕疵双边关系的情境结构决定瑕疵双边关系变迁，瑕疵指数和情境结构共同建构了瑕疵双边关系的存在模式和演化进路。本研究以南海争端下的中菲关系和中马关系为例，检验了瑕疵双边关系的瑕疵指数理论和情境结构理论，也通过瑕疵关系理论的运用，分析了同样存在南海领土争端的中菲关系和中马关系，为何表现出不同的双边关系发展样式。

南海局势日趋复杂，矛盾纠葛不断深化，南海问题已经成为国际社会中关注度较高的地区热点问题。除了南海问题的相关方之外，域内和域外干扰因素也越来越多。如何管控南海局势，解决南海争端，改善南海地区国家间关系，不仅是中国面临的重大挑战，也是南海地区国家所面临的共同任务。南海和平稳定，是争端各方国家利益的最大公约数，也是世界和平发展的重要影响因素。如何管控分歧，共谋发展，是域内和域外行为体共同面对的问题。通过对瑕疵双边关系理论的梳理和分析，可以更好把握南海争端中各声索国的政策目的和行为逻辑，为寻求各方最大的利益共同区提供一种分析思路，为早日解决南海问题、保持南海地区持久和平提供一种理论探索。